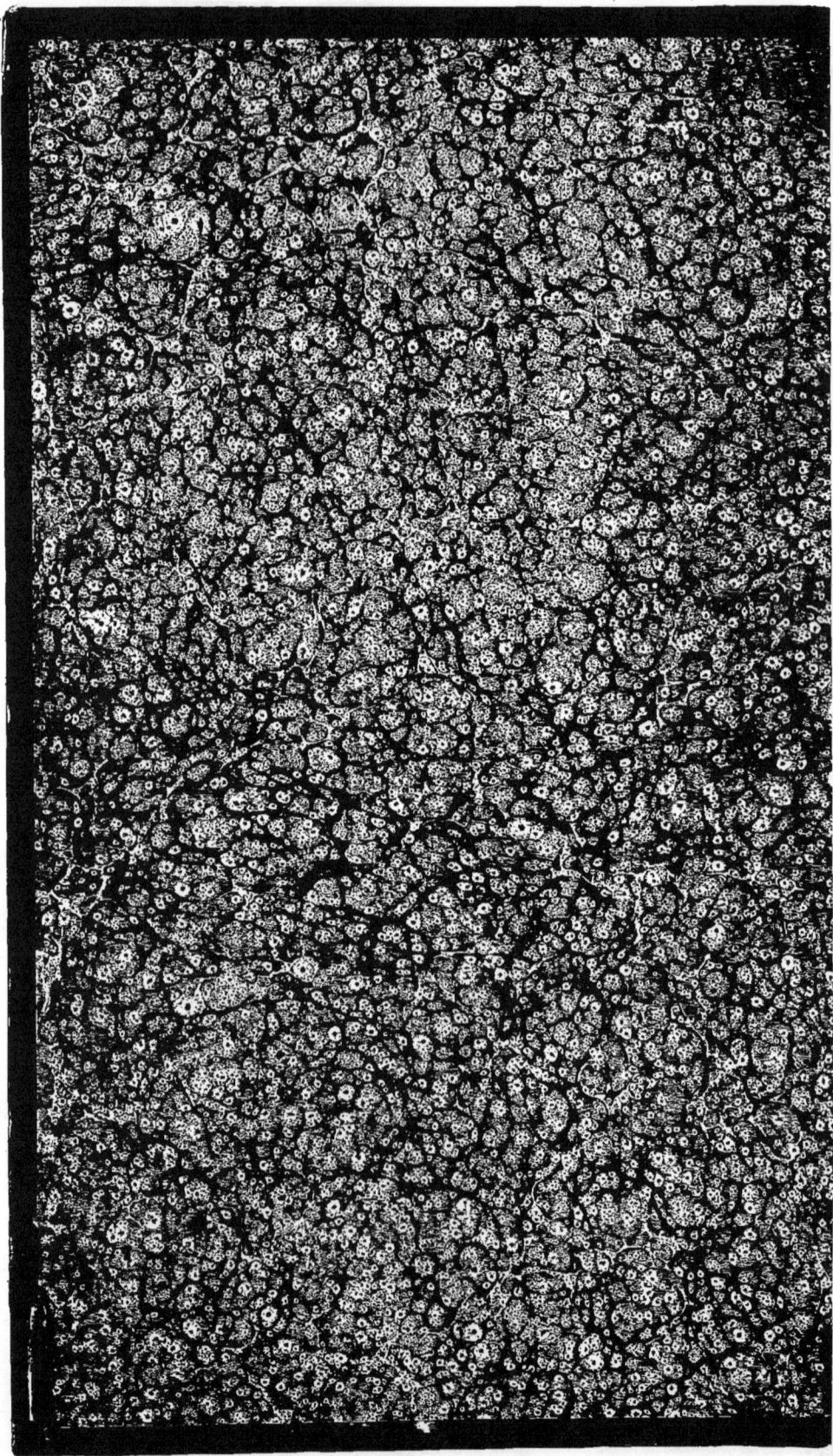

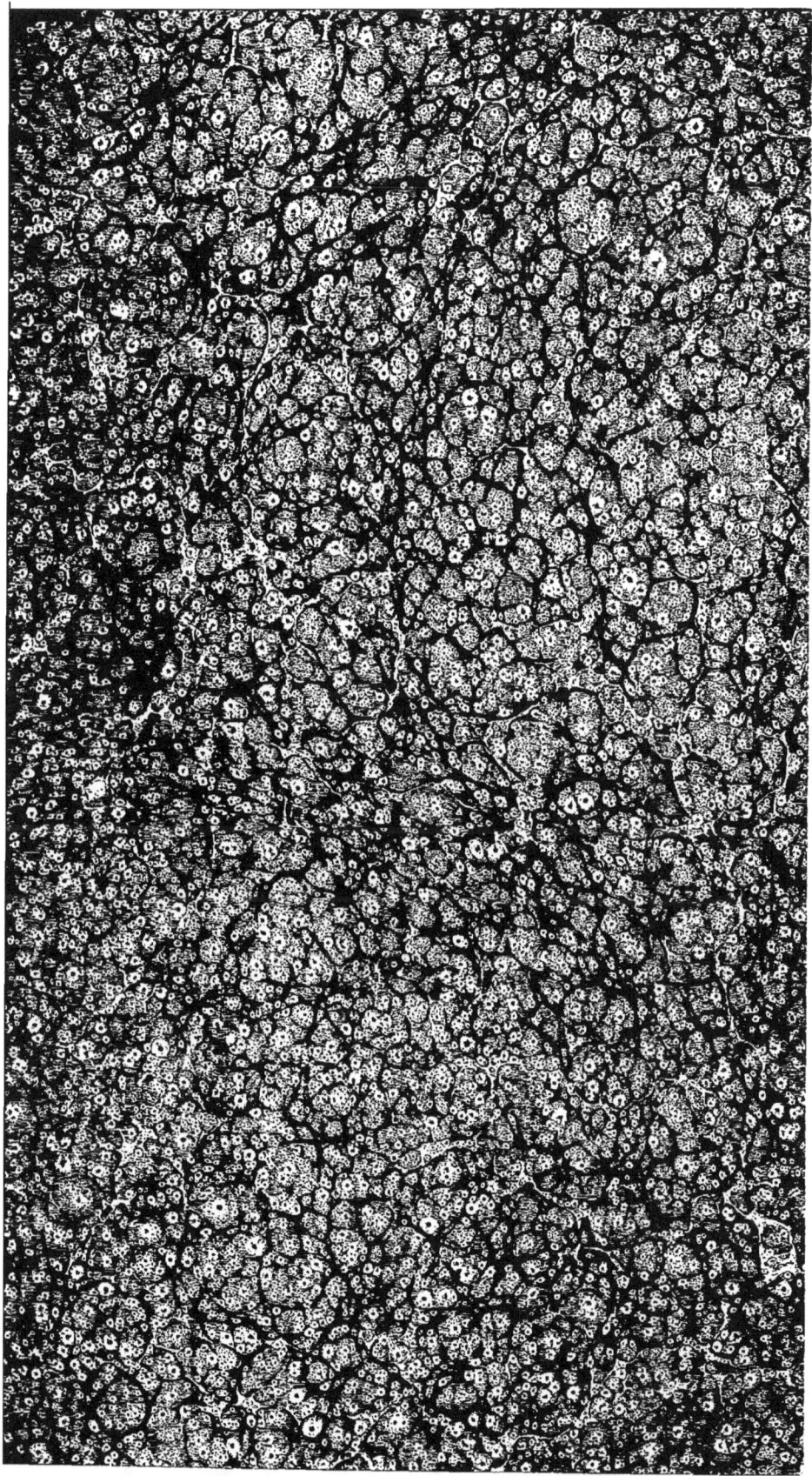

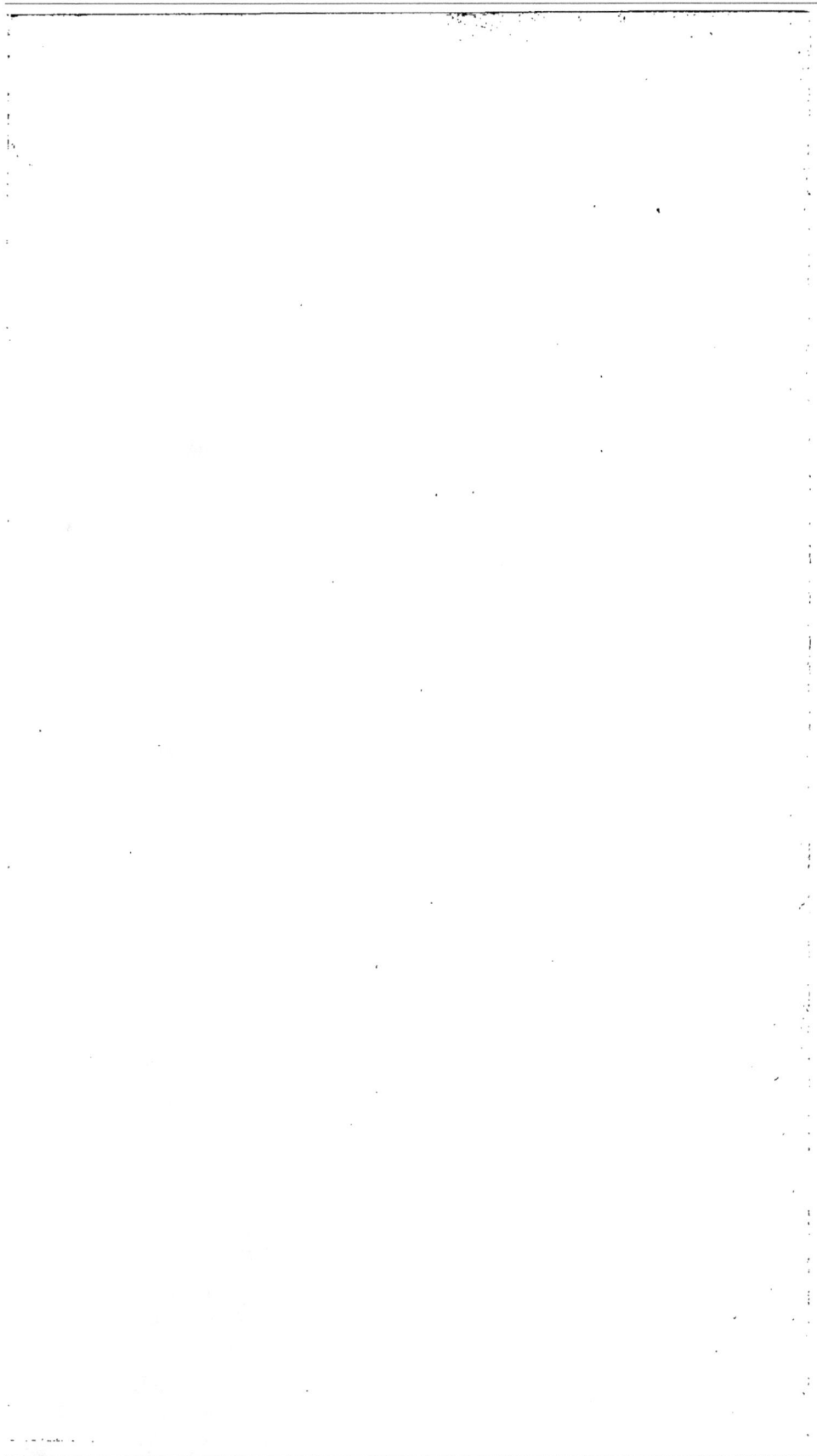

(C.)

LA FRANCE

CHEVALINE.

LA FRANCE

CHEVALINE

1ʳᵉ Partie. — Institutions hippiques.

Par Eug. GAYOT,

CHEVALIER DE LA LÉGION D'HONNEUR, MEMBRE DE PLUSIEURS
SOCIÉTÉS SCIENTIFIQUES.

TOME II.

PARIS,

IMPRIMERIE ET LIBRAIRIE D'AGRICULTURE ET D'HORTICULTURE
DE Mᵐᵉ Vᵉ BOUCHARD-HUZARD,
RUE DE L'ÉPERON, 5,

et au bureau du Journal des haras,
RUE DUPHOT, 12.
—
1849

TABLE DES MATIÈRES.

CHAPITRE DEUXIÈME.

DE L'INTERVENTION DES DÉPARTEMENTS DANS LA REPRODUCTION ET L'AMÉLIORATION DES RACES LOCALES.

CHAPITRE TROISIÈME.

DES ENCOURAGEMENTS A LA PRODUCTION ET A L'ÉLÈVE.

ERRATUM.

Page 52, ligne 7, elle permettra d'établir, — *lisez* — elle permettra d'utiliser.

LA FRANCE CHEVALINE.

Première Partie.

INSTITUTIONS HIPPIQUES.

CHAPITRE PREMIER.

DE L'ADMINISTRATION DES HARAS EN FRANCE
(*suite*).

XXXII. — CAHIER DES CHARGES.

En 1846, après une discussion longue et vive, le congrès central d'agriculture a émis, *à la majorité de cinq voix*, la proposition suivante, qui avait été repoussée par l'une de ses commissions, par celle qui avait à s'occuper des bestiaux :

« Le congrès émet le vœu que, sans rien changer aux circonscriptions actuelles, l'administration des haras fasse savoir qu'elle placera ses étalons, à partir du 1er janvier 1847, chez les particuliers qui les lui demanderont, moyennant une prime annuelle de 800 fr., en moyenne, pour les étalons de pur sang, de 600 fr. pour ceux de demi-sang, et de 300 fr. pour ceux de trait et d'espèce mulassière.

« Les détenteurs d'étalons seront tenus de justifier qu'ils sont dans la position de pouvoir satisfaire aux engagements qui leur seront imposés par le *cahier des charges.* »

Nous ne voulons pas revenir sur le système en lui-même. Le vœu du congrès n'avait pas la portée que certaines personnes entendaient bien lui donner et ont vainement essayé de lui attribuer après coup : en effet, il ne signifiait pas à l'administration qu'elle eût à se retirer, à réduire le nombre des étalons entretenus dans ses établissements; il demandait une extension, non une suppression des haras, ainsi que l'atteste d'ailleurs le paragraphe qui vient immédiatement après ce vœu, et qui est ainsi conçu :

« Que le gouvernement veuille bien réclamer des chambres les fonds nécessaires pour accorder des primes de monte annuelles à tous les étalons susceptibles d'améliorer nos diverses races de trait et d'espèce mulassière, *et pour augmenter le nombre des étalons entretenus dans les établissements de l'État* (1). »

(1) Le vœu du congrès, relatif aux concessions d'étalons à faire par les haras, ayant été diversement interprété par la presse, le rapporteur de la commission des bestiaux adressa, le 31 mai 1846, la lettre suivante à plusieurs journaux :

« Monsieur le rédacteur,

« Les résolutions du congrès central de l'agriculture sur la question des haras ont été présentées, en général, sous un jour inexact par la presse parisienne. L'inévitable agitation d'une assemblée si nombreuse, au moment où elle allait se dissoudre, n'a pas permis à tout le monde d'apprécier facilement les termes et la portée de nos derniers votes.

« Après trois épreuves douleuses, le congrès a, en effet, adopté, à la majorité de cinq ou six voix, un amendement qui se recommandait par le nom même de son auteur, M. le duc de Liancourt.

« Cet amendement, dont le principe était celui de la commission, mais dont l'opportunité seule était contestée, tendait à ce que des étalons royaux fussent confiés, sous certaines conditions, aux particuliers qui en feraient la demande; mais il est aisé de comprendre que c'était seulement à titre d'essai, et sans porter atteinte à l'administration, pour

Mais il ne s'agit plus de cette question. Nous nous proposons seulement d'étudier les conditions que l'on a cru pouvoir imposer aux détenteurs et de rechercher si les clauses possibles d'un cahier des charges ne seront pas toujours un obstacle sérieux, considérable à la tenue en grand nombre des étalons de choix par les particuliers.

Ce système n'étant pas nouveau, nous ne manquerons pas des éléments nécessaires à cette étude.

Et d'abord quel est le but à atteindre? Dans une opération de ce genre, deux intérêts sont en présence : — l'intérêt de l'État, qui donne l'étalon et en paye l'entretien ; — l'intérêt du détenteur, qui reçoit pour conserver et faire fructifier, car l'État ne donne que pour s'assurer certains avantages.

Est-il donc si aisé de concilier ces deux intérêts? En retour des sacrifices qu'il s'impose, l'État ne doit-il pas exiger certaines garanties? ne doit-il pas créer des devoirs? Mais comment, en général, s'acquitte-t-on de ces derniers envers le gouvernement, lors surtout qu'ils se trouvent en opposi-

laquelle M. le duc de Liancourt n'a cessé d'exprimer tout son bon vouloir.

« Au surplus, les dispositions favorables de l'assemblée pour la conservation des haras ressortent assez de l'article suivant, adopté par l'honorable auteur de l'amendement comme par la presque unanimité des membres présents, et qui ne s'est pas trouvé reproduit par plusieurs de nos journaux accrédités.

« Le congrès émet le vœu que l'administration demande aux chambres les fonds nécessaires *pour augmenter le nombre des étalons entretenus dans les établissements de l'État.*

« Il m'a semblé important, monsieur le rédacteur, de rétablir les faits, et de constater que la décision du congrès n'avait rien eu d'hostile pour cette branche importante du service public. C'est, en un mot, une extension qu'on a votée, et non une suppression.

« Recevez, etc.»

EUGÈNE BARBIER (DE LA NIÈVRE),
rapporteur de la commission chargée des questions relatives aux espèces chevaline, bovine et ovine.

tion avec l'intérêt même de ceux qui doivent les remplir?

L'intérêt en opposition avec le devoir, c'est une triste garantie pour qui impose des devoirs.

Telle serait pourtant la situation respective des parties contractantes; telle elle était, sous l'ancienne monarchie, quand le système administratif des haras s'appliquait à remettre des étalons officiels aux mains de gardes-étalons privilégiés.

Cette situation n'a point changé avec le temps; nous la retrouvons la même dans tous les départements où des concessions d'étalons ont eu lieu, et là où elles sont encore à l'état de fait.

Voyons donc.

Le département de l'Ain a commencé, en 1819, à se procurer par lui-même les étalons que l'administration des haras ne pouvait lui donner.

Trois ans après ses premiers essais, il a modifié les premières conditions faites aux détenteurs.

L'arrêté suivant nous édifiera complétement à ce sujet. C'est un modèle de détails accumulés et de complications diverses.

Il a cela de remarquable qu'il ne vient que comme une nécessité imposée par l'expérience.

Nous le donnons en son entier. Ceux qui le méditeront se passeront bien des observations dont nous aurions pu le faire suivre.

« *Arrêté portant règlement général pour les conditions de remise aux particuliers des chevaux-étalons départementaux.*

« Le préfet du département de l'Ain,

« Vu le règlement général arrêté par notre prédécesseur, le 20 janvier 1819, pour les conditions de remise des étalons départementaux;

« Vu les délibérations subséquentes du conseil général du département à ce sujet, notamment celle du 19 août 1821, qui ont modifié quelques-unes de ces conditions ;

« Après avoir pris l'avis de la commission consultative instituée à cet effet ;

« Considérant qu'il est nécessaire de réunir, dans un nouveau règlement général qui sera imprimé au *Bulletin administratif* et distribué à chaque dépositaire, les conditions auxquelles l'expérience de trois années a fait connaître que la remise des étalons départementaux devait avoir lieu,

« Arrête :

« Art. 1er. Les personnes qui désirent obtenir des dépôts d'étalons départementaux devront désigner dans leur demande les variétés de chevaux qui conviennent le mieux à la localité qu'elles habitent, prises dans les races dont le choix aura été fait par le conseil général dans sa précédente session.

« Art. 2. Sur l'avis de la commission, le préfet désignera les propriétaires qui devront avoir part à la distribution prochaine ; il leur en adjoindra un quart en sus comme suppléants pris après eux parmi ceux qui y auront le plus de droit.

« On pourra accorder au même propriétaire, suivant les localités, le dépôt de deux étalons.

« Art. 5. La commission proposera les achats après cet état de distribution ; cette proposition servira de règle à la personne qui en sera chargée.

« Art. 4. A l'arrivée à Bourg des étalons et juments, un premier classement en sera fait, sur l'avis de la commission, d'après les variétés qui conviendront le mieux aux grandes subdivisions du département sous le rapport de l'espèce des chevaux et juments.

« Art. 5. La distribution se fera ensuite, dans chaque subdivision, par la voie du sort.

« Art. 6. Chaque dépositaire désigné, en recevant un

étalon, recevra également une jument qui devra être employée à la reproduction, sans autre responsabilité que celle mentionnée en l'article 19 ci-après.

« Art. 7. Les dépositaires désignés seront informés suffisamment d'avance, directement et par écrit, du jour où les étalons et juments devront arriver à Bourg aussitôt que l'on en aura connaissance; autant que possible, ils devront être présents ou se faire représenter pour recevoir ceux qui leur écherront par le sort vingt-quatre heures après leur arrivée.

« Art. 8. Passé le jour indiqué, ils devront acquitter tous les frais occasionnés par la prolongation du séjour à l'auberge des chevaux qui leur étaient destinés, et ce avant que la délivrance leur en soit faite.

« Art. 9. Si, au bout de huit jours, ils ne se présentaient pas, les chevaux qui leur auraient été destinés seront délivrés au propriétaire désigné surnumérairement, lequel serait, également et de la même manière, tenu de payer la dépense entière occasionnée par la prolongation du séjour des chevaux à l'auberge.

« Art. 10. L'étalon et la jument seront délivrés, sans qu'il y ait rien à payer ni pour prix de l'achat, ni pour frais de route; ils seront établis par le dépositaire dans la commune désignée pour leur placement, soit dans la propriété qu'il habite, soit, sous sa responsabilité, chez le fermier de l'un de ses domaines dans la même commune.

« Art. 11. Le propriétaire détenteur fera nourrir et soigner à ses frais, suivant le mode adopté pour les haras du gouvernement, l'étalon et la jument qui lui seront confiés.

« Art. 12. Il demeure tenu d'employer pendant six ans l'étalon qui lui est remis à la monte de vingt à trente juments au plus, selon sa force.

« Art. 13. Il tiendra, à cet effet, un registre parafé et coté par le sous-préfet de l'arrondissement, dans lequel il mentionnera le nom et le domicile des propriétaires ou fermiers qui amèneront leur jument à l'étalon, lesquels demeurent tenus de faire connaître au dépositaire si leurs juments ont produit; quels sont le sexe et la robe des poulains. Cette déclaration sera donnée par écrit, attestée et visée par le maire de la commune.

« Art. 14. Les juments les plus belles et les mieux appropriées à l'étalon destiné à la saillie, tant pour la taille que pour la race et pour les formes, seront préférées aux autres, en sorte que, s'il se présentait une suffisante quantité de ces juments de qualité supérieure, les juments communes ou défectueuses ne seraient point admises à la saillie; dans tous les cas, les juments atteintes de maladies et vices héréditaires devront être refusées.

« Art. 15. Le service de l'étalon, pour le saut, n'est exigé et de rigueur que pour six ans, passé lesquels l'étalon, tel qu'il se trouvera alors, appartiendra en toute propriété au dépositaire.

« Art. 16. Le prix du saut sera de 6 fr., le même que celui fixé pour les étalons du gouvernement; le produit en est entièrement abandonné au dépositaire de l'étalon.

« Art. 17. Pendant la durée des six années de services exigés de l'étalon, la responsabilité du dépositaire est réglée ainsi qu'il suit, quelles que puissent être les causes des tares, des vices, du dépérissement, de l'impuissance ou de la mort de l'étalon.

« Si l'un de ces accidents ou vices survient dans la première année, le dépositaire payera à la caisse de remonte, et dans le courant de l'année, les cinq sixièmes de la moitié du prix de l'étalon rendu à Bourg, et indiqué dans l'acte qu'il aura souscrit.

« S'il arrive dans la seconde année, il payera de la même manière les quatre sixièmes de la moitié du prix de l'étalon, et ainsi de suite en diminuant toujours le sixième de la moitié du prix pour chacune des six années échues.

« En cas de vices, le dépositaire ne pourra vendre l'étalon que sur un permis de l'administration délivré sur l'attestation de l'inspecteur, et après avoir acquitté ce qu'il devait à la caisse de remonte.

« Art. 18. L'échange entre les dépositaires de leurs étalons, d'une localité à l'autre, pourra être autorisé par l'administration après avoir pris l'avis de l'inspecteur.

« Art. 19. La jument devra être employée, par le dépositaire, à la reproduction pendant les six années de sa responsabilité pour l'étalon.

« Si elle n'est pas propre à la reproduction , ce qui sera constaté dans le cours des deux premières années de la remise qui en aura été faite , ou si, après cette époque et par quelque cause que ce soit , elle devient impropre à ce service , elle sera revendue au chef-lieu de l'arrondissement , publiquement et à l'enchère, et ce après publication insérée aux journaux de l'Ain au moins quinze jours à l'avance. Les trois cinquièmes du prix provenant de cette vente , déduction faite des frais, seront alloués en indemnité au dépositaire, et le surplus versé à la caisse de remonte; la revente pourra également avoir lieu sur la demande motivée et reconnue juste et fondée du propriétaire.

« Si la jument meurt, elle sera perdue pour le propriétaire ; mais il ne sera tenu à aucun remboursement du prix d'achat ni autres frais.

« Art. 20. Les élèves produits par les juments départementales appartiendront, en toute propriété, aux dépositaires.

« Art. 21. En cas de maladie des étalons ou des juments, le détenteur est tenu , dans son intérêt et dans celui du département, de faire visiter et soigner, à ses frais, l'animal malade par un médecin ou un artiste vétérinaire breveté.

« Art. 22. A l'avenir, lorsqu'au bout de deux ans de dépôt d'un étalon il sera reconnu que peu ou point de juments lui sont amenées, on pourra retirer la jument ou l'étalon sans indemnité pour le dépositaire, et les placer ailleurs pour les quatre ans qui restent à courir.

« Art. 25. Les conditions ci-dessus détaillées, en ce qui

concerne les droits et obligations réciproques de l'administration et des dépositaires, seront stipulées dans un acte par-devant notaire, qui relatera le prix de l'étalon et celui de la jument : il sera souscrit par le préfet, au nom du département, et par le dépositaire, qui, pour en assurer l'exécution, devra s'engager pour une somme égale à la moitié de la valeur de l'étalon, et fournir une hypothèque suffisante.

« Les frais de cet acte seront supportés par le dépositaire.

« Art. 24. Il y aura, dans chaque arrondissement, un inspecteur des étalons départementaux dont les fonctions seront gratuites.

« Art. 25. Ils seront chargés de visiter les étalons et juments de leur arrondissement respectif avant et immédiatement après la monte. Dans cette dernière tournée, ils fourniront un relevé exact du nombre des juments saillies. La tenue des juments et étalons départementaux, le résultat des saillies précédentes, seront principalement l'objet de leur rapport à l'administration.

« Art. 26. Les médecins vétérinaires en chef de chaque arrondissement devront faire deux tournées à environ trois mois de distance de celle des inspecteurs ; leurs rapports seront également adressés à la préfecture.

« Art. 27. Les inspecteurs seront autorisés à accorder, lors de leur visite, des gratifications aux palefreniers qui y auront des droits, pour les soins qu'ils auront donnés aux juments et étalons départementaux qui leur seront confiés.

« Fait à Bourg, hôtel de la préfecture, le 31 août 1821.

— De 1839 à 1845, le département du *Finistère* a fait acheter et a concédé, à moitié prix, des étalons de l'espèce de trait. Voici dans son entier le règlement auquel s'étaient soumis les détenteurs.

« *Règlement au service de la monte.*

« MM. les propriétaires qui ont consenti à recevoir de

l'administration départementale du Finistère des étalons choisis, achetés et approuvés par elle, en lui payant toutefois une somme d'environ moitié du prix de revient de chaque cheval, seront tenus d'avoir pour ces chevaux un local sain, commode et convenablement disposé ; ils devront veiller à ce qu'ils reçoivent, sous le rapport du régime et sous tous autres, tous les soins que leur santé et leur bonne conservation peuvent exiger ; ils se conformeront à ce qui est prescrit ci-après, pour l'emploi à faire de ces étalons. En cas d'accident ou de maladie, ils en informeront sur-le-champ M. le préfet ou MM. les sous-préfets, par l'intermédiaire de MM. les maires de leur commune respective, pour que ces chevaux puissent être traités aux frais des dépositaires ou de l'administration, par un vétérinaire désigné par l'autorité ; ils procureront, en attendant, à l'étalon les secours qui pourraient être à leur portée ; enfin ils devront concourir de tous leurs moyens, de toute leur influence au succès de l'amélioration que se propose l'administration départementale.

« Il sera alloué à chaque propriétaire dépositaire une prime d'entretien et d'approbation fixée par le conseil général du département et basée sur le prix des fourrages dans chaque localité ; cette prime pourra être réduite et même supprimée, selon que les conditions prescrites auront été plus ou moins complétement remplies.

« Le nombre de juments que chaque étalon pourra servir, chaque année, reste fixé à 25 pour les étalons n'ayant que quatre ans,

« 50 pour ceux de cinq ans,
« 60 pour ceux au-dessus de cinq ans.

« Ce nombre ne pourra être dépassé, mais il pourra être réduit, en cas d'indisposition ou de maladie des étalons.

« On fera saillir de préférence les juments les plus belles et les mieux appropriées à l'étalon ; toutes les juments présentées pour le saut seront examinées avec soin, et on refusera toutes celles qui seraient affectées de vices héréditaires ou de maladies contagieuses.

« On ne permettra, dans aucun cas, plus de deux sauts par jour, l'un le matin et l'autre le soir, mais toujours avant d'abreuver les étalons, ou bien deux heures après le repas.

« Le prix à percevoir pour chaque jument saillie ne pourra être au-dessus de 6 francs, plus 50 centimes pour le palefrenier. Ce droit appartiendra au dépositaire de l'étalon, et le propriétaire de la jument pourra exiger que le saut soit répété jusqu'à quatre fois, à différents jours, au moins quatre jours d'intervalle ; si la jument n'a pas retenu plus tôt, ce nombre de quatre saillies pour chaque jument ne sera dépassé que pour des cas réellement indispensables.

« Les propriétaires dépositaires d'étalons départementaux tiendront un registre de saillies pour chaque étalon ; ils y inscriront d'abord le numéro d'ordre des juments saillies, puis le signalement de la jument en indiquant son âge, et, autant que possible, le pays où elle est née, ainsi que le nom et la demeure du propriétaire auquel elle appartient. Dans le cas où un certificat attestant la saillie leur sera demandé, ils en délivreront un signé d'eux et conforme au modèle.

« La monte finie, une copie de ces registres, signée des propriétaires d'étalons, sera remise à M. le maire de la commune, qui l'enverra à M. le sous-préfet pour être transmise à M. le préfet du département.

« *Dispositions générales.* — Les étalons départementaux sont placés sous la surveillance de MM. les maires des communes où il y en aura. Le dépositaire doit, chaque année, s'attacher à recueillir les renseignements sur les productions de la monte précédente, afin de connaître les résultats bons ou mauvais, et de les transmettre à l'administration. On ne doit point soumettre à la saillie les juments qui ne sont pas en chaleur et qui se défendent trop à l'approche du mâle; on doit laisser écouler un intervalle de quelques jours entre chaque saillie accordée à la même jument; on fixera le jour des retours, pour éviter la confusion : tout service est interdit à l'étalon qui se trouverait indisposé. On n'emploiera pas les étalons départementaux pour éprouver ni saillir des juments destinées à être sautées par d'autres chevaux; hors le temps de la monte et même pendant la monte, on pourra faire légèrement travailler avec précaution, ou au moins promener les étalons départementaux : s'il y avait abus sous ce rapport, la prime d'entretien pourrait être réduite et même supprimée. Pour éviter tout accident, les écuries seront garnies de stalles ou loges bien solides, les fumiers n'y séjourneront pas; on y conservera une litière propre et suffisante. Le palefrenier fera le pansage régulièrement, et, autant que possible, il couchera dans l'écurie. La consommation journalière pour chaque étalon devra être telle, qu'il soit toujours entretenu en bon état de santé. »

Toutes ces dispositions sont assez anodines; mais elles ne sont pas complètes. Elles ont bien plus le caractère de la recommandation que de l'obligation imposée; elles cherchent à instruire le détenteur, elles lui font une sorte de leçon d'hygiène plutôt qu'elles ne lui créent des devoirs : on ne voit pas trop comment elles sauvegardent les intérêts du département.

En effet, aucune stipulation en cas de perte prématurée; aucune condition relative à la durée même du service obligatoire.

Et pourtant que de choses sont demandées, sinon exigées :

1° Un local sain, commode et convenablement disposé, — chose rare dans le Finistère;

2° Une alimentation suffisante et substantielle;

3° Tous les bons soins capables d'assurer la conservation de la santé et l'utile emploi de l'étalon comme reproducteur;

4° La nécessité d'un traitement judicieux en cas de maladie;

5° Une prime à titre d'indemnité de nourriture, afin que la ration journalière soit suffisante;

6° Fixation du nombre des saillies par jour et par saison, afin de prévenir les abus;

7° Fixation du prix du saut à un maximum aussi élevé que possible pour le pays;

8° Limite au droit acquis à la saillie par les propriétaires de juments;

9° Écritures variées, tenue de registres et délivrance de certificats;

10° Renseignements à produire sur les résultats de la monte;

11° Ménagements dans le travail, car on redoute les excès;

12° Surveillance des maires;

13° Réduction ou même suppression complète de la prime annuelle en cas d'infractions plus ou moins graves aux conditions imposées.

Du reste, nulle autre peine, aucune coercition. Est-ce à dire que le cahier des charges a été ponctuellement exécuté, que les détenteurs ont, à l'envi, concouru au but que s'était proposé le conseil général du Finistère? On pourrait bien émettre quelques doutes à cet égard, puisque, depuis 1845, aucune acquisition n'a été réalisée, et que les fonds précédemment alloués pour achats d'étalons de race percheronne ont fait retour à une autre sorte d'encouragement qui avait été abandonné pour le système des concessions d'étalons et de primes d'entretien à ces derniers (1).

— *Le département des Vosges* a essayé du même moyen; il a concédé des poulinières achetées par ses soins et placées à titre gratuit chez des particuliers, et des étalons ardennais que l'administration des haras avait consenti à lui donner.

(1) Lettre du préfet du Finistère au ministre de l'agriculture et du commerce, en réponse à une demande de renseignements sur la question. (5 décembre 1848.)

Voici l'arrêté pris à ce sujet :

« *Arrêté relatif au placement d'étalons de race arden-*
naise dans le département des Vosges.

« Le maître des requêtes, préfet des Vosges,

« Sur l'avis de la commission pour l'amélioration de la
race des chevaux dans ce département ;

« Vu la lettre de son S. Exc. le ministre de l'intérieur du
15 juillet 1829, relative au mode de placement d'étalons
ardennais destinés à la reproduction de la race des chevaux
dans le département des Vosges,

« Arrête ce qui suit :

« Art. 1er. Il sera ouvert, pour le placement d'étalons de
race ardennaise donnés par le gouvernement au département
des Vosges, un concours public auquel seront admis les propriétaires ou fermiers connus pour se livrer avec succès à
l'éducation des chevaux, et qui justifieront, par un certificat
du maire de leur commune, remplir les conditions exigées
par l'article 5 du présent arrêté.

« Art. 2. Les étalons seront placés chez les propriétaires
qui, en s'engageant, d'ailleurs, à remplir toutes les conditions
qui seront plus bas déterminées, offriront de verser, pour
les obtenir, la somme la plus élevée, conformément à l'article 4.

« Art. 3. Une enchère sera ouverte à cet effet, pour chaque étalon, entre les propriétaires admis à y concourir ; leurs
offres seront constatées dans les formes suivies pour les enchères publiques, et il en sera dressé procès-verbal.

« Art. 4. Au moment de la livraison, le preneur, s'il ne
paye pas comptant, souscrira l'obligation de verser le montant de l'adjudication dans la caisse du receveur général, à
Épinal, ou des receveurs particuliers, dans les arrondissements, dans le délai de huit jours, au compte du département
et pour augmenter les fonds affectés à l'acquisition des étalons.

« Art. 5. Chaque concurrent devra justifier, pour la montagne, qu'il tient, à titre de propriétaire ou de fermier, au moins huit têtes de bétail, bêtes à cornes ou chevaux ; pour la plaine, qu'il cultive environ 15 hectares de terres labourables et 5 hectares de prairies naturelles, et que ses bâtiments d'exploitation renferment des écuries saines et spacieuses. Les fermiers devront, en outre, justifier d'un bail ayant au moins neuf ans à courir, ou prendre l'engagement, s'il expirait dans l'intervalle, de le renouveler de manière que la durée atteigne les neuf années.

« Art. 6. Les propriétaires ou fermiers à qui seront adjugés des étalons souscriront l'engagement de les employer au service de la monte jusqu'à l'âge de quinze ans ; ils auront, toutefois, ainsi que leurs héritiers, la faculté de les céder, avec tous leurs droits, à d'autres propriétaires ou fermiers offrant les mêmes garanties, s'ils se trouvaient hors d'état de les conserver jusqu'à cet âge, sous la condition expresse que cette cession n'aura d'effet qu'après avoir été approuvée par l'administration.

« Art. 7. Le dépositaire de l'étalon sera tenu d'ouvrir un registre sur lequel il inscrira, jour par jour, le signalement des juments présentées à l'étalon, les noms, prénoms, qualités et domicile de leurs propriétaires, la date et le nombre des saillies. Ce registre sera coté et parafé par le maire, et signé par les propriétaires des juments saillies au bas de l'article qui les concernera.

« Art. 8. Si un étalon périt avant d'avoir atteint l'âge de quinze ans, le preneur qui ne pourrait justifier que la mort ne provient pas de son fait ou n'est pas la suite de sa négligence sera tenu de payer au département une indemnité qui pourra être portée au tiers du prix de l'acquisition, et qui sera fixée par une expertise contradictoire.

« Art. 9. Lorsque les étalons auront atteint l'âge de quinze ans, ils deviendront la propriété des preneurs.

« Art. 10. Les étalons pourront être employés aux tra-

vaux d'exploitation, avec ménagement néanmoins, et hors
du temps de la monte.

« Art. 11. Le temps de la monte courra du 15 mars au
1ᵉʳ août de chaque année.

« Art. 12. Les preneurs ne pourront exiger au delà de
6 fr. pour chaque saillie, composée de trois sauts, si le propriétaire de la jument présentée le demande.

« Art. 13. Les étalons seront conduits tous les ans, par
le preneur, devant M. l'inspecteur général des haras royaux,
lors de la tournée qu'il fera dans le département des Vosges,
au jour et au lieu fixés par le préfet.

« Art. 14. Les sous-préfets, les maires des communes où
les étalons seront placés, et les artistes vétérinaires de département et d'arrondissement, sont chargés de s'assurer de
l'exécution des conditions ci-dessus déterminées.

« Épinal, le 16 juillet 1829. »

Si l'administration du Finistère avait un peu négligé les
intérêts du département, il faut avouer que le préfet des
Vosges s'en était occupé outre mesure en imposant un luxe
de conditions qui pouvait offrir des garanties, mais qui devait
éloigner les détenteurs pour l'avenir. — Cependant il ne faut
accuser ni le préfet ni les haras : ceux-ci avaient répondu à
de pressantes sollicitations et s'étaient prêtés, — sans condition aucune, — à un essai qui ne devait donner aucun résultat utile; — celui-là s'était entouré des lumières d'une commission.

Le cahier des charges a été l'œuvre de la commission instituée dans les Vosges pour l'amélioration de la population
chevaline du département.

« Le conseil général avait pensé que le pays recueillerait
de grands avantages de ce mode d'amélioration, mais son
attente a été trompée; il a bientôt renoncé à ce système (1). »

(1) Lettre du préfet, consulté, au ministre de l'agriculture et du
commerce. (22 novembre 1848.)

— De même que les précédents, le département du *Haut-Rhin* est intervenu directement dans la production et l'amélioration de ses chevaux.

Il a commencé par des concessions gratuites, puis il en est venu à vendre ses étalons en concours publics.

L'arrêté qui suit fait connaître les conditions imposées aux détenteurs.

« Le préfet du département du Haut-Rhin,

« Vu la délibération prise par le conseil général du département, pendant sa dernière session, concernant l'introduction de trois étalons *percherons* à acheter aux frais du département pour le service de la reproduction ;

« Vu les soumissions de divers propriétaires qui ont offert de prendre en dépôt ces étalons aux conditions fixées par le conseil général du département ;

« Ouï l'avis de la commission spéciale qui a été appelée à examiner ces soumissions et à proposer le placement des étalons de la manière la plus convenable pour le service de la reproduction,

« Arrête :

« Art. 1er. Les trois étalons *percherons* qui viennent d'être achetés aux frais du département seront concédés aux personnes ci-après désignées, sous les charges et conditions déterminées par le présent arrêté, savoir :

. . . .

. . . .

. . . .

« Art. 2. Sur l'avis qui leur sera donné, les concessionnaires désignés devront venir retirer, à Colmar, en personne, dans le délai de trois jours, les étalons qui leur seront échus. Ce délai passé, les étalons ne pourront leur être délivrés qu'après le payement des frais d'entretien, que la prolongation du séjour des chevaux à Colmar aura occasionnés, frais qui seront mis à leur charge.

« Art. 3. S'ils ne se présentaient pas dans le délai de huit jours au plus tard, les étalons qui leur sont destinés seront concédés au propriétaire désigné surnumérairement à cet effet, lequel serait également tenu de payer la dépense entière occasionnée par la prolongatiou du séjour des chevaux à Colmar.

« Art. 4. Les concessionnaires qui retireront leurs étalons en temps utile n'auront rien à payer, ni pour prix d'achat, ni pour frais de route ; mais ils seront tenus de nourrir et de soigner convenablement ces étalons à leurs frais, et de les employer, pendant six années consécutives, au service de la reproduction, de manière à faire saillir les juments qui seront désignées, conformément à l'art. 6, et dont le nombre ne pourra excéder soixante par année.

« Art. 5. Chaque concessionnaire tiendra, en conséquence, un registre à souche coté et parafé par le sous-préfet de l'arrondissement de son domicile, dans lequel il inscrira, avec un numéro d'ordre, sans lacune ni interligne, les noms, qualités et domicile des propriétaires des juments qui seront admises successivement à la saillie des étalons percherons, ainsi que l'âge et le signalement de ces juments.

« Des cartes de saillie numérotées, détachées du registre à souche et signées des concessionnaires, seront délivrées aux propriétaires de ces juments pour constater les saillies et l'origine des productions.

« Art. 6. Les dépositaires des étalons percherons ne pourront admettre à la saillie que les juments reconnues propres à améliorer la race du pays, et qui seront désignées, à cet effet, par le vétérinaire de l'arrondissement ou par l'un des membres de la commission de surveillance, lequel délivrera aux propriétaires de ces juments des cartes d'admission qui ne seront valables que pour un an, mais qui pourront être renouvelées aussi longtemps que les juments resteront propres au service de la reproduction. Ces cartes devront mentionner le signalement des juments ainsi que les noms des propriétaires, et désigner l'étalon auquel les jumonts devront être présentées.

« En sollicitant ou en acceptant une carte d'admission, les propriétaires des juments contracteront l'obligation de faire connaître à l'administration la production qu'ils obtiendront.

« Ils seront admis, d'ailleurs, à participer, à raison de ces productions, et en justifiant de leur origine, aux primes qui continueront à être décernées dans les concours annuels pour les plus belles juments poulinières accompagnées de leurs produits.

« Art. 7. Le prix du saut des étalons percherons est fixé à 5 francs. Cette rétribution sera perçue par les concessionnaires et leur sera entièrement abandonnée.

« Art. 8. Le service de ces étalons, pour les saillies, n'est exigé que pendant six années, après l'expiration desquelles ces étalons, tels qu'ils se trouveront alors, appartiendront, en toute propriété, aux concessionnaires qui auront satisfait aux conditions stipulées.

« Art. 9. Pendant la durée de ce service, la responsabilité des dépositaires est réglée de la manière suivante, quelles que puissent être les causes des tares, des vices, du dépérissement, de l'impuissance ou de la mort des étalons.

« Si l'un de ces accidents ou vices survient dans la première année, le dépositaire versera dans la caisse du département, et dans le courant même de l'année, les cinq sixièmes de la moitié du prix de l'étalon rendu à Colmar, prix qui sera indiqué dans l'acte qu'il aura souscrit.

« Si l'accident survient dans la deuxième année, le dépositaire aura à payer les quatre sixièmes de la moitié du prix de l'étalon, et ainsi de suite, en diminuant toujours le sixième de la moitié du prix pour chacune des six années de service qui seront échues.

« En cas de vices qui rendraient l'étalon impropre à l'amélioration de la race, le dépositaire ne pourra le vendre qu'au moyen d'un permis de l'administration, qui ne sera délivré que sur l'attestation du vétérinaire du ressort, et après que le dépositaire aura réalisé le remboursement dû au département.

« Art. 10. Les échanges d'étalons entre les dépositaires d'une localité à l'autre pourront être autorisés par l'administration, d'après l'avis des vétérinaires des deux ressorts.

« Art. 11. En cas de maladie des étalons percherons concédés, les dépositaires seront tenus, dans leur intérêt comme dans celui du département, de faire traiter ces animaux à leurs frais par le vétérinaire d'arrondissement ou par tout autre vétérinaire breveté.

« Art. 12. A la fin de chaque année, les dépositaires d'étalons *percherons* devront fournir un extrait de leur registre de saillie indiquant les saillies opérées pendant le cours de l'année, avec tous les renseignements portés dans ce registre. Cet extrait, certifié par le dépositaire, vérifié et attesté par la commission de surveillance ci-après mentionnée, article 20, devra être envoyé à la préfecture par MM. les sous-préfets.

« Art. 13. Lorsque, après deux années de dépôt d'un étalon, il sera reconnu que peu ou point de juments lui sont amenées, l'administration pourra, sur l'avis de la commission de surveillance, retirer l'étalon, sans indemnité pour le dépositaire, et le placer ailleurs pour les quatre ans qui restent à courir.

« Art. 14. Dans le cas où un dépositaire cesserait de présenter les garanties exigées, il lui sera loisible de présenter, en son lieu et place, un nouveau dépositaire, après que celui-ci aura été agréé par l'administration sur l'avis de la commission de surveillance.

« Si le dépositaire n'était pas agréé, ou si la présentation n'avait pas lieu dans le délai que fixera l'administration, l'étalon rentrera de droit et sans indemnité pour le dépositaire à la disposition de l'administration , qui avisera à un nouveau placement.

« Art. 15. Si le dépositaire venait à décéder pendant la durée de sa responsabilité, ses héritiers pourront continuer le service, s'ils offrent les garanties exigées; mais ils auront, dans tous les cas, à demander le maintien du dépôt, si mieux ils n'aiment présenter à l'administration un nouveau dépositaire, qui devra être agréé conformément à l'article 14.

« Art. 16. Les conditions ci-dessus stipulées, concernant les droits et obligations réciproques de l'administration et des dépositaires d'étalons percherons, seront contractées par un acte à passer devant notaire, qui relatera le prix des étalons respectivement concédés. Cet acte sera signé par le préfet, au nom du département et par chacun des concessionnaires dépositaires, qui, pour en assurer l'exécution, devront s'engager pour une somme égale à la moitié de la valeur des étalons, et fournir une hypothèque suffisante.

« Les frais de cet acte seront à la charge des dépositaires.

« Art. 17. Il sera formé , dans chacun des arrondissements où il y aura des étalons percherons en dépôt, une commission spéciale de surveillance chargée de veiller à la conservation et au service de ces étalons.

« Les membres de ces commissions visiteront les étalons au moins une fois par mois, soit séparément, soit ensemble, et tiendront note de leurs observations pour les communiquer au sous-préfet ou au préfet.

« Art. 18. Les commissions de surveillance se réuniront, au moins deux fois par an , sous la présidence du préfet ou des sous-préfets, pour délibérer sur le service des étalons percherons placés dans leur ressort.

« Elles pourront être convoquées extraordinairement, s'il y a lieu.

« Art. 19. Les vétérinaires d'arrondissement seront adjoints à ces commissions, et devront exercer une surveillance particulière sur l'entretien et le service des étalons percherons, ainsi que sur leurs productions.

« Ils présenteront, chaque année, avant le 1ᵉʳ janvier, un rapport écrit sur le résultat de leur surveillance, en faisant connaître le nombre et la qualité des productions de l'année provenant des étalons percherons.

« Art. 20. Sont nommés membres des commissions de surveillance instituées par l'article 17 :

.   .   .   .

.   .   .   .

« Art. 21. Le présent arrêté sera publié et affiché, etc.
       « Colmar, le 51 décembre 1842. »

Nous trouvons ici des stipulations nouvelles. La concession n'est plus une affaire du ressort exclusif de l'administration ; on fait intervenir un notaire, et avec lui des formalités qui doivent peser lourdement sur l'esprit et sur la bourse de l'une des parties contractantes.

Nous rencontrons, avant tout, des difficultés d'un nouveau genre : les étalons, introduits au compte du département en vue de concessionnaires connus, acceptés par avance, embarrassent néanmoins l'administration, qui est obligée de prévoir le cas où les détenteurs futurs ne se présenteraient que tardivement ou même ne se présenteraient pas pour retirer les animaux qui leur étaient destinés.

Toutefois ces dispositions n'ont point eu une longue durée : après un premier essai, le département a renoncé à la concession gratuite pour la concession à prix d'argent. Un nouveau règlement est intervenu ; nous n'en rapporterons que les conditions qui modifient les dispositions déjà connues et qui sont contenues aux articles 1, 11, 12, 13 et 14.

« 1. Nul ne sera admis à concourir à l'adjudication, s'il ne justifie de sa solvabilité par un certificat du maire de son domicile, ou s'il ne fournit une caution solvable, séance tenante, s'il en est requis.

« 11. La vente aura lieu au rabais de la manière suivante :

« La mise à prix et le taux auquel les rabais devront être arrêtés seront déterminés par le préfet, d'après l'avis des membres du conseil général assistants.

« Cette mise à prix sera diminuée successivement jusqu'à ce qu'une personne prononce les mots : *Je prends*. Cette personne sera déclarée adjudicataire, si elle est reconnue remplir les conditions voulues.

« Dans le cas où plusieurs personnes se porteraient simultanément adjudicataires du même étalon, le préfet prononcera l'adjudication en faveur de celle qui, d'après l'avis du bureau, paraîtra offrir le plus de garanties; il pourra aussi, s'il le juge convenable, établir, entre les concurrents, des enchères qui auront pour point de départ le chiffre auquel se seront arrêtés les rabais.

« 12. Le prix d'adjudication sera versé, en trois termes égaux, dans la caisse du receveur général des finances....... — Le premier tiers dans la huitaine de l'adjudication, le deuxième tiers dans le délai d'une année, à compter du jour de l'adjudication, et le troisième tiers dans le délai de deux années, sans intérêts.

« 13. Les adjudicataires auront à payer comptant..... les droits de timbre et d'enregistrement du procès-verbal d'adjudication, plus les frais de conduite et d'entretien des étalons, à raison de 15 fr. par tête.

« 14. En cas d'infraction aux conditions qui leur sont imposées pour le service des étalons, les adjudicataires auront à payer de plus au département, à titre d'indemnité, la différence entre le prix d'achat et le prix de concession des étalons percherons, différence qui sera constatée, à cet effet, dans le procès-verbal d'adjudication. Ce payement supplémentaire devra être effectué dans la quinzaine de la mise en demeure notifiée par un avis du préfet sur l'avis de la commission de surveillance établie par l'article 10.

« . . . . »

On attend encore les résultats du système.

—*Dans le département du Var*, ce n'est plus l'administration départementale, mais la Société d'agriculture qui achète des animaux reproducteurs et les place chez des particuliers à des conditions à peù près analogues à celles que nous avons déjà fait connaître. Ce système d'intervention, adopté en 1846 et mis en pratique dès 1847, s'est exécuté sur la race percheronne. On aura peut-être quelque peine à s'expliquer les motifs de la préférence accordée au cheval percheron comme type d'amélioration pour la population chevaline du Var; mais ce n'est pas là ce dont il s'agit en ce moment.

La copie du procès-verbal de vente des premiers animaux introduits dans le Var fera connaître le mode d'après lequel on opère dans ce département; nous la ferons précéder de la reproduction du règlement publié le 12 novembre 1846.

« La Société d'agriculture et de commerce du Var, voulant améliorer la race chevaline et mulassière du département, achète, avec les fonds accordés par l'État et le conseil général, des juments poulinières du Perche, des étalons percherons et des baudets, pour les concéder à l'amiable, ou, s'il y a lieu, aux enchères, aux propriétaires qui voudront se livrer à l'élève des chevaux et des mulets.

« Ces animaux seront placés, autant que possible, en nombre égal dans chaque arrondissement.

« Conditions de leur placement.

« Art. 1er. Pour être admis au nombre des concurrents, il sera nécessaire de produire un certificat en bonne forme, délivré par l'autorité municipale, faisant connaître la profession du demandeur, le temps depuis lequel il est domicilié dans la commune, et constatant, en outre, qu'il présente toutes les garanties, sous le rapport de la moralité, de la solvabilité, et qu'il peut, en tous temps, assurer aux juments ou aux étalons la nourriture et les soins convenables.

« Art. 2. Le prix de la concession de ces animaux sera versé immédiatement dans la caisse du trésorier de la Société.

« Art. 3. Les concessionnaires s'engagent à nourrir et soigner d'une manière convenable les juments concédées, à les faire saillir par l'étalon percheron, à leur faire porter et nourrir au moins trois poulains, et à ne les faire travailler que modérément pendant les six derniers mois de la gestation. L'avortement, constaté par un vétérinaire, et quand il ne sera pas le fait de la négligence, comptera pour une production.

« Art. 4. Dans le cas où la jument serait reconnue stérile, le propriétaire sera tenu de la rendre à la Société, qui lui remboursera son argent, ou de lui solder la totalité du prix d'achat, s'il veut en disposer à son gré.

« Art. 5. Les concessionnaires seront obligés, chaque année, d'amener au chef-lieu du département, et à une époque déterminée, leurs poulains et pouliches de trois ou quatre ans, pour concourir à une distribution de primes accordées par la Société.

« Art. 6. La Société se réserve le droit d'acheter, à dire d'experts nommés à l'amiable, les poulains ou pouliches couronnés au concours, pour les placer, dans le même but, chez d'autres propriétaires, à moins que les éleveurs eux-mêmes ne s'engagent à les consacrer à la reproduction.

« Art. 7. Les concessionnaires d'étalons s'engagent à nourrir et soigner d'une façon convenable les étalons qui leur seront confiés, à ne les point faire travailler pendant le temps de la monte, c'est-à-dire du mois de février au mois de juin exclusivement, et à ne les faire servir, le reste de l'année, qu'à des travaux modérés de culture, sans les atteler au joug.

« Art. 8. Il ne sera admis à la saillie que des juments non affectées de maladies héréditaires.

« Les saillies ne peuvent avoir lieu qu'à station fixe, chez le concessionnaire, et leur nombre ne peut excéder quatre-vingts par étalon et par année.

« Art. 9. Le prix de chaque saillie est fixé à 5 francs ; la saillie peut être renouvelée jusqu'à trois fois pour la même jument sans augmentation de prix. Les saillies ainsi renouvelées ne compteront point dans le nombre des quatre-vingts dont il est question au paragraphe précédent, et qui se rapporte uniquement à des saillies primitives.

« Art. 10. Les concessionnaires tiennent un registre à souche dont le modèle leur est fourni par la Société, et sur lequel sont constatés, régulièrement et par jour, les saillies et leur résultat.

« Les cartes de saillie portant les mêmes indications que la souche en sont détachées et remises aux propriétaires des juments.

« Art. 11. Si quelque maladie ou cas fortuit pouvait délier le concessionnaire de ses engagements, le fait sera constaté par un vétérinaire, qui fera son rapport à la Société.

« Art. 12. Ces juments et ces étalons seront visités, chaque année, par un délégué de la Société ; il rendra compte des soins dont ces animaux sont l'objet de la part des concessionnaires, ainsi que de l'exécution du présent règlement ; il vérifiera, contrôlera et visera les registres de saillies. Après chaque inspection, il adressera à la Société un rapport circonstancié contenant ses observations, ses vues et ses propositions.

« Art. 13. Le présent règlement oblige les concessionnaires pendant six ans ; après ce laps de temps, ils seront dégagés de toutes leurs obligations envers la Société, et pourront disposer à leur gré des animaux qui leur auront été concédés.

« Art. 14. L'inexécution des clauses du présent règlement par les concessionnaires donne à la Société le droit d'élever contre eux une action en dommages et intérêts, et de leur enlever la bête concédée.

« Art. 15. Les personnes qui désirent obtenir la concession de juments ou étalons doivent adresser, *franco*, à la Société une soumission par laquelle elles s'engagent à payer le prix qui sera ultérieurement convenu, et à exécuter toutes les clauses et conditions du présent règlement. A cette soumission doit être joint le certificat du maire mentionné à l'art. 1er du règlement.

« Art. 16. Aucune demande ne sera admise après le 30 décembre 1846.

« Art. 17. Plusieurs baudets seront placés par la Société, et aux mêmes conditions, dans le but d'améliorer la race mulassière.

« Art. 18. Le présent règlement sera rendu public, et une expédition en sera remise à chaque concessionnaire.

« Draguignan, le 6 novembre 1846. »

Voici maintenant le procès-verbal de vente.

« *Procès-verbal de la vente de quatre étalons et de huit juments poulinières de race percheronne.*

« Conformément à ce qui avait été annoncé dans toutes les communes du département, la commission des haras, chargée, par la Société, de l'achat et du placement des animaux types, assistée des membres du bureau de la Société, s'est assemblée, le 18 janvier 1847, à midi, dans la caserne de la gendarmerie, à Draguignan, pour procéder à la vente des quatre étalons et des huit juments de race percheronne acquis le 12 janvier.

« Pendant que le secrétaire dressait la liste des concurrents présents à la séance et vérifiait leurs titres, la commission, fidèle au principe d'égale répartition inscrit à son programme, s'occupait de distribuer les animaux en quatre groupes de valeur égale, composés chacun d'un étalon et de deux juments, et de confier au sort le soin de désigner à quel arrondissement ils devaient être attribués. Dans ce but, chaque groupe ayant reçu un numéro d'ordre, ces numéros ont été inscrits, ainsi que le nom des arrondissements, sur des bulletins séparés, dont le tirage simultané a donné les résultats suivants :

« .   .   .   .

« Tous les prétendants étant ensuite réunis, il leur est donné lecture du cahier des charges auquel ils auront à se conformer.

« *Cahier des charges de l'adjudication des étalons percherons et des juments percheronnes.*

« Art. 1ᵉʳ. La revente, au profit de la Société d'agriculture du département du Var, des quatre étalons percherons et des huit juments percheronnes dont elle a fait l'acquisition aura lieu par voie d'enchères au plus offrant et dernier enchérisseur.

« Art. 2. La mise à prix des étalons est fixée à 600 francs pour chacun d'eux ; celle des juments est fixée à 400 francs pour chacune. Le minimum des enchères est fixé à 10 francs.

« Art. 3. Nul ne sera admis à faire des offres, s'il n'a pris l'engagement de se conformer au règlement arrêté, le 6 novembre 1846, par la Société d'agriculture, de remplir les obligations qu'il renferme, et s'il ne présente les garanties nécessaires ; la section des haras chargée de présider l'adjudication sera exclusivement juge de ces garanties.

« Art. 4. Il sera affecté, par la voie du sort, un étalon et deux juments à chaque arrondissement. Chaque animal sera mis aux enchères successives.

« Dans le cas où il ne se présenterait qu'un seul enchérisseur pour chaque animal mis en vente, il ne sera point ouvert d'enchères ; il sera traité de gré à gré avec l'enchérisseur unique par la section des haras. L'acquéreur de gré à gré souscrira l'engagement mentionné en l'article précédent.

« Dans le cas où aucun enchérisseur ne se présenterait, l'adjudication des animaux pour lesquels aucune offre n'aura été faite par des propriétaires appartenant à l'arrondissement auquel ces animaux auront été préalablement affectés par la voie du sort sera renvoyée à la fin de la séance ; lesdits animaux seront adjugés au plus offrant, quel que soit l'arrondissement auquel le plus offrant appartiendra.

« Art. 5. Aussitôt que l'adjudication aura eu lieu, l'acquéreur versera entre les mains de la Société d'agriculture le prix de l'adjudication, plus une somme de 6 francs pour les frais de vente.

« Art. 6. L'adjudicataire ne sera tenu que de faire faire deux portées aux juments actuellement pleines qui lui seront livrées.

« Art. 7. L'adjudication sera prononcée après l'extinction de deux bougies éteintes sans nouvelles enchères.

« Art. 8. La Société d'agriculture garantit les animaux de tout vice rédhibitoire, sous la condition, par les adjudicataires, d'exercer leur action dans les délais voulus par la loi.

« Après ces préliminaires, les enchères ont été successivement ouvertes dans chacun des arrondissements et suivant l'ordre alphabétique.

« L'arrondissement de Brignoles a fourni des acquéreurs pour tous les animaux composant le groupe qui lui appartenait.

« L'arrondissement de Draguignan n'a fourni d'acquéreur que pour les deux juments.

« Les arrondissements de Grasse et de Toulon ne se sont point présentés. En conséquence, l'étalon n° 2 et les animaux composant les deuxième et quatrième groupes restaient invendus après l'appel des quatre arrondissements.

« Dès lors, la commission a annoncé que des enchères générales allaient avoir lieu entre tous les concurrents réunis. Cette opération a fourni des acquéreurs pour toutes les juments et un des deux étalons restants. L'étalon n° 2, seul, n'a point été vendu.

« En définitive, la vente a donné les résultats suivants :

Arrondissement de Brignoles.

DÉSIGNATION des animaux.	MISE à prix.	PRIX de l'adj.	ADJUDICATAIRES.
Cham, étalon n° 3	600 f.	630 f.	M. Brun, de Flassans.
Sara, jument n° 3	400	410	M. Ch. de Gasquet, d'Entrecasteaux.
Lucia, *id.* n° 4	400	410	*Idem.*

Arrondissement de Draguignan.

DÉSIGNATION des animaux.	MISE à prix.	PRIX de l'adj.	ADJUDICATAIRES.
Noé, étalon n° 1	600 f.	610 f.	M. Mouquet, de Cogolin.
Sem, *id.* n° 4	600	610	M. Meissonnier, d'Ampus.
Lisa, jument n° 1	400	550	M. Boyer, de Trans.
Fatma, *id.* n° 2	400	410	*Idem.*
Julia, *id.* n° 5	400	460	M. Thomas, du Muy.
Persa, *id.* n° 6	400	670	M. Beaussart, de la Motte.
Léona, *id.* n° 7	400	460	M. Gardial-Seillans, de Fayence.
Zulma, *id.* n° 8	400	710	M. Laignel, de Taradeau.

« Chacun des animaux a été immédiatement livré à son nouveau propriétaire, qui en a acquitté le prix entre les mains du trésorier de la Société, et a signé un engagement, dont un double, certifié par les membres de la commission, lui a été remis.

« Avant de se séparer, les membres de la commission décident qu'on s'occupera ultérieurement du placement amiable de l'étalon n° 2, resté invendu.

« En foi de toutes les opérations ci-dessus mentionnées, les membres de la commission ont signé le présent procès-verbal.

« Draguignan, le 18 novembre 1847.

«NOYON, DUVAL, ROQUE, CAUVET, DE PÉRIER-LAGARDE.»

Ce procès-verbal est instructif, en ce sens qu'il montre toutes les difficultés que peut rencontrer, en certaines localités, le système d'importation de reproducteurs, pour leur utile placement, chez des particuliers, à conditions même avantageuses pour ces derniers. Il dit à quels prix inférieurs ces animaux trouvent des concessionnaires, et ce qu'il faut attendre de bons soins de la part de pareils preneurs.

Nous ne savons pas si cette première tentative a été suivie d'un second essai; mais nous voyons bien que douze étalons et juments, reconnus bons par la commission (procès-verbal du 12 janvier 1847), et qui n'avaient coûté ensemble que 12,200 francs, c'est-à-dire moins de 935 francs l'un, n'ont été vendus, en moyenne, que 540 francs, et que la Société, non compris les faux frais, a perdu, sur cette opération de si mince importance, une somme presque égale à celle qu'elle a retirée, soit, en réalité, 593 francs par tête.

Que serait-ce donc si l'importation avait intéressé des animaux de haute race et de grande valeur?

— *Le département de l'Isère* a, depuis quinze à seize ans, adopté le système des concessions d'étalons et de juments aux propriétaires les plus capables.

Les étalons et les juments sont de race percheronne.

Les principales conditions imposées sont les suivantes :

Les soumissionnaires qui ont obtenu du préfet, sur leur demande (cette demande doit être adressée au maire de la commune), d'être dépositaires d'étalons départementaux doivent les aller prendre au lieu de la distribution ; de ce jour, les étalons sont à la charge des soumissionnaires.

Le dépositaire ne paye rien, ni pour prix d'achat, ni pour frais de route ; il est tenu d'employer l'étalon à la monte pendant tout le temps où l'animal y sera reconnu propre.

La monte s'étend du 1ᵉʳ mars au 1ᵉʳ juillet. L'animal saillira de trente juments au moins à cinquante au plus ; il n'y aura jamais qu'une saillie par jour.

Pendant le temps de la monte, le dépositaire doit augmenter la ration de l'étalon, surtout en avoine ; il doit le ménager au travail et ne jamais le conduire à une distance de plus de 2 lieues.

Le dépositaire profite du travail de l'étalon ; mais il ne peut l'atteler à des diligences, aux voitures de roulage ou à des chariots pesamment chargés.

L'étalon qui ne saillirait pas trente juments au moins serait retiré par l'administration.

Le dépositaire doit inscrire sur un registre les juments qui ont été saillies ; il relate le nom, le domicile du propriétaire, la race, l'âge et la robe de la jument. Ces registres sont cotés et parafés par le préfet, visés par le maire du domicile du propriétaire de la jument. S'il y a un produit, le dépositaire doit mentionner au registre le résultat de la saillie, en noter le sexe, le pelage, etc.

Le dépositaire doit refuser la saillie de l'étalon aux juments trop petites, défectueuses, atteintes de maladies ou qui n'auraient pas encore l'âge de quatre ans.

Le prix de la saillie appartient au dépositaire ; il ne peut être de plus de 5 francs ; la même jument, saillie encore deux fois, ne devra que 2 fr. en plus.

L'étrenne au palefrenier est de 50 c.

Si l'étalon obtient une prime de l'État, le quart de la prime appartient au dépositaire.

Le dépositaire fait soigner, à ses frais, l'étalon malade, par un vétérinaire breveté.

Le dépositaire qui laisse périr l'étalon par sa faute doit rembourser au département la moitié du prix de l'étalon ; ce prix est fixé à l'avance par un tarif.

Si l'étalon, retiré à un dépositaire, est épuisé par trop de travail ou trop de saillies, le nouveau détenteur ne paye plus que le quart du prix de l'étalon ; ce prix est fixé à l'avance.

L'étalon départemental est marqué des lettres D. I.

A la fin de son service, l'étalon départemental est vendu au profit du département.

Il y a, dans ces conditions, des clauses nouvelles ; mais elles peuvent très-bien se passer de commentaires.

Ce cahier des charges, d'ailleurs, se complique des dispositions suivantes relatives aux concessions de juments percheronnes.

« TITRE III.

« *Du placement des juments poulinières.*

« Art. 20. Les juments poulinières de race percherónne achetées par le département seront confiées, de préférence, aux nouveaux détenteurs d'étalons, et aux éducateurs déjà dépositaires de producteurs de même race, qui en feront la demande par soumissions souscrites dans la forme indiquée à la suite du présent. A défaut d'un nombre suffisant de la part des dépositaires d'étalons, les juments pourront être confiées à d'autres soumissionnaires.

« Le préfet désignera les personnes qui auront part à la distribution des juments, et les en préviendra à temps pour qu'elles puissent les faire prendre au moment de la remise.

« Les dispositions prévues par les art. 6, 7 et 8, en ce qui concerne la remise des étalons, sont applicables à celle des juments poulinières.

« Art. 21. Nul n'aura deux juments poulinières à la fois.

« Art. 22. Chacun des étalons à placer sera accompagné d'une jument poulinière, à charge, par les détenteurs de ces

II.   3

étalons, de rembourser au département le prix intégral de revient des juments, et de les faire féconder aussi souvent que possible et aussi longtemps qu'elles y seront propres, de préférence par le producteur de leur station, et, dans tous les cas, par un étalon percheron appartenant au département ou approuvé par l'administration.

« Le département ne conserve aucun droit de propriété sur les juments placées aux conditions déterminées au présent article, sauf l'accomplissement du service y stipulé. — Il ne répond pas de leur fécondité; il répond seulement des vices rédhibitoires et dans les délais prévus par la législation sur la matière.

« Le département ne s'engage pas enfin à remplacer les étalons placés chez les propriétaires de juments percheronnes, selon les conditions ci-dessus, dans le cas où ces étalons cesseraient de servir par stérilité, décès ou toute autre cause, pendant que les juments seraient encore propres à être fécondées, comme aussi il n'entend pas faire une obligation aux propriétaires de ces juments de les remplacer si, pendant la durée du service des étalons, ces poulinières devenaient impropres à la reproduction; les dispositions déterminées au présent cahier des charges seront maintenues, et demeureront, d'ailleurs, obligatoires en ce qui concerne les étalons ou les juments qui seraient conservés seuls dans les stations auxquelles se rapporte le présent article.

« Art. 23. Hors le cas prévu à l'article précédent, la remise des juments poulinières sera faite, à charge, par les détenteurs, d'en rembourser au département la moitié du prix de revient, de faire féconder ces juments aussi souvent que possible et aussi longtemps qu'elles y seront propres, par des moyens producteurs de même race appartenant au département ou approuvés par l'administration.

« Le département ne répond pas de la fécondité de ces juments, mais seulement, comme il est dit ci-dessus, des vices rédhibitoires et dans les délais légaux.

« Les juments placées aux conditions déterminées au présent article appartiendront en toute propriété aux détenteurs, sauf l'accomplissement du service y indiqué. — Toutefois, si ces juments étaient rendues, prématurément, impropres à la reproduction, soit par excès de travail, soit par toute autre cause appréciable, les détenteurs seraient tenus, envers le département, à une indemnité de dommage qui serait basée sur le prix que lui aurait définitivement coûté l'achat de ces juments, et serait réglée par experts choisis, l'un par le préfet, l'autre par le détenteur de la jument. — Le tiers expert, s'il en est besoin, sera désigné par le juge de paix du canton du domicile du détenteur. — Le règlement des arbitres sera définitif, sans recours, et ne sera pas assujetti aux formalités préalables, prescrites pour les affaires déférées aux tribunaux. — Les frais de vacation de chacun des experts seront payés par la partie qui l'aura employé; les frais de vacation du tiers expert seront supportés par moitié.

« Art. 24. Les conditions de cession des juments, déterminées par les art. 22 et 23, seront remplies par les détenteurs au moment de la remise de ces juments.

« Art. 25. Les extraits provenant des juments poulinières, placés en exécution des dispositions soit de l'art. 22, soit de l'art. 23 ci-dessus, ne pourront être vendus que dans le département et pour y être élevés; ils seront vendus de préférence à l'administration, si elle voulait les acheter, ce qu'elle serait tenue de déclarer dans les quinze jours de l'offre d'achat. L'administration payerait ces extraits sur estimation à dire d'experts.

« L'inexécution des clauses ci-dessus sera passible du payement d'une indemnité de dommage de 100 fr. au profit du département.

« Art. 26. Si un dépositaire d'étalon ou de jument poulinière venait à décéder pendant la durée d'exécution des clauses du présent cahier des charges, ses héritiers seront mis de droit en son lieu et place , pourvu qu'ils offrent les garanties exigées. »

— Le département des *Ardennes* poursuit activement, depuis 1832, l'amélioration de sa population équestre ; entre autres moyens, il emploie le système des importations d'étalons concédés ensuite à des détenteurs plus ou moins capables. Les concessions ont été gratuites en 1832 et 1833. — En 1834 et 1835, les concessionnaires qui désiraient obtenir des producteurs d'un meilleur choix et d'une race plus améliorée pouvaient ajouter une somme quelconque, — laquelle a varié de 600 fr. à 1,000 fr., — à celle payée par le département au pays de production. — De 1836 à 1838, les étalons importés furent adjugés publiquement au plus offrant et dernier enchérisseur ; mais, à partir de cette époque et jusqu'en 1845 inclusivement , les étalons achetés furent , à l'arrivée , distribués par lots attribués à chaque arrondissement, et les cultivateurs disposés à s'en charger ne purent concourir que pour ceux qui avaient été désignés pour leur arrondissement respectif. On ouvrait des enchères au minimum de 500 fr. , et pourtant la préférence, quelle que fût, d'ailleurs, la somme offerte, était accordée au détenteur qui présentait le plus de garanties sous le rapport du nombre et du mérite des juments au milieu desquelles l'étalon allait se trouver transporté, sous le rapport aussi des bons soins dont il devait être l'objet de la part du concessionnaire. Il résultait de là qu'une offre de 500 fr. pouvait l'emporter sur une offre plus considérable, fût-elle une fois plus élevée. Pour adopter de telles mesures, pour en venir à de semblables combinaisons , il fallait que les conditions précédemment adoptées eussent offert bien des inconvénients et bien peu d'avantages.

Toutefois on ne s'arrêta point encore à ce mode. En 1846, on modifia , pour la cinquième fois , le cahier des charges que nous allons copier, et l'on revint au système des concessions gratuites, avec une durée de service obligé de huit années, le département restant maître, pendant tout ce temps, de retirer au détenteur insoumis l'étalon qu'il avait obtenu. Jusqu'à cette époque, le concessionnaire ne devait au département que six ans de services de l'étalon, après quoi ce dernier devenait sa propriété exclusive. Aujourd'hui l'administration conserve des droits sur les étalons qu'elle concède pendant deux années de plus, et c'est ainsi qu'elle a compensé l'avantage pécuniaire qu'elle trouvait dans l'adjudication, dans la concession sur une mise à prix d'au moins 500 fr.

Voyons maintenant le cahier des charges tel qu'il avait été établi le 9 mars 1836; nous passons sous silence, afin d'abréger, les dispositions, fort compliquées du reste, de l'arrêté qui détermine les formes mêmes du concours à la suite duquel les étalons sont concédés.

« *Cahier des charges, clauses et conditions de placement des étalons départementaux chez les dépositaires responsables.*

« Art. 1er. Les étalons départementaux destinés à l'amélioration de la race ardennaise seront placés en dépôt dans les circonscriptions déterminées par l'arrêté du préfet du 1er mars 1836, soit chez le propriétaire à qui la garde en sera dévolue par suite du concours, soit sur un domaine et chez un fermier de ce dépositaire, mais toujours sous sa garantie personnelle et dans la circonscription pour laquelle il aura concouru.

« Art. 2. Le dépositaire répondra de l'étalon confié à sa garde, et sera tenu de le nourrir et de l'entretenir à ses frais dans le meilleur état de santé possible; à cet effet, il se conformera, sauf ordre contraire, pendant la saison de la monte, au règlement adopté pour les étalons des haras royaux détachés en station, et en tout temps à toutes les prescriptions de M. l'inspecteur des étalons départementaux sur la manière dont ces étalons doivent être nourris, logés et gouvernés.

« Art. 3. Le dépositaire sera tenu de représenter l'étalon, soit à l'écurie, soit en main, toutes les fois qu'il en sera requis , à M. l'inspecteur des étalons , au vétérinaire de l'arrondissement, à MM. les officiers des haras royaux , du dépôt de remonte et des corps de cavalerie stationnés dans le département, enfin à M. le sous-préfet de l'arrondissement et à toutes les personnes autorisées par lui à cet effet.

« Art. 4. Le dépositaire ne pourra tenir, concurremment avec l'étalon départemental , aucun autre étalon particulier, à moins qu'il ne soit approuvé et autorisé.

« Art. 5. Le dépositaire ne devra jamais perdre de vue que l'étalon confié à ses soins est uniquement destiné à la reproduction ; en conséquence , il ne le fera travailler que très-modérément et seulement à la charrue , à la herse ou au transport des herbages pendant la saison du vert; les autres travaux de la campagne et tous autres transports sont formellement interdits, à moins d'une autorisation spéciale de M. l'inspecteur.

« L'étalon ne pourra non plus être monté que pour la promenade, et sans aucune charge additionnelle.

« Art. 6. La saison de la monte s'ouvrira le 1er mars et sera close le 30 juin. Chaque année , dans le courant de février, M. l'inspecteur des étalons fera connaître au dépositaire le nombre des juments qu'il pourra admettre à la monte, et qui ne devra jamais être dépassé.

« Si, pendant la durée de la saison , M. l'inspecteur en reconnaît la nécessité, ce nombre pourra être réduit ; et l'étalon pourra même être momentanément interdit, par décision du préfet, sans que le dépositaire puisse réclamer, à ce sujet , aucune indemnité.

« Art. 7. Aucune jument ne sera admise à la monte que sur la production, par le propriétaire, d'une carte signalétique des saillies, qui sera délivrée par M. l'inspecteur , et qui restera entre les mains du dépositaire de l'étalon.

« Art. 8. Le dépositaire tiendra un registre, coté et parafé par le sous-préfet de l'arrondissement, dans lequel il inscrira le nom et le domicile des propriétaires des juments saillies par l'étalon départemental, et auquel il annexera les cartes de saillies que ces propriétaires auront dû lui remettre.

« Copie certifiée de ce registre sera fournie, chaque année, par lui, à M. l'inspecteur des étalons départementaux.

« Art. 9. Après la dernière saillie, le dépositaire remettra au propriétaire de la jument un certificat mentionnant le nom et la résidence de ce propriétaire, le signalement de la jument, les dates des saillies et le nom de l'étalon qui les aura pratiquées ; le tout pour servir à constater l'origine du produit.

« Art. 10. Vu le haut prix des étalons, la rétribution payée pour la monte sera de 6 francs (1), qui seront perçus par le dépositaire, et dont 1 franc appartiendra au vétérinaire qui aura constaté l'aptitude de la jument à une bonne reproduction.

« Sous aucun prétexte, il ne sera rien exigé au delà de cette somme.

« Art. 11. Moyennant cette rétribution, la jument qui sera présumée ne pas avoir été fécondée par la première saillie pourra être représentée deux autres fois, à un ou plusieurs jours d'intervalle.

« Art. 12. Le dépositaire fournira, gratuitement, place dans ses écuries, pendant douze heures, aux juments qui seront amenées à la monte. La nourriture, les soins et un plus long séjour, au besoin, seront l'objet d'un arrangement à l'amiable et facultatif de la part de tous deux, entre le propriétaire de la jument et le dépositaire de l'étalon.

« Art. 13. En recevant l'étalon qui lui sera dévolu par

(1) Postérieurement, cette somme a été réduite à 5 fr. A la même époque, la rétribution due aux vétérinaires a été supprimée et remplacée par des appointements payés par le département.

suite du concours, le dépositaire remettra au sous-préfet de l'arrondissement un récépissé signalétique mentionnant le prix de revient de cet étalon, tous frais compris, lequel prix servira de base à toutes les clauses et conditions ci-après.

« Art. 14. Au moyen de la prime de remboursement payée par le dépositaire au département par suite du concours, il deviendra propriétaire, par moitié, de l'étalon qui lui sera dévolu. Cette quote-part du dépositaire dans la propriété de l'étalon augmentera d'un douzième en tout, et celle du département diminuera d'autant, pour chaque année de service que l'étalon achèvera ; de sorte que, après six ans de service, à l'expiration de la saison de la monte, l'étalon appartiendra entièrement au dépositaire.

« Art. 15. Les primes annuelles qui pourront être accordées à un étalon départemental, par le gouvernement, appartiendront en totalité au dépositaire.

« Art. 16. Si, pendant les six années de dépôt, l'étalon vient à périr par la faute ou par l'incurie du dépositaire, celui-ci remboursera toute la part du prix d'achat, qui appartiendra encore au département, au moment de la perte de l'étalon.

« Si cet accident ne peut pas être attribué au dépositaire, il ne lui sera rien réclamé ; mais lui-même n'aura droit à aucune indemnité.

« Art. 17. Si, par la faute ou par l'incurie du dépositaire, l'étalon se trouve taré et impropre à une bonne reproduction, il sera castré et vendu aux enchères, aux risques et frais du dépositaire. Le département prélèvera sur le prix de la vente, s'il y a suffisance, la part du prix d'achat dont, aux termes de l'article 14, il sera encore propriétaire, et le reste appartiendra au dépositaire.

« Si le prix de la vente ne suffit pas pour satisfaire aux droits du département, le dépositaire sera tenu du complément nécessaire.

-« Si la tare ou l'impuissance de l'étalon ne provient pas de la faute ou de l'incurie du dépositaire, le prix de la vente, quel qu'il soit, sera partagé entre le département et lui, au prorata de leurs droits à la propriété de l'étalon au moment de la vente.

« Art. 18. Si le vice qui rendra l'étalon impropre à une bonne reproduction n'est reconnu qu'après les six années de service qu'il doit au département, il sera castré avant d'être abandonné au dépositaire.

« Art. 19. Les contestations qui pourront survenir entre l'administration et le dépositaire, relativement aux causes de la perte ou de la mise hors de service d'un étalon départemental, seront jugées définitivement et sans appel par deux arbitres, dont l'un sera choisi par le préfet, et l'autre par le dépositaire. En cas de partage, ces arbitres s'en adjoindront un troisième, et enfin, s'ils ne peuvent s'entendre sur le choix de ce tiers, sa nomination sera déférée au président du tribunal civil de l'arrondissement.

« Art. 20. Dans aucun cas, un étalon ne sera castré ou vendu qu'après le rapport de M. l'inspecteur et par décision du préfet, sous peine, de la part du dépositaire, d'une indemnité égale à la totalité du prix d'achat, quelle que soit l'époque de la vente ou de la castration, et sans aucune déduction pour la somme payée au département par le dépositaire en suite du concours.

« Art. 21. Si le dépositaire vient à changer de résidence, il ne pourra emmener l'étalon départemental avec lui que s'il y est autorisé par le préfet; cette autorisation ne pourra lui être accordée, sous aucun prétexte, s'il quitte le département.

« Art. 22. L'échange des étalons entre les dépositaires pourra être autorisé sur la demande de ceux-ci, sur l'avis de M. l'inspecteur et par décision du préfet.

« Art. 23. Lorsque le bien du service le demandera, l'administration pourra faire passer un étalon d'une circonscrip-

tion dans une autre pendant la saison de la monte ; l'étalon
sera alors placé chez un gardien *agréé* par elle et proposé par
le dépositaire, et , pour indemniser ce dernier des frais de
déplacement et de garde, le prix de la monte sera augmenté
de 1 fr. 50 c.

« Art. 24. Faute, par le dépositaire, de satisfaire à toutes
les conditions qui lui sont imposées par le présent cahier des
charges , l'étalon qui lui aura été confié pourra lui être retiré pour être placé chez un gardien choisi par l'administration. Les frais de nourriture et de garde seront à la charge
du dépositaire et seront, au besoin, retenus sur le produit de
la vente de l'étalon, à l'expiration des six années de service.

« Art. 25. En cas de décès ou de déconfiture du dépositaire, l'administration pourra, si elle en reconnaît l'utilité,
retirer l'étalon aux héritiers ou ayants droit et le placer
chez un gardien de son choix, aux frais de ces derniers, qui
conserveront, d'ailleurs, leurs droits à la propriété de cet
étalon.

« Mézières, le 9 mars 1836.

« *Le préfet des Ardennes*,

« HENRY. »

Des dispositions aussi nombreuses, aussi compliquées ont
sans doute leur racine dans la nature même des intérêts engagés. Si le département des Ardennes , qui a tant de fois
remanié le cahier des charges imposées aux détenteurs de
ses étalons, avait pu le simplifier dans sa teneur, nul doute
qu'il se fût empressé d'obtenir ce résultat, car il a dû reconnaître, depuis dix-sept ans qu'il est en marche, — d'une
part, les mille difficultés que l'on éprouve à faire observer
des conditions pareilles à celles-ci, — d'autre part, le peu
d'utilité que l'on retire, en général, d'une grande complication de moyens. Si donc il n'a rien tenté sous ce rapport,
c'est qu'en effet il a pu craindre les abus et des pertes.

Mais un règlement, tant sévère ou juste soit-il , n'est pas
exécuté par cela seul qu'il existe. Il a donc été nécessaire,

indispensable d'en confier la bonne exécution à des gardiens vigilants, à des hommes expérimentés, à des surveillants dévoués; de là un nombreux personnel, absolument comme avant 1789, comme au bon vieux temps que certaines personnes rappellent de tous leurs vœux, car c'était bien, ainsi que nous l'avons établi en rapprochant les plaintes et les critiques de toutes les époques sans saisir nulle part l'éloge, car c'était bien le temps d'une grande richesse, de la haute prospérité de toutes nos races.

Quoi qu'il en soit, le département des Ardennes a préposé à l'amélioration de sa population chevaline, à la surveillance de ses étalons et à l'exécution du cahier des charges auquel souscrivent tous les dépositaires,

1° Un inspecteur départemental aux appointements de 3,000 fr. par an ;

2° Cinq inspecteurs honoraires, un par arrondissement;

3° Cinq vétérinaires d'arrondissement aux appointements de 5 à 600 fr.

Si nous comptons bien, c'est onze employés et une dépense d'au moins 5,000 fr. par an.

Et que l'on ne suppose pas qu'il y a ici du superflu; chacun a son rôle, son importance, son utilité et sa besogne. Malgré tout, cependant, les choses iraient avec quelque difficulté, le système serait boiteux, si l'administration des haras n'y mettait le doigt et ne donnait, chaque année, par une inspection supérieure, sa sanction bienfaisante à tout ce qui se fait; elle vient, elle examine, elle encourage, soutient et fortifie, car son inspection et ses paroles se traduisent en primes touchées en espèces sonnantes et ayant cours.

Tel est le secret du concours que l'industrie privée consent, depuis dix-sept ans, à prêter aux efforts et aux sacrifices du département.

Grâce donc à une volonté ferme et bien arrêtée, à une persévérance qui, loin de se ralentir, s'affermit et s'attache, chaque jour, davantage à son œuvre, grâce aussi à l'appui moral et au secours des haras de l'État, les Ardennes ont pu offrir au pays un spécimen pratique du système que d'aucuns préconisent avec plus d'ardeur que de conviction. Nous dirons, ailleurs, ce qu'il a produit, mais nous terminerons par une citation empruntée à un travail dû à l'inspecteur départemental et transmis au ministre de l'agriculture et du commerce par le préfet des Ardennes en réponse à une demande de renseignements; cette citation est relative à la surveillance à laquelle sont soumis les concessionnaires. M. le capitaine Poulet s'exprime donc ainsi :

« Les moyens de surveillance ne sauraient être trop multipliés, par la raison que beaucoup de détenteurs sont peu soigneux et laissent immensément à désirer pour le bon entretien et la conservation des étalons qui leur sont confiés : ceci est le côté fâcheux du système et sera toujours difficile à éviter. »

Nous ne pouvons qu'appuyer l'assertion de M. le capitaine Poulet, nous qui avons lu tous les rapports faits par les inspecteurs généraux des haras sur la condition des étalons départementaux des Ardennes et de bien d'autres départements, nous qui avons voulu voir aussi par nos yeux, afin d'être parfaitement édifié sur les bons résultats du système des gardes-étalons appliqué à d'autres races qu'à celles de la grosse espèce. Que ceux-là qui font de la théorie et de la spéculation à perte de vue descendent des hauteurs de l'imagination sur le terrain plus sûr, mais un peu aride de la pratique, et observent consciencieusement les faits; qu'ils prononcent ensuite; nous serons certainement de leur avis, s'ils ne sont pas du nôtre.

— Le département de l'*Indre* a fait acheter, de 1844 à 1846, quelques étalons qu'il a concédés gratuitement.

Au nombre des conditions imposées, nous en trouvons qui n'ont point été faites ailleurs et qui méritent d'être rapportées sommairement.

Afin d'intéresser les détenteurs au bon emploi des étalons du département, et de garantir à ce dernier autant d'utilité que possible en échange de ses sacrifices, le cahier des charges stipulait que les concessionnaires obtiendraient une prime annuelle de 15 francs pour chacune des productions dont la naissance serait constatée.

Ainsi qu'il était facile de le prévoir, cette condition était complétement inapplicable.

La délibération suivante, prise par le conseil général dans sa session de 1846, montre l'insuccès de cette mesure :

« Le conseil général,

« Considérant qu'il résulte des rapports de M. le préfet et d'explications fournies par les détenteurs d'étalons départementaux que ceux-ci éprouvent *des difficultés insurmontables* pour la justification du nombre des produits de leurs étalons, et, conséquemment, pour recevoir les primes de 15 francs auxquelles ils ont droit, conformément à la délibération du 27 août 1843 ;

« Considérant qu'il y a lieu de réformer un ou deux étalons du département, par suite des rapports défavorables qui en sont faits,

« Délibère :

« 1° M. le préfet est prié d'aider, au moyen de la correspondance de MM. les maires et de l'intervention des gardes champêtres, les détenteurs d'étalons départementaux dans la recherche et la constatation des produits de ces étalons, conséquemment à acquitter à leur profit la prime départementale de 10 francs qui leur revient pour chaque produit, et à leur faciliter les moyens d'obtenir celle de 5 francs, qui leur est due par le propriétaire de ce produit ;

« 2° De faire vendre le plus promptement qu'il sera possible celui ou ceux de ces étalons qui seront reconnus impropres à leur destination.

« 3° Le prix de vente sera employé à payer à chaque détenteur une somme de 300 francs, qui, à l'avenir, sera substituée annuellement à la prime départementale de 10 fr. par production, et ce sans préjudice du maintien de la prime de 5 francs due par le propriétaire.

« 4° À l'avenir, tout propriétaire d'une jument présentée à l'étalon consignera cette somme de 5 francs, au moment de la saillie, entre les mains du détenteur, qui en donnera récépissé, et qui sera tenu de la restituer, contre sa quittance, au bout de neuf mois, si la jument n'est pas fécondée. »

On voit dans quel dédale jette le système des gardes-étalons, et pourtant il est appliqué ici sous la surveillance même et avec le concours actif de l'un des hommes qui le tiennent en plus grand honneur, M. de Jouffroy, membre du conseil général de l'Indre !

— Nous croyons inutile de reproduire un plus grand nombre des cahiers des charges existants ; nous en avons d'autres sous les yeux, tous se ressemblent. Il nous est bien démontré qu'ils ont été copiés les uns sur les autres, que les légères variantes de la rédaction tiennent seulement à des considérations particulières ou de localités. Il n'est pas douteux que les départements qui ont essayé du système des gardes-étalons ou qui l'appliquent encore ne se soient adressés à ceux qui les avaient devancés dans l'adoption de ce mode d'intervention. Au surplus, le règlement de 1717, que nous avons déjà fait connaître, n'est pas complétement oublié ; il a pu servir de modèle à plus d'une commission chargée d'établir les conditions de placement chez les particuliers.

Quoi qu'il en soit, nous n'avons encore rencontré personne qui, à côté de l'idée de remplacer le système actuel des haras par celui des gardes-étalons, ait mis une étude, — même théorique, — des conditions à imposer aux détenteurs des étalons que le gouvernement devrait concéder. On reste prudemment dans le vague. Tout est dit quand on a indiqué en passant, ainsi que l'a fait l'auteur de l'amendement adopté par le congrès central d'agriculture, que

« *Les détenteurs d'étalons seront tenus de justifier qu'ils*

*sont dans la position de pouvoir satisfaire aux engagements
qui leur seront imposés par le cahier des charges.* »

Cependant, lorsque nous disons — personne, — nous
commettons presque une inexactitude.

En effet, en compulsant un dossier, nous avons décou-
vert un mémoire sans nom d'auteur ni date, qui, sous ce
titre, — *Des haras en ce qui concerne les étalons,* — s'occupe précisément de l'utilité que la France trouverait à revenir à ce qui existait autrefois, au système administratif
abandonné en 1790.

Arrêtons-nous un instant sur les vues de l'hippologue
anonyme.

Il ne veut plus de la forme administrative adoptée en 1806,
ses résultats ne le satisfont guère ; en nous faisant violence,
nous dirons vrai, ses résultats ne le satisfont pas du tout.

Cela posé, il organise une administration nouvelle ; il y
met tant de soin, de savoir et d'expérience qu'il revient tout
d'un trait à l'ancien régime.

Il y aurait donc deux mille étalons officiels partagés en
deux classes, — une première et une deuxième classe ; — on
sait tout de suite ce que cela signifie. Ils appartiendraient
aux gardes, afin de simplifier les faits.

Les gardes-étalons de première classe toucheraient —
1° une prime d'admission de 1,200 fr., et — 2° une prime
annuelle de 600 fr.

Les gardes-étalons de deuxième classe toucheront —
1° une prime d'admission de 1,000 fr., et — 2° une prime
annuelle de 500 fr.

Ces deux mille étalons seraient renouvelés par sixièmes ;
la prime d'admission serait acquise, dès l'âge de trois ans,
au cheval jugé digne et capable de concourir à l'amélioration.

Tout propriétaire qui ne voudrait pas conserver un étalon
pendant six années entières aurait la permission de le vendre et transmettrait à l'acquéreur tous ses droits à la prime

annuelle, « de sorte qu'en supposant que, après avoir été primés comme étalons, quelques-uns de ces chevaux soient vendus immédiatement comme tels, aux taux communs des chevaux de distinction, 12 à 1500 fr., ils produiraient à l'éleveur de 2,200 à 2,700 fr., et l'acheteur, de son côté, rentrerait, au moyen de la prime annuelle, dans une grande partie du prix d'acquisition.

« La vente s'effectuera sous la garantie de la condition expresse que l'animal continuera à être employé comme étalon. A cet effet, le vendeur sera tenu d'adresser, dans le délai de quinze jours, à l'inspecteur de l'arrondissement une déclaration de vente portant la stipulation ci-dessus indiquée, signée de lui ainsi que de l'acquéreur, et enregistrée à moins de frais possible.....

« S'il arrivait que, contrairement aux clauses de la vente, un cheval ne reçût pas la destination qui lui aurait été assignée, ou qu'il restât deux ans sans recevoir de prime annuelle, faute d'avoir produit les certificats de saillie exigés, l'acquéreur serait tenu solidairement, avec le dernier propriétaire, au remboursement de la prime d'admission, dont la remise ne pourra, toutefois, être exigée que sous la déduction d'un sixième pour chacune des années où il aura reçu une prime annuelle.

« Tout propriétaire d'un cheval qui aura la prime d'admission et qui, à partir de l'âge de quatre ans, resterait deux années consécutives sans recevoir de prime annuelle, faute d'avoir produit des certificats de saillie, sera également passible de la remise de la prime d'admission, qui ne sera définitivement acquise qu'au bout de six ans, mais dont le remboursement ne pourra être exigé que sous la déduction d'un sixième pour chacune des années où il aurait reçu la prime annuelle.

« La prime d'admission sera définitivement acquise au propriétaire d'un cheval réformé, ou qui viendrait à mourir après avoir été primé; la mort se constatera par un procès-

verbal dressé suivant les formes qu'indiquera l'administration des haras.

« Les primes ou portions de primes seront remboursées
au profit du trésor, et le recouvrement s'en fera par l'entre-
mise des receveurs de l'enregistrement, sur les états, appuyés
de pièces justificatives, qui seront adressés, tous les ans, par
les inspecteurs, après leurs tournées, aux directeurs des domaines. . . . . »

Les primes annuelles de 600 et de 500 fr. seraient dues
pour vingt saillies.

L'administration des haras conserverait, dans ses dépôts,
cent chevaux types d'une valeur de 10,000 fr. au moins.
Elle aurait un personnel d'inspecteurs-directeurs et de sous-
directeurs en rapport avec les nécessités de cette organisation. Enfin elle devrait établir, conformément aux bases
posées, un règlement *simplifié et dégagé d'entraves*, qui dé-
terminerait d'une manière positive

« . . . .

« Les conditions d'admission des étalons aux deux différentes primes ;

« Les garanties que devront présenter les détenteurs de
ces sortes de chevaux. »

Nous n'irons pas plus loin ; nous livrons à la sagacité du
lecteur les diverses propositions que renferme ce mémoire.
On pourrait ne pas les croire sérieuses. Eh bien ! que ceux
qui trouveront absurdes les bases indiquées pour la rédaction d'un cahier des charges prennent la peine de l'établir
et se rendent compte de toutes les énormités qui leur passeront nécessairement par l'esprit dès qu'ils toucheront à la
matière.

Il y a là, dans tous les cas, un problème à résoudre.
Nous proposons aux partisans du système des gardes-étalons
de le traiter avec moins de dédain, d'appuyer enfin leurs
vues de quelque chose de palpable, et de ne plus nous ren-
voyer à un cahier des charges qu'ils doivent être jaloux de

II.   4

nous donner, puisque — tous, tant que nous sommes, —
nous nous tenons pour incapables de le rédiger.

XXXIII. — ARRÊTÉ ORGANIQUE DU 11 DÉCEMBRE 1848.

Toute étude mène à une conclusion.

Là conclusion de ce qui précède est dans les dispositions
de l'arrêté organique du 11 décembre 1848.

Les hommes de bonne foi le liront avec maturité ; ils diront ensuite si, étant admise la nécessité d'une intervention de l'Etat, il y aurait une forme plus heureuse à donner
à cette intervention. Nous n'avons pas à nous préoccuper
ici de la pensée de quelques hommes qui, dans une modification administrative des haras, ne poursuivent qu'une occasion facile d'arriver. Leur but, c'est de faire une trouée,
un vide, de pénétrer ensuite en vainqueurs et de devenir là
i padroni della casa. Aucune amélioration, aucune transformation ne satisferont ces derniers, si elles ne le portent
pas au pinacle. On commence à le comprendre.

Quoi qu'il en soit, voici la nouvelle charte, là nouvelle
constitution des haras, précédée du rapport de l'honorable
M. Tourret au chef du pouvoir exécutif.

« *Rapport au président du conseil des ministres, chef du
pouvoir exécutif, concernant l'administration des haras
nationaux.*

« Monsieur le président,

« L'intervention de l'État dans la production améliorée
du cheval est encore une nécessité pour la république.

« La propagation et l'amélioration des races chevalines
intéressent au plus haut degré la richesse et la puissance de
la France.

« C'est à l'administration des haras qu'est attribuée la
mission d'encourager, dans ce double but, les éleveurs, et

de diriger l'industrie dans les voies de progrès ouvertes et sanctionnées par l'expérience.

« On n'a pas toujours été juste envers cette partie des services publics. L'administration des haras a néanmoins porté de bons fruits. Dans ces derniers temps, toutes les contrées de production et d'élève ont demandé au gouvernement que les haras nationaux fussent maintenus et développés.

« Cependant, si les principales dispositions organiques qui constituent ce service sont bonnes et utiles à conserver, d'autres exigent des modifications qui, tout en confirmant les premières, doivent encore accroître leur force ; je viens les proposer aujourd'hui à l'approbation de M. le président du conseil.

« La première concerne le personnel même de l'administration des haras ; elle a pour objet de mettre les cadres de ce personnel en rapport avec les crédits votés tout récemment par l'Assemblée nationale.

« En 1840, on avait reconnu que, pour être bien dirigée, l'administration des haras devait avoir, sous les ordres du ministre, un chef unissant aux connaissances administratives générales des connaissances toutes pratiques, puisées dans le service actif et appliquées avec suite pendant un certain nombre d'années. Ces conditions essentielles ont été remplies avec un succès désormais incontestable. Revenir sur cette mesure serait compromettre les bons résultats obtenus de la disposition qui avait remis entre les mains d'un fonctionnaire spécial la direction générale du service des haras.

« J'ai donc l'honneur de vous proposer de conserver à la tête de cette administration un inspecteur général, chargé de la direction du service à l'administration centrale.

« Dans les dispositions antérieures, l'inspection générale et le service de la remonte avaient leur personnel distinct et comprenaient six fonctionnaires résidant à Paris. J'ai proposé à l'Assemblée nationale de modifier cette organisation : elle a approuvé la fusion des deux services en un seul, et leur réorganisation conformément aux propositions des art. 2 et 6 de l'arrêté ci-annexé. Ces dispositions ne laissent plus à la résidence de Paris que deux employés du service actif.

« Cette amélioration était depuis longtemps attendue; elle permettra d'établir plus complétement, au profit de l'État et de l'industrie chevaline, le zèle et le temps des fonctionnaires attachés à la surveillance des établissements et à la bonne direction à imprimer aux efforts isolés des particuliers.

« La disposition importante, fondamentale du nouvel arrêté est contenue dans les articles 3 et 5.

« Ils créent, ils organisent une véritable représentation de l'industrie chevaline; ils permettent d'espérer que les économistes, les hommes de science et de pratique, l'administration générale du pays marcheront enfin et bientôt d'accord, suivant des idées communes, rationnelles, dans le sens des perfectionnements appelés par tous les vœux, sans que les résultats aient encore répondu d'une manière satisfaisante à l'impatience de tous.

« On s'est plaint souvent de l'omnipotence exercée par l'administration des haras; on a tour à tour accepté et repoussé ses doctrines, blâmé sa marche et applaudi à son système; on a nié ou exalté ses résultats. Il est à désirer que cette diversité d'opinions, que cette incohérence dans les idées disparaissent. L'instruction hippique du pays est peut-être à faire; mais l'institution des haras laisse sans doute aussi à reprendre. Il m'a semblé qu'il était possible d'éclairer la question sur le terrain même de la pratique. J'ai donc pensé que le moyen le plus sûr à la fois et le plus prompt était d'organiser une représentation aussi complète et aussi large que possible des graves intérêts qui se trouvent engagés dans la production améliorée des diverses races de chevaux de la France. Ce n'est là, toutefois, qu'un premier pas fait dans une voie nouvelle; l'expérience dira bientôt ce qu'il faut en attendre, et surtout quelles modifications pourront être apportées à un ordre d'idées et de faits que le temps confirmera ou infirmera rapidement.

« Les comptes rendus annuels, exigés par l'article 8, répandus dans le public, interprétés et commentés par lui, apprendront à tous, à l'administration aussi bien qu'au pays, ce qui lui est favorable ou nuisible, ou simplement inutile, dans les mesures qui auront été concertées en vue du progrès.

« Persuadé que l'industrie privée doit être puissamment secondée et encouragée à se suffire un jour à elle-même, j'ai l'honneur de vous proposer d'élever encore le dernier tarif des primes allouées aux étalons particuliers. Les nouvelles fixations sont de nature à provoquer une grande et utile émulation parmi les personnes qui entretiennent des étalons capables d'améliorer l'espèce; il n'y a que de bons effets à attendre de l'application intelligente de cette mesure.

« Agréez, monsieur le président, l'assurance de mon respect.

« Le ministre de l'agriculture et du commerce,
« Tourret. »

« Au nom du peuple français,

« Le président du conseil des ministres, chargé du pouvoir exécutif,

« Sur le rapport du ministre de l'agriculture et du commerce,

« Vu le décret du 4 juillet 1806, les ordonnances des 16 janvier 1825, 19 juin 1832, 10 décembre 1833, 12 novembre 1842 et 22 juin 1846,

« Arrête :

« Art. 1er. Le nombre des haras et des dépôts d'étalons est ainsi fixé (tableau A) :

« Deux haras ;

« Vingt-deux dépôts d'étalons ;

« Et un dépôt des remontes avec station à Paris.

« Ces établissements seront divisés en arrondissements d'inspection.

« Art. 2. Le personnel de l'administration des haras sera composé de :

« Un inspecteur général chargé de la direction du service des haras, à l'administration centrale ;

« Deux inspecteurs généraux résidant à Paris ;

« Trois inspecteurs d'arrondissement résidant en province ;

« Un directeur. . . . .
« Un inspecteur particulier. } aux haras du Pin et de
« Un agent spécial. . . . } Pompadour ;
« Un vétérinaire. . . .

« Un directeur. . . . .
« Un agent spécial. . . . } dans les dépôts d'étalons ;
« Un vétérinaire. . . .

« Un piqueur chargé de la surveillance et de l'administration au dépôt des remontes.

« Tous ces fonctionnaires et agents sont à la nomination du ministre de l'agriculture et du commerce.

« Art. 3. Il sera établi, auprès du ministre de l'agriculture et du commerce, et sous sa présidence, un conseil supérieur des haras, composé, savoir :

« De l'inspecteur général chargé de la direction du service ;

« Des deux inspecteurs généraux ;

« Des trois inspecteurs d'arrondissement ;

« De deux directeurs de haras ou dépôts d'étalons ;

« Du chef de division de l'agriculture ;

« De l'inspecteur général des écoles vétérinaires ;

« D'un membre de l'administration centrale de la guerre attaché au service de la remonte générale de l'armée ;

« Et de neuf propriétaires s'occupant de l'élève des chevaux, ou d'officiers de cavalerie.

« Le chef du bureau des haras remplira, auprès du conseil, les fonctions de secrétaire.

« Les neuf membres étrangers à l'administration seront renouvelés par tiers chaque année.

« Les membres sortants pourront être renommés.

« Le ministre désignera, tous les ans, ceux des directeurs qui devront participer aux travaux du conseil.

« Il fixera l'époque de la réunion du conseil, dont la durée n'excédera pas un mois.

« Art. 4. Le fonctionnaire chargé de la direction du service à l'administration centrale et les deux inspecteurs généraux résidant à Paris formeront un conseil spécial qui donnera son avis sur toutes les affaires courantes.

« Art. 5. Il sera formé, dans chaque circonscription de haras ou dépôts, une commission qui ne pourra pas être composée de moins de neuf membres, désignés, conformément au tableau B ci-annexé, par les conseils généraux des départements, dont les intérêts se trouveront ainsi représentés au sein des commissions.

« Leur renouvellement s'opérera par tiers chaque année.

« Les membres sortants pourront être réélus.

« L'inspecteur de l'arrondissement, ou, à son défaut, le directeur de haras ou dépôt de la circonscription, assistera de droit à toutes les séances de la commission, prendra part à ses travaux et aura voix délibérative.

« La commission choisira elle-même son président et son secrétaire.

« Elle examinera toutes les questions relatives à l'industrie chevaline dans les différentes parties de la circonscription, et résumera toutes ses délibérations en un travail que son président transmettra au ministre de l'agriculture et du commerce avant le 1er novembre de chaque année.

« Tous les rapports des commissions départementales

seront soumis à l'examen du conseil supérieur des haras, appelé à en délibérer.

« La réunion de scommissions départementales aura lieu du 1ᵉʳ septembre au 20 octobre de chaque année.

« Art. 6. Les traitements affectés au personnel sont fixés ainsi qu'il suit, sauf ratification par la loi de finances :

« Inspecteur général chargé de la direction du service... 10,000 fr.
« Inspecteurs généraux 7,000
« Inspecteurs d'arrondissement..................... 5,000
« Directeurs de haras......................... 5,000
« Inspecteurs particuliers........ 2,700

	1ʳᵉ classe.	2ᵉ classe.	3ᵉ classe.	4ᵉ classe.
« Directeurs de dépôts d'étalons..	3,500	3,000	»	»
« Agents spéciaux.............	2,400	2,100	1,800	1,600
« Vétérinaires de haras (classe unique)............	2,000			
« Vétérinaires de dépôts d'étalons (classe unique)......	1,000			

« Art. 7. Le tarif applicable à l'approbation des étalons particuliers est fixé comme ci-après :

« De 500 à 800 fr. pour un étalon de pur sang,

« De 300 à 600 fr. pour un étalon de demi-sang,

« De 100 à 300 fr. pour un étalon de gros trait.

« Art. 8. Le ministre de l'agriculture et du commerce publiera, tous les ans, le compte rendu des travaux de l'administration des haras. Ce compte rendu comprendra l'exposé des résultats obtenus par l'administration et l'industrie particulière.

« Art. 9. Le ministre de l'agriculture et du commerce publiera tous les règlements et instructions relatifs à cette partie des services publics.

« Art. 10. Toutes les dispositions contraires au présent arrêté sont rapportées.

« Art. 11. Le ministre de l'agriculture et du commerce est chargé de l'exécution du présent arrêté, qui aura son effet à partir du 1ᵉʳ novembre 1848.

« Fait à Paris, le 11 décembre 1848.

« E. CAVAIGNAC. »

TABLEAU A.

Détails des établissements de haras.

HARAS du Pin (Orne),
de Pompadour (Corrèze);
DÉPÔTS D'ÉTALONS d'Abbeville (Somme),
d'Angers (Maine-et-Loire),
d'Arles (Bouches-du-Rhône),
d'Aurillac (Cantal),
de Blois (Loir-et-Cher),
de Braisne (Aisne),
de Cluny (Saône-et-Loire),
de Jussey (Haute-Saône),
de Lamballe (Côtes-du-Nord),
de Langonnet (Morbihan),
de Libourne (Gironde),
de Montierender (Haute-Marne),
de Napoléon-Vendée (Vendée),
de Pau (Basses-Pyrénées),
de Rodez (Aveyron),
de Rosières (Meurthe),
de Saintes (Charente-Inférieure),
de Saint-Lô (Manche),
de Saint-Maixent (Deux-Sèvres),
de Strasbourg (Bas-Rhin),
de Tarbes (Hautes-Pyrénées),
de Villeneuve (Lot-et-Garonne);
DÉPÔT DES REMONTES, à Paris (Seine).

TABLEAU B.

ÉTABLISSEMENTS des haras.	DÉPARTEMENTS compris dans la circonscription des établissements.	NOMBRE des membres à choisir par les conseils généraux de chaque départ.	ÉTABLISSEMENTS des haras.	DÉPARTEMENTS compris dans la circonscription des établissements.	NOMBRE des membres à choisir par les conseils généraux de chaque départ.
ABBEVILLE	Nord (rive gauche de l'Escaut)... 1 Pas-de-Calais.... 3 Seine-Inférieure.. 2 Somme......... 3	} 9	MONTIER-ENDER	Aube......... 2 Côte-d'Or...... 4 Haute-Marne.... 2 Yonne....... 1	} 9
ANGERS	Loire-Inférieure.. 3 Maine-et-Loire.. 3 Mayenne...... 2 Sarthe........ 1	} 9	NAPOLÉON-VENDÉE	Charente-Infér. (rive droite de la Charente).. 3 Vendée........ 6	} 9
ARLES	Bouch.-du-Rhône. 1 Drôme....... 1 Gard........ 2 Hérault. 1 Pyrénées-Orientales. 2 Var........... 1 Vaucluse...... 1	} 9	PAU	Basses-Pyrénées.. 6 Landes........ 3	} 9
AURILLAC	Cantal...... 3 Haute-Loire... 1 Lot......... 3 Puy-de-Dôme.... 2	} 9	PAN (le)	Calvados (rive droite de l'Orne)...... 3 Eure......... 2 Eure-et-Loir.. 1 Orne......... 3	} 9
BLOIS	Cher........ 2 Indre....... 2 Indre-et-Loire.. 2 Loir-et-Cher.. 2 Loiret....... 1	} 9	POMPADOUR	Corrèze...... 3 Creuse....... 3 Haute-Vienne... 3	} 9
BRAISNE	Aisne....... 2 Ardennes..... 2 Marne....... 1 Nord (rive droite de l'Escaut).. 1 Oise......... 2 Seine-et-Marne.. 1	} 9	RODEZ	Aveyron...... 3 Lozère....... 3 Tarn........ 3	} 9
CLUNY	Ain......... 1 Allier....... 1 Ardèche...... 1 Isère........ 1 Loire........ 1 Nièvre....... 2 Rhône....... 1 Saône-et-Loire.. 1	} 9	ROSIÈRES	Meurthe...... 3 Meuse....... 2 Moselle...... 2 Vosges....... 2	} 9
JUSSEY	Doubs........ 3 Haute-Saône... 3 Jura........ 3	} 9	SAINTES	Charente-Infér. (rive gauche de la Charente).. 5 Charente...... 4	} 9
LAMBALLE	Côtes-du-Nord... 5 Ille-et-Vilaine.. 4	} 9	SAINT-LÔ	Calvados (rive gauche de l'Orne)...... 3 Manche....... 6	} 9
LANGONNET	Finistère...... 5 Morbihan..... 4	} 9	SAINT-MAIXENT	Deux-Sèvres.... 5 Vienne....... 4	} 9
LIBOURNE	Dordogne..... 5 Gironde...... 4	} 9	STRASBOURG	Bas-Rhin...... 6 Haut-Rhin..... 3	} 9
			TARBES	Ariége....... 2 Aude........ 1 Gers........ 2 Haute-Garonne.. 2 Hautes-Pyrénées. 2	} 9
			VILLENEUVE-SUR-LOT	Lot-et-Garonne.. 5 Tarn-et-Garonne. 4	} 9

Les dispositions qui précèdent ont reçu une grande publicité ; aucune critique n'est encore venue à notre connaissance. Certains organes qui, jusque-là, n'ont imprimé les actes relatifs aux haras qu'en les accompagnant de notes peu favorables, ou même très-ouvertement hostiles, se sont bornés, cette fois, à enregistrer les documents officiels empruntés au *Moniteur*; d'autres les ont reproduits avec un plein et entier assentiment.

On peut donc croire que les mesures prises par l'arrêté du 11 décembre satisfont à toutes les exigences.

Quelles étaient ces exigences?

Les deux grands griefs, les voici :

L'administration des haras, peu soucieuse des besoins divers, étreint l'industrie tout entière dans le cercle de fer d'un seul et même système. Les localités passent forcément sous les fourches caudines, et toutes nos races disparaissent sous l'omnipotence des haras.

L'administration craint trop de se compromettre avec la population ; elle néglige de se mettre en communication avec elle. Sa mission ne consiste pas seulement à étudier les faits, les systèmes, à surprendre le mouvement des idées et la marche de l'amélioration, à adopter des mesures sages, à avoir des établissements bien montés et bien tenus ; elle doit aussi comprendre la diffusion des saines doctrines, et un prosélytisme actif et éclairé ; il faut qu'elle descende sur les foires et sur les marchés, qu'elle pénètre chez les éleveurs, qu'elle leur fasse toucher du doigt les vices de leurs vieilles habitudes, qu'elle leur montre ce qu'ils obtiendront en changeant de méthode, qu'elle soit, en un mot, théoricienne, praticienne et missionnaire. La presse ordinaire ne suffit pas à l'enseignement spécial des éleveurs, c'est à l'administration à y suppléer.

Ces exigences seront désormais remplies. L'industrie chevaline est appelée à faire elle-même ses affaires. Les commissions hippiques locales, nommées aujourd'hui par les préfets, et plus tard, bien certainement, par les représentants naturels de l'agriculture ; les commissions de circonscription placées auprès de chaque établissement de haras et nommées par les conseils généraux ; enfin le conseil supérieur, composé en très-grande partie en dehors du personnel des haras, tels sont maintenant les directeurs, à divers degrés, du grand intérêt national que résument ces deux mots, — *industrie chevaline*.

Par cette organisation, les haras apportent leur contingent d'observations et d'expériences, mais leur rôle change : de directeurs ils deviennent exécutants. Les représentants de l'industrie connaîtront ses besoins, et rechercheront les voies et moyens ; les haras resteront chargés de l'application pour en assurer les bons effets.

Enfin les résultats des efforts de tous seront publiés chaque année.

Nous n'ajouterons aucun commentaire à ces deux observations. Qu'on nous permette, toutefois, de reprendre dans un journal quotidien, — *Le Crédit*, — l'appréciation qu'a faite l'un des hommes les plus compétents et les plus désintéressés dans la question des mesures officielles insérées au *Moniteur* du 12 décembre 1848.

L'arrêté de M. Tourret, dit M. Eug. Barbier, n'est rien moins qu'une révolution hippique en un petit nombre de lignes.

« Après avoir établi le personnel sur des bases plus économiques, le ministre a pris trois mesures dignes d'approbation :

« 1° L'arrêté augmente largement les primes accordées, jusqu'à ce jour, aux détenteurs d'étalons particuliers, et témoigne, par là, de l'empressement du ministre à provoquer l'action des citoyens, en aide à l'action du pouvoir, dans la propagation des races les plus utiles à la défense nationale ou aux besoins industriels.

« 2° Il impose à trois inspecteurs l'obligation de résider

en province ; de là une surveillance plus active, plus directe, et une réduction considérable dans les frais de tournée.

« 3° Et c'est peut-être ici la modification capitale. Il fait intervenir l'élevage local lui-même dans la direction générale à imprimer à la reproduction équestre. Il établit, dans les vingt-quatre circonscriptions des haras et des dépôts, des commissions de neuf membres désignées par les conseils généraux et chargées, en présence et avec la participation d'un inspecteur d'arrondissement, d'examiner toutes les questions relatives à l'industrie chevaline, et de transmettre ses observations au ministre compétent. De ce jeu mutuel des rayons allant du centre à la circonférence et de la circonférence au centre, jaillira sans doute la lumière désirée.

« L'ensemble de l'arrêté est en harmonie avec l'état de la société actuelle, avec le principe dominant de nos institutions. On ne saurait résumer plus brièvement les vœux et les indications de l'esprit public, ni y satisfaire avec plus de sagesse.

« D'une part, nous manquons de ces grandes fortunes territoriales, et de cet esprit de suite nécessaire au développement et aux épreuves comparatives des différentes races chevalines. L'État seul (Dieu le veuille du moins !) est assez riche pour subvenir à de pareilles études ; seul (Dieu le veuille encore !) il peut trouver, dans ses bureaux et à l'aide d'agents particuliers, la persévérance indispensable à tout résultat définitif en matière d'élevage.

« D'un autre côté, nous ne saurions souffrir ces mesures absolues d'une autorité souveraine qui se substitue violemment à l'action amortie de l'industrie privée, même pour le plus grand bien de l'État, c'est-à-dire de tous.

« Nous ne pouvons pas produire ce qu'il faut, et nous ne voulons pas qu'on le produise sans nous.

« Mais notre amour-propre de gouvernés tolère pourtant cette pensée, qu'on arrive au but avec notre approbation.

« C'est ce que le congrès central a fait entendre quand il a décidé que le ministère de l'agriculture devait intervenir, en matière de production chevaline, jusqu'au moment où l'action publique se verrait suffisamment suppléée par l'industrie particulière.

« Il fallait donc une combinaison mixte dont le double objet fût de ranimer les haras privés, en faisant agréer les haras nationaux.

« Si quelque chose peut nous conduire à ce but, ce sera l'arrêté du 11 décembre.

« Quant à moi, je suis convaincu depuis longtemps que, sans une modification profonde des intérêts de l'élevage, ou, pour le dire en d'autres termes, sans de nouvelles nécessités commerciales, quel que soit le chiffre des primes offertes aux détenteurs d'étalons précieux, on n'obtiendra, en France, les remontes indispensables à l'armée qu'avec le concours opiniâtre et éclairé de l'administration.

« Mais, du moment où l'on ne croira plus voir dans la direction des haras un parti pris, auquel je n'ai jamais ajouté foi, d'anéantir les étalons particuliers sous la concurrence irrésistible des étalons nationaux, l'agriculture, revenue de ses préoccupations ombrageuses, sera la première à réclamer ce concours nécessaire. Aussi les mesures adoptées par M. Tourret sont-elles aussi adroites *qu'elles peuvent devenir fructueuses.* »

P. S. On vient nous dire : c'en est fait ; les haras sont mortellement atteints. La commission du budget propose de réduire à six cents le nombre des étalons entretenus par l'État ; elle supprime, en outre, la totalité du crédit applicable aux courses.

En effet, si l'Assemblée nationale adoptait ces réductions, nous ne voyons pas ce qu'elle attendrait désormais de l'intervention de l'État.

Ces réductions signifient

— Un étalon de choix et bien tenu contre vingt étalons mauvais ou nuisibles ;

— Suppression de tous les efforts qui, aux 200,000 fr. dépensés par l'Etat en faveur du moyen d'amélioration le plus efficace, incontestablement, — les courses, — ajoutaient 500,000 autres francs puisés à toutes les sources, et donnaient à la marche progressive de l'amélioration l'élan le plus vrai, le plus général, le plus fécond en résultats immédiats.

Dans une question toute spéciale, une commission du budget, dont l'examen est aussi rapide, ne saurait porter un jugement sans appel. L'Assemblée est là avec son intelligence des besoins et ses instincts de conservation de toutes les institutions notoirement utiles au pays. Que l'industrie chevaline se fie donc à cette intelligence ; les preuves d'un patriotisme éclairé ne se retrouvent-elles pas à chaque jour de l'existence de l'Assemblée ?

La cause est bonne et facile à défendre.

CHAPITRE DEUXIÈME.

DE L'INTERVENTION DES DÉPARTEMENTS
DANS LA REPRODUCTION ET L'AMÉLIORATION
DES RACES LOCALES.

I. — CONSIDÉRATIONS GÉNÉRALES.

Les cultivateurs reprochent à l'administration des haras
— de ne pas obtenir d'elle un nombre d'étalons suffisant, —
de n'en pas obtenir surtout des étalons de trait de bon choix.

Les idées d'émancipation de l'industrie ne viennent pas de
ce côté. L'agriculture ne sait pas appeler du nom de monopole toute mesure, toute institution qui met à sa portée l'élément d'amélioration que ses moyens ne lui permettent pas
de se procurer. Sa plainte s'élève et court dans une direction opposée ; elle voit dans les étalons de l'État une nature à part et qui ne lui est point appropriée ; elle demande
qu'on songe un peu à ses besoins particuliers, qu'on ne l'oublie pas tout à fait, que, si l'on donne des régénérateurs
d'un ordre fashionable à des éleveurs aisés ou puissants, on
fasse aussi quelques sacrifices en faveur du cultivateur qui
ne peut encore prétendre à produire le cheval d'espèce. Il
demande qu'on descende vers lui, qu'on ne l'abandonne pas
complétement dans son insuffisance, qu'on se rappelle cette
vérité, à savoir : — L'amélioration ne repousse aucun élément ; elle rend avec usure à qui sait lui prêter, quel que
soit d'ailleurs son point de départ.

L'agriculture a raison ; mais les haras ont-ils tort ? Sous
l'empire des formes constitutionnelles, quelle force d'initiative est donc réservée à une administration ? Celle-ci n'est-elle pas, au contraire, enchaînée aux votes parlementaires
qui font son existence et lui tracent sa voie ? Eh bien, lorsque les pouvoirs de l'État ont décidé un principe, résolu un

système, imposé des conditions, peut-on autre chose que se soumettre? L'État ne pouvait pas s'emparer de la reproduction générale; il ne pouvait que borner, resserrer son action en certaines limites : c'est donc à ce dernier parti qu'il s'est arrêté. Il a voulu concourir à une amélioration qui, du sommet, c'est-à-dire des classes supérieures de la population, pût descendre graduellement aux races secondaires, au dernier degré de l'échelle. Dès qu'il n'a pas cru pouvoir exercer une action directe, efficace sur l'espèce entière, il ne devait pas, sous peine d'impuissance, commencer son œuvre par la fin.

Cette dernière tâche, dans un pays aisé, aurait pu devenir l'œuvre de l'administration locale; les départements auraient pu en prendre l'initiative et opérer en bas tandis que le gouvernement procédait par en haut.

Pourtant les haras ont essayé d'intervenir, mais à titre de conseillers; ils ont offert leur concours, mais les administrations départementales sont jalouses de leurs droits : chacune d'elles a revendiqué sa liberté d'action et sa part d'indépendance. Dès lors mille combinaisons diverses; les systèmes les plus opposés ont surgi, et de tous ces efforts divergents, quelquefois aussi de tous ces écarts d'imagination, de tous ces sacrifices, souvent il ne reste guère d'autres résultats que des pertes de temps et d'argent.

De toutes parts on a trouvé que les deux reproches adressés aux haras étaient plus ou moins fondés, — insuffisance des étalons, — race inappropriée aux espèces locales, aux besoins généraux des localités. Le mal, partout le même, était mis à nu. Le remède n'était pas difficile à découvrir; il consistait à introduire dans le pays, en nombre suffisant, des étalons capables et bien en rapport tout à la fois avec la nature des poulinières et le genre de chevaux le plus immédiatement utiles à la localité, au département.

Les conseils généraux comprirent l'utilité d'une telle mesure; ils accordèrent des fonds. Il n'y eut point de préfé-

II.   5

rence pour une race au détriment d'une autre ; quand il s'est
agi de déterminer à laquelle on emprunterait des étalons
améliorateurs, il n'y eut qu'une voix pour désigner d'un
accord unanime la race percheronne, celle que le cultivateur affectionne par instinct.

Les achats porteraient donc exclusivement sur des étalons
percherons.

Restait à déterminer le mode d'entretien et de conservation de ces étalons.

Ici commence la confusion des langues, des moyens ; il
n'est sorte de combinaisons que l'on n'ait adoptées tour à
tour, croyant arriver ainsi à la perfection.

Sans entrer dans les détails, c'est-à-dire dans un chaos
inextricable, nous pouvons les rapporter à quatre systèmes
principaux :

— Le premier n'est autre que celui des dépôts d'étalons ;

— Le second sollicite la spéculation de l'étalonnier par
l'appât des primes ;

— Le troisième appartient au mode des concessions, c'est
de tous le plus en vogue ;

— Le quatrième enfin est un placement d'étalons départementaux dans un établissement de l'État, moyennant pension.

Voyons ces divers systèmes à l'œuvre.

II. — SYSTÈME DES DÉPÔTS D'ÉTALONS DÉPARTEMENTAUX.

Ce système est fort simple. Le département se procure des
étalons et les entretient dans un dépôt, pour les répartir
dans des stations, pendant la saison de la monte, d'après le
mode adopté pour les établissements de l'État.

A mérite égal, sous le rapport de la qualité des étalons et
de l'aptitude du personnel, ce système aurait dû présenter
les mêmes avantages que celui des dépôts du gouvernement.

On lui a reproché d'être plus onéreux pour les contri-

buables, d'avoir un choix d'étalons inférieurs, d'offrir moins
de garanties pour le bon emploi de chaque reproducteur,
moins de certitude de durée et, par conséquent, des chances
de pertes nombreuses pour les dépôts départementaux ; enfin
le personnel ne paraît pas avoir toujours rempli sa mission
à la satisfaction de tous, dépendant qu'il était et du préfet.
et du conseil général.

Six départements ont essayé de ce système : — la Corse,
— les Pyrénées-Orientales, — les Landes, — Seine-et-
Oise — et la Loire-Inférieure ; — un sixième, celui d'Eure-
et-Loir, a tenté aussi, dans ces derniers temps, de s'en rapprocher.

Il ne sera pas sans intérêt de chercher à savoir ce qu'a
produit cette nouvelle forme donnée à l'intervention directe.

— CORSE. — Le dépôt de la Corse était situé à Ajaccio ;
la décision qui en a autorisé la création porte la date du
30 octobre 1823. L'État concédait les étalons et donnait
une subvention annuelle de 1,000 fr. pour rétribuer un directeur ; tous autres frais quelconques étaient à la charge
du département. Le dépôt eut son existence réelle à partir
de 1824. Dès 1827, le conseil général trouva le fardeau
trop lourd ; il réclama de l'administration des haras qu'elle
fît seule les frais d'entretien : une indemnité annuelle de
3,000 fr. fut ajoutée aux précédents avantages. Les choses
demeurèrent sur ce pied, avec quelques variations peu importantes, jusqu'au 12 février 1835, époque de la suppression.

Sous Louis XVI, un petit haras avait été établi à Aléria ;
la révolution l'avait emporté, mais on conservait encore,
vers 1820, le souvenir des anciens chevaux de la Bolagne.

Sous la restauration, la Corse ne fut pas complétement
oubliée ; les haras y placèrent une station et sollicitèrent,

par des subventions, l'industrie particulière à se procurer quelques reproducteurs capables.

Ces moyens furent impuissants. Le pays demanda plus : c'est alors que le département et l'administration des haras s'entendirent pour la création et l'entretien du dépôt d'Ajaccio; il a vécu onze ans. Quels résultats ont été obtenus?

La dépense faite par le département est de. . . . . 98,573 f. 71 c.

Les subventions accordées sur les fonds des haras se sont élevées à. 28,251 84
                                                           _____
                          Total. 126,825 55

Quatre-vingt-huit étalons ont été entretenus; c'est huit par année et une dépense moyenne de 1,441 fr. 17 c. par tête (1).

Ils ont sailli deux mille quatre-vingt-dix juments, ou cent quatre-vingt-dix par an, et, par tête, 23,77 au taux moyen. Cinquante-cinq produits sont nés chaque année; en tout, six cent seize naissances.

La saillie de chaque jument a donc coûté 60 fr. 80 c., et chaque production est revenue, à sa naissance, au prix élevé de 208 fr. 80 c.

De tels résultats n'étaient de nature à encourager ni le département ni l'administration des haras; ils devaient mener droit à la suppression qui fut prononcée.

Cependant cette suppression a laissé debout les besoins : or ceux-ci, paraît-il, sont tels, que le département revient depuis plusieurs années à la charge et demande le rétablissement de son dépôt d'Ajaccio aux mêmes conditions que par le passé, c'est-à-dire — la concession gratuite, par l'État, d'un certain nombre d'étalons appropriés à la nature des juments de l'île, et le traitement du fonctionnaire à préposer

_____

(1) Dans ce chiffre, la dépense spéciale aux bâtiments s'élève à 334 fr. 14 c.; en la défalquant, il reste encore un prix de revient annuel de 1,108 fr. 03 c. par tête, chiffre vraiment énorme.

à leur conservation. Le conseil général vote des centimes additionnels dont le produit serait exclusivement consacré à l'entretien du dépôt.

Il n'est pas douteux que beaucoup d'abus ne se soient glissés dans la petite administration du dépôt départemental d'étalons d'Ajaccio; sans cela, on ne comprendrait pas la possibilité d'une pareille dépense. A ce prix, les douze cents étalons entretenus par l'État coûteraient annuellement 1,792,414 fr., non compris les frais généraux à la charge du personnel central. En 1847, l'année la plus chère que les haras aient encore eue à traverser, toutes dépenses comprises, chaque tête n'est revenue, en moyenne, qu'à la somme de 956 fr. 29 c.

— PYRÉNÉES-ORIENTALES. — Dans les Pyrénées-Orientales comme dans tous nos départements méridionaux et dans quelques autres du centre, l'industrie mulassière s'était partout substituée à la production et à l'élève du cheval.

L'absence des débouchés, l'oubli dans lequel les remontes de l'armée laissaient nos races légères avaient commandé cet abandon. Les éducateurs de chevaux avaient été trop heureux de trouver, dans une industrie rurale, des conditions meilleures. Les profits donnés par la production du mulet avaient attiré, en 1828, l'attention du conseil général des Pyrénées-Orientales. Ce conseil vit un intérêt pressant à solliciter du gouvernement l'envoi et l'entretien, au dépôt d'étalons de Perpignan, d'un certain nombre de baudets de bon choix.

L'administration des haras avait pour mission de favoriser l'éducation du cheval; elle refusa son concours au développement de la production mulassière. Le conseil général passa outre et donna les moyens de créer un dépôt de baudets. Cet établissement existait en 1832, lorsque le dépôt royal d'étalons de Perpignan fut compris dans une mesure de suppression qui s'étendait à huit autres.

Le préfet réclama contre cette suppression; il fit entendre des plaintes qui étaient fondées, car, dans la session qui
suivit, les conseillers du département renouvelèrent et les
plaintes et les réclamations. Ils gourmandaient l'administration d'avoir privé le pays des avantages que l'agriculture
avait retirés des étalons de l'État, en ce sens qu'ils amélio-
raient assez la jument pour que de son alliance avec l'âne
il résultât des produits supérieurs dont la vente était plus
lucrative.

Du fait de sa propre initiative et sous sa responsabilité
immédiate, le préfet avait obtenu l'autorisation d'acheter,
pour le compte du département, huit des étalons réformés
du dépôt de Perpignan. Cette acquisition eut lieu aux enchères publiques, moyennant 3,045 fr. Le conseil général
approuva et alloua les fonds nécessaires; il vota, en outre,
pour travaux d'appropriation et agrandissement du dépôt
de baudets destiné à recevoir aussi les huit étalons de l'espèce chevaline, la somme de 1,044 fr. 49 c. Il sollicita
enfin un secours annuel de 3,200 fr. pour aider aux frais
généraux d'entretien.

Le budget du dépôt départemental d'étalons fut ainsi
arrêté :

Nourriture	5,394 f.
Gages de deux palefreniers	1,200
Gages de deux aides pendant la monte	450
Augmentation de traitement accordée au directeur du dépôt de baudets	100
Idem au vétérinaire	50
Frais de bureau	50
Conduite des étalons aux stations et retour au dépôt, sellerie, médicaments, ferrure, frais de tournées, éclairage des écuries, etc.	700
Entretien des bâtiments	300

ci.. 8,244 f.

A déduire le produit de la monte et autres recettes.... 1,200

Reste en dépense.. 7,044 f.

Soit, par tête, 880 fr. 50 c.

Nous n'avons aucune donnée sur les résultats obtenus. Nous savons seulement que les étalons n'ont point été remplacés et que le dépôt n'a point été maintenu dans ses conditions de premier établissement.

Au moment de mettre sous presse, on nous informe que la suppression a été ordonnée en 1848 par le conseil général. A cette époque, le dépôt ne possédait plus qu'un vieil étalon du nom d'*Ourphaly* : la direction en était aux mains d'un menuisier; celui-ci avait succédé de fait à un vieillard, mort quelques mois auparavant.

L'administration a contribué à l'existence du dépôt par des primes de monte accordées aux étalons qui en composaient l'effectif.

— LANDES.—Ce département a eu son petit dépôt : fondé, en 1806, par la volonté ferme et la persistance du préfet; il reçut deux étalons d'abord, dont le prix fut acquitté sur les fonds des haras, puis deux autres également concédés par l'administration. Ce petit établissement, ou plutôt cette station, fut placé à Dax et maintenu jusqu'en 1822.

Les renseignements nous manquent pour dire ce qu'il a produit et les raisons qui l'ont fait abandonner.

Nous savons mieux ce qu'il a coûté d'entretien, non compris les frais de renouvellement des étalons.

La dépense totale des seize années d'existence s'est élevée à 58,893 fr. 95 c. pour un nombre d'étalons égal à soixante-quatre, soit une dépense annuelle de 904 fr. 60 c. par tête.

De 1810 à 1814 inclusivement, un surveillant avait été attaché au petit dépôt avec un traitement de 1,500 fr. Cette dépense ne pèse donc sur les frais d'entretien que pendant une période de cinq années.

Si nous nous livrons à une appréciation générale des effets produits par cette station, nous reconnaîtrons que les environs de Dax sont la partie du département la plus avancée au point de vue hippique; l'administration des haras y a trouvé un fonds sur lequel elle opère. Les habitants ont pris et conservé des habitudes favorables à l'éducation du cheval. Dax a, tous les ans, ses courses et son concours de juments pour une distribution de primes. Ces deux réunions témoignent que les sacrifices supportés par le département n'ont point été sans quelques résultats.

— SEINE-ET-OISE. — La Société d'agriculture de Seine-et-Oise a offert, depuis 1836, à l'industrie productive d'abord un, — puis deux, — puis trois étalons dont le service a toujours été gratuit.

Nous n'avons aucun renseignement sur les prix d'achat de ces animaux, ni même sur ce que peut coûter leur entretien. Nous voyons seulement, pour 1846, une allocation de 2,500 fr. inscrite au budget du département, avec cette affectation spéciale : — entretien des étalons de l'espèce chevaline.

Nous trouvons, en outre, dans un rapport fait à la Société par M. d'Abzac, que le but de celle-ci, — la substitution de l'étalon de pur sang et de demi-sang au type percheron, — était atteint aussi complétement que possible, eu égard au petit nombre des étalons de la Société, dont la recherche est si active; qu'il y a grande insuffisance de leur part; que six, au lieu de trois, seraient indispensables pour la saillie des juments capables. Mais avant d'arriver à ces résultats, dit M. d'Abzac, il a fallu livrer combat à bien des erreurs, à bien des préjugés : la Société en a triomphé; aujourd'hui, riches et pauvres ne doutent plus du succès et rivalisent de zèle pour obtenir de bons produits. La question chevaline, dans Seine-et-Oise, a donc fait un pas immense vers sa solution; bientôt le bon cheval remplacera les races dégradées qui desservent encore la grande majorité des besoins.

Et, à l'appui de cette assertion, M. d'Abzac cite ce fait comparatif. Les produits de trois et quatre ans, qui, il y a dix ans, se vendaient de 100 à 200 fr., valent aujourd'hui de

100 à 400 fr. à un an, et de 400 à 800 fr. et même plus à l'âge de 4 ans. La valeur des produits a plus que triplé.....

Et le préfet, qui assistait à la lecture du rapport, de se féliciter, avec la Société, de résultats aussi heureux.

Cependant voyons, nous, les faits de plus près, et faisons-leur dire ce qu'ils disent réellement.

A côté de ce discours officiel, de ce rapport d'apparat fait pour une séance publique, nous trouvons le tableau des saillies pendant une période de onze années, commençant à 1836 et s'arrêtant à 1846 inclus.

Dans sa première colonne figure le nombre des étalons, dont le total est de vingt-huit : ils ont sailli mille trois cent onze juments et donné trois cent quarante produits. Les moyennes sont donc, — par année, — un peu moins de quarante-sept saillies et un peu plus de douze produits.

Eh bien, si nous prenons pour base du prix d'entretien annuel le vote du conseil général dans sa session de 1846, nous aurons, pour les vingt-huit étalons entretenus de 1836 à 1846, une dépense totale de 23,330 fr., *non compris le prix d'achat,* pour une production de poulains égale à trois cent quarante, — soit, par tête, 69 fr. En ajoutant à cette dernière somme la part afférente du prix d'achat, c'est au moins 80 fr. que chaque naissance coûte par ce système. Il est probable, enfin, que le prix de la saillie forme une première ressource, une première recette qui doit s'ajouter au chiffre connu des dépenses.

LOIRE-INFÉRIEURE. — C'est Nantes qui a possédé le dépôt des étalons départementaux; mais il y a si longtemps de cela, qu'il n'en reste guère qu'un souvenir. Il a été complétement abandonné, et nous n'avons, par-devers nous, aucun renseignement qui nous permette d'en faire connaître ni l'importance, ni la durée, ni le succès.

En somme, le système des dépôts n'a offert, aux départements qui l'ont essayé, ni avantages pécuniaires, ni résultats bien certains quant à l'amélioration. Il ne prouve qu'une chose à notre avis, la nécessité d'une intervention par suite de l'insuffisance de l'industrie privée.

Si l'intervention administrative était un monopole, ainsi que l'affirment certaines personnes, si elle était la cause de l'impuissance des particuliers, chercherait-on à y revenir, y reviendrait-on après avoir été émancipé? N'est-il pas très-remarquable, par exemple, que la Corse fasse, depuis plusieurs années, d'inutiles efforts pour se replacer sous un régime ruineux? Là, au moins, on ne saurait accuser les haras d'avoir tué l'industrie sous les désastreux effets de la concurrence.

Mais en voici bien d'un autre. Le département d'Eure-et-Loir, le siége de la race percheronne, le centre d'un commerce immense, le foyer de la production générale d'une espèce que l'on essaye de reproduire sur presque tous les points, dans l'est, le nord, l'ouest et le centre (1); le département d'Eure-et-Loir, où l'industrie n'a point été entravée par l'action gênante de l'État, où elle a reçu, au contraire, toutes les excitations d'un débouché sans égal; le département d'Eure-et-Loir réclame contre la liberté qu'on lui a laissée, et demande qu'on intervienne d'une façon ou d'une autre, mais d'une manière directe, car le système des primes aux étalons privés est impuissant à produire le bien.

Si les haras avaient suivi les conseils de ses plus violents détracteurs, s'ils avaient fait droit aux sollicitations des plus chauds défenseurs du système du *laisser faire*, ils se seraient complétement abstenus en ce qui concerne la race percheronne. L'administration lui a néanmoins continué ses en-

(1) Nous pourrions dire jusque dans le midi, car les départements de l'Isère et du Var importent, le premier depuis quinze à seize ans, des étalons et des juments percherons, le second des étalons seulement de la même race. Si cette race avait eu le mérite de se reproduire entière, elle serait devenue, par suite de ses migrations diverses, une race en quelque sorte universelle en France.

couragements, et ceux-là, on ne peut pas dire qu'ils aient nui à la reproduction. Ils s'attachaient exclusivement, en effet, à désigner à l'industrie, parmi tous les étalons qui lui étaient offerts, ceux qui présentaient, avec les caractères les plus saillants du véritable cheval du Perche, les qualités de conformation les plus régulières et les plus puissantes. Les primes d'approbation n'étaient pas très-élevées quant au chiffre, mais elles avaient cette importance, qu'elles donnaient une vogue méritée à l'étalon approuvé, qu'elles le faisaient rechercher avec empressement, et qu'on lui livrait les poulinières les plus distinguées dans la race, celles qui en offraient le cachet, le type au plus haut degré.

A ce point de vue, les approbations d'étalons percherons, dans le Perche, ont rendu des services que l'on a trop méconnus, que l'on n'a point voulu apprécier.

Toutefois ce système avait été mieux jugé par le conseil général d'Eure-et-Loir. Pendant plusieurs années, ce conseil a voté des fonds qui ont reçu la même destination et qui ont été attachés à la conservation, dans le pays, des étalons les plus capables.

Nous ne saurions dire jusqu'où se sont étendus les sacrifices du département. En 1836, l'allocation était de 3,500 fr.; mais nous ignorons l'époque à laquelle elle a été votée pour la première fois. En vingt-quatre ans, de 1825 à 1848, l'administration des haras a payé pour primes, aux étalons percherons approuvés dans Eure-et-Loir, 31,370 fr., soit une moyenne annuelle de 1,307 fr.

Ce n'était point assez; la race demande plus, et les soins qu'elle réclame paraissent pressants.

Voici en quels termes le préfet d'Eure-et-Loir exposait, en 1847, à son conseil général, la question d'amélioration et de conservation de la race chevaline du Perche.

« Un des services qui réclament les mesures administratives les plus promptes et les plus efficaces, c'est celui qui

intéresse l'amélioration et la conservation de la race chevaline percheronne.

« Alors que les autres provinces cherchent à grands frais
à créer cette précieuse race pour remplacer le cheval de
trait dont elle est le plus excellent type, cette belle espèce
dégénère et disparaît aux lieux mêmes où elle avait pris
naissance et avait atteint son plus haut degré de perfection.

« Dans trois ou quatre ans, assure-t-on, le mal sera sans
remède.

« La restauration de la race percheronne est donc une
question de premier ordre et qui touche aux intérêts les plus
considérables du pays.

« Elle se recommande à toute l'attention du conseil général..... »

Le préfet continue. Il fait ressortir le mérite du cheval
percheron. Il expose comment des achats nombreux, con-
sommés au profit de départements éloignés, enlèvent, chaque
année, les types les plus parfaits de la race, en déshéritant
la localité elle-même. Il voit dans cette recherche active,
empressée du commerce une cause rapide de dégénération,
et constate qu'à partir du moment où les exportations ont
été régulières, incessamment renouvelées, « la rareté des
beaux étalons et des belles juments poulinières s'est immédiatement fait sentir. On a cherché, ajoute-t-il alors, à remédier à la situation en primant les chevaux de reproduction dont l'industrie particulière assurait la conservation
dans le Perche.

« Mais ce système, pratiqué depuis plusieurs années, n'a
pas eu les succès désirables. Les chevaux primés ne sont pas
convenablement employés au service de la monte. L'accouplement, fait sans surveillance, est mal pratiqué. L'identité
des chevaux producteurs devient, à chaque instant, contes-
table, et les produits manquent bientôt d'une authenticité
que ne rappellent en rien, d'ailleurs, leurs caractères de fi-
liation. Ce système des primes doit être abandonné. C'est

par un service d'étalons choisis dans le type le plus pur de
la race, s'accouplant avec des juments de formes et de constitution identiques, que la restauration de cette race doit
être entreprise.

« Je propose donc au conseil général la suppression des
primes et l'affectation de la somme ordinairement allouée
à l'achat d'étalons pouvant être envoyés en station à Courtalin et Nogent-le-Rotrou, à l'époque de la monte.

« D'ailleurs vous vous éclairerez, messieurs, sur ma proposition par les délibérations du conseil municipal de Courtalin et des conseils d'arrondissement de Nogent-le-Rotrou
et de Châteaudun ; vous prendrez aussi en considération les
diverses observations que des hommes éclairés et compétents ont publiées sur la matière, et vous donnerez votre
approbation, je l'espère, au système de la station, qui rem-
placerait, dans le service d'amélioration de la race chevaline, le système des primes offertes aux producteurs de l'industrie particulière.

« Pour achat d'étalons, je propose au conseil général
d'allouer au budget une somme de. . . . 3,600 fr.,
espérant obtenir de M. le ministre, sur les fonds de l'État,
des subventions à l'aide desquelles nous pourrions compléter le nombre des chevaux dont il sera utile de pourvoir les
stations à établir. »

Le conseil général, après mûr examen et discussion ap-
profondie, a voté la somme inscrite dans la demande du
préfet ; il a, de plus, complété le projet de ce fonctionnaire
en lui donnant le moyen d'approprier un local convenable
pour le logement des étalons. Ces derniers devaient être
placés à la colonie agricole de Bonneval, qui les emploierait
à son profit hors le temps de la monte, et, en retour de cet
avantage, les entretiendrait sans frais pour le département.
A l'époque ordinaire des saillies, les étalons départementaux feraient le service à Courtalin et Nogent-le-Rotrou
en séjournant alternativement dans ces deux localités.

Mais, et attendu l'insuffisance du crédit pour l'achat d'un nombre de reproductions nécessaire aux besoins, l'administration des haras devait être sollicitée et amenée à entretenir d'autres étalons de race percheronne pure qui seraient placés à Bonneval avec les premiers et aux mêmes fins. Les propriétaires, les éleveurs, les communes intéressées à la conservation et à l'amélioration du cheval percheron devaient être invités à faire, par souscriptions volontaires, un fonds destiné à concourir, avec le département et l'État, au perfectionnement d'une race aussi précieuse.

Les événements de 1848 sont survenus. Probablement l'administration départementale n'aura pu donner au projet et au vote du conseil général la suite qu'ils comportaient.

Toujours est-il que ce conseil avait reconnu la nécessité d'établir un dépôt d'étalons, d'avoir une institution qui fixât les moyens de conserver une race que l'industrie privée laissait dépérir en dépit de tous les éléments d'une prospérité sans égale.

C'est que les particuliers ne spéculent point en vue de l'avenir. En fait de chevaux, leurs opérations sont d'autant plus sûres et plus fructueuses qu'elles se terminent dans le laps de temps le plus court.

Au surplus, et dès 1841, alors que nous avions l'honneur de diriger les haras du Pin, nous avions reconnu nous-même les premiers symptômes du mal accusé avant nous par un de nos prédécesseurs, et en 1847 seulement par le préfet d'Eure-et-Loir. Nous avions déjà indiqué l'utilité de prévenir la ruine par une institution départementale largement conçue, puisqu'il était interdit à l'administration des haras d'entretenir des chevaux de trait dans ses établissements. Nos prévisions n'étaient que trop fondées.

Le mode si tardivement adopté par le département d'Eure-et-Loir ne serait efficace qu'autant qu'il prendrait des proportions plus en rapport avec l'importance même de la production chevaline; celle-ci constitue une branche d'industrie assez considérable pour qu'on ne lui marchande pas les moyens de la conserver florissante. Le système arrêté en 1847 ne conduirait pas à des résultats appréciables. Nous comprenons un grand établissement composé de vingt-cinq à trente étalons d'élite payés cher aux producteurs, afin de donner un intérêt à élever avec soin des poulains nés d'appareillements judicieux ; mais nous ne voyons qu'une source intarissable de dépenses inutiles et d'inconvénients de toutes sortes dans le prêt de quelques chevaux achetés en liardant, puis abandonnés, hors du temps de la monte, à des mains fort peu intéressées à leur bon entretien, à leur longue conservation. Nous aurons l'occasion de revenir, ailleurs, sur les moyens à employer pour favoriser la production améliorée de la grosse espèce. Ici, nous n'avions qu'à effleurer ce sujet en constatant le nouveau mode d'intervention adopté par le conseil général d'Eure-et-Loir, en vue du perfectionnement de la race percheronne, soumise, jusque-là, au système impuissant des primes données à la conservation.

Au moment de mettre sous presse, de nouveaux renseignements nous parviennent.

Dans sa session de 1848, le conseil général a modifié le système d'amélioration qui avait été concerté en 1847.

La reproduction textuelle de l'arrêté pris le 12 janvier 1849 par le nouveau préfet d'Eure-et-Loir expose très-bien les vues adoptées et la marche qui devra être suivie. Nous aurions pu placer un peu plus bas la reproduction de ce document ; mais il ne sera point un hors-d'œuvre ici, et fera suite à ce que nous venons de dire de l'intervention du département d'Eure-et-Loir dans la production améliorée et la conservation de la race percheronne.

Voici l'arrêté du préfet :

« Nous, préfet d'Eure-et-Loir,

« Vu la délibération prise par le conseil général dans sa dernière session, au sujet de l'amélioration de la race chevaline dans le département ;

« Considérant que, depuis plusieurs années, la race chevaline percheronne, si précieuse pour le pays, tend à perdre ses qualités primitives, et qu'il est important de prendre des mesures pour remédier à un état de choses dont le résultat serait de priver le département et l'agriculture d'une de ses meilleures ressources ;

« Considérant que le moyen de ramener la race chevaline percheronne à son type le plus pur n'est pas seulement d'avoir d'excellents étalons réunissant toutes les bonnes qualités de cette race, mais bien d'engager les propriétaires de ces étalons à les conserver et à les affecter spécialement au service de le monte,

« Avons arrêté et arrêtons ce qui suit :

« Art. 1er. Il est créé deux natures de primes, sous la dénomination de *primes de possession* et de *primes d'entretien.*

« Art. 2. Les primes de possession seront distribuées aux propriétaires (éleveurs ou acquéreurs) des meilleurs étalons de race percheronne ; ces primes varient de 600 à 1,200 fr.

« Art. 3. Les primes d'entretien seront décernées aux mêmes propriétaires qui auront reçu des primes de possession. Les primes d'entretien seront de 400 à 600 francs.

« Art. 4. Les propriétaires d'étalons qui désireront concourir pour obtenir les primes de possession devront nous adresser leur demande avant le 1er février prochain.

« La demande devra faire connaître le domicile et la qualité des propriétaires, le nombre d'étalons qu'ils veulent présenter, l'âge, la robe et la taille de ces étalons.

« Art. 5. Les étalons primés devront être âgés d'au moins trois ans, et six ans au plus.

« Art. 6. Le nombre des étalons à primer est fixé à six ; ils seront pris dans toute l'étendue du département, à l'exclusion de ceux des départements étrangers.

« Art. 7. Les primes de possession seront décernées aux propriétaires d'étalons par une commission d'examen, laquelle choisira parmi les meilleurs sujets qui lui seront présentés, et qui devront être de pure race percheronne.

« Art. 8. Les étalons à l'occasion desquels des primes de possession auront été décernées ne pourront jamais être vendus qu'avec l'autorisation de la commission, sous peine, par le propriétaire, de restituer au département la prime de possession, et, de plus, la prime d'entretien qu'il aura reçue dans l'année de la vente de l'étalon.

« Les propriétaires d'étalons prendront, avant de recevoir les primes qui leur auront été décernées, l'engagement, par écrit et sur timbre, de se conformer à toutes les dispositions du présent arrêté.

« Art. 9. Les primes d'entretien seront décernées, à la fin de chaque année, par la commission d'examen, aux propriétaires d'étalons qui auront reçu antérieurement des primes de possession, et sur la constatation que leurs étalons auront fait le service de la monte, et qu'ils seront trouvés en bon état de conservation et toujours propres à l'usage auquel ils sont destinés.

« Art. 10. La même commission sera chargée d'examiner les étalons présentés pour concourir aux primes de possession et aux primes d'entretien.

« Elle déterminera, selon la valeur des étalons, et dans la limite posée par l'article 2 du présent arrêté, le montant de la prime de possession qui devra être décernée.

« A la fin de chaque année, les étalons qui auront reçu des primes de possession seront de nouveau présentés à la commission, qui fixera, dans la limite de l'article 5 du présent arrêté, le montant de la prime d'entretien qui devra leur être accordée.

« Art. 11. Un règlement, renfermant les conditions qui devront être imposées aux propriétaires d'étalons primés et déterminant celles qu'on devra rencontrer dans les étalons, sera rédigé par la commission, et ne sera obligatoire qu'autant qu'il aura reçu notre approbation.

II.   6

« Art. 12._Sont nommés membres de la commission
d'examen, etc., etc..... »

Nous aurions bien quelques observations à faire sur les
dispositions de cet arrêté; nous nous abstiendrons. C'est un
premier pas dans une voie nouvelle pour le département;
avant peu, des modifications viendront certainement améliorer un système qui débute dans son application. Attendons le progrès du temps et de l'expérience. On reconnaîtra
bientôt que c'est une faute de limiter à six ans l'âge des
étalons primés; à cette époque de la vie, un étalon n'est
pas encore connu dans sa descendance. Seule, cette dernière
donne la mesure de l'utilité de l'emploi d'un reproducteur,
et une race ne se reproduit bonne, ne se conserve dans son
aptitude et sa valeur que par le concours des animaux vraiment supérieurs : or ce qui constate la supériorité des reproducteurs d'élite, c'est le temps; l'âge seul le révèle.

— Nous aurions dû peut-être placer ici l'histoire des petits
établissements de production et d'élevage fondés dans deux
ou trois départements, et des tentatives de concessions de
juments pures faites sur les fonds des conseils généraux;
mais les renseignements ne nous sont point encore parvenus. Nous ajournons forcément l'examen de cette autre
forme d'intervention départementale; il trouvera place ailleurs.

III. — SYSTÈME DES PRIMES.

Le système des primes est complétement opposé au précédent; il crée un certain intérêt pour les particuliers à tenir
à la disposition du producteur des éléments de production;
il stimule ceux qui remplissent certaines conditions à accepter ou bien à se procurer des étalons en vue du service public. Tantôt le département réunit des souscripteurs disposés
à reprendre, au prix coûtant, des animaux achetés et introduits par les soins de l'administration départementale, tan-

tôt les particuliers achètent, se procurent eux-mêmes les étalons qu'ils destinent à la monte.

Dans les deux cas, une prime est affectée au service des étalons.

A ce système se rattache une troisième combinaison; celle-ci consiste à donner la prime sous deux formes, sous deux dénominations différentes, — l'une d'importation ou de possession, — l'autre d'entretien.

Le taux de ces primes est fort variable suivant les localités et les ressources des départements, suivant l'espèce des animaux et les difficultés que l'on éprouve à décider les détenteurs.

La prime d'importation rapproche ce système de celui des concessions consenties à titre plus ou moins onéreux; il en diffère néanmoins en ce que le taux de cette prime est parfaitement déterminé à l'avance et dès lors invariable.

Un cahier des charges est établi par le département, accepté par les détenteurs; les parties contractantes sont ainsi engagées et liées pour un nombre d'années qui varie ordinairement de quatre à six ans.

Cependant la prime n'est pas toujours accordée ainsi. Les fonds destinés à solliciter la spéculation chez les étalonniers sont quelquefois distribués à la suite d'un concours public entre tous les étalons existant dans le pays. Ce mode n'est applicable que là où la tenue des étalons est une nécessité, un fait usuel résultant des habitudes prises, d'une production organisée sur une grande échelle; il a un inconvénient très-grave, celui de ne pas fixer, pour un certain nombre d'années consécutives, le service des étalons primés. La prime, dans ce cas, ne s'attache qu'au service de l'année qui vient de finir ou de la monte suivante; elle rémunère des services rendus ou récompense, par anticipation, des services attendus; mais elle n'étend ni son influence ni son bienfait au delà d'une année seulement : c'est un vice radical. Très-rarement les mêmes étalons sont employés deux ans de suite, et la race se trouve, par cela même, privée du concours complet de l'un de ses éléments d'amélioration les plus puissants. La constance de la race appartient dès lors exclusivement à la femelle ; cette dernière acquiert une très-grande importance, et la logique commanderait bien plutôt de répartir sur elle les encouragements à peu près inutiles que l'on accorde au service des mâles. L'étalon ne concourt à l'amélioration qu'autant qu'il est dans la plénitude de sa force ; on reconnaît et l'on mesure son utilité à la somme de mérite qu'il transmet à sa descendance. Comment établir cette utilité lorsque le service est purement accidentel? Quand les choses se passent ainsi, il n'y a pas grand fond à faire sur le concours de l'étalon ; la prime alors n'a qu'une importance minime.

L'objet de cette prime est manqué dès qu'elle n'assure pas la conservation longtemps prolongée de l'étalon le plus capable de pousser à l'amélioration.

Dans l'autre système, si les étalons achetés et primés étaient toujours bien choisis, convenablement placés, nourris, soignés, s'ils étaient toujours bien adaptés à l'espèce des juments et utilement employés, nul doute qu'ils ne rendissent des services considérables et qu'on ne dût puissamment encourager leur multiplication par le mode dont il s'agit ; mais bien des difficultés surgissent dans la pratique. Loin d'être toujours d'un choix heureux, bien souvent les étalons sont médiocres ou même mauvais ; plus rarement encore sont-ils du goût du souscripteur. Celui-ci attend toujours une merveille ; rarement l'acheteur croit s'être trompé. La critique attaque et déprécie le convoi ; l'importateur est abreuvé de dégoûts ; ou bien, si le détenteur a choisi, acheté lui-même, les rôles changent. L'amour de la propriété ne le cède en rien à la prétention d'avoir fait selon sa conscience et son savoir : l'étalonnier présente son étalon comme des meilleurs et des plus beaux ; l'homme du département ou la commission d'approbation deviennent moins enthousiastes.

L'examen est d'autant plus sévère que la prime est plus élevée ; le désir de l'obtenir est néanmoins en raison même de son importance. On a souvent beaucoup de peine à se mettre d'accord. Cependant la difficulté de trouver des détenteurs plaide en faveur de ceux-ci ; on fait appel à certaines considérations, on incline à l'indulgence, et l'on prime des animaux peu dignes de la reproduction.

Après cela, le hasard les place bien capricieusement. Les contrées les plus favorables à l'amélioration peuvent être complétement déshéritées, tandis que les moins favorisées peuvent être pourvues au delà des besoins. Les sacrifices que s'impose le pays ne lui rendent pas alors toute l'utilité qu'il devrait en tirer.

Il en résulte des inconvénients d'une autre sorte. Les détenteurs se plaignent de ne point trouver dans le prix des saillies une indemnité suffisante aux charges qui leur ont été imposées ; sous prétexte de pertes fort lourdes, ils capitulent avec leur conscience, dérogent aux clauses acceptées, et détournent plus ou moins complétement de leur destination spéciale les étalons qu'ils s'étaient engagés à tenir à la disposition de l'industrie productrice. Cette catégorie d'étalons a souvent été employée aux travaux les plus rudes ; la saillie était bien la moindre préoccupation de ceux qui les possédaient, mais de certains avantages se trouvant attachés à cette possession, on trompe sciemment le département en lui donnant, comme vrais, des chiffres de monte et de production dont la vérification est extrêmement difficile et dont la justification serait tout à fait impossible.

L'application de ce système s'arrête, d'ailleurs, presque exclusivement à l'espèce de trait ; cela seul suffit à prouver que, sans le travail du cheval pendant les années de service obligé, sans la perspective d'une jouissance entière et libre à l'expiration de l'engagement contracté, les départements ne trouveraient que très-difficilement des détenteurs. Pour l'homme pratique et impartial, pour les esprits non prévenus, la mesure d'utilité du mode dont il s'agit n'a qu'une étendue fort restreinte, exceptionnelle en quelque sorte. Cette utilité tient bien plus, en effet, à certaines circonstances et à certains dévouements qui passent, se lassent ou disparaissent, sans que, après eux, on trouve à les remplacer ou à les continuer.

Il n'est pas aisé de faire l'histoire locale de l'application de ce système. Les renseignements ne nous sont venus que très-incomplets et fort diversement appréciés. Nous ferons de notre mieux. Si des erreurs, si des inexactitudes se glissent dans ce que nous allons rapporter, on les relèvera facilement dans chaque localité; dans aucun cas, au moins, ne peuvent-elles nuire à personne ni à quoi que ce soit.

Côtes-du-Nord. — L'importance chevaline de ce département a toujours commandé à son administration une grande attention et des sacrifices soutenus : nous en ferons ailleurs l'exposé historique; ici nous ne nous occuperons que des efforts tentés en vue de fournir à l'industrie les étalons qu'elle ne pouvait se procurer directement, du fait seul de sa propre initiative.

Le département est intervenu à partir de 1821. A cette époque, il commence par allouer un traitement annuel de 1,500 fr. à un inspecteur départemental spécialement chargé de surveiller les intérêts hippiques de la localité.

Cette création conduisit tout naturellement à la constatation de ceci, à savoir, que les éléments d'amélioration étaient, relativement à ceux de la production générale, dans une infériorité numérique telle, qu'il y avait nécessité absolue, urgence de changer ces proportions, de faire que les moyens améliorateurs ne se trouvassent pas complétement impuissants devant les forces vives et toujours croissantes des causes contraires, des causes de dégénération.

Dès lors, un système d'intervention fut arrêté. Le conseil général décida que le préfet ferait acheter, hors du département, des étalons de trait que l'on remettrait, au prix coûtant, à des souscripteurs dont on aurait soin, par avance, de s'assurer le concours.

Les conditions étaient, d'ailleurs, fort simples. Une prime annuelle de 400 fr. était consentie par le département au profit du propriétaire qui avait pu acquérir, en vue de la reproduction, un étalon que le département avait pris la peine de faire rechercher et d'introduire à ses risques et périls. Aucune limite de temps ni d'âge n'était imposée à la conservation des étalons : ceux-ci restaient sans doute soumis à la surveillance de l'inspecteur départemental ; mais cette surveillance, soit qu'elle ait été jugée inutile, soit qu'on l'ait trouvée incommode, fut bientôt supprimée ; elle n'a duré que cinq ans (1).

Les premiers étalons importés dans les Côtes-du-Nord furent empruntés aux races bourbourienne et cauchoise ; l'acheteur se rabattit ensuite sur le Perche, et finalement sur toute la Normandie. Il s'ensuit que des animaux de races fort diverses et nécessairement mêlées, presque toujours de l'espèce de trait, néanmoins, furent successivement, et grâce au système adopté, introduits dans les Côtes-du-Nord depuis 1823 jusque dans ces derniers temps, et entretenus chez les

---

(1) Au moment de livrer ce travail à l'impression, nous recevons un extrait des procès-verbaux du conseil général, pour la session de 1848.

Cette communication renferme le passage suivant :

« Le conseil décide qu'il sera interdit aux détenteurs d'étalons départementaux de garder chez eux, en dépôt, ou pour leur service domestique, aucun autre étalon, *afin de conjurer le retour des abus que l'expérience a révélés.*

« Il arrête aussi que le prix des saillies de ces étalons n'excédera pas 6 fr., et que chaque détenteur sera soumis, en ce qui touche le nombre des saillies de chaque étalon, à une surveillance exercée soit par une commission hippique, soit, à son défaut, par le vétérinaire du canton. »

Que ceux qui lisent avec fruit et savent réfléchir tirent les conclusions.

propriétaires à la faveur d'une prime de monte primitivement fixée à 400 fr., mais qui, dans certains cas et pour certains chevaux, a pu être portée à 500 fr.

Nous n'avons aucune donnée précise sur la somme affectée à ces achats ; nous avons tout lieu de penser, néanmoins, qu'elle ne s'élevait guère, en moyenne, au delà de 1,500 à 1,600 francs par tête. Quatre années de primes suffisaient ainsi à rendre au propriétaire tout ce qu'il avait dépensé pour concourir au but que le département s'était proposé. Le prix de la saillie, le travail, le fumier devaient compenser largement les frais de nourriture et autres. La spéculation ne pouvait être mauvaise et tentait nécessairement les étalonniers.

Comment s'en est trouvé le département? Quels résultats ont été obtenus? A ces questions encore, aucune réponse catégorique n'est possible, car les éléments d'appréciation manquent tout à fait.

Mais suivons l'échelle montante et descendante du chiffre des étalons départementaux : elle nous renseignera peut-être suffisamment.

Nombre des étalons départementaux entretenus dans les
Côtes-du-Nord, de 1823 à 1848 inclusivement.

ANNÉES.	NOMBRE D'ÉTALONS.
1823.	7
1824.	14
1825.	14
1826.	14
1827.	12
1828.	14
1829.	14
1830.	26
1831.	26
1832.	26
1833.	25
1834.	23
1835.	28
1836.	23
1837.	18
1838.	16
1839.	16
1840.	16
1841.	16
1842.	16
1843.	18
1844.	18
1845.	11
1846.	10
1847.	8
1848.	6 (1)
TOTAL.	435

(1) Pour la monte de 1849, le nombre est réduit à 5.

Dès la seconde année de la mise en pratique du système, le nombre des étalons s'est élevé à quatorze; il y a déjà quatre ans que ce nombre décroît; il n'est plus que de six en 1848.

Si nous négligeons la première année, nous avons une période de vingt-cinq ans : en la fractionnant par cinq, nous obtenons les cinq moyennes suivantes :

De 1824 à 1828. . . 13,6;
De 1829 à 1833. . . 23,4;
De 1834 à 1838. . . 21,6;
De 1839 à 1843. . . 16,4;
De 1844 à 1848. . . 10,6.

La moyenne générale est de 17,12. Les dix dernières années n'atteignent pas ce chiffre; cela prouve-t-il beaucoup en faveur de l'extension dont le système paraîtrait susceptible?...

Toutefois, en ce qui concerne les Côtes-du-Nord, nous ne saurions dire si c'est l'industrie qui manque aux avances qui lui sont faites, ou bien si c'est le département qui fait défaut à l'institution.

Quoi qu'il en soit, voici ce que le département a donné à l'institution et ce que l'institution a coûté au département :

1° Cinq années de surveillance spéciale à 1,500 fr. . . . . 7,500 fr.

2° Primes aux étalons et frais divers y relatifs. 237,521

Total. . . 245,021 fr.

Ou 9,424 fr. par an.

Pendant le même laps de temps, l'administration des haras a affecté aux mêmes étalons des primes qui se sont élevées, en totalité, au chiffre de 29,740 fr. C'est une autre moyenne annuelle de 1,144 fr., qui porte, par chaque année, les deux allocations réunies à la somme de 10,568 fr.

par an, et la prime annuelle attribuée à chaque étalon au taux moyen de 631 fr. 60 c.

En admettant que chaque étalon ait donné cinquante saillies et vingt produits nés viables, tous les ans, ce qui est une proportion fort belle assurément, nous obtiendrons, pendant les vingt-six années, un chiffre de saillies de 21,500 environ, et un nombre de produits égal à 8,640.

A sa naissance, chaque poulain représentait donc une dépense de 32 fr. environ.

Il ne faut point oublier qu'il ne s'agit ici que de poulains communs. Et voyez où en est l'institution : elle n'a plus que cinq étalons pour la monte de 1849!

Ce n'est pas tout. Parallèlement aux primes accordées aux étalons, le conseil général a établi des concours pour les poulinières suitées. Nous retrouvons ici une autre dépense de 165,000 fr., faite en partie pour aider au succès des étalons importés. A coup sûr, ce mode d'intervention, à part qu'il ne donne aucune garantie de durée, aucune certitude quant à l'amélioration, n'est rien moins que recommandable au point de vue économique. Tenons-le pour ce qu'il vaut : c'est un très-utile auxiliaire, mais rien de plus.

— DÉPARTEMENT DE L'AISNE. Le département de l'Aisne est bien certainement l'un de ceux où la question chevaline a été le plus remuée après 1830. Le conseil général s'est, depuis lors, traditionnellement attaché à en poursuivre la solution utile. Divers systèmes d'encouragement et d'intervention ont été successivement essayés.

Celui qui est appliqué en ce moment rentre dans l'étude à laquelle nous nous livrons. Un mot sur le passé avant d'arriver au présent.

Jusqu'en 1834, les allocations faites par le conseil général en faveur de l'industrie chevaline ont été distribuées en primes aux juments suitées, et aux poulains et pouliches de différents âges. Il va sans dire que toutes les espèces avaient leur catégorie distincte, et que, dans l'Aisne, on primait à la fois la jument de selle, la carrossière et la poulinière de gros trait ; les produits mâles et femelles, d'un à trois ans, se répartissaient dans les mêmes divisions. C'était le tohu-bohu de la création. Aucune classe de primes n'avait assez d'importance pour imprimer une direction sérieuse à la production ; ce système ne pouvait pousser à un progrès quelconque, n'était susceptible d'aucun résultat utile ou appréciable.

On y renonça en partie en 1834.

A cette époque, le conseil général crut devoir affecter un emploi à la moitié des fonds votés pour encouragements à l'amélioration de l'espèce chevaline. Il décida, en conséquence, qu'une prime de monte de 150 fr. serait ajoutée à la prime d'approbation des haras. On espérait par là tenter les étalonniers, les engager à se procurer quelques reproducteurs de bon choix, dont l'action se ferait heureusement sentir sur la population équestre du département.

Aucun étalon ne fut présenté à l'approbation ni en 1835 ni en 1836.

L'année suivante, le conseil général tourna bride et s'arrêta à un mode d'intervention diamétralement opposé. Il décida que les deux tiers de la somme, soit 8,000 fr., qu'il consacrait à l'amélioration de l'espèce chevaline, seraient employés à l'acquisition de juments boulonnaises ; que ces juments seraient concédées à des cultivateurs, à la condition, par eux, d'en élever les quatre premiers produits.

La même résolution a été prise en 1838 et 1839. Le gouvernement aida le département en ajoutant une subvention de 6,000 fr. par an aux allocations départementales.

En 1840, une nouvelle exigence fut introduite au cahier des charges. Le département consacra une somme de 12,000 fr. à l'acquisition de juments boulonnaises ; mais celles-ci devaient être accordées de préférence aux cultivateurs qui se procureraient de leurs deniers des étalons dignes d'être approuvés par les haras. Les 6,000 fr. de l'État reçurent la même destination.

Cette combinaison eut pour résultat de faire introduire dans le département de l'Aisne un certain nombre d'étalons supérieurs à ceux du pays. En 1841, il en existait vingt et un, tous de race percheronne.

Encouragé à suivre la même voie, le conseil général décida, pour 1842, que les fonds votés par lui recevraient encore le même emploi. Cependant il modifiait le mode adopté en ce sens que, le cas échéant où le nombre des demandes de juments excéderait celui des concessions possibles, la préférence serait donnée aux possesseurs des plus beaux étalons carrossiers, ayant égard aussi à l'utilité même du placement de ces derniers sur tel ou tel point du département qui en avait été privé jusque-là.

Cette résolution est d'une haute importance; prise quatre ans après la première mise en œuvre du système, elle lui porte atteinte et le condamne en partie. Elle prouve que les résultats s'en étaient multipliés, mais elle ne dit pas qu'ils aient été satisfaisants à tous égards; elle ne dit pas que l'étalon du Perche ait produit une notable amélioration, que ses poulains montrassent une grande supériorité sur ceux que l'on obtenait des autres étalons répandus dans le département.

Après cela, les premiers animaux importés n'avaient peut-être pas été scrupuleusement choisis ; peut-être aussi s'était-on montré moins exigeant tout d'abord..... Quoi qu'il en soit, si l'on avait reconnu une véritable utilité au système précédemment adopté et pratiqué, on n'y aurait point apporté, quatre ans après, une modification aussi profonde.

Dans la même session, le conseil général nomma deux commissions qui restèrent chargées de surveiller la marche de l'industrie chevaline dans le département. Elles devaient être renouvelées tous les trois ans et prendre part à tout ce qui intéresserait cette branche de la production agricole;

elles étaient notamment invitées à se rendre dans les Ardennes, à étudier dans ses effets le mode d'intervention suivi depuis plusieurs années dans ce département et à en rendre compte au point de vue de son application fructueuse à la population équestre de l'Aisne.

Tout en continuant ses achats de juments, le conseil fait retour à ses idées de 1837; il attache des primes de monte à la possession des étalons les plus utiles et double, sur ses fonds, les primes qui pourront être accordées par les haras. Il adopte, d'ailleurs, à cet égard, les dispositions du règlement de l'administration; mais il veut que les propriétaires d'étalons prennent l'engagement de les conserver à la monte pendant cinq années consécutives.

On sent qu'il se fait, au sein du conseil, un travail de transformation; on comprend que le cheval percheron a perdu de son terrain, que le système d'importation des juments boulonnaises impose des sacrifices hors de toute proportion avec les résultats; on entrevoit enfin dans un prochain avenir un changement dans les idées, une modification importante dans les faits.

La question se présenta, à la session de 1842, sous les formes nouvelles qu'avaient fait pressentir les mesures prises dans la session précédente. L'étalon *carrossier*, *bien racé*, y est désigné, à la préférence des étalonniers, par les encouragements qu'on lui réserve. Ces encouragements étaient de deux sortes : les uns étaient alloués sous le nom d'indemnité d'achat et stimulaient l'industrie par une prime qui, de 600 fr., pouvait être portée jusqu'à 1,500 fr.; les autres étaient offerts comme primes de monte annuelle et se trouvaient attachés aux services rendus. La prime de monte payée par le département était de 100 à 300 fr., et pouvait être cumulée avec la prime d'approbation payée par l'administration des haras.

L'étalon de trait n'était pas complétement déshérité dans la pensée du conseil général; on lui réserva, quand il serait de race percheronne et de bonne structure, de l'approuver et de lui allouer, suivant les cas, la prime de monte annuelle de 100 à 300 fr.

Il ne fut plus question de concession de juments. Ce mode d'intervention fut complétement abandonné.

A partir de 1842, le conseil est resté ferme dans son système et semble devoir y persévérer; il faut l'en féliciter. L'expérience qu'il a commencée doit être menée à fin. Ses résultats parleront. L'un des plus grands obstacles à toute amélioration en France, c'est qu'on ne sait pas attendre.

Le mode adopté dans le département de l'Aisne y a déjà introduit un assez grand nombre d'étalons pour que l'influence en soit appréciable. D'ailleurs ce ne sont pas seulement l'introduction et l'entretien des bons étalons que le conseil général patronne. Il a institué des courses publiques en vue de faire ressortir le mérite des étalons départementaux et des produits que donne leur alliance judicieuse. Les courses remplissent, vis-à-vis les derniers, un autre objet; elles en font soigner davantage l'élève et le dressage. L'institution des courses, quoi qu'on fasse, est et devient le complément de tout système de bonne production et d'encouragement utile à l'amélioration. On n'accusera pas les haras d'avoir poussé à ces résultats dans le département de l'Aisne. L'initiative vient du conseil général, mais l'administration des haras n'a pas vu sans plaisir que ses idées et ses moyens fussent si pleinement adoptés. Dès qu'elle a été sollicitée, elle a donné un témoignage de sympathie et d'intérêt à l'œuvre poursuivie avec un zèle si bien entendu; elle favorise donc, par ses secours et ses subventions, autant que ses ressources le lui permettent, les vues intelligentes du conseil général, et prête tout son appui aux efforts dévoués de MM. Fouquier d'Hérouel et Geoffroy de Villeneuve, ceux des membres du conseil qui restent chargés de l'exécution.

Si les renseignements qui nous ont été adressés sont exacts, voici la situation, par année, des étalons introduits dans l'Aisne par suite de sollicitations offertes à l'industrie par le système double des primes à l'importation et des primes de monte.

1° *Étalons percherons.*

ANNÉES.	ENTRÉS dans l'année.	MORTS, vendus ou réformés	EFFECTIF pour la monte.
1840	5	»	5
1841	16	»	21
1842	6	»	27
1843	2	2	27
1844	»	6	21
1845	1	3	19
1846	2	7	14
1847	4	3	15
1848	1	4	12
1849	3	5	10
Totaux. .	40	30	171

Pour ne nous occuper que des pertes par suite de causes diverses, on voit tout d'abord qu'elles sont assez nombreuses et arrivent à un chiffre vraiment important.

Le rapport des pertes aux existences est dans la proportion de 17 1/2 pour 100.

2° *Étalons carrossiers anglo-normands.*

ANNÉES.	ENTRÉS dans l'année.	MORTS, vendus ou réformés	EFFECTIF pour la monte.
1843	5	»	5
1844	7	»	12
1845	7	1	18
1846	3	»	21
1847	7	3	25
1848	3	4	24
1849	»	2	22
TOTAUX.	32	10	127

Si nous combinons ces deux tableaux, nous obtenons les résultats suivants :

| ANNÉES. | EFFECTIF POUR LA MONTE. | | TOTAL. |
	Percherons.	Anglo-normands	
1840	5	»	5
1841	21	»	21
1842	27	»	27
1843	27	5	32
1844	21	12	33
1845	19	18	37
1846	14	21	35
1847	15	25	40
1848	12	24	36
1849	10	22	32
TOTAUX.	171	127	298

Nous ne voulons attacher aucune observation à ces chiffres, ils peuvent se passer de commentaires. Nous ferons simplement remarquer la décroissance de l'effectif en 1848 et 1849. Les événements politiques ont arrêté les importations d'étalons de demi-sang : celles de 1848 étaient un fait accompli avant la révolution de février ; aucune demande ne s'est produite depuis.

C'est l'un des plus grands vices de ce système, l'absence de toute certitude et de suite : il n'a aucune racine dans les habitudes du cultivateur. C'est une industrie factice ; la moindre cause de ralentissement lui sera toujours mortelle. Il nous est facile de prédire, ici, que plusieurs années suffiront à peine à relever le chiffre de l'effectif, qui décroîtra certainement encore en 1850, quoi qu'il arrive et quoi qu'on fasse pour le soutenir.

Voyons maintenant les sacrifices que s'est imposés le département pour arriver à ces résultats.

Il a dépensé pour achats de juments, y compris les subventions de l'État, une somme d'environ. . 53,000 fr.

De 1834 à 1847, les primes de monte payées par l'État aux étalons particuliers, dans le département de l'Aisne, se sont élevées à. . . 45,650

Le département a payé, de 1842 à 1847, également en primes à l'importation ou bien en primes de monte, une somme d'environ. 73,000

Et, de 1843 à 1847, pour prix de courses et frais divers. 14,700

Nous laissons en dehors les sommes allouées en primes aux juments et aux produits dont le système ne s'était éteint qu'en 1840. . . mémoire.

Total. . . . . 186,350 fr.

C'est une somme de 13,310 francs, en moyenne, pour chacune des quatorze années auxquelles se rapporte ce décompte.

La prime d'importation est, en général, du tiers du prix d'achat : la somme qui a reçu cette destination s'élevant à 39,100 francs, on peut en inférer que le prix d'acquisition atteint celle d'environ 3,660 francs par tête. C'est assurément un beau résultat que celui d'avoir obtenu d'un certain nombre de propriétaires de se procurer des reproducteurs d'un prix aussi élevé, car les deux tiers de cette somme restent momentanément à leur charge et ne leur rentrent que par annuités, — sous forme de primes de monte.

Mais ces résultats sont rares, ainsi que le prouve le travail même auquel nous nous livrons. Toute tentative du même genre a échoué dans le département voisin, dans les Ardennes, où l'on n'a trouvé rien de mieux, en définitive, que la concession gratuite.

Les étalons départementaux choisis d'après les conseils éclairés d'un des inspecteurs qui ont bien voulu se charger de la surveillance de l'industrie chevaline, dans l'Aisne, sont très-suffisamment recherchés par les producteurs. Nous n'avons aucune donnée précise sur le chiffre des saillies; mais nous savons que, en moyenne, il est satisfaisant à tous égards.

Un fait digne de remarque, c'est que cette moyenne paraît s'élever en raison même de l'augmentation du nombre des étalons. La production stimule ici la production, comme le progrès appelle le progrès.

Les haras n'ont pu se retirer du département de l'Aisne. Les stations composées des étalons de l'État y sont maintenues par le vœu même des producteurs, et de plus en plus fréquentées d'année en année. On ne sait pas, ici, ce que c'est que le monopole ou la concurrence : il n'y a point de rivalité, mais un concours utile, intelligent.

Jusqu'à présent, le département de l'Aisne reste attaché à l'étalon de demi-sang : l'emploi de ce dernier domine, bien que l'étalon de trait foisonne; quelques étalons de pur sang mis en monte par les haras ont pourtant obtenu un plein succès.

Toutefois constatons la situation actuelle de l'industrie : elle paraît fort compromise, si le débouché ne lui vient en aide. La nature des reproducteurs introduits par les efforts du conseil général a modifié la nature, l'espèce du produit; ce dernier s'adresse particulièrement à l'armée, et l'armée ne bouge pas. Voilà donc les inspecteurs départementaux aux prises avec les difficultés contre lesquelles échoue forcément l'administration des haras. Un système rationnel de production et d'élevage tenté avec fruit dans l'Aisne a donné les meilleurs résultats; mais le voilà frappé de stérilité par une cause qui ne pardonne pas, par l'absence de l'acheteur.

Loin de craindre le développement de l'industrie privée ou de l'action directe des départements, nous faisons des vœux pour qu'elles prennent l'une et l'autre une grande extension. Du jour où il en sera ainsi, les haras de l'Etat auront de nombreux et puissants auxiliaires pour plaider la cause de l'éleveur, pour faire triompher enfin les saines idées d'économie publique.

— A côté des encouragements du conseil général en faveur de l'industrie chevaline, d'autres efforts stimulent encore l'action des particuliers.

La Société d'agriculture de Saint-Quentin a fondé, en 1835, un concours pour les étalons. Les conditions du concours partagent ces derniers en trois classes et déterminent la remise de trois prix dans chacune d'elles.

Ces prix consistent en médailles d'or, d'argent et de bronze distribuées, savoir, — 1° aux chevaux de selle, — 2° aux chevaux carrossiers, — 3° aux chevaux de trait.

Dans la pratique, les résultats de ces encouragements échappent à une appréciation sérieuse.

— Département de l'Yonne. Dans l'Yonne, l'institution repose sur des bases plus larges et plus certaines; déjà ancienne, elle offre un caractère de fixité qui lui donne force et utilité. Des conditions assez rigoureuses, paraît-il, sont imposées aux concurrents; elles semblent avoir été plusieurs fois remaniées et dictées une à une par l'expérience. C'est au moins ce qui résulte du rapport fait, en 1846, au conseil général par le préfet. « Au lieu de me borner, dit-il, à consacrer dans un arrêté nouveau les nouvelles conditions que le conseil général lui-même avait jugé utile d'introduire dans l'ancien programme, j'ai pensé qu'il était préférable de fondre les dispositions anciennes et nouvelles dans un seul et même arrêté, qui serait comme le code du concours d'étalons et de juments. »

Nous regrettons de n'avoir pas sous les yeux un exemplaire de cet arrêté, et surtout de n'avoir aucune donnée sur l'importance des sommes employées en prime aux étalons, sur les résultats obtenus par le département de ce mode d'intervention dans la production améliorée de sa population chevaline.

Nous voyons seulement, dans le même rapport, que le préfet propose d'allouer au budget de 1847 une somme de 3,000 fr. divisée en primes de — 500 fr., — 450 fr., — 360 fr. — et 520 fr.

Il rend compte ensuite des résultats du concours de l'année 1846. Laissons-le parler.

« Treize étalons seulement ont été présentés au jury, et encore trois d'entre eux ont-ils dû être écartés de prime abord, parce que les propriétaires n'ont pu représenter le registre des saillies, dont la tenue est exigée par l'art. 10 de l'arrêté du 17 janvier.

« Ce premier résultat n'a rien qui doive étonner : les propriétaires d'étalons, accoutumés qu'ils étaient à des admissions faciles et, pour ainsi dire, sans justification, n'ont pas dû accueillir sans répugnance les exigences nouvelles; ce qui expliquerait déjà leur peu d'empressement à s'y soumettre. Peut-être aussi que, aujourd'hui qu'un *minimum* de saillies est obligatoire, plusieurs d'entre eux n'étaient pas à même d'en justifier. Enfin la condition de conserver l'étalon primé à la disposition du public, pendant une année, peut bien également avoir déjoué les calculs de quelques-uns d'entre eux, et empêché leur présence au concours.

« Dans mon opinion, cet incident, qui paraît avoir impressionné le jury, est la meilleure justification des conditions nouvelles que vous avez jugé utile d'imposer à l'admission des étalons. Si le concours a été peu nombreux, on a au moins la certitude que ceux qui y ont figuré le prennent au sérieux. Et, lorsque la généralité des producteurs verra que l'administration persévère dans les garanties qu'elle a exigées, ils finiront par s'y résigner et par contribuer plus efficacement à l'amélioration de la race chevaline.

« Sur les dix étalons restants, deux ont été écartés du concours comme ne présentant pas les qualités propres au perfectionnement de l'espèce ; en sorte que le nombre des concurrents s'est trouvé réduit à huit.

« Après un examen attentif, le jury a reconnu que pas un d'eux n'était assez remarquable pour mériter la première prime ; il a, en conséquence, décidé qu'elle ne serait pas décernée. »

En définitive, 530 fr. seulement ont été distribués sur l'allocation de 3,000 fr., mise à la disposition des juges du concours.

Les observations présentées par le préfet méritent d'être pesées ; elles prouvent combien peu les étalonniers sont disposés à se soumettre à des dispositions réglementaires, quelles qu'elles soient. Ils veulent avoir toute liberté de conserver ou de vendre leurs étalons, ne veulent s'astreindre à aucune formalité. La prime les tenterait volontiers, mais à la condition de l'obtenir sans conditions.

En quelques départements, les choses se passent à peu près ainsi. L'inconvénient alors est de n'obtenir que des services très-incertains et de dépenser des sommes parfois assez rondes, sans aucune garantie d'utilité pour l'espèce ni de profit pour le département.

Est-il besoin d'ajouter que, dans l'Yonne, le concours d'étalons n'intéressait que le cheval de gros trait ?

— Départements du Nord, — de la Somme — et du Pas-de-Calais. Ces trois départements ont, pour ainsi dire, une seule et même population équestre ; ils forment un centre très-considérable de production du cheval de gros trait. Ils possèdent de nombreuses tribus au renouvellement desquelles s'intéressent forcément les administrations locales.

Dans le Nord et dans la Somme, les fonds d'encouragement vont exclusivement à l'adresse des étalons. Dans le Pasde-Calais, l'allocation est divisée en deux parts inégales; la plus forte appartient encore aux étalons, l'autre est réservée aux poulinières. Mais ici les sacrifices ne sont point en proportion des besoins. Le Nord alloue, tous les ans, 3,500 fr. pour son concours d'étalons; la Somme lui consacre 5,000 fr. Dans le Pas-de-Calais, la dotation est plus importante; elle s'élève à 7,350 fr.

Dans le Nord, l'allocation entière est destinée au cheval de trait; dans les deux autres départements, une affectation spéciale est réservée à l'introduction d'étalons carrossiers de demi-sang anglais ou anglo-normands, doués de hautes qualités, d'une conformation irréprochable, et capables de donner, par leur alliance judicieuse avec la belle jument de trait, des produits de valeur et d'une structure moins massive que celle de l'espèce locale.

Ces dernières primes sont un encouragement à l'introduction d'un sang étranger. Les administrations départementales, parfaitement libres dans les études auxquelles elles se livrent, dans l'appréciation qu'elles font des besoins de leurs diverses localités, auraient donc reconnu la nécessité de modifier le gros cheval de trait par le croisement.

Il y a ici une question de science hippique et d'économie générale que nous devons réserver; le point de fait seul nous préoccupera dans ce chapitre.

Il nous semble qu'avec des allocations aussi faibles, eu égard au nombre considérable d'étalons nécessaires au renouvellement de la population chevaline de ces départements, l'idée de pousser à l'importation d'étalons étrangers vient d'une autre source que du simple désir de tenter une expérience et de se lancer dans l'inconnu; elle vient de ce que les étalonniers ne trouvent plus à se remonter dans les produits du pays, et de ce que, chaque année, la pénurie se fait plus grande.

Cette pauvreté n'est pas de très-ancienne date; elle ne remonte pas au delà de l'époque à laquelle les haras ont cessé d'intervenir directement dans la production de la grosse espèce et de fournir à l'industrie quelques reproducteurs précieux, quelques étalons capables de conserver, dans le bon pays, le germe des qualités inhérentes aux grosses races. A partir de ce moment, les étalonniers ont eu beaucoup de peine à se remonter, et maintenant ils ne savent plus où aller prendre les étalons utiles.

Écoutons-les, car voici leurs doléances transmises au ministre de l'agriculture et du commerce sous forme de pétition :

- « Monsieur le ministre, les soussignés, cultivateurs du canton de Marquise (Pas-de-Calais), ont l'honneur de vous exposer

« Que le pays est dépourvu de bons étalons de gros trait ; que plusieurs d'entre eux viennent de parcourir le pays de Vimeux (Picardie), dans lequel on fait beaucoup d'élèves et d'où se tirent également les étalons employés dans notre arrondissement ; qu'ils n'ont trouvé que des chevaux ne réunissant pas les qualités convenables, et qu'ils ont été obligés de revenir sans faire d'acquisition.

« Il serait utile d'autoriser l'administration des haras de faire des acquisitions, à l'étranger, de bons étalons de gros trait pour stationner dans les cantons, afin d'améliorer la race chevaline du Boulonnais, reconnue si bonne et tant vantée à juste titre.

« Connaissant votre sollicitude, ils espèrent, monsieur le ministre, que vous voudrez bien prendre leur exposé en considération, et ordonner qu'il soit pris les mesures nécessaires pour améliorer leur situation à cet égard.

« Daignez recevoir, etc., etc. »

Cette pétition est des derniers jours de 1847 ; elle ne répond guère aux idées que certaines gens se font au sujet de l'émancipation de l'industrie privée et des obstacles que peut y mettre l'action protectrice des haras : ce sont les étalonniers eux-mêmes qui vont au-devant de cette action, qui la sollicitent comme un bienfait, comme une nécessité absolue.

L'industrie privée ne se fait pas illusion ; elle sait jusqu'où s'étendent, pour elle, les limites du possible ; elle veut bien spéculer dans un intérêt prochain, mais elle ne veut ni ne peut s'imposer aucun sacrifice dans des vues d'avenir ou seulement de conservation.

Le vœu des cultivateurs du canton de Marquise n'est point un vœu isolé ; on le forme, on le formule dans toutes nos provinces à gros chevaux ; il n'émet d'ailleurs qu'une pensée juste, il ne demande à l'État qu'un secours légitime. Que les haras fournissent aux particuliers les éléments de régénération ou de conservation indispensables au perfectionnement ou au maintien des races, c'est là leur rôle. Dans la masse des produits dus à cette action, les étalonniers trouveront les éléments secondaires utiles à la reproduction générale. C'est ainsi que les choses se passaient lorsque les haras étaient autorisés à entretenir quelques étalons de trait voisins du type, de la perfection même de l'espèce. Les étalonniers ne gardent pas assez longtemps les mêmes étalons pour que les races puissent profiter de la longue existence de ceux qui sont aptes à entretenir et à conserver les races. Une institution d'État peut seule offrir cette garantie de durée, cette permanence d'emploi qui fixe les beaux caractères et les qualités solides dans les grandes familles de chevaux qui peuplent certaines parties de la France.

Voilà ce qu'enseigne l'expérience et ce que disent les faits.

Les trois départements dont nous nous occupons en ce moment trouvent leur intervention tellement insuffisante, qu'ils réclament tous les ans, par l'organe des conseils d'arrondissement et des conseils généraux, une action plus large de la part des haras et l'établissement de stations nouvelles que l'administration ne peut leur accorder.

Nous avons beau chercher dans les délibérations de ces assemblées quelque chose qui ressemble à la volonté de repousser le concours des haras, nous ne voyons partout, — *sans exception aucune,*—que des sollicitations pressantes et réitérées, que des regrets parfois exprimés avec une certaine vivacité. L'insuffisance des moyens mis à la disposition des haras a été pour l'administration la source intarissable, l'occasion toujours renouvelée d'une immense impopularité; le mal qu'on n'a pu leur faire en les attaquant sur leur marche et leurs tendances, on serait bien sûr de le leur faire en diminuant encore leur action. Nous découvrons la plaie tout entière. Un moyen assuré de tuer les haras, c'est de réduire leurs ressources; un moyen non moins certain de leur donner plus de force et de vitalité, c'est d'augmenter leur budget..... Dans ce dernier cas, les critiques n'auraient qu'un effet, un seul, celui de les fortifier chaque jour davantage, car les faits valent mieux que les paroles, tant malveillantes soient-elles.

Avant de s'en tenir au système des primes, déjà ancien dans le département du Pas-de-Calais, ce dernier avait essayé du système d'achat et de concession à prix réduit d'étalons de l'espèce de trait. Cette expérience n'a duré que trois ans, après lesquels on est revenu aux concours avec distribution de primes.

Les résultats de cette tentative d'intervention directe sont présentés par le tableau suivant extrait de renseignements transmis par le préfet à la date du 1er décembre 1848.

ANNÉES.	NOMBRE d'étalons.	PRIX D'ACHAT sur les lieux au compte du département.	PRODUIT des enchères ou de la vente.
1834	9	6,255 fr.	2,625 fr.
1835	6	6,200	2,575
1836	6	8,500	3,175
TOTAUX...	21	20,955	8,375

La moyenne des prix d'achats ressort à 998 par tête;
Et la moyenne du prix de vente à. . . 399 *id.*

Perte. . . . . . 599 par tête!

On comprend très-bien que le conseil général se soit tenu pour satisfait et qu'il ait promptement renoncé à un pareil système.

C'est pourtant celui que veulent organiser en grand, au compte du gouvernement, quelques économistes habiles qui ont la prétention, dans cette question des haras, de faire et la pluie et le beau temps!

— LE DÉPARTEMENT DE LA SARTHE opère absolument comme les départements précédents. Au mois de février de chaque année et depuis 1841, il ouvre un concours public aux étalons de gros trait. Les primes sont accordées aux meilleurs, à la condition qu'ils feront la monte dans le département. La somme des encouragements s'élève annuellement à 1,800 fr.

Ce système est parfaitement en rapport avec la nature des besoins de l'industrie de production. Dans la Sarthe, on élève peu; on fait naître, on nourrit abondamment, grassement, allions-nous dire, le poulain, dès qu'il veut prendre

des aliments, et l'on s'en défait du sixième au dixième mois
de sa vie. On le pousse au gras, on favorise hâtivement le
développement de ses formes en le bourrant de soupes
composées avec assez d'art pour aiguiser l'appétit et stimuler
l'action des voies digestives. C'est une manière d'entraînement qui a ses lois parfaitement étudiées et observées, par
la raison que le bénéfice est au bout des soins et de la sollicitude que l'on accorde au produit.

Mais, comme dans les départements qui précèdent, les
sommes allouées en primes sont insuffisantes au but, et le
conseil général renouvelle, chaque année, un vœu déjà bien
ancien, celui de voir établir des stations supprimées et dont
la nécessité, dit-on, est, chaque année, mieux démontrée.
Les idées de monopole ne germent pas ici. La suppression
des stations des haras a provoqué un grand mécontentement, de vives protestations et des réclamations toujours
renouvelées. Les primes aux étalons approuvés ne suffisent
pas et ne satisfont pas les conseillers du département. C'est
à l'action directe qu'ils s'attachent comme à la plus efficace,
à la seule qui offre des garanties de durée et de suite. En
ne répondant pas aux sollicitations du département, les
haras n'y gagnent que des adversaires; on les accuse de ne
remplir qu'imparfaitement et incomplétement la mission
qui leur est dévolue.

— LANDES.— Nous avons déjà vu ce département essayer
d'intervenir directement dans la reproduction du cheval
landais par l'entretien d'un petit dépôt dont les résultats
n'ont pas autorisé la conservation.

En 1844, le conseil général fait une nouvelle tentative
pour procurer aux producteurs les étalons dont ils ont un
besoin réel; il vote, en conséquence, un crédit de 1,500 fr.
applicable à l'entretien de trois étalons susceptibles d'être
approuvés par une commission spéciale à la nomination du
préfet : ces étalons devaient être livrés gratuitement à la

monte et ne servir que les juments pour lesquelles les propriétaires auraient obtenu des certificats d'admission.

Cet appel ne fut point entendu. Aucun prétendant ne se présenta ; le crédit demeura sans emploi.

Les conditions étaient-elles trop lourdes ? nous le croyons. Cependant le conseil général n'a pas cru devoir modifier son programme ; il s'est borné à retrancher du budget l'allocation spéciale qu'il y avait inscrite.

— GIRONDE. — Ce département avait essayé du même moyen en votant une somme de 1,800 fr. destinée à payer des primes de 200 à 300 fr. aux propriétaires qui se procureraient des étalons jugés aptes à l'amélioration. Cette somme est restée inscrite pendant deux ans au budget départemental, en 1843 et 1844. Une commission avait été nommée pour l'admission et l'approbation de ces étalons. Sa tâche n'a été que trop facile : un seul cheval lui a été présenté ; les fonds sont demeurés sans emploi.

Ici, nous devons consigner un fait bien digne de remarque. Tandis que les propriétaires d'étalons se refusent à soumettre ces derniers au jugement des commissions locales, on les voit s'empresser, au contraire, de provoquer l'examen des inspecteurs généraux des haras. Il n'en serait point ainsi, à coup sûr, si l'administration des haras, craignant la concurrence, se montrait d'une excessive sévérité et repoussait, sous des prétextes toujours faciles à trouver, des animaux dont elle recherche le concours et dont elle favorise l'accroissement du nombre autant que ses ressources lui permettent de le faire.

— LA LOZÈRE n'a pas été plus heureuse que les Landes et la Gironde. En 1843, une somme de 4,000 fr. a été inscrite au budget départemental, à l'effet d'augmenter le nombre insuffisant des étalons envoyés en stations par le dépôt de Rodez. Les fonds sont restés sans emploi.

Nous devons seulement constater que le conseil général avait entendu favoriser l'introduction d'*étalons de demi-sang anglais*.

— LE DÉPARTEMENT DE LA LOIRE est encore un de ceux qui, ne trouvant pas dans les forces de l'administration des haras les secours nécessaires au développement de son industrie, a cherché à exciter le zèle des étalonniers par l'appât de primes susceptibles d'être cumulées d'ailleurs avec celles payées sur le budget de l'État.

Nulle part les efforts des départements n'ont eu en vue de se soustraire à l'action des haras ; partout, dans la Loire tout aussi bien qu'ailleurs, les votes ne se sont proposé qu'une chose, — couvrir, en tant que possible, l'insuffisance des ressources administratives.

Au surplus, les extraits suivants du rapport du préfet au conseil général en 1846, et d'une délibération du même corps, appuient très-bien notre assertion.

« Vous m'avez manifesté le désir, l'an dernier, messieurs, que le budget de 1847 contînt une allocation suffisante pour aider à l'amélioration de la race chevaline, si les efforts que nous avons tentés, pendant plusieurs années, auprès de M. le ministre de l'agriculture pour obtenir des étalons royaux restaient encore infructueux. Comme nous sommes toujours dans la même situation, j'ai compris dans les prévisions du budget une somme de 1,500 fr. avec cette destination. Vous aurez à décider, messieurs, quel est le meilleur emploi qu'elle peut recevoir. Dans ma pensée, l'achat d'un étalon percheron, ou de toute autre race pouvant satisfaire aux besoins du pays, que nous ferions approuver et primer par le gouvernement, et qui serait mis au service de la reproduction, en fixant le prix du saut à un taux très-modéré, serait la meilleure mesure à prendre. C'est encore à la ferme-école que je voudrais placer cet étalon départemental, sous la surveillance immédiate de la commission, qui compte plusieurs d'entre vous dans son sein. Le conseil général consentirait sans doute, si ce premier essai donnait des résultats satisfaisants, à porter, pendant plusieurs années, la même somme sur son budget, et vous pourriez ainsi doter les diverses parties du département d'étalons appropriés aux besoins de la localité, à mesure que l'on trouverait une exploitation offrant toutes garanties et où l'on pourrait les placer. Un règlement préparé avec soin fixerait les conditions de ce placement, celles du service des animaux reproducteurs et les obligations contractées par ceux qui les recevraient. »

Voici maintenant la délibération intervenue :

« Le conseil général,

« Sur le rapport de M. le préfet,

« Considérant que toutes les démarches faites jusqu'à ce jour par le département pour obtenir de l'administration des haras un service d'étalons sont restées sans résultat, et qu'il devient indispensable de chercher dans ses propres ressources un moyen de satisfaire ses besoins,

« Vote une somme de 1,500 fr. qui sera portée au budget de 1847 pour l'amélioration et la reproduction de la race chevaline.

« Cette somme sera distribuée en primes à des étalons présentés par des propriétaires, lorsque ces étalons réuniront les conditions convenables.

« Dans la distribution des primes, on aura principalement égard au nombre des juments existant dans la banlieue.

« La prime accordée sera annuelle, et ne sera renouvelée, l'année suivante, qu'après un nouvel examen de l'étalon. »

Nous ignorons quelles suites auront été données à cette mesure; elle offre, toutefois, cela de remarquable que le conseil n'a point adopté l'achat ni le placement d'un étalon de trait à la ferme-école. Le conseil a vu, à travers les avantages qu'avait pu se proposer le préfet, des inconvénients qui ne seraient que trop réels et qui ont, tout dernièrement, fait repousser l'application en grand de ce système, mort-né par impossibilité d'une pratique utile, judicieuse, entendue.

— PYRÉNÉES-ORIENTALES. A côté de son petit dépôt d'étalons dont nous avons parlé, le département des Pyrénées-Orientales a tenté le système des primes aux étalons particuliers dans la Cerdagne.

En cinq ans, de 1840 à 1844, le conseil général a alloué pour cet objet une somme de 4,600 fr. Cette allocation ne produisant que des effets très-problématiques, elle fut supprimée en 1845. On la retrouve néanmoins au budget départemental de 1847, mais affaiblie; elle n'est plus alors que de 600 fr.

Le conseil général se félicite, d'ailleurs, que les haras aient pu multiplier leurs stations dans les Pyrénées-Orientales, et, pour aider à leur action, il a affecté une somme de 1,200 fr. à des distributions de primes aux poulinières. Les 600 fr. de primes aux étalons sont spécialement applicables aux étalons particuliers qui feront la monte en Cerdagne, où ne pénètrent pas ceux de l'administration des haras.

— LOT. La Société d'agriculture du département du Lot a essayé du système des primes dans la pensée de faire revivre la race chevaline renommée jadis dans le Quercy.

A cet effet, elle a offert, en 1840, une prime de 400 fr. au meilleur étalon du pays que son propriétaire consentirait à consacrer à la reproduction.

La prime trouva son emploi.....

Encouragée par ce résultat, la Société vota, pour 1841, deux primes de valeur égale, soit 800 fr.; mais les sujets manquèrent, et l'allocation resta libre aux mains du trésorier.

— LE DÉPARTEMENT DE L'ORNE a donné pendant longtemps, non des primes aux étalons, mais des encourage

II.
8

ments à l'élevage des bons étalons : ces primes se distri-
buaient, en concours public, à Alençon ; elles ont toujours
obtenu faveur et produit les meilleurs résultats. L'utilité de
cette sorte d'encouragement n'a pas besoin d'être démontrée, elle ressort du fait lui-même.

En 1848, le concours dont il s'agit s'est fondu dans les
courses d'essai, dont il a été, pour ainsi dire, le précurseur ;
nous nous en occuperons dans un autre chapitre.

— *Le Calvados* n'a jamais offert de primes, ni pour l'é-
lève, ni pour l'entretien des étalons ; mais il a cherché à
donner de la vogue aux reproducteurs de mérite, au détriment de ceux qui étaient entachés de vices organiques, en
instituant des concours publics à la suite desquels des patentes de santé étaient délivrées aux étalons reconnus exempts
de défauts graves et de tares héréditaires.

Ce mode d'intervention a rendu de véritables services :
nous l'apprécierons dans une autre partie de ce travail ; chemin faisant, nous lui devions une mention spéciale.

IV. — SYSTÈME DES CONCESSIONS.

Ce système consiste dans l'achat, réalisé par les soins et au
compte du département, d'étalons et de juments ou d'animaux de l'un ou l'autre sexe, et dans la concession de ceux-
ci, gratuite ou à prix réduit, ensemble ou séparément,
avec ou sans prime de monte, sous la condition de les employer à la reproduction pendant un nombre d'années déterminé, après lequel chacun de ces animaux devient la
propriété libre des concessionnaires.

Jusqu'à l'expiration de ce délai, le détenteur est respon-
sable de la conservation de l'étalon ou de la jument, au prorata de la valeur afférente au temps qui reste à écouler pour
atteindre le terme fixé.

Ce mode est plus compliqué que les deux précédents ; il
a souvent été conseillé à l'État comme un moyen de multi-

plier le nombre des étalons aux mains des particuliers. L'État a résisté; il a trouvé plus de garantie à conserver, à entretenir lui-même qu'à livrer, à titre gratuit ou moyennant un prix affaibli, des étalons de choix dont aucune condition ne pouvait assurer l'utile emploi, et dont la prime, tant minime fût-elle, pouvait encore être supérieure aux services rendus.

Le système des concessions n'est pas nouveau; c'était celui de l'ancienne administration des haras : celle-ci, dans les derniers temps de son existence, avait dû songer à en restreindre l'application. Les états provinciaux, où le mode des étalons particuliers était en usage, l'avaient même devancée dans l'adoption d'un système différent; plusieurs avaient adopté déjà le système des dépôts.

« On pourrait citer des exemples de concessions faites dans ces derniers temps, qui toutes avaient mal répondu au but qui les avait déterminées (1). »

Au surplus, une enquête avait eu lieu sur ce point. La commission, présidée par M. d'Escars, avait soumis la question à tous les départements. Soixante-deux commissions ont répondu.

Sur ce nombre,

Vingt-quatre ont formulé une opinion contraire à tout système de concessions d'étalons : ou bien, on ne le trouvait point applicable à la localité, ou bien on lui reprochait d'être une source d'abus, de difficultés sans nombre et de dépenses considérables sans garantie suffisante, quant aux résultats à en obtenir;

Dix ont proposé des concessions gratuites;

Vingt et une ont demandé qu'on accordât, en outre, aux détenteurs une indemnité annuelle portée, par quelques-uns, jusqu'à 600 francs;

Quatre ont été d'avis que les étalons fussent cédés à prix d'argent, mais que l'on attachât une indemnité annuelle à leur bonne conservation;

(1) Rapport de la commission administrative de 1829.

Deux ont conseillé des cessions pures et simples à prix d'argent ;

Une dernière enfin voulait que l'administration remît aux départements un certain nombre d'étalons d'espèce et de qualités déterminées, lesquels resteraient dans les dépôts de l'administration pour y être entretenus, à frais communs, par l'État et par les départements au service desquels ils seraient exclusivement affectés.

« Il convient de faire remarquer ici, dit M. le duc d'Escars, par rapport aux concessions demandées, que ces concessions, d'après les propositions faites, devraient presque uniquement consister en chevaux de trait, de poste ou de diligence, c'est-à-dire en chevaux des espèces qui peuvent payer leur nourriture par leur travail, dont la reproduction et l'éducation sont, en outre, le plus favorisées par la consommation, et qui ont, par conséquent, le moins besoin des encouragements du gouvernement.

« Les demandes d'étalons de selle sont en très-petit nombre; encore plusieurs des commissions ou préfets qui ont proposé des concessions d'étalons de cette espèce semblent-ils douter qu'on trouve des propriétaires qui veuillent en accepter (1). »

Des divers modes d'intervention dans le fait de la production du cheval, le premier dont l'application se présente à l'esprit, il faut le reconnaître, c'est celui qui a la concession pour base.

Quoi de plus simple, en effet? On se procure des étalons, on les remet à des détenteurs qui en tireront profit tout en les utilisant dans l'intérêt de la production locale, et l'on n'a plus à s'en inquiéter. Que les étalons soient d'un bon choix, qu'ils tombent en bonnes mains, qu'ils soient répartis avec intelligence et de manière à se trouver à la portée des meilleures poulinières du pays, qu'ils soient en nombre suffisant et convenablement employés, et tout sera pour le mieux,

(1) Rapport de la commission administrative de 1829.

car on n'aura point à supporter les dépenses d'entretien : en dehors des achats et de quelques faux frais, il n'y a plus rien ; il n'y a ni perte ni complication administrative..

Mais voici le revers de la médaille.

Dans l'application, le système a souvent paru avoir moins d'avantages que d'inconvénients; on lui a reproché — de coûter fort cher par la nécessité de remplacer, tous les six ans au moins, puisque les détenteurs ne voulaient accepter nulle part une concession à durée plus prolongée ; — de n'introduire que des animaux d'une qualité relative médiocre ; — de rendre excessivement difficile, sinon tout à fait impossible, la répartition rationnelle des animaux dont on n'obtient pas toute l'utilité désirable, dès que le placement n'a pas lieu conformément aux besoins et à la convenance des différentes localités ; — de procurer rarement, exceptionnellement des concessionnaires qui répondent aux vues d'amélioration qu'on s'était proposées, à la confiance qu'il faut bien leur accorder ; — de donner trop généralement, au contraire, des détenteurs plus occupés de leur intérêt propre que soucieux du but à atteindre, des hommes disposés à tirer bon parti du travail d'un cheval qui ne leur a rien coûté, mais prompts à éluder la plus grande partie des charges imposées par le donataire; —de n'offrir aucune garantie d'un emploi judicieux ; — d'exposer les propriétaires des juments à des faux frais et même à des exactions parfois très-lourdes; — de ne se prêter en rien à un service régulier ni à la constatation des minces résultats qu'on en obtient ordinairement;— enfin de ne pas laisser un seul étalon dans le pays à l'expiration du délai fixé pour la concession, d'où résulte l'impossibilité d'en réunir, sans une dépense hors de proportion avec les ressources départementales, un nombre suffisant pour agir avec quelque succès sur le renouvellement de la population chevaline et son amélioration.

Nous n'épuisons pas, à beaucoup près, la série des abus

que l'on a reprochés avec raison au système des concessions ; nous dirons seulement que, s'il avait offert plus d'avantages et moins d'inconvénients, il serait depuis longtemps le seul debout. On a souvent tenté de le généraliser, sans y parvenir. Lorsqu'il tombait quelque part, il se relevait ailleurs, mais pour disparaître bientôt ; tant et si bien que, toujours partiellement en vigueur, il n'a pourtant pris aucune force dans le pays. Quand il a obtenu les honneurs d'un nouvel essai, quand il est arrivé à l'état d'expérience dans un département qui ne l'avait point encore mis en œuvre, on le voyait abandonné, au contraire, sur un point opposé, faute d'une réussite que l'on avait en vain cherchée et poursuivie.

Quoi qu'il en soit, étudions ce mode d'intervention sur quelques-uns des points où il a été pratiqué, où il fonctionne encore.

— DÉPARTEMENT DES ARDENNES. Ce sera une page très-curieuse à lire que celle de l'histoire du haras départemental des Ardennes ; nous l'écrirons plus loin. Ici, nous bornerons notre étude à la spécialité même du chapitre.

Après avoir vainement sollicité de l'administration des haras une augmentation du nombre des étalons annuellement placés dans les stations du département, le conseil général des Ardennes se décida à intervenir directement dans la production et le perfectionnement de la population chevaline.

L'examen de cette question a, d'ailleurs, suivi la même marche que partout ailleurs.

Les haras n'envoyaient pas seulement un nombre d'étalons insuffisant, mais des reproducteurs d'une espèce peu convenable par rapport à la race indigène.

La conséquence de ce fait, c'étaient l'augmentation du nombre des étalons et leur choix dans des races toutes différentes.

Des achats directs et des concessions devaient répondre et satisfaire à cette double exigence.

On introduirait, chaque année, dans les Ardennes, des *étalons percherons ou bretons*, et l'on persévérerait tant et si bien dans cette voie, que le département posséderait bientôt un nombre suffisant de reproducteurs d'élite dont la bonne influence serait proportionnellement appréciable.

On supprima comme inutiles les primes aux juments et aux produits; on porta toutes les ressources disponibles sur le nouveau système.

On était sûr de soi, fort de ses convictions, et l'on entrait plein d'espérance dans la voie nouvelle.

Les premiers achats et les premières concessions ont eu lieu au commencement de 1832. Dès cette année, le système fut en pleine exécution.

De 1832 à 1835, le département des Ardennes s'enrichit de soixante-dix étalons percherons ou bretons, parmi lesquels s'étaient glissés néanmoins douze anglo-normands.

En comparant les résultats obtenus des uns et des autres on s'aperçoit que les douze derniers avaient donné des produits d'une supériorité évidente, incontestable; que le sang breton et percheron ne déterminait aucune amélioration dans la race ardennaise; qu'il y avait lieu, par conséquent, à modifier, sous ce rapport, le système de reproduction adopté en 1832.

La question entendue, le conseil général, à partir de 1836, — « rejette l'emploi des étalons percherons et bretons, — et arrête, en principe, que l'on achètera, à l'avenir, des étalons carrossiers anglo-normands, de demi-sang, de la taille de 9 à 10 pouces, et dans le prix de 2,500 à 4,000 fr.;

« Et, attendu la plus grande valeur de l'étalon et sa plus longue durée, arrête que chaque étalon appartiendra au département pendant huit années au lieu de six ;

« Adopte, pour le placement des étalons, le mode d'adjudication au moyen de soumissions cachetées pour la somme de 500 fr. au minimum, et sans que le préfet se trouvé lié par les soumissions pour le placement des étalons dans les parties du département où ils seraient le plus nécessaires. »

Ceci est tout bonnement une révolution dans les idées et dans les faits. Tant que le conseil général n'a été que l'écho des plaintes vagues qui circulaient contre l'espèce des étalons placés en monte dans les stations des Ardennes, il a cru ces plaintes fondées et s'en est rendu l'écho facile; du jour où, qu'on nous passe cette expression, il a mis la main à la pâte, il a su ce qu'apprend l'expérience, et promptement il a tourné bride à ses erreurs.

Ce n'est pas tout. Quand la lumière se fait, elle éclaire vivement, elle chasse vite les ténèbres. Le conseil général ne s'est point arrêté au demi-sang; des propositions ont été faites pour l'engager à aller jusqu'au cheval pur sang. Cette fois, il a résisté, et il a eu raison de résister; mais il a parfaitement expliqué les motifs de son refus. Il a pensé, en présence de toutes les difficultés que l'on trouvait à faire entretenir avec quelque soin les étalons départementaux par les particuliers, que ceux-ci n'étaient point aptes à tenir l'étalon de pur sang, que ce dernier pouvait être appliqué avec beaucoup de succès à l'amélioration de l'espèce ardennaise, mais qu'il fallait laisser aux haras de l'Etat le soin de le fournir à l'industrie privée; et, pour obtenir plus facilement de l'administration le placement isolé de quelques étalons de tête dans les meilleurs cantons du département, il lui offrait des écuries gratuites et même une indemnité pour le service des palefreniers supplémentaires que ce mode nécessiterait.

On rétablit ensuite, comme indispensables, les primes aux poulinières, et, comme couronnement de l'œuvre, on sollicita l'établissement de courses publiques. Depuis 1836, le département avait son inspection particulière. Cette organisation est complète; elle comprend cinq vétérinaires salariés, cinq inspecteurs honoraires, et un inspecteur départemental rétribué dont l'autorité concentre et résume tout le service.

Le département des Ardennes, en un mot, a été successivement amené à étendre son action, à adopter, sur son territoire, les divers moyens appliqués à la France entière par l'administration publique.

Cette dernière, toujours sollicitée, lui a prêté, dans la limite de ses ressources, le secours de ses subventions; elle a primé, entre les mains des particuliers, parmi les étalons introduits, sans distinction de race, ceux qui lui ont paru mériter d'être approuvés. De 1832 à 1848, le montant des primes payées sur les fonds des haras s'élève à la somme de 78,000 fr. environ; soit, en moyenne, 4,335 fr. pour chacune des dix-huit années écoulées depuis 1832, époque de la mise en œuvre du système. Cette moyenne est beaucoup plus élevée, si l'on s'arrête aux treize dernières années, au lieu de comprendre la période entière; elle monte alors à 5,664 fr.

Mais nous avons anticipé sur les faits; nous reprenons:

De 1852 à 1855, le département s'est procuré, savoir:

Étalons bretons ou percherons. . . 58 }
Étalons anglo-normands. . . . . 12 } ci. . 70

De 1836 à 1847 ont eu lieu les achats ci-après:

1° En Normandie, étalons de 1/4 de sang, de 1/2 sang ou de 3/4 de sang. . . . . . . 82 }

2° Dans les Ardennes, étalons de même origine, rachetés des détenteurs à l'expiration du délai de six ans. . . . . 55 } ci. . 131

3° Dans les Ardennes, produits des étalons de même origine et de juments ardennaises. . . . . 14 }

Total. 201

Cette petite statistique prouve trois choses :

1° Que, sur quatre-vingt-quatorze étalons anglo-normands introduits dans les Ardennes, trente-cinq seulement ont vécu à la condition d'étalons au delà des six années que le cahier des charges imposait à la concession ;

2° Que la marche de l'amélioration a été assez rapide du fait des étalons départementaux ou des étalons de pur sang de l'État, pour que quatorze produits des uns ou des autres aient pu être achetés par le département ;

3° Enfin que l'industrie privée ne cherche pas à conserver, malgré le taux élevé, actuel, des primes d'approbation, les étalons qu'elle fait naître et élève.

Si les renseignements que nous avons sous les yeux ne nous trompent pas, les quatorze étalons qualifiés d'anglo-ardennais auraient été payés, en moyenne, à quatre ans, 1,160 fr. environ.

Les primes offertes par les haras sont de 300 à 600 fr. La moyenne est de 450 fr. Une prime de cette importance, payée pendant six ans, donnerait au propriétaire 2,700 fr.; il lui resterait, en plus, la valeur d'un cheval qui n'aurait que dix ans et le prix cumulé des saillies.

L'intérêt serait donc suffisamment établi, si la tenue des étalons était dans les habitudes du cultivateur. Il est évident que, ici, le prix de vente n'est pas un appât bien puissant, et d'ailleurs il est très-remarquable que les cultivateurs qui vendent des étalons destinés à rester dans le pays ne veuillent même pas les reprendre comme détenteurs du département.

Il n'a point été fait d'achats en Normandie en 1848.

Le département a consacré à ceux des années antérieures une somme de. . . . . 352,790 fr.

Nous ne savons pas à quelle autre somme s'est élevée l'addition faite au prix d'achat par les détenteurs eux-mêmes (mémoire).

L'inspecteur départemental existe depuis

Report. . . .	352,790 fr.

1856; il touche annuellement 5,000 fr., soit
pour les quatorze ans. 42,000

Nous ne savons pas ce que coûtent les cinq
vétérinaires salariés (mémoire).

Enfin les primes payées par les haras s'élèvent à. 78,000

Total. . . 472,790

C'est une moyenne annuelle de 26,266 fr.

De 1856 à 1846, c'est-à-dire pendant onze ans, le nombre des étalons départementaux a été de 606; — moyenne, 55.

Ils ont sailli, pendant la même période, 20,198 juments, — moyenne, 33,33 par étalon, — et donné 11,850 produits, ou 19,55 par étalon.

La moyenne des saillies n'est pas très-élevée; par contre, celle des produits obtenus est considérable, elle dépasse de beaucoup les résultats constatés ailleurs : personne ne peut s'en plaindre.

— DÉPARTEMENT DE L'AIN. Ne pouvant obtenir de l'administration des haras un nombre d'étalons en rapport avec ses besoins, le département de l'Ain résolut, — dès 1819, — d'agir directement sur la multiplication et l'amélioration de sa population chevaline par des achats d'étalons et de juments dont l'entretien serait confié, sous certaines conditions, à des détenteurs particuliers.

Une commission, présidée par le préfet, fut chargée d'administrer l'emploi des fonds consacrés par le conseil général ou par les haras au mode d'intervention dont il s'agit.

Voyons ce qui a été fait.

De 1819 à 1834, pendant une période de quinze années, les votes du conseil général, en faveur de l'amélioration des chevaux, ont formé un total de. . . . . 307,500 fr.

Les subventions de l'administration des haras, — de 1820 à 1832, — se sont élevées à la somme de. 32,500

Ensemble. . . . . 340,000 fr.

C'est une moyenne de 22,335 fr. par an.

Avec cette somme, le département s'est procuré cent soixante-dix têtes d'animaux, — cent dix étalons et soixante juments. Les achats de juments ont cessé en 1825.

En confondant les uns et les autres dans un même chiffre, le prix moyen ressort à 2,000 fr. par tête.

En additionnant toutes les acquisitions, on trouve que la moyenne des étalons entretenus a été annuellement de trente-neuf. Ce sont donc trente-neuf reproducteurs que le système a donnés au renouvellement de la population et à l'amélioration de l'espèce.

Le relevé général des saillies donne, pour les quinze années, douze mille six cent trente-cinq juments ; c'est une moyenne annuelle de huit cent quarante-deux, et moins de vingt-deux par étalon.

On peut admettre quatre cents naissances par an ; chaque produit aurait donc coûté, en naissant, — 55 fr. 83 c. au département.

De 1835 à 1848, les renseignements nous manquent ; nous ne pouvons, par conséquent, embrasser un plus grand nombre d'années dans nos calculs (1). Nous savons, toute-

(1) Le 18 novembre 1848, M. le ministre de l'agriculture et du commerce a adressé, aux préfets des départements qui ont consacré ou qui consacrent encore des fonds à l'achat d'étalons, une circulaire qui leur demandait des renseignements

1° Sur les sommes employées en achats d'étalons ;

2° Sur le nombre d'étalons introduits par cette voie dans le département ;

3° Sur les conditions de la concession gratuite ou de la vente ;

fois, que le département continue à introduire des étalons, à les concéder aux particuliers; nous le savons par le rapport soumis, en 1847, au conseil général par l'un de ses membres.

Nous lisons, en effet, dans ce document l'appréciation des effets dus à l'intervention du département.

« Dès le principe on fit des fautes, ce qui n'est guère évitable quand on entre dans une voie nouvelle sans être éclairé par l'expérience.

« C'est une erreur malheureusement trop commune que de vouloir améliorer une petite race par des mâles de grande taille; on manque en cela complétement le but. Les Anglais ont amélioré leurs chevaux de race par le petit étalon arabe, leurs chevaux de trait par de grandes juments flamandes, leurs porcs par le petit verrat chinois.

« On voulut d'abord élever la taille des produits. Au lieu d'y arriver progressivement, on voulut faire trop vite; on acheta des étalons trop grands, mal proportionnés avec les juments; on n'obtint que de mauvais résultats. Le dégoût des chevaux s'ensuivit; on fut en quelque sorte obligé de recommencer. Plus éclairée, la commission revint à des étalons mieux appropriés aux juments.

« Une autre faute fut de vouloir aussi obtenir le perfectionnement tout d'un coup, en achetant en même temps des étalons et des juments. On pensait, par là, obtenir en peu d'années des poulinières de race normande qui devaient hâter l'amélioration poursuivie. On reconnut que les juments étaient stériles ou mauvaises poulinières; il ne pouvait en être autrement. Dans tous les pays, une bonne poulinière est chose rare et précieuse; moins en Normandie qu'ailleurs, le propriétaire vend sa poulinière quand elle

4° Sur les résultats obtenus;
5° Sur les moyens de surveillance employés, etc., etc.

Malgré les instances du ministre, un très-petit nombre de préfets ont répondu; celui de l'Ain est resté muet.

est bonne. Ne voyant pas de résultats de ces accouplements, ou n'en voyant que de mauvais, la commission renonça à l'achat des juments. Le temps, la peine et l'argent employés furent ainsi perdus.

« Pendant longtemps, la commission ne fit que des dépôts d'un seul étalon; c'était encore une faute. Le même cheval ne pouvant convenir à toute espèce de juments, il en résultait des accouplements disproportionnés. On réprima cette manière de faire, en formant des dépôts de plusieurs étalons. Celui d'Ambérieux a été de trois; celui de Bércins, de cinq. Vous approuvez, messieurs, les avantages d'une telle mesure : d'abord le dépôt étant important, le dépositaire est obligé d'avoir particulièrement un palefrenier; de là plus de surveillance et de meilleurs soins. Ensuite, comme on a la prévoyance, en formant les dépôts, d'y placer des étalons de tailles et de races différentes, il y a toujours moyen d'approprier le cheval à la jument. En un mot, la commission a pensé qu'il valait mieux avoir un seul dépôt de trois étalons que trois dépôts isolés formés d'un seul cheval, et l'expérience a montré qu'elle a bien agi.

« Les conditions auxquelles a lieu le dépôt forment un engagement synallagmatique entre le département et le dépositaire. Celui-ci engage sa responsabilité, qui diminue à mesure que les années s'accomplissent; en échange, il perçoit le prix de la monte, et il a la disposition du cheval à l'âge de dix ans. Le cheval, remis à quatre ans, fait un service de six ans, et à dix ans, comme je l'ai dit, il devient la propriété du dépositaire. Toutefois, depuis plusieurs années, il a été mis dans l'engagement une condition fort importante; cette condition est le droit réservé à la commission départementale de pouvoir continuer, pour autant d'années qu'elle le juge utile, le temps de service au delà des dix années, en s'entendant avec le dépositaire sur une indemnité fixée à l'amiable et payée par chaque année de prorogation. Cette nouvelle condition est une des meilleures mesures qui aient été prises. Autrefois à dix ans, c'est-à-dire après six montes, le dépositaire disposait de l'étalon, quel qu'eût été son service; alors souvent qu'il était le meilleur, il était perdu pour la reproduction. Aujourd'hui il n'en est plus ainsi; on le conserve tant qu'il est bon, et, à l'avenir, dépositaires et éleveurs sont avertis qu'on conservera les étalons jusqu'à un âge qui pourra leur paraître trop avancé, mais que l'expérience a constaté être encore un temps de bon service. Je disais que la mesure était une des plus heureuses. En effet, messieurs, ne vaut-il pas mieux proroger un étalon approuvé que le remplacer par celui qui n'a point encore donné de garantie? N'est-ce pas plus sûr pour la reproduction et en même temps plus économique (1).

« Jusqu'en 1840 les remontes ont eu lieu en chevaux de Normandie. Le choix, tant que la chose a été possible, s'est fait dans la race cotentine, espèce si estimée, que toute la France, l'Allemagne, l'Italie même venaient y faire des achats. Cette race n'existe plus; elle a été absorbée par les

(1) « Pour convaincre nos éleveurs que l'âge de 14 ans auquel nous avons prorogé quelques-uns de nos étalons n'est pas trop avancé, voici l'âge de quelques-uns de nos étalons de pur sang qui ont fait la monte en Angleterre en 1844 :
—Bentley, cheval alezan, 13 ans, dont la saillie se payait 10 souverains; — Plenipotentiary, cheval alezan, 13 ans, 15 souverains; — Alpheus, cheval alezan, 14 ans, 10 souverains;—Beiram, cheval alezan, 15 ans, 10 souverains; — Giovani, cheval bai brun, 16 ans, 15 souverains; — Erymus, cheval bai, 17 ans, 10 souverains; — the Exquisite, cheval noir, 18 ans, 5 souverains;—sir Hercules, cheval noir, 18 ans, 20 souverains; — the Colonel, cheval alezan, 19 ans, 10 souverains; —Pantalon, cheval-alezan, 20 ans, 30 souverains; — Defence, cheval bai, 20 ans, 10 souverains; — Camel, cheval bai brun, 22 ans, 25 souverains : il avait trente souscripteurs;—Perry, cheval noir, 23 ans, 15 souverains; — Buzzard, cheval bai, 23 ans, 15 souverains : vingt souscripteurs; — enfin le fameux Emilius, cheval bai, âgé de 24 ans, faisant la monte à Thefond à 50 souverains : il est le seul étalon à ce prix. — Les autres étalons sont de 5 à 12 ans. — Le souverain vaut environ 25 francs. »

étalons anglais introduits aux haras du Pin. Est-ce un progrès? L'avenir le jugera.

« A présent, les remontes ne pouvant plus amener cette espèce cotentine, elles nous livrent des chevaux issus du croisement anglais. Les dépôts de l'arrondissement en possèdent quatre, dont deux fort remarquables font la monte depuis deux ans : nous sommes à observer leurs produits.

« Cédant aux demandes unanimes des éleveurs, la commission départementale a introduit le cheval percheron, et depuis 1840 elle alterne ses remontes en chevaux de cette race et en chevaux cotentins. Le percheron est le cheval le plus estimé de France pour le bon service : sobre et robuste, ses services sont sans prix ; il sert à l'agriculture, à l'industrie, aux diligences. Les postes du nord et des environs de Paris ne se recrutent qu'en cette espèce, parce qu'elle est la seule qui puisse résister longtemps à ce dur service. On se demande quelle est la rusticité de cette race, puisque rien n'a pu jusqu'ici altérer ses admirables qualités. Croisements prématurés et souvent mal entendus, abus de travail dans un âge trop tendre, rien n'a pu faire dégénérer le cheval percheron au milieu de l'abâtardissement de nos races chevalines. La Bretagne et les départements de l'est tous les ans, le midi de la France souvent, et l'Allemagne quelquefois, dédaignant nos nobles chevaux, viennent enlever à des prix élevés nos meilleurs étalons percherons.

« La commission fait de l'institution du haras une cause d'amélioration; elle doit en faire aussi un principe de richesse départementale. Les produits cotentins sont longs et difficiles à élever; ils se vendent tard, et quand ils réussissent mal, ce qui arrive souvent, ce n'est qu'à grand'peine et sans profit que l'éleveur peut les vendre. L'élève percheron, recherché de tout le monde, est, au contraire, d'une vente facile : aussi jamais éleveur n'a ramené d'une foire une bête percheronne; elle y trouve toujours son acheteur. La commission a cru qu'il y aurait richesse pour le pays à lui pro-

curer une espèce si facile à élever et que les acheteurs recherchent avec tant d'empressement ; elle a même pensé
qu'il pourrait y avoir amélioration par le croisement avec
nos jolies juments cotentines, et qu'on aurait des produits
participant de la distinction de l'une et des belles qualités
de l'autre. En effet, si nous avions un peu de la persévérance des Anglais pour améliorer, eux qui donnent ou ôtent
de l'amplitude à certaines parties de leurs races, avant vingt
ans, avec les éléments que nous possédons, nous parvien-
drions, sans aucun doute, à former une race aussi distinguée
qu'elle est excellente. Il faut au percheron une encolure un
peu plus allongée ; il lui faudrait de gris devenir bai, noir ou
alezan foncé ; avec cela, on obtiendra le meilleur cheval possible.

« Vous penserez donc que la commission a fait une combinaison utile à l'intérêt de l'éleveur et heureuse pour l'a-
mélioration en faisant verser le sang cotentin dans la race
percheronne.

« C'est à l'aide de ces réformes successives et de ces
diverses combinaisons que la commission a amené les choses
où vous les voyez aujourd'hui. Pleine de sollicitude pour
tout ce qui concerne l'éducation chevaline, la commission
ne dédaigne aucun moyen de la faire prospérer. Son règlement est plein de vues judicieuses. Elle fait surveiller les
dépôts par de fréquentes inspections : aussi, dans l'arrondissement de Trévoux, les progrès sont-ils sensibles ; les distributions de primes l'attestent. Nos éleveurs ont répondu à
l'appel qui leur a été fait. Nos concours nombreux présentent des pouliches belles de forme et de taille ; nos foires
sont peuplées de beaux poulains qui s'exportent à des prix
avantageux, mais ces progrès remarquables sont encore au-
dessous de la perfection qu'ils peuvent obtenir. Notre sol
produisait de beaux et bons chevaux ; aujourd'hui, avec de
meilleurs éléments d'alimentation, il peut encore les produire si on lui donne les producteurs convenables. Les haras

II.   9

royaux ont acheté plusieurs fois chez nous, et notamment le bel étalon *le Lion*, ainsi nommé à cause de la richesse de sa robe, qui, élevé dans la commune de Chaneins, a été placé au dépôt de Cluny. La statistique du département de l'Ain, dressée en 1808, dit que François Iᵉʳ et Henri IV montaient des chevaux de la Dombes; mais un titre de noblesse le plus élevé est inscrit dans les mémoires de Philippe de Comines (1).

« Que l'enseignement du passé ne soit pas perdu; qu'il nous porte à demander une augmentation d'étalons. Le département n'en possède que seize; il lui en faudrait un bien plus grand nombre. Appliquons-nous donc à solliciter encore, à solliciter toujours auprès du conseil général, auprès du gouvernement, par l'appui de nos députés, tous les secours possibles à obtenir. Il est pénible de dire que, à mesure que le département continuait ses efforts, le gouvernement

(1) « Voici le narré de la bataille de Fornoue : Le lundi matin, environ sept heures, sixième jour de juillet, l'an 1495, monta le noble roi à cheval et feist appeler par plusieurs fois; je vins à lui et le trouvai armé de toutes pièces et monté sur le plus beau cheval que j'ay veu de mon temps, appelé Savoye : plusieurs disaient qu'il était cheval de Bresse; le duc Charles de Savoie luy avait donné, et estait noir, et n'avait qu'un œil, et estait moyen cheval de bonne grandeur pour celuy qui était monté dessus....... Ce cheval le montrait grand. (Plus loin.) Ledict seigneur avait le meilleur cheval pour luy du monde. » Ce cheval devait être admirablement beau, puisque, dans un moment si grave, il fixait toute l'attention de Comines.

« Il devait être admirablement bon, puisque le roi de France en faisait son cheval de bataille, quoiqu'il fût borgne. Ce cheval fut donné en présent au roi d'Angleterre et vécut jusqu'à l'âge de quarante ans.

« Le cheval sur lequel fut tué le roi Henri II (dans le tournoi contre Montgomery) était aussi bressan. Il s'appelait le Malheureux, ce qui fut d'un très-mauvais présage pour le roi. Il était de race turque et avait été donné au roi par M. de Savoie (Brantôme). Tout le monde sait, en Dombes, que les haras des princes de Savoie, notamment celui de Solingen, au-dessus du marais des Échets, étaient entretenus par la race orientale. »

lui retirait les avantages dont il l'avait autrefois favorisé.
Ainsi il accordait un secours annuel de 2,500 fr., il a cessé
de le donner. Le dépôt de Cluny nous envoyait plusieurs
stations, il a aussi cessé de le faire. Ces refus, qui semblent
de l'injustice, auraient pu produire le découragement, si le
conseil et la commission départementale n'étaient animés
de dispositions qui ne faibliront devant aucun obstacle.
C'est donc à récupérer ce que nous avons perdu que désormais il faut employer nos efforts.

« Je souhaite, messieurs, que cet historique de notre
haras ne vous ait pas paru trop long; je viens maintenant
à ce qui doit faire l'objet de votre vote.

« . . . . »

Nous n'ajouterons aucune observation à ce qui précède.
A côté de réflexions judicieuses sur les fautes du passé se
trouvent d'étranges conseils pour le présent, une singulière
théorie sur laquelle l'expérience prononcera bientôt.

On se plaint à tort que les haras aient peu à peu retiré
leur action.

En 1833 a cessé la subvention; mais, à cette époque, une
réduction de 300,000 fr. a été opérée sur le budget des
haras.

Les stations établies par le dépôt d'étalons de Cluny ont
été supprimées, mais en même temps un certain nombre de
primes étaient allouées aux étalons tenus par les particuliers.
Nous trouvons, par exemple, qu'en douze ans le nombre
des étalons approuvés dans l'Ain s'est élevé à cent un, et que
la somme de primes payées forme un total de 15,200 fr.
C'est une moyenne de 150 fr. par tête et par an.

Tant faibles qu'ils soient, ces secours ne prouvent pas
que les haras aient dédaigné de soutenir les efforts du conseil
général; les haras lui sont venus en aide, au contraire, en
raison des ressources dont ils disposent. Le retrait des étalons de l'État était commandé par la nature d'intervention
adoptée par le département. En se retirant, les haras ont

laissé le champ libre à l'industrie privée; ils ont enlevé toute crainte de rivalité et de concurrence. Le bas prix de la saillie, partout sollicité, n'a pas nui à l'emploi des étalons privés, et le conseil général n'a point été contrarié dans le choix qu'il a fait des reproducteurs introduits par la présence d'étalons d'un autre type.

Ces conditions étaient donc favorables aux vues que s'était sans doute proposées la commission chevaline départementale. Loin d'adresser des reproches aux haras, il y aurait lieu de reconnaître qu'ils sont restés dans leur rôle, qu'ils ont été fidèles à la mission qui leur est dévolue.

En approuvant, parmi les étalons importés, les meilleurs, il est évident que l'administration des haras n'a fait que servir le système du département; elle a donné quelque vogue aux reproducteurs les plus utiles et stimulé les propriétaires à s'attacher plus spécialement au service de ceux qui pouvaient influer le plus heureusement sur la marche de l'amélioration.

Nonobstant ce, où en est le haras départemental, ainsi que l'appelle le conseil général de l'Ain? Son rapporteur le lui a dit en 1847; *sa force s'élevait à seize étalons*. Nous avons constaté que, de 1819 à 1834, la moyenne annuelle avait été de trente-neuf; il y a donc une décroissance notable. A quoi cela tient-il? Que les partisans exclusifs du système des gardes-étalons répondent. Ce fait est de leur compétence.

Il en est un autre que nous ne voulons pas passer sous silence. Frappé de ce résultat décroissant, nous avons cherché à lui opposer une barrière; nous avons proposé à M. le ministre de l'agriculture et du commerce de venir en aide au département de l'Ain plus puissamment que par le passé, et d'engager ainsi le conseil général à compléter une expérience qui se fait en même temps, d'ailleurs, sur plusieurs autres points de la France. Le ministre a consenti; pour la monte de 1849, il a accordé 3,250 fr. de primes

aux treize étalons départementaux existant dans l'Ain.
Une prime moyenne de 250 fr. ajoutée aux avantages spéciaux que les détenteurs retirent du mode d'intervention
adopté par le conseil général ne laisse pas de créer un certain intérêt. Si ces avantages restent insuffisants et ne déterminent pas la spéculation, qu'y faire?.....

C'est aux mêmes partisans du système des gardes-étalons
que s'adresse cette question.

Il faut pourtant une limite aux sacrifices et veiller à ce
qu'ils ne dépassent pas de beaucoup les services rendus.

— Département de l'Isère. A défaut de renseignements
statistiques précis sur les résultats obtenus, dans l'Isère, du
mode de concessions d'étalons et de juments adopté immédiatement après la suppression du dépôt d'étalons de Grenoble, nous transcrirons la note ci-après, remise au directeur du dépôt de Cluny par le préfet du département de
l'Isère.

« Depuis la suppression du dépôt d'étalons de Grenoble,
c'est-à-dire depuis 1832, le département ne cesse de s'imposer des sacrifices considérables en faveur de l'éducation
chevaline; il y consacre des allocations annuelles de plus de
20,000 francs. Ces allocations sont appliquées à des dépenses d'achat et d'importation de chevaux entiers et de poulinières de bon choix de l'espèce de gros trait de la race percheronne, qui sont livrés au service de la reproduction. Les
poulinières sont et doivent être fécondées par des étalons de
même provenance, afin d'assurer la propagation, dans ce
pays, de la race percheronne pure de tout mélange. Le département entretient ainsi toujours trente-huit ou quarante
stations d'étalons et possède déjà un peu plus de cinquante
poulinières. Une nouvelle remonte de deux étalons et de
quatorze juments va être faite dans le Perche au compte du
département.

« Ces dispositions, combinées avec les ressources que pré-

sente aux éleveurs la station d'étalons entretenue à la Tour-
du-Pin par l'État, satisfont d'une manière à peu près complète aux besoins du service pour toute la partie *nord* du département ; mais elles laissent subsister dans la partie *sud*,
formée des arrondissements de Grenoble et de Saint-Marcel-
lin, une lacune que l'*État seul peut remplir*, et qui est d'autant plus regrettable qu'il y existe un nombre suffisant de juments distinguées de races pour utiliser deux étalons au
moins des haras nationaux et dont on ne tire cependant pas
d'extraits, parce qu'on ne trouve pas à proximité de reproducteurs qui conviennent à ces juments.

« On réclame, en conséquence, de la manière la plus pres-
sante, l'établissement, à Grenoble, d'une station de deux ou
trois étalons nationaux de sang ou de demi-sang. Le conseil
général de l'Isère a plusieurs fois appuyé ces réclamations
de ses vœux, et, de son côté, l'administration départementale a fait aussi des propositions au gouvernement dans le
même but.

« Le département de l'Isère demande de nouveau d'être
secondé dans son œuvre pour l'éducation chevaline, et il croit
avoir acquis des droits, à ce sujet, à la sollicitude toute particulière du gouvernement ; il espère donc avec confiance
qu'il sera pourvu, incessamment, à la formation de la station sollicitée, et le préfet de l'Isère a l'honneur de prier
M. le directeur du dépôt de Cluny, présent à Grenoble en ce
moment pour la visite des étalons présentés pour l'approbation, de vouloir bien appeler l'attention bienveillante de
M. le ministre de l'agriculture sur la mesure en question.

« Grenoble, le 29 décembre 1848.

« F. RAYMOND. »

Les faits ont toujours leur valeur ; quelque entêté que l'on
soit, un fait l'est encore davantage. Eh bien, que disons-
nous aux partisans exclusifs du système des gardes-étalons
autre chose que ce qui s'est passé, que ce qui est advenu
dans le département de l'Isère ? Nous disons : Vous trouve-

rez, moyennant quelques sacrifices, à faire entretenir des étalons de trait à peu près en aussi grand nombre que vous voudrez, même là où ce serait une faute que de les intro- duire ; vous trouverez encore, sous la réserve de dépenses très-considérables, à faire entretenir, exceptionnellement, un petit nombre d'étalons de demi-sang dans quelques par- ties privilégiées de la France ; mais, dans aucune contrée, vous ne parviendrez à mettre aux mains des particuliers un nombre d'étalons de sang en rapport avec les besoins cha- que jour plus pressés de la consommation.

A cela on répond que l'impossibilité n'existe que parce que les haras pèsent comme un monopole sur l'industrie.

Commentons les faits dans l'Isère ; ils diront ce que valent ce reproche et cette accusation.

Lorsque Grenoble avait son dépôt d'étalons, la circon- scription de cet établissement appartenait à la reproduction et à l'élève du cheval carrossier et du cheval de selle. Les étalons de l'État formaient obstacle à l'invasion du cheval de gros trait. Les stations étaient multipliées, les sollicitations des employés de tous grades de l'administration des haras amenaient la jument du pays à l'étalon officiel et la détour- naient de la production abondante du gros cheval.

La suppression du dépôt de Grenoble entraîna la suppres- sion de la plupart des stations desservies par cet établissement. Dès lors, l'industrie privée se retrouva, comme en 1790, *en face de son droit naturel d'élever des chevaux, quand et comment il lui plairait* (1).

Nous passons sous silence les réclamations et les plaintes qui s'adressèrent à l'administration des haras : celle-ci pou- vait bien les entendre et les enregistrer ; là se bornait son pouvoir. Le conseil général comprit cette impuissance et voulut y obvier. Il étudia la question à son point de vue, en pleine liberté, et arrêta les bases d'un système dont l'appli-

(1) Tome Ier, page 89.

cation a été suivie, depuis lors, avec une très-remarquable
persévérance. Il est en route depuis 1832, c'est-à-dire depuis dix-sept ans, et marche sans détourner la tête. Le but
qu'il s'est proposé, le voici ; c'est encore le préfet qui parle :

« Les dispositions appliquées dans ce département tendent à la propagation exclusive de l'espèce de gros trait de
la race percheronne, et, en vue de l'y reproduire sans dégé-
nérescence, sans croisement, les poulinières introduites dans
le Perche ne sont fécondées que par des étalons du même
pays (1). »

Il ne s'agit de rien moins, on le voit, que d'acclimater le
cheval du Perche dans l'Isère et de l'y reproduire de toutes
pièces.

Cette pensée paraîtra peut-être un peu ambitieuse à quelques personnes ; si le département ne réussit pas, la phrase
est toute faite : « Il aura du moins l'honneur de l'avoir en-
trepris. »

Quoi qu'il en soit et jusqu'ici, il a lieu de se féliciter du
résultat de ses efforts ; les sommes qui les ont appuyés s'é-
lèvent à 350,000 fr., qui ont suffi à entretenir, chaque année, une moyenne de trente-huit à quarante étalons. En ce
moment, l'Isère possède un peu plus de cinquante poulinières percheronnes. Au rapport du préfet, on portera, aussi vite
que possible, le nombre à deux cents.

« Les moyens de surveillance employés sont peut-être insuffisants ; mais je me propose d'aviser au moyen de les compléter. En l'état, ils consistent dans le service des tournées
auxquelles sont tenus un vétérinaire inspecteur et un vétérinaire inspecteur adjoint. Le premier, vétérinaire à Grenoble, est tenu à deux tournées annuelles dans l'étendue du
département ; le second, domicilié à Bourgoin, est tenu de
soigner et visiter gratuitement, toutes les fois qu'on le de-

(1) Lettre à M. le ministre de l'agriculture et du commerce. —
4 janvier 1849.

mande, les étalons et juments placés dans l'arrondissement de la Tour-du-Pin, qui, à la vérité, possède seul les trois quarts des reproducteurs provenant des remontes départementales (1). »

Voilà donc le dernier mot du système. Celui-ci va aux habitudes générales des cultivateurs d'un arrondissement. Dans d'autres parties, il n'est accepté qu'avec la plus grande modération, et même dans tout le midi du département on n'en veut point. C'est pour celle-ci que le conseil général et le préfet demandent avec instance le nouveau concours des haras, c'est-à-dire l'établissement de stations composées d'étalons de sang. Les réclamations sont fondées, nous le savons autant et mieux que personne. Cependant nous résistons. — Pourquoi?

Ah! pourquoi? — C'est que, d'abord, nos ressources sont limitées, et puis est-ce que nous ne devons pas constater, par les faits les plus authentiques, que, là où les haras de l'Etat ont cessé d'intervenir, il n'y a plus aucune action certaine et durable? est-ce que nous ne devons pas prouver, de la manière la plus irrécusable, que l'existence des haras de l'État est un bienfait et non point un monopole?

Pourquoi donc le département n'applique-t-il pas à l'étalon de demi-sang ou de trois quarts sang le système de concession qui lui réussit si bien pour le cheval de trait?

Nous pourrions multiplier nos questions et presser un peu les adversaires des systèmes d'entretien des étalons par l'Etat; mais nous n'ajouterions rien au fait : il a sa force et pèse son poids.

Nous ne voudrions pourtant pas que l'on pût croire, un seul instant, à un refus de concours systématique de notre part. Avant notre arrivée à l'administration centrale, l'Isère ne figurait que pour un chiffre insignifiant dans la réparti-

(1) Lettre à M. le ministre de l'agriculture et du commerce. — 4 janvier 1849.

tion du crédit applicable aux étalons approuvés. Ce chiffre a été de 500 fr. et de 600 fr. pour les deux années qui ont précédé notre entrée en fonctions; il a été, pour les trois ans qui nous concernent et qui appartiennent à notre gestion, de 1,000 fr., — 1,250 fr. — et 1,750 fr.

Nous n'avons pas fait de monopole; nous avons résisté aux sollicitations qui nous pressent, et nous avons, autant que nous l'avons pu, augmenté la somme des encouragements.

Tels ont été notre part et notre mode d'intervention dans cette partie de la France.

— CÔTE-D'OR. Ce département est l'un de ceux dont l'action directe a déterminé la plus grande somme de progrès. Les bons résultats obtenus et dont nous allons rendre compte tiennent à deux causes principales : — la première gît dans le zèle peu ordinaire, dans la volonté ferme et les connaissances réelles de l'homme qui a été chargé de la direction de l'œuvre; — la seconde, à l'attention apportée à s'en tenir à la grosse espèce.

En 1820, le département avait adopté le système des primes aux étalons. Son but, facile à déterminer, était d'engager l'industrie privée à se procurer par elle-même les reproducteurs qui lui manquaient.

A cette époque, la Côte-d'Or n'occupait qu'un rang très-inférieur sur l'échelle hippique; elle importait une partie des chevaux nécessaires à ses besoins intérieurs. Les cultivateurs ne songeaient pas à spéculer sur ce genre de production; ils dédaignèrent les primes de 300 fr. qui leur étaient offertes; aucun ne répondit d'une manière satisfaisante à l'appel du conseil général.

A partir de 1824, un nouveau système fut adopté : des fonds plus considérables furent mis à la disposition de l'administration départementale pour être employés à l'acquisition d'étalons et de juments de gros trait choisis dans les meilleures races de l'espèce.

On concéda les uns et les autres à des cultivateurs, en ayant soin de repousser les maîtres de poste, les relayeurs de diligence, les entrepreneurs de roulage, les aubergistes et les loueurs de chevaux. La concession de l'étalon fut gratuite, celle de la jument accompagnait la première à titre d'indemnité, et en retour des charges imposées aux détenteurs.

Ces charges n'étaient pas fort lourdes. L'étalon devait être livré à la monte publique pendant six années consécutives ; le prix du saut ne pouvait excéder 5 fr. L'étalon ne pouvait être soumis à aucun travail quelconque pendant les cinq mois que durait le service de la saillie, soit de mars à juillet inclus. Le détenteur devait se soumettre à toutes les instructions qu'il plairait à l'administration d'ordonner au point de vue d'une surveillance bien suivie.

A partir de 1832, le nombre des demandeurs permettant d'alléger les dépenses du département, celui-ci cessa de concéder des juments en même temps que des étalons, et dix ans plus tard, au lieu de céder ces derniers à titre gratuit, il les mit en vente et les plaça à prix réduits aux mains des détenteurs.

Le produit de ces ventes atteint ordinairement le tiers et ne dépasse guère la moitié du prix d'achat ; ce mode a considérablement réduit les charges du département. Le succès de l'application intelligente du premier mode adopté a rendu facile l'adoption de celui-ci.

Les étalons départementaux sont surveillés par les vétérinaires de canton, par ceux d'arrondissement, et par le vétérinaire en chef du département ; c'est un service d'inspection étendu et de surveillance complet.

Pour obtenir des renseignements exacts, officiels sur les résultats de l'intervention directe du département, quant à la production chevaline dans la Côte-d'Or, M. le ministre de l'agriculture et du commerce a transmis au préfet, avec prière d'y répondre, plusieurs questions nettement posées.

C'est le vétérinaire du département, M. Reverchon, à qui ont été renvoyées les questions du ministre, qui a été chargé de répondre. Nous transcrivons son travail, dont une copie a été adressée par le préfet à la date du 7 octobre 1848.

Première question. — *Quel mode le département a-t-il adopté pour se soustraire à l'action des haras ou pour suppléer à leur insuffisance?*

Réponse. — « Jamais le département n'a eu l'idée de se soustraire à l'action des haras; mais, à partir de 1824, reconnaissant l'existence de vingt mille quatre cent quatre-vingt-quatorze juments de trait, il a pris la résolution d'introduire des étalons de ce genre de service, qu'il ne pouvait obtenir de la direction générale, et dès cette époque il n'a négligé aucune occasion de représenter à cette dernière, qu'il comptait d'autant plus sur son concours pour l'amélioration des chevaux légers, qu'il faisait lui-même tous les sacrifices possibles dans les limites de ses ressources et de ses relations. Le dernier recensement ne donnait que quatre cent quatre-vingt-deux juments qualifiées, souvent encore assez légèrement, de juments de selle. »

Deuxième question. — *Quelle a été, par année, la somme dépensée dans ce but?*

Réponse. — « Depuis l'origine de l'opération, la somme dépensée a été de 325,000 fr., en y comprenant l'acquisition de soixante-douze juments cauchoises et cotentines; ce qui donne, en moyenne, 13,541 fr. par année (1). »

(1) Il y a certainement erreur dans ce chiffre. En effet, dans un premier document fourni par M. Reverchon, le 8 mai 1841, l'état détaillé des sommes dépensées au compte du département, année par année, porte le total à 329,357 fr. Il faudrait encore y ajouter les subventions ministérielles spéciales dont le chiffre a été assez élevé, les

Troisième question. — *Quels ont été le nombre des étalons introduits et leur race?*

Réponse. — « De 1824 à 1848, avec une seule année d'intervalle, deux cent un étalons ont été introduits ou achetés par le département.

« Cauchois. . . . . 70 ⎫
« Cotentins. . . . . 19 ⎪
« Percherons. . . . . 89 ⎬ ci 201
« Produits des premières introduc- ⎪
    tions. . . . . 23 ⎭
« En moyenne, 8 par année. »

Quatrième question. — *A quelle condition ont-ils été livrés à l'industrie?*

Réponse. — « Pendant les dix-huit premières années, les étalons ont été remis gratuitement à des cultivateurs dont la position et les titres à la confiance étaient appréciés par une commission spéciale. La durée du service obligé a été d'abord de six années, puis de sept. A partir de 1842, les étalons ont été vendus aux enchères. La moyenne des saillies a varié de trente-sept à quarante. »

Cinquième question. — *Quels résultats ont été obtenus?*

Réponse. — « Les résultats ont été des plus satisfaisants; la moyenne des juments fécondées a été des deux cinquièmes; les produits se sont trouvés convenir également et pour le commerce et pour le travail; aussi, dès l'origine, le concours non-seulement des dépositaires, mais encore des propriétaires de juments a-t-il été acquis à l'opération.

« Déduction faite des morts et des réformés, pendant les années de service obligé, il y a eu, en vingt-six ans,

19,450 fr. de primes d'approbation payées sur le budget des haras, et enfin le traitement des inspecteurs préposés au service des étalons départementaux.

« Onze cent quarante-neuf années complètes de service (1);

« Cent vingt-huit années perdues (2);

« Quarante-deux mille quatre cent treize juments saillies (3);

« Seize mille neuf cent soixante-cinq juments fécondées;

« Trois mille neuf cent quatre-vingt-treize avortements;

« Treize mille cinq cent soixante-douze produits vivants.

« La valeur moyenne des chevaux de trait s'est élevée des deux tiers environ, ce qui est énorme sur une population de quarante-huit mille huit cents bêtes. »

Sixième question. — *Avantages du système; ses inconvénients.*

Réponse. — « Ce mode d'opérer a été très-économique, puisque, avec une dépense moyenne de 13 à 14,000 fr. (4), le département a maintenu, nourri, soigné un effectif de quarante-cinq à cinquante étalons de trait, mais de races choisies et appropriées aux besoins du pays.....

« On pouvait craindre quelques écarts dans les soins donnés aux étalons par des mains d'abord inhabiles; mais il ne s'en est rencontré qu'accidentellement, par exception, et le retrait de l'étalon a été une punition suffisante dans le très-petit nombre de cas où il est devenu nécessaire d'y avoir recours.

« On a rencontré des étalons inféconds; rien ne peut garantir de cet inconvénient, non plus que de la méchanceté portée au point de nécessiter la réforme de l'animal. »

Septième question. — *Qu'en pense le pays?*

Réponse. — « Jamais opération n'a rencontré une appro-

(1) En moyenne, 44 étalons par an.
(2) En moyenne, 5 étalons par an.
(3) En moyenne, 33,29 par tête et par an.
(4) Nous avons établi comment la dépense avait été beaucoup plus considérable.

bation plus générale que l'introduction des chevaux de trait,
notamment de la race dite *percheronne*. »

Huitième question. — *Nonobstant ce, le département a-t-il
réclamé un concours plus actif de la part des haras?*

Réponse. — « LE DÉPARTEMENT A CONSTAMMENT RECOM-
MANDÉ A LA DIRECTION DES HARAS LA RACE DES CHEVAUX
LÉGERS, POUR LAQUELLE IL NE POUVAIT RIEN FAIRE.

« Des heureux effets de la présence de *the Chip of the
old Block* à la station de Dijon ont donné lieu à de nouvelles
réclamations d'étalons de pur sang anglais d'un mérite égal.

« Chaque année, le département demande de nouvelles
stations d'étalons du gouvernement; il avait déjà obtenu
que celle de Genlis fût ajoutée à celles de Dijon, Semur et
Saulieu; pour 1848, une cinquième station a été accordée
à Saint-Jean-de-Losne.

« Dijon, le 7 octobre 1848.
« *Le médecin vétérinaire départemental*,
« REVERCHON. »

Nous n'attacherons aucune réflexion à cette note; sa conclusion est positive et concluante à tous égards.

Haute-Marne. — Comme beaucoup d'autres, le département de la Haute-Marne a essayé divers modes d'encouragement et d'intervention.

Avant 1822, il cherchait à entourer de bons soins l'élève
des poulains mâles, qu'il primait à l'âge de trois ans, lorsqu'ils étaient jugés dignes d'être employés à la reproduction.

A partir de 1822, il étendait le système des primes aux
étalons eux-mêmes; puis, reconnaissant bientôt l'insuffisance de son action, il reportait les primes sur la jument et
son poulain, faisant la faute d'ouvrir le concours à toutes les
aptitudes et tous les âges dans toutes les catégories imaginables. Il y avait eu plus de certitude dans la distribution

des primes aux étalons; ceux de trait seuls y avaient eu droit.

En 1829, et pour répondre à une provocation de la commission administrative des haras, le préfet confia l'examen et l'étude des intérêts hippiques du département à une commission spéciale.

Celle-ci ne trouva rien de mieux à faire que de continuer à distribuer les primes d'après le système que nous venons de condamner. Elle repoussa très-vivement la proposition faite par le directeur du dépôt d'étalons de Montierender, qui aurait voulu voir consacrer la totalité des fonds alloués par le conseil général à l'encouragement exclusif des bons étalons. L'officier des haras appuyait sa motion sur cette petite statistique.

Cinq cents étalons environ, bien peu dignes de ce nom, affaiblissent la population chevaline du département; les haras ne peuvent leur opposer qu'une force de vingt étalons au plus. Cette proportion de vingt-cinq contre un n'admet pas la possibilité du succès; tous les efforts devraient tendre à augmenter le nombre des reproducteurs capables, afin de réduire d'autant la mauvaise influence de ceux qui se présentent dépourvus de valeur, entachés de vices et de tares héréditaires.

La commission répondit : Les concessions d'étalons aux cultivateurs sont une source d'abus. L'ancienne province de Champagne en a possédé; l'expérience lui a appris que les sacrifices qu'on pourrait imposer au département pour rentrer dans cette voie ne lui rendraient pas en utilité, en services réels, en raison de la dépense supportée. Les meilleurs auxiliaires des étalons entretenus par l'Etat sont les étalons approuvés. Cette institution doit recevoir une grande extension.

Et le système des primes omnibus prévalut; le directeur du dépôt de Montierender en fut pour ses avances.

En 1837, le conseil général prit une autre détermination;

il vota des fonds à consacrer à l'acquisition d'étalons de gros trait que l'on concéderait ensuite à moitié prix, sous condition de les conserver pendant six ans au service de la monte publique.

Il paraîtrait que cinquante-trois étalons ont été introduits par cette voie, mais que vingt-deux seulement existent aujourd'hui. Cette perte dépasse toutes les proportions rationnelles.

Nous n'avons, d'ailleurs, aucune donnée sur les résultats obtenus ni sur l'importance des sommes consacrées à ces achats.

Nous dirons, dans un autre paragraphe de ce chapitre, comment le conseil général de la Haute-Marne a cherché, en 1847, à sortir de ce mode d'intervention pour en adopter un autre qui lui semblait devoir porter de meilleurs fruits.

Les étalons départementaux ne sont pas complétement abandonnés à l'incurie des concessionnaires. Nous trouvons la note suivante dans le rapport du préfet au conseil général, en 1846 : « Par une récente recommandation à MM. les sous-préfets, j'ai pris soin de m'assurer de visites assidues qui seront faites chez les acquéreurs, et je ne manquerai pas d'employer sévèrement, vis-à-vis de ceux qui s'écarteraient des règles imposées par le cahier des charges, la portion de pouvoir qui m'a été donnée. Tout animal employé trop fréquemment à des travaux qui peuvent lui nuire sera retiré, sans indemnité, des mains de son propriétaire actuel. »

Cette citation n'a pas besoin de commentaires.

Il est regrettable que le département de la Haute-Marne n'obtienne pas de meilleurs résultats de l'introduction des étalons achetés par ses soins ; l'écueil contre lequel il échoue est double.

Et d'abord il rencontre la concurrence nuisible des rouleurs belges qui envahissent toutes les communes et toutes les fermes du département, puis de cette tourbe de chevaux entiers (près de dix-sept mille) plus médiocres les uns que les autres, et qui sont en la possession du propriétaire même des juments. La reproduction s'opère ainsi, sans choix raisonné, mais avec toutes les facilités désirables pour l'homme qui n'attache pas un grand intérêt à l'amélioration.

Telle est la situation générale. Plus tard nous ferons ressortir les exceptions, et nous montrerons le point lumineux que l'on aperçoit déjà du fond de cette obscurité.

— Dans l'Aube, le fait le plus saillant, c'est l'instabilité ; on en jugera par les quelques mots qui suivent. Le département s'est cherché lui-même ; on ne saurait dire qu'il ait été assez heureux pour se rencontrer.

En 1828, il achète de ses deniers quatre étalons de race percheronne pour les concéder gratuitement à des particuliers, à la seule condition qu'ils les emploieraient au service de la monte. Cela fait, nul ne s'est occupé des étalons départementaux : ceux-ci furent détournés de leur destination et disparurent en peu de temps sans avoir donné aucun résultat ; on ne les remplaça pas.

En 1833, le conseil général, ne pouvant obtenir l'augmentation du nombre des étalons fournis par l'Etat, cessa de distribuer des primes aux juments et aux produits, et consacra une allocation de 3,000 fr. à l'entretien d'étalons de trait chez les particuliers.

Les conditions du concours étaient fort simples : le cheval devait être, depuis un an, la propriété de celui qui le présenterait ; ce dernier prendrait l'engagement de le conserver et de le faire servir à la monte pendant l'année suivante. Les primes étaient de 500, 400, 300 et 200 fr.

L'allocation fut réduite à 1,000 fr. en 1835, et tout à fait supprimée en 1836. A cette époque, les primes firent retour à la jument et aux produits. On ne s'occupa plus de l'étalon.

En 1842 et 1843,—8,000 fr. furent mis à la disposition

du préfet, pour achat d'étalons percherons à introduire dans le département et à concéder, à prix réduit, à des cultivateurs qui devraient les consacrer à la monte pendant une période de six années consécutives. Du reste, aucune condition de surveillance.

Six étalons furent ainsi concédés à très-bas prix, complétement abandonnés à quelques gros cultivateurs, disent les renseignements qui nous sont parvenus, et les 8,000 fr. du conseil général n'ont eu d'autre résultat que de donner, ou à peu près, de forts chevaux de travail à des hommes qui se sont empressés d'user, à leur profit, des largesses de l'administration départementale.

En 1847, le conseil général a voté deux primes d'importation de 1,000 fr. chacune. De ce dernier vote nous ne savons qu'une chose, c'est qu'il n'a pas été renouvelé en 1848.

— HAUT-RHIN. « Divers systèmes ont été successivement essayés. Dans le principe, on s'est borné à distribuer des primes, soit pour les juments, soit pour les poulains. Plus tard, le conseil général a offert des primes aux propriétaires qui présenteraient des étalons percherons propres à la reproduction, et, après deux tentatives inutiles, il a alloué des primes aux propriétaires des plus beaux étalons sans distinction d'origine, pourvu qu'ils fussent reconnus susceptibles d'améliorer la race du pays.

« Cependant tous ces sacrifices étaient demeurés sans résultats, ou, du moins, n'avaient produit que des résultats insignifiants; il fallait adopter un autre mode, car il paraissait évident que l'on ne pouvait atteindre le but proposé en s'en rapportant uniquement aux soins de l'industrie privée.

« Le conseil général le reconnut et chargea pour la première fois, en 1842, l'administration du soin d'acheter des étalons percherons de choix. C'est ainsi que, vers la fin de cette même année, trois étalons percherons ont été achetés aux frais du département et concédés gratuitement à un pareil nombre de propriétaires, chargés de les entretenir et de les affecter, pendant six années, au service de la monte ; mais ce mode de concession ayant paru trop onéreux pour le département, les dix autres étalons qui ont été successivement achetés en 1843, 1844 et 1848 ont été remis en vente, pour le compte du département, avec les garanties et les conditions nécessaires, toutefois, pour en assurer l'emploi le plus utile, en faveur de la reproduction et de l'amélioration de la race du pays.

« Cette amélioration paraissait donc certaine par l'emploi des étalons percherons comme reproducteurs ; cependant on ne pouvait se dissimuler qu'il faudrait beaucoup de temps pour arriver à un résultat utile. Dans la vue de presser le pas, le conseil général décida, dans la session de 1845, l'introduction des juments de race percheronne, *afin de multiplier les sujets de la race pure du Perche.* Depuis 1845 jusqu'à ce jour, trente-huit juments percheronnes ont été successivement achetées aux frais du département et revendues en son nom (1). »

Les sommes dépensées par le département en achats d'étalons et de juments s'élèvent à 63,000 fr. environ.

Il faut maintenant en attendre les résultats.

On voit le but du conseil général : déjà nous l'avons aperçu à l'horizon en nous occupant d'autres départements. — Il s'agit de reproduire, dans le Haut-Rhin, la race percheronne dans *toute sa pureté.* On suivra donc avec intérêt les animaux de cette race introduits dans la haute Alsace. Laissons au temps le soin d'apprendre au conseil général ce que valent un pareil système et de telles expériences ; en attendant, rapportons les premiers renseignements pratiques recueillis par la Société d'agriculture.

(1) Lettre du préfet au ministre de l'agriculture et du commerce. — 30 novembre 1848.

« — 1° Les étalons percherons achetés par le département, d'après les insistances de la Société, ont déjà produit
environ quatre cent cinquante métis fort recherchés des cultivateurs.

« — 2° Sur les vingt-sept juments percheronnes, six ont
déjà mis bas, et leurs produits sont remarquablement
beaux.

« — 3° Parmi les métis produits par les étalons du Perche et les juments du pays, trois sont déjà employés à la
monte comme étalons. Il y en a deux fort beaux, et l'un
d'eux a déjà sailli cinquante-cinq juments ; cependant ces
jeunes chevaux n'ont encore que trois ans.

« — 4° Il est indispensable que le conseil général prenne
des mesures efficaces pour empêcher les acquéreurs des chevaux percherons d'employer à la monte des chevaux aussi
jeunes. Ceux, d'ailleurs, qui sont métis ne devraient jamais
être admis au rang de reproducteurs. A cet effet, les propriétaires devraient s'engager à livrer leurs jeunes poulains
à la castration, et cela aussitôt que cette opération pourrait
s'exécuter par torsion.

« — 5° Il serait utile que le conseil général chargeât un
vétérinaire de la surveillance spéciale de tous les produits
des chevaux percherons introduits dans le Haut-Rhin.

« — 6° Il faudrait, d'ailleurs, que, pour éviter les inconvénients de la consanguinité, les pouliches produites par
les juments percheronnes ne fussent pas livrées à la saillie
des étalons qui les ont engendrées ; et, pour cela, il serait
nécessaire que de nouveaux étalons de race fussent introduits dans le Haut-Rhin pour l'époque à laquelle ces jeunes
pouliches devront passer à la monte. »

On nous dispensera de toute réflexion sur la citation qui
précède ; nous la compléterons par la suivante, extraite des
renseignements qui nous viennent d'une autre source :

« Les étalons percherons produisant mal avec les juments du pays, la mort de deux juments donnant lieu, dans

ce moment, à de vives réclamations de la part des acquéreurs, il est présumable que le département renoncera, avant
peu, à ce mode d'encouragement. »

Enfin plusieurs membres du conseil général ont réclamé
avec beaucoup d'instance le rétablissement des stations, que
le dépôt de Strasbourg avait supprimées, afin de ne pas faire
concurrence aux étalons du département, lesquels se trouvaient précisément placés aux mêmes lieux que ceux de
l'État.

— Saone-et-Loire. Dans sa session de 1820, le conseil
général de ce département alloua 20,000 fr. pour des acquisitions d'étalons et de juments suisses à concéder d'après un
mode complétement analogue à celui qu'avait adopté le
département de l'Ain en 1819.

Malgré les observations présentées par l'administration
des haras en vue de faire opérer les achats dans le Perche et
non en Suisse, le département fit passer la frontière à son
agent, et celui-ci ramena dans Saône-et-Loire douze étalons
et douze juments qui furent répartis entre les arrondissements de Louhans et de Châlons.

Onques depuis, nul n'en a entendu parler. — Cette tentative n'a pas été renouvelée.

Nous avons déjà reproduit, dans notre premier volume
(page 427), une note de M. de la Roche-Aymon qui constate
cet insuccès.

« Le département de Saône-et-Loire, dit-il, concéda, en
1821, plusieurs étalons : ils furent bientôt perdus. En Alsace,
M. de Lezay-Marnesia, préfet du Bas-Rhin, en concéda
onze, choisit avec un soin scrupuleux les propriétaires qui
offraient le plus de garanties, et cependant les résultats furent aussi funestes. »

— Dans ces derniers temps, le département du *Bas-Rhin*
est intervenu d'une autre manière ; il a fait acheter, en Normandie, des juments de demi-sang dont l'introduction est

encore trop récente pour être jugée dans son utilité pratique ;
un seul mot en fera apprécier les résultats financiers.

Les premières juments importées l'ont été en 1847 ; six furent achetées au prix moyen de 1,200 fr. et de 1,417 f. 50 c.
en y comprenant les frais.

En moyenne également, la vente ne s'est élevée qu'à
440 fr. 45 c. par tête ; déduction faite des frais, c'est, pour
le département, une perte de 4,557 fr. 30 c. ; et il ne s'agit
que d'une importation de six juments. En supposant que
cette opération soit continuée jusqu'à ce que le département
se soit *enrichi* d'une population de cent juments de demi-
sang, on le voit *s'appauvrir* d'une somme de plus de
455,000 fr., et pour quels résultats !

De quelles verges ne serait pas flagellée une administration
publique qui opérerait sur de telles bases ?

Il n'est pas possible que le département du Bas-Rhin persévère longtemps dans une pareille voie : elle serait pour
lui un gouffre tout aussi facile à remplir que le tonneau des
Danaïdes.

— JURA. Ce département n'est entré dans la voie des concessions qu'à partir de 1848.

« Renonçant au mode d'encouragement pour l'élève des
chevaux, au moyen de primes, mode suivi, depuis sept ans,
sans résultats bien appréciables, le conseil général a, sur
ma proposition, dit le préfet (1), voté un crédit de 4,600 fr.
pour l'achat de deux étalons destinés à être livrés, à titre de
détention, aux éleveurs, pour les consacrer à la reproduction.....

« Par la même délibération, le conseil général a renouvelé ses vœux pour le rétablissement de deux des stations
d'étalons nationaux qui existaient autrefois... Je me borne
à vous prier, monsieur le ministre, de vouloir bien prendre

(1) Lettre au ministre de l'agriculture. — 29 décembre 1848.

en considération les vœux réitérés du conseil général et d'y donner prompte satisfaction. »

On le voit, ce n'est jamais pour se soustraire à l'action des haras, mais pour suppléer à leur insuffisance que les départements interviennent dans les questions d'industrie chevaline : ils peuvent rarement assez pour que leurs sacrifices deviennent une pratique utile aux intérêts de l'agriculture.

— HAUTE-SAONE. Le conseil général de la Haute-Saône, désireux de conserver et d'améliorer la race franc-comtoise, s'est imposé des sacrifices dont nous mesurerons l'étendue et dont nous consignerons seulement ici les résultats. Nous apprécierons plus loin les doctrines dont il a poursuivi l'application.

C'est au Perche que le département de la Haute-Saône a demandé ses éléments d'amélioration. Le système adopté a d'abord porté sur des importations de juments, abandonnées ensuite pour des importations d'étalons.

C'est en 1838 que les opérations ont commencé. Soixante-seize juments et onze étalons ont été introduits. Les juments ont coûté un peu plus de 83,000 fr. au département; les prix d'achat des étalons ne sont pas indiqués.

Sur les soixante-seize juments, vingt-neuf n'ont jamais produit; les quarante-sept autres ont donné, pendant une période de neuf ans, cinquante-quatre mâles et quarante-deux femelles; en tout, quatre-vingt-seize. Multipliant ce chiffre de quarante-sept par le nombre d'années pendant lesquelles les juments ont été livrées à la reproduction, nous obtenons celui de quatre cent vingt-trois; ce dernier donne l'ensemble de toutes les existences. Mais toutes les naissances n'ont pas résisté aux causes extérieures; il faut en déduire dix-huit pour la mortalité des premiers jours et écrire le chiffre de soixante-dix-huit comme représentant exactement les existences. Il en résulte que les quarante-sept juments non stériles ont donné 1,66 produit en neuf ans, et 1,02 si l'on étend le calcul aux soixante-seize juments.

Un système aussi peu productif a donné à réfléchir au conseil général, qui résolut d'introduire des étalons percherons de l'emploi desquels il pouvait se promettre plus d'utilité ; il en a donc été importé onze de 1844 à 1847. Pendant le même laps de temps mille six cent quatre-vingt-quinze juments ont été saillies : c'est un résultat satisfaisant ; il faudrait tendre à le généraliser et à tirer du système tous les avantages qu'il peut offrir dans une localité où la production du cheval de gros trait est abondante, où elle constitue l'une des branches essentielles de l'industrie agricole.

Nous examinerons plus tard la question sous ses autres faces.

— INDRE. Ce département n'a commencé à se procurer des étalons, pour les concéder gratuitement, qu'en 1844 ; il en possédait huit en janvier 1847. Les détenteurs devaient recevoir 15 fr. pour chaque produit obtenu. L'impossibilité d'arriver à une constatation sérieuse fit renoncer à ces primes partielles ; on les remplaça par une prime unique de 300 fr. par étalon. On ne sait donc rien ni du nombre ni de la qualité des poulains.

On sait mieux quelle somme a été employée à l'acquisition des huit étalons achetés en trois ans ; cette somme est de 10,040 fr., soit 1,255 fr. par tête. Quels étalons peut-on se procurer à ce prix ?

— FINISTÈRE. Comme beaucoup d'autres, ce département s'est mis à la recherche du meilleur mode d'encouragement ou d'intervention à appliquer à son industrie chevaline dont l'importance oblige.

Voyons ce qu'il a successivement tenté.

Dès 1825, il a distribué des primes aux étalons les plus capables. Cet encouragement a eu son but et sa raison d'être,

en s'appliquant exclusivement à l'entretien d'étalons indigènes ou percherons. La prime les prenait à l'âge de trois
ans, pour ne les abandonner qu'à quinze ou dix-huit ans;
elle s'arrêtait à 100 fr. pour les chevaux de trois ans et mon-
tait à 150 fr. pour les autres.

Ce système a été continué jusqu'en 1838; une somme de
32,330 fr. a été consacrée par le département à en assurer
les bons effets : en y ajoutant celle de 30,025 fr. payée sur
les fonds des haras, on arrive au total de 62,355, ou, en
moyenne, à 4,454 fr. pour chacune des quatorze années
dont se compose cette première période.

Nous n'avons, d'ailleurs, aucune donnée sur le nombre des
étalons primés, sur le chiffre des montes qu'ils ont faites et
l'importance des résultats obtenus.

On peut s'étonner à bon droit du peu de soin que l'on
prend, dans les départements, de recueillir les notes statistiques et tous autres renseignements nécessaires à l'é-
tude, à l'appréciation raisonnée des moyens appliqués à
l'encouragement de l'industrie chevaline; tout y reste livré
au hasard.

Si, exclusivement appliqué à l'amélioration, le système
des primes avait été suffisant à la tâche, le département du
Finistère aurait dû en ressentir les meilleurs effets. On peut
objecter le taux peu élevé de la prime et dire qu'il n'offrait
pas un intérêt assez puissant aux étalonniers. Il y a du vrai
assurément dans cette objection ; pourtant il faut bien convenir que la tenue d'un étalon de trait, dont la saillie se
paye en raison du mérite du reproducteur et dont le travail
compense une partie des frais d'entretien, ne devrait pas
avoir de si grandes exigences dans une province dont la
production chevaline est une des principales industries.

Quoi qu'il en soit, les primes ne produisirent que de médiocres résultats dans le Finistère; on en contesta bientôt
l'utilité, et l'on finit par en demander la suppression, quand
la rareté des bons étalons fut telle, que les jurys appelés à

les distribuer ne trouvèrent plus de sujets dignes de les obtenir.

En 1839, le conseil général entra dans une autre voie : une partie des fonds attribués jusque-là aux primes fut détournée de cette destination; ajoutée à une allocation complémentaire, elle servit à l'importation d'étalons de trait achetés soit dans le Perche, soit en Normandie.

De 1839 à 1845 inclusivement, vingt-deux étalons, à l'achat desquels le département a contribué pour une somme de 23,600 fr., furent successivement introduits dans le Finistère ; on les plaça de préférence dans les arrondissements de Morlaix et de Brest. Les dépositaires les ont obtenus à moitié prix, et des commissions spéciales restèrent chargées d'en surveiller l'utile emploi. Au service des étalons le département attacha l'avantage d'une prime annuelle de 150 fr., sans préjudice, bien entendu, des primes que les détenteurs obtiendraient directement de l'administration des haras.

De 1839 à 1848, les primes officielles se sont élevées à la somme de 17,460 fr., ou 1,587 fr. par an.

On ne dit pas ce qu'ont produit ces étalons; mais le conseil général n'a pas renouvelé, depuis 1845, les allocations des années précédentes; il a seulement déclaré qu'il continuerait à donner des primes de 150 fr. aux propriétaires qui, avec le concours de l'administration départementale, iraient acheter à leurs frais des étalons capables dans le Perche. A leur arrivée, ils devaient être soumis à l'examen d'une commission qui prononcerait sur l'admission ou la non-admission au bénéfice de la prime. Tel est le nouveau mode que l'on propose comme moins onéreux pour le département et comme offrant plus de garanties pour un choix sévère des reproducteurs, attendu que *les derniers achats n'ont pas été satisfaisants.*

De pareilles conditions, en présence de la pénurie des éléments de reproduction, ne sont pas de nature à stimuler le zèle des particuliers ; nous doutons fort que ceux-ci se mettent en frais et cherchent à se procurer mieux qu'ils ne possèdent.

Pour la monte de 1849, le nombre des étalons départementaux est encore de dix-sept.

Bien qu'il apprécie les bons résultats que l'industrie chevaline du Finistère peut retirer de l'emploi des étalons percherons, « le conseil général a néanmoins pensé, avec raison, dit le préfet (1), qu'il était préférable de consacrer la faible allocation dont il peut disposer à la distribution de primes aux plus belles juments poulinières et pouliches de trois ans. Ce système, dont le rétablissement a été accueilli avec faveur dans le département, a produit et doit produire de bons résultats ; le conseil général paraît désormais résolu à y persister. »

Il est sans exemple qu'une mesure quelconque, ordonnée par un conseil général et exécutée par l'administration départementale, n'ait pas commencé par des espérances de ce genre. Combien peu ont été réalisées ! Est-ce impatience ou insuffisance ? L'une et l'autre sans doute, n'hésiterons-nous pas à répondre, et nous ne trouverons pas de contradicteurs sérieux.

— MEURTHE. La Société centrale d'agriculture de Nancy, frappée du petit nombre d'étalons capables mis à la disposition des producteurs du département, chez lesquels elle avait authentiquement constaté l'existence de plus de cinq mille juments susceptibles de travailler à l'amélioration, sollicita et obtint du conseil général, en 1843 et 1844, des allocations destinées à introduire, dans la Meurthe, des étalons de race percheronne, dont le modèle plaisait essentiellement aux cultivateurs.

En 1843, elle confia le soin de l'importation à un marchand

(1) Lettre au ministre de l'agriculture. — 5 décembre 1848.

qui lui ramena du Perche quatre étalons : ceux-ci, tous frais compris, revinrent à 5,356 fr. 75 c., soit 1,340 fr. par tête.

La Société les mit en vente et, en somme, les adjugea moyennant 3,895 fr. 50 c. ; la perte s'éleva donc à 1,461 fr. 25 c., ou un peu plus de 365 fr. par étalon.

« N'ayant pas été satisfaite de ce mode, dit le président de la Société (car on vendait à celle-ci 1,200 fr. des chevaux que les particuliers obtenaient à 7 ou 800 fr.), elle s'est adressée, en 1844, à un propriétaire de l'Orne, bon connaisseur en chevaux.

« Par ce moyen, elle a obtenu six nouveaux étalons d'une qualité supérieure aux précédents. »

Ceux-ci revinrent à 9,951 fr. 50 c. et donnèrent lieu à une perte de 4,599 fr. seulement, ou 600 fr. par étalon (1).

La Société s'en est tenue à ces deux importations et a proposé au conseil général de donner à ses allocations une destination tout autre.

Le conseil général accueillit la proposition de la Société d'agriculture et décida qu'à l'avenir le département se bornerait à primer les meilleurs étalons que les particuliers sauraient se procurer directement.

« Le conseil général pense, dit la délibération, que c'est aux comices agricoles qu'il convient le mieux d'attribuer la distribution de ces primes, et il arrête, en conséquence, les dispositions suivantes :

« 1° Une somme de 1,400 fr., prise à l'article 5 du chapitre XIX de la IIᵉ section du budget, sera répartie entre les comices agricoles des cinq arrondissements, pour être distribuée, lors de la réunion solennelle de chaque année, en primes aux *deux plus beaux étalons* qui seront présentés devant chacun de ces comices d'arrondissement.

« 2° Ces étalons devront avoir *notoirement* sailli de vingt à trente juments, y compris celles du propriétaire.

(1) Renseignements fournis par la Société et transmis par le préfet au ministre. — 7 décembre 1848.

« 3° Ils devront avoir au moins 1 mètre 55 centimètres de taille.

« 4° Ils devront appartenir plutôt à l'espèce carrossière qu'à l'espèce de selle et à celle de gros trait, parce que, dans l'opinion du conseil, c'est l'éducation du cheval d'attelage léger que l'on doit plus spécialement encourager, attendu que c'est le cheval dont l'usage est le plus répandu et que c'est aussi parmi ces chevaux que se trouvent le plus de chevaux propres à la remonte de la cavalerie.

« 5° Chaque comice d'arrondissement aura donc à répartir en deux primes une somme de 280 francs, dont il fera le partage suivant le mérite des deux chevaux qu'il jugera dignes d'être primés. »

La partie importante, le point vraiment essentiel de cette délibération est dans la préférence accordée par le conseil général à l'étalon de demi-sang sur le cheval de selle ou de gros trait. Il revient ainsi à des idées plus nettes, à une situation mieux comprise que précédemment. La Société n'avait d'encouragement et de sollicitude que pour l'espèce de gros trait, le conseil donne la préférence au cheval d'attelage léger, au cheval usuel par excellence.

— MEUSE. Ce département se trouve, quant à l'insuffisance du nombre des reproducteurs, dans une condition d'infériorité notoire. Le conseil général a cherché à remédier à cet inconvénient en intervenant par l'achat et l'introduction annuels d'étalons de gros trait qui sont ensuite revendus aux enchères publiques. Les stipulations particulières nous sont inconnues. Il nous a été impossible de nous procurer le cahier des charges en vigueur ; nous n'avons sous les yeux que les résultats sommaires de l'opération.

Elle a commencé en 1832 et s'est continuée avec suite jusqu'à présent. De 1832 à 1846, en quinze ans, elle avait importé cent vingt étalons, soit, en moyenne, huit par an.

A la même époque, le département y avait dépensé

86,400 francs; c'est, par tête, 720 francs. Ce prix est très-modique, mais il n'indique que la somme restée à la charge du budget départemental. Nous n'avons aucune donnée sur les prix de vente, qui, ajoutés aux 720 francs ci-dessus, feraient connaître la valeur des reproducteurs importés.

Dans le même laps de temps, l'administration des haras a payé aux étalons départementaux de la Meuse pour 21,000 fr. de primes.

On commence à comprendre que le cheval de trait ne doit plus être l'objet d'une sollicitude et d'une recherche exclusives. Les produits qui naissent des étalons du dépôt de Rosières et des meilleures juments du pays ne seront point un exemple perdu, et tout porte à croire que, avant peu, le conseil général de la Meuse adoptera les vues éclairées du conseil général de la Meurthe.

— Moselle. En 1828, M. de Suleau, alors préfet de ce département, bâtit sur la question chevaline son petit château en Espagne. Il eût été, sans doute, et fort utile et fort avantageux, à tous égards, que les idées du préfet eussent pu être mises en application; mais ni les communes ni les particuliers ne répondirent à l'appel qui leur était fait par la circulaire suivante.

Circulaire à MM. les sous-préfets et les maires, concernant l'amélioration de la race des chevaux.

« Metz, le 13 octobre 1828.

« Monsieur, l'amélioration de la race des chevaux dans le département de la Moselle réclame, depuis longtemps, la sollicitude de l'administration et le concours des cultivateurs et des propriétaires.

« Une race de chevaux nombreuse, mais dégradée et abâtardie, est répandue dans toutes les parties du département; et telle est l'insuffisance des moyens d'amélioration, qu'ils se bornent, jusqu'à présent, à cinq cents saillies au plus, assurées, chaque année, par le service des étalons royaux et des étalons autorisés ou approuvés, dans une contrée qui possède plus de vingt mille juments, dont la moitié au moins pourrait être employée utilement à la reproduction.

« Les primes accordées jusqu'à ce jour par le département, soit aux juments poulinières, soit aux plus belles pouliches, n'ont produit qu'un bien peu sensible et sans action sur l'amélioration générale de l'espèce. Des mesures plus efficaces pourront être prises plus tard pour augmenter, dans le département, le nombre des juments douées de toutes les qualités requises pour avancer la régénération ; mais ces mesures elles-mêmes seront nécessairement limitées dans leurs résultats, tant que le nombre des étalons capables de relever la race ne sera point accru dans une proportion suffisante. Or, comme on ne peut espérer que les crédits ouverts par le budget de l'État à l'administration générale des haras lui permettent de longtemps de proportionner le nombre des étalons aux besoins des localités, il m'a paru que les localités elles-mêmes pouvaient y pourvoir, dans ce département, par des efforts extraordinaires que l'on peut espérer soit des propriétaires ou des cultivateurs agissant isolément ou au moyen d'associations plus ou moins nombreuses.

« Ces efforts extraordinaires consisteraient dans l'acquisition d'étalons de bonne race et choisis avec un soin judicieux ; cette acquisition serait effectuée au moyen de fonds qui seraient fournis, soit par les communes sur leurs revenus ordinaires et extraordinaires, soit par les propriétaires ou cultivateurs, qui se réuniraient pour en supporter les frais, ainsi que cela se pratique pour le payement et l'entretien des bêtes mâles affectées aux troupeaux communs.

« L'emploi des étalons acquis suivant l'un ou l'autre de ces deux modes aurait lieu conformément aux droits qui dérivent de l'un ou de l'autre.

« Ainsi les étalons acquis sur les fonds des communes

serviraient toutes les juments de la commune, en réservant, toutefois, la priorité aux meilleures d'entre elles, quand le nombre excéderait celui des saillies qui peuvent être obtenues, chaque année, d'un étalon, sans compromettre ses forces et sa durée. Les juments susceptibles d'obtenir cette préférence seraient classées et marquées d'un signe distinctif par un jury formé dans la commune, sous la présidence du maire, assisté par le vétérinaire de l'arrondissement.

« Acquis par des propriétaires ou par des associations de cultivateurs, les étalons seront utilisés de préférence, ainsi que cela est de droit, par les juments possédées par les acquéreurs, et ils pourront ensuite en tirer parti pour le nombre de saillies qui resteront disponibles en percevant un droit qu'ils fixeront eux-mêmes.

« Dans chaque commune, ce droit serait acquitté par l'administration en faveur des dix meilleures juments possédées par des cultivateurs pauvres qui lui seront désignés, et, dans ce cas, ce droit ne pourrait jamais excéder 4 fr.

« Pour encourager plus efficacement encore l'un et l'autre de ces deux modes d'acquisition, l'administration prend, dès à présent, l'engagement d'assurer une rétribution fixe et annuelle de 100 fr. (1) pour concourir à l'entretien de chaque étalon acquis d'après les bases ci-dessus indiquées, soit par les communes, soit par des propriétaires ou des associations de cultivateurs ; et, dans toutes les communes qui ont versé ou qui sont sur le point de verser le sixième du produit de la vente de leur quart en réserve, l'administration prend, en outre, l'engagement d'acquitter le tiers du prix de l'étalon acquis par la commune, lequel prix ne pourrait excéder 1,600 fr. ni être moindre que 1,200 fr. Il n'est pas nécessaire d'ajouter que les frais d'entretien de l'étalon, diminués ainsi annuellement d'une somme de 100 fr., seraient

(1) « Il est bien entendu que cette rétribution serait assurée à l'étalon tant qu'il serait en état de fournir, avec succès, le nombre de saillies qu'on peut en exiger et dont il serait justifié. »

supportés soit par les cultivateurs ou propriétaires, soit par les communes qui l'auraient acquis, et que, dans ce dernier cas, il pourrait être confié, soit à l'amiable ou par un concours, à des propriétaires ou à des cultivateurs qui présenteraient toutes les garanties désirables et s'assujettiraient à toutes les conditions d'un cahier de charges spécial.

« Tel est, monsieur, le double appel que je crois devoir adresser aux communes et aux propriétaires et cultivateurs du département dans l'intérêt d'une des branches les plus importantes et les plus négligées de notre agriculture. Les conseils municipaux seront convoqués sans retard pour délibérer sur l'objet de cette circulaire, et afin de mettre de l'uniformité dans les délibérations de tous ceux qui croiront devoir accepter les propositions qu'elle contient, je crois devoir vous adresser des formules de délibérations qu'ils n'auront qu'à remplir. J'ai l'honneur de vous transmettre, dans le même but d'ordre et de régularité, des formules de soumissions pour les propriétaires ou associations de cultivateurs qui accepteraient aussi les propositions développées dans la présente circulaire, dont je vous transmets un assez grand nombre d'exemplaires pour que, dans chaque commune, les plus notables d'entre eux en puissent recevoir directement par l'intermédiaire et les soins particuliers de MM. les sous-préfets.

« Vous sentirez, monsieur, qu'il importe que toutes les délibérations des communes ou soumissions des propriétaires et cultivateurs me parviennent avant la fin du mois de décembre, pour que je puisse prendre, en temps utile, toutes mesures convenables pour l'acquisition des étalons, qui, la plupart, sembleraient devoir être extraits avec avantage de la Normandie, dont l'espèce est celle qui présente le plus d'étoffe et de membres, et qui pourraient y être achetés au moyen d'un concours ouvert avec l'intervention de S. Exc. le ministre de l'intérieur, devant M. le directeur du haras du

Pin, département de l'Orne (1). Les étalons ainsi acquis au compte des communes seront répartis entre chacune d'elles suivant les différentes catégories de prix et par la voie du tirage au sort.

« Les propriétaires ou cultivateurs qui accepteront les propositions développées dans cette circulaire demeureront libres d'acquérir eux-mêmes, s'ils le préfèrent, des étalons dont l'aptitude sera constatée, dans chaque arrondissement, par un jury présidé, au chef-lieu, par M. le sous-préfet, et qui devront appartenir aussi de préférence, mais non exclusivement, à la race normande. Il est bien entendu que, dans tous les cas, la prime destinée à encourager de nouveaux étalons dans le département ne pourrait être obtenue que par ceux qui y existent déjà.

« Il n'est peut-être pas inutile de terminer cette circulaire en faisant observer que les moyens puissants qu'il s'agit de faire accepter aux communes et aux propriétaires pour l'augmentation du nombre des bons étalons et les dispositions qui pourront être adoptées plus tard par le département, pour augmenter, dans la même proportion, le nombre des juments de choix, devront être fortifiés simultanément par toutes les mesures qui dépendent de l'administration supérieure ou de la police locale.

« Ainsi l'emploi des primes d'encouragement serait étendu dans chaque canton, pendant un certain nombre d'années, aux cultivateurs qui auraient été les plus prompts à adopter les meilleures méthodes relatives à la castration ou à l'attelage des jeunes chevaux et à l'assainissement des écuries et des étables. Il serait pourvu, par des arrêtés de police locale, à ce

(1) « L'administration est fondée à croire que, dans le cas où la mesure dont il s'agit serait acceptée par un certain nombre de communes et de propriétaires et cultivateurs, des personnes recommandables par un zèle éclairé pour l'intérêt du département demanderaient à se transporter gratuitement en Normandie pour concourir aux acquisitions projetées et en assurer le succès. »

que les poulains, dès qu'ils auraient passé leurs premières années, fussent tenus séparés des juments dans les pâtures communes, qui elles-mêmes ne sauraient être trop réduites.

« Je n'ai pas besoin de faire sentir à MM. les maires tout l'intérêt qui se rattache à l'accomplissement des mesures d'amélioration développées dans cette circulaire.

« Le département de la Moselle, sous le rapport de l'éducation des chevaux, peut être considéré comme un vaste domaine abandonné, jusqu'à présent, à la routine et à l'incurie, et qu'il est urgent de faire participer à tous les avantages d'une exploitation plus éclairée.

« Mais ces avantages seront d'autant plus généralement appréciés, que les progrès que l'agriculture doit aux assolements et aux prairies artificielles donnent aujourd'hui plus que jamais les moyens de les obtenir, et que les cultivateurs ne sauraient fermer les yeux plus longtemps sur les motifs évidents qui doivent déterminer chacun d'entre eux à remplacer successivement les chevaux dégénérés et de taille rabougrie par des chevaux plus forts, plus étoffés, dont un moindre nombre donnerait le même travail en consommant moins, et dont la vente, à l'âge de six ans, présenterait, aux cultivateurs qui les auraient élevés et en auraient déjà tiré un service de deux ans au moins, un profit assuré et un intérêt toujours proportionnel à la valeur du capital représenté par cette partie de leur exploitation.

« Recevez, etc.

« Le préfet de la Moselle,

« vicomte DE SULEAU. »

En 1830, le conseil général de la Moselle sollicita la recherche et la conservation des bonnes poulinières, des juments capables de produire des étalons; un vote de 6,000 fr. resta sans emploi.

Cette nouvelle tentative n'eut pas d'autre suite.

Cependant la question fut reprise à partir de 1845. Le département de la Moselle possède onze mille juments en-

viron ; le dépôt de Rosières ne lui accorde que douze à quinze
étalons pouvant saillir de six à huit cents juments. Plus de
dix mille autres, nécessaires au renouvellement annuel de
la population, sont forcément livrées à ces chevaux bâtards,
dégénérés et tarés qui pullulent toujours dans une population considérable. Le conseil général voulut venir en aide
aux reproducteurs et adopta le mode d'intervention que suivaient déjà d'autres départements voisins ; il vota des fonds
pour l'achat d'étalons de gros trait qui devaient être revendus à prix réduit aux cultivateurs du pays. En quatre
ans, car nos renseignements s'arrêtent à 1846, il dépensa
43,600 fr. pour l'importation de vingt-sept étalons soi-
disant percherons. Les produits de ces étalons condamnent
hautement la préférence qui a été accordée à cette race et
les choix inintelligents qui ont été faits des animaux introduits. La poulinière de la Moselle, pas plus que celle de la
Meurthe, n'a d'affinité avec le sang mêlé que l'on décore si
généreusement de sang pur percheron.

Le département renouvelle, tous les ans, la même faute et
nuit considérablement à l'espèce chevaline, qu'il a eu la
prétention d'aider et de favoriser : il a sacrifié au goût du
gros cheval ; mais, en y sacrifiant, il s'est préparé un immense insuccès et de grands mécomptes. L'armée ne trouvera pas, dans les produits de ces étalons de trait, à faire
l'acquisition d'un cheval de troupe sur trente, tandis que
les produits des étalons de race ducale, fournis par le dépôt
de Rosières et nés dans cet établissement même, allaient tous,
pour ainsi dire, aux besoins et aux exigences de notre cavalerie légère.

Nos bons amis n'en diront pas moins, et ils trouveront
des échos pour le répéter, que les haras auront perdu la
bonne petite race de la Moselle.

A défaut de renseignements embrassant la généralité des
achats, nous ne rapporterons que les suivants extraits des
délibérations du conseil général, session de 1846.

Huit étalons avaient été achetés : six percherons et, *pour la première fois,* deux carrossiers anglo-normands.

Les 6 percherons avaient coûté⎫
. . . . 8,765 fr. ⎬ensemble 16,142 fr.
Et les 2 autres. . . 7,377. ⎭

La vente aux enchères a produit la perte constatée ci-après :

Sur les percherons, elle a été de 2,545 fr. ou de 26,75 pour 100, et, sur les anglo-normands, de 4,827 fr. ou de 65,45 pour 100.

Ce petit fait vient apprendre aux partisans du système d'achats et de ventes par l'État ce à quoi il faudra se résigner le jour où l'on voudra substituer à ce qui est l'idée absurde que nos habiles caressent et enveloppent d'une logique si ferme.

Il paraît, au reste, que des abus se sont glissés dans la tenue et l'emploi des étalons concédés par la Moselle; c'est au moins ce qui résulte du désir exprimé par un membre du conseil général, à la demande duquel ce dernier a recommandé au préfet de prendre les mesures de surveillance convenables, mais *sans établir un service d'inspection qui entraînerait la création d'un ou plusieurs fonctionnaires et nécessiterait de nouvelles dépenses.*

Enfin les événements politiques ont porté le trouble dans cette partie du service départemental. Les fonds alloués en 1847 pour les achats de 1848 ayant été appliqués à des travaux de charité, les importations ont éprouvé une interruption forcée.

— VOSGES. Ce département n'a pas été plus heureux que beaucoup d'autres. En 1826, il renonce au système des primes générales, qui ne lui réussissait pas, pour adopter le système des concessions, à prix réduits, de juments et d'étalons. Voyons quels fruits il a retirés de ce nouveau mode d'intervention.

C'est d'un rapport officiel du préfet, en date du 2 juillet 1831, que nous extrayons les renseignements suivants :

Trois allocations successives du conseil général ont permis d'acheter trente-six juments en 1828, 1829 et 1830. La dépense à la charge du département s'est élevée à 23,500 fr. Le prix moyen était donc de 653 fr. par tête.

En 1829 et 1830, 10,000 fr. alloués, en grande partie, par l'administration des haras furent appliqués à l'acquisition de onze étalons ardennais.

Étalons et juments furent mis en vente et adjugés à bas prix, sous conditions insérées en un cahier des charges, à des cultivateurs qui offraient certaines garanties au département.

« Les résultats de ce système n'ont pas répondu à l'attente du conseil général.

« Et d'abord le choix des juments avait été très-mal fait. Plusieurs sont restées stériles ; il en est qui n'ont rendu aucun service d'aucune espèce. La plupart des preneurs n'ont pas tenu les conditions imposées, ont abusé des juments en les excédant de fatigues et de travaux. Il ne paraît pas possible d'éviter ces inconvénients ; on ne saurait, en effet, ni deviner les vices et les qualités des juments, ni répondre des dispositions des preneurs.

« Ces inconvénients ont paru assez graves pour que, mieux éclairée, l'administration renonçât à solliciter du conseil général la continuation d'un mode aussi désavantageux. — Sur les trente-six juments achetées à grands frais, neuf seulement ont donné des produits.

« Sans être satisfaisants, les résultats obtenus de la concession des étalons laissent pourtant moins à désirer : deux seulement ont été réformés pour cause d'impuissance ; les autres sont assez recherchés par les éleveurs. Quelques produits en sont déjà provenus ; mais plusieurs des dépositaires abusent des animaux qui leur sont confiés, et il est à craindre que les mesures prises pour les obliger à se renfermer dans les limites de leurs engagements ne puissent atteindre le but.

« Il a donc semblé qu'il était convenable de revenir, comme auparavant, au système des primes aux plus belles juments et aux plus beaux produits ; le département en retirera plus d'effets, si les haras continuent à envoyer des étalons royaux dans les stations maintenant établies. »

Le conseil général a partagé le sentiment du préfet ; en 1851, il a supprimé les allocations de fonds pour achats d'animaux étrangers, et consacré 2,000 fr. à des distributions de primes.

— MARNE. Dans ce département, ce n'est plus le conseil général, mais le comice agricole, qui a expérimenté le système des concessions. Comme tant d'autres, cet essai est mort-né par suite du peu de résultats obtenus.

C'est au cheval percheron, ou soi-disant tel, que le comice a demandé ses reproducteurs, achetés à des prix fort raisonnables. La concession a été onéreuse à la compagnie. Les détenteurs ne contractaient qu'un engagement de quatre ans. C'était encore trop. Dès la deuxième année, les étalons ont été détournés de leur destination ; ils n'ont rendu aucun service. Le nombre des juments saillies a été si faible, qu'il n'y a point à en tenir compte.

Le comice agricole a renoncé à introduire de nouveaux étalons à son compte ; s'il revenait jamais à ce système, il est probable qu'il ne ferait plus acheter dans le Perche, et qu'il se procurerait de bons demi-sangs anglo-normands.

— SEINE-ET-MARNE. Depuis 1838, le conseil général de ce département consacre quelques fonds à des distributions de primes. Le programme réservait une de ses catégories et quelques-unes de ses faveurs pour les étalons de trois à six ans, sans aucune condition de service. C'était un encouragement inutile.

Dans ces dernières années, le programme a été tout à la fois plus exigeant et plus généreux ; il a offert, par arrondissement, une prime de 500 fr. au meilleur étalon de race percheronne qui serait livré, à prix modique, au service de la monte. Le concours de 1847 n'a réuni aucun compétiteur.

En 1846 et 1847, vingt et une juments de la même race ont été importées et vendues aux enchères publiques, à la condition de les consacrer à la reproduction. Nous n'avons, d'ailleurs, aucun autre renseignement sur cette tentative récente, dont le complément obligé est l'introduction, par la même voie, d'étalons propres à multiplier, dans Seine-et-Marne, la famille qu'on a le dessein de s'y approprier.

Souhaitons bonne chance au département et attendons les résultats.

— VAR. Nous n'avons rien à ajouter à ce que nous avons dit de l'application du système de concessions par les soins de la Société d'agriculture de ce département (1).

— Le département de l'*Oise* n'est pas resté étranger aux besoins, au travail d'amélioration qui stimulent le concours d'un très-grand nombre de conseils généraux.

Laissons dire à l'honorable président de la Société d'agriculture de l'arrondissement de Compiègne, laquelle a été chargée d'appliquer, en partie, la subvention départementale votée en faveur de l'industrie chevaline, laissons dire à M. E. de Tocqueville les résultats pratiques qu'ont donnés les divers modes d'intervention adoptés tour à tour dans l'arrondissement de Compiègne.

Les renseignements qui suivent sont extraits d'une lettre de M. E. de Tocqueville à l'honorable M. Tourret, alors ministre de l'agriculture et du commerce (septembre 1848).

« Monsieur le ministre, sans prétendre pénétrer quelles

(1) Voyez page 24 de ce volume.

peuvent être vos vues en ce qui concerne l'administration des haras nationaux, la Société d'agriculture de l'arrondissement de Compiègne croit vous devoir l'exposé exact des faits qui se sont produits dans l'arrondissement qu'elle occupe à l'égard de l'amélioration de l'espèce chevaline, persuadée que c'est la vérité que vous poursuivez exclusivement, et que, par conséquent, son expression ne saurait, en aucun cas, vous déplaire.

« C'est au point de vue *purement agricole* que la Société a toujours envisagé la question chevaline ; il n'existe pas dans son sein un seul sectaire enthousiaste du pur sang, ni dans l'arrondissement un seul éleveur se livrant à la production du cheval de luxe.

« Elle a apporté dans cette amélioration une suite et une persévérance qui ne se sont pas ralenties un instant depuis six ans ; en voici les résultats :

« La Société a essayé le système coûteux de l'achat direct et de la détention du reproducteur percheron, et elle n'a pas réussi.

« Elle a essayé celui du placement de ce reproducteur chez des particuliers, et elle n'a pas réussi.

« Elle a tenté le système de fortes primes aux détenteurs des étalons percherons approuvés par elle, et elle n'a pas réussi.

« Elle n'a pas été beaucoup plus heureuse dans l'essai d'encouragements aux étalons rouleurs, également approuvés par sa commission chevaline.

« Enfin elle a eu recours, avec l'aide du conseil général, aux étalons des haras nationaux, et le succès a été aussi complet que possible.

« Il est à remarquer que *les cultivateurs seuls* élèvent dans l'arrondissement de Compiègne ; ce sont donc exclusivement des juments de travail qui ont été saillies par des étalons du dépôt de Braisne.

« Il est vrai que ces étalons étaient des demi-sangs bien

membrés et près de terre, tels qu'il en faut aux cultivateurs.

« Cent quatorze juments ont été saillies par ces deux étalons ; la saillie était gratuite, et coûtait 7 francs au département.

« Un bon étalon percheron se trouvait dans la station de
Compiègne, à côté des deux demi-sangs ; la saillie de cet étalon, également gratuite, coûtait 15 fr. au département ; or
il n'a sailli que trente-trois juments.

« La Société, sur la demande des éleveurs, réclame, cette
année, auprès du conseil général, une allocation suffisante
pour établir, en 1849, une station de quatre étalons à Compiègne, savoir un pur sang, deux demi-sangs et un percheron, qui suffiront à peine, elle en est convaincue, au service
de la monte, le nombre des bonnes juments propres à la reproduction étant, dans l'arrondissement, de six cent cinquante à sept cents, quoique l'élevage des chevaux y soit une
industrie toute nouvelle, si l'on en excepte seulement un ou
deux cantons.

« Cependant les efforts continus et les encouragements
de la Société, qui, depuis plusieurs années, prime les produits, y ont obtenu déjà un très-grand résultat : la substitution, dans plusieurs exploitations importantes, de poulinières aux étalons, comme animaux de travail.

« La Société ose soumettre ces faits à l'appréciation de
M. le ministre de l'agriculture (1). »

— Nous laisserons aux hommes d'étude le soin de tirer
les conclusions qui ressortent des détails dans lesquels nous
sommes entré. Peut-être trouveront-ils avec nous que le
mode des concessions ne mérite pas toute la faveur que certaines personnes lui accordent ; qu'il y aurait danger réel à
lui confier exclusivement les exigences d'amélioration et de
perfectionnement qu'il n'a encore remplies nulle part. Il est
gros de dépenses et presque toujours stérile quant aux résul-

(1) *Journal des haras*, tome XLV, page 215.

tats; il n'offre ni certitude de durée, ni garantie soit pour la production, soit pour la conservation des bons types. L'expérience des temps anciens n'infirme en rien celle de notre époque.

V. — PLACEMENT D'ÉTALONS DÉPARTEMENTAUX DANS UN ÉTABLISSEMENT DE L'ÉTAT.

Dans ce système, le département ferait acheter, pour son compte et à ses frais, des étalons dont il conserverait la libre propriété et la libre jouissance, mais qu'il placerait dans le dépôt, dont il forme une partie de la circonscription, pour y être nourris et entretenus sous la surveillance du personnel de l'établissement.

Les frais d'entretien pourront être allégés par le montant des primes d'approbation payées au département pour ceux des étalons qui en seraient dignes, par le prix des saillies dont le département ferait recette, par le prix de vente enfin des animaux réformés.

Le restant à la charge du département, on peut le croire, n'excéderait pas ou même n'atteindrait pas l'importance des sacrifices que s'imposent aujourd'hui beaucoup de départements, soit en distribuant des primes, soit en faisant de larges concessions sur le prix de revient des étalons vendus aux enchères publiques ou remis à des détenteurs particuliers, soit enfin en supportant simultanément l'une et l'autre charge.

Pendant la monte, les étalons départementaux seraient répartis sur les divers points du département, soit isolément, soit concurremment avec ceux que le dépôt mettrait en station dans le département.

Ce mode aurait l'avantage de laisser aux conseils généraux leur libre arbitre pour le choix de la race à laquelle ils croiraient devoir emprunter des éléments de reproduction ou d'amélioration, en même temps qu'il assurerait l'utile et complet emploi de toutes les existences. Il délivrerait l'administration départementale de toute sollicitude et des charges qui résultent, pour les contribuables, des pertes prématurées et d'un service incomplet.

Il permettrait de recueillir un certain nombre d'étalons qui, sans être très-précieux pour l'amélioration, lui viennent réellement en aide, en substituant leur action à celle d'animaux nuisibles par les tares ou les vices organiques qu'ils portent.

Au surplus, ce mode d'intervention n'est pas tout à fait sans précédents; il a déjà été étudié, et voici ce qu'en dit, par exemple, le rapporteur de la commission administrative de 1829, M. le duc d'Escars.

« *Étalons départementaux.* — La question de savoir comment les départements pourraient coopérer avec le gouvernement dans les mesures qui auraient pour objet de suppléer à l'insuffisance du nombre d'étalons que l'administration peut entretenir a été examinée avec beaucoup d'intérêt. Les détails dans lesquels je suis entré à ce sujet, soit en rendant compte des travaux de la commission des haras, soit en rapportant les vœux et propositions des commissions départementales, ont déjà prouvé combien la solution de cette question présente de difficulté, surtout si on veut obtenir à la fois économie dans les dépenses, et des garanties convenables quant au choix et à l'emploi des étalons, et à la stabilité des mesures qui pourraient être prises à ce sujet.

« La seule proposition qui me paraîtrait pouvoir être faite aux conseils généraux dans les vues dont il s'agit serait de recevoir dans nos établissements les étalons que les départements voudraient se procurer. Ces étalons seraient exclusivement réservés pour leur service, indépendamment du nombre de ceux que l'établissement pourrait leur fournir d'après ses propres ressources. Ils seraient nourris, soignés et entretenus dans nos établissements aux conditions suivantes :

« Les départements payeraient, pour chacun de leurs étalons et pour couvrir le gouvernement d'une partie de la dépense que ces animaux lui occasionneraient, une somme annuelle, qui serait de 400 fr. pour un étalon de trait et de 300 fr. pour un étalon de selle ou de carrosse. Le surplus de la dépense serait à la charge de l'établissement (1).

« En cas de réforme, la vente des chevaux serait faite au profit du département, qui pourvoirait, du reste, à ses frais, à leur remplacement, s'il entendait que ce remplacement eût lieu.

« Ce mode ne présente pas, à la vérité, une économie réelle, puisque la dépense pour les étalons départementaux serait la même que celle des étalons royaux ; mais il aurait cet avantage que cette dépense, qui, d'ailleurs, serait toute dans l'intérêt particulier des départements qui y coopéreraient, serait partagée entre le gouvernement et ces départements, qui se prêteraient ainsi un mutuel secours.

« C'est, du reste, la seule qui puisse offrir toute garantie quant au bon emploi des étalons et aux soins à leur donner ; ce serait encore celui qui présenterait le plus de stabilité. Dans le cas, en effet, où les départements viendraient à renoncer tout à coup à entretenir davantage leurs étalons, le gouvernement, qui mettrait pour condition que, dans ce cas, les étalons lui appartiendraient pour en disposer à son gré, maintiendrait, au moins pendant quelque temps, l'état des choses tel qu'il se trouverait, ou à peu près, au moment du renoncement, et n'opérerait de réduction que peu à peu et sans secousse ni transition trop subite d'un état à un autre. »

(1) Ce serait une espèce de prime qui pourrait être assimilée à celle que le gouvernement accorde aux propriétaires d'étalons approuvés, sauf qu'elle serait évidemment et constamment plus forte que celle-ci ne peut l'être dans l'état actuel des choses.

En exposant le système, nous l'avons simplifié; résumons-le.

Le département se procure les étalons qui lui conviennent le mieux; il les met en dépôt dans un établissement de l'Etat et les y entretient.

L'administration des haras reçoit des étalons pour les surveiller et en assurer le meilleur emploi possible, conformément aux vues de l'administration départementale.

Tout étalon départemental jugé digne de la prime d'approbation est approuvé par les haras, et le budget de l'Etat paye cette prime au département.

Ce dernier encaisse toutes les recettes qui proviennent des animaux qu'il possède.

Maintenant ouvrons le champ des suppositions et établissons nos devis.

Le département de la Haute-Marne fait l'acquisition de six étalons et les place au dépôt de Montierender.

Ces étalons lui coûteront, par tête, savoir :

365 rations, au prix moyen de 1 fr. 44 c. l'une.	525 60
Ferrure.	12 96
Médicaments.	2 94
Sellerie.	10 08
Éclairage.	» »
Réparations de bâtiments et locations. . . .	mémoire.
Frais de tournées.	» »
Frais de monte.	53 59
Frais de bureau.	mémoire.
Soins et médicaments aux palefreniers malades, objets divers.	15 36
Total par tête. . . .	620 53
Pour 6 étalons, la dépense annuelle sera de. .	3,723 18
Il faut ajouter à cette somme les gages de deux palefreniers (un pour 3 chevaux), à 1 fr. 50 c. par jour, ci.	1,095 »
En tout. . . .	4,818 18

Voyons les recettes à déduire :
1° 6 primes à 400 fr. seulement. 2,400)
2° 300 saillies à 6 fr. l'une. . 1,800} ci. 4,300 »
3° produit de la vente des fumiers. 100)

Déficit. . . . 518 18

ou 86 par tête environ.

Que si l'on nous demande pourquoi nous avons établi nos calculs sur les frais d'entretien des étalons du dépôt de Montierender, nous répondrons que, dans sa dernière session, le conseil général de la Haute-Marne s'est précisément occupé de la question des étalons départementaux au point de vue que nous venons d'examiner.

Le rapporteur de l'une de ses commissions s'est exprimé dans les termes suivants :

« L'amélioration de la race chevaline mérite toute votre attention ; mais le mode de concession adopté par vous et suivi depuis quelque temps ne répond point à votre attente et ne remplit pas le but que vous vous êtes proposé.

« L'emploi des étalons du gouvernement semble encore être le meilleur moyen de perfectionnement, surtout si on le modifie et qu'on multiplie le nombre d'étalons du dépôt de Montierender, qui n'est, en ce moment, que de trente-cinq pour quatre départements, en l'élevant à cinquante au moins, aux frais de l'État. Les écuries de cet établissement sont plus que suffisantes pour recevoir cet accroissement. Ensuite ce chiffre serait grossi par des achats successifs d'étalons payés sur les fonds du département, mais qui seraient exclusivement destinés à augmenter le nombre des stations de la Haute-Marne. Cette dernière mesure pourrait être mise, dès à présent, à exécution.

« ..... Votre commission vous propose, dans le cas où rien ne s'opposerait, d'ailleurs, à ce que vous prissiez ce parti, de consacrer cette somme de 7,500 fr. à l'achat et à l'entretien d'étalons départementaux qui seraient placés au dépôt de Montierender; on pourrait acheter sur ce crédit quatre étalons percherons à 1,500 fr. chacun et pourvoir à leur nourriture pendant une année, dans le cas où l'administration des haras ne consentirait pas à se charger de leur entretien. M. le préfet serait prié, à cet effet, de négocier avec cette administration un arrangement dans ce sens. Votre commission pense qu'une telle combinaison aurait pour résultat d'introduire dans ce département, dans un avenir peu éloigné, de bons chevaux pour l'agriculture, en même temps d'offrir des ressources pour la remonte de la cavalerie.

« Pour encourager les cultivateurs à s'occuper de l'élève des chevaux, la commission pense qu'il conviendrait, en outre, de donner des primes 1° aux plus belles juments suivies d'un produit de l'année provenant des étalons des haras ; 2° aux plus belles pouliches de trois ans, à la condition qu'elles seraient employées au moins cinq ans à la reproduction ; 5° aux plus beaux poulains de trois ans provenant des étalons d'une des stations du département.

« Enfin la commission propose de demander au gouvernement que des mesures soient prises pour interdire le service de la monte par des étalons belges.

« Un membre dit que tous les efforts isolés, tentés jusqu'à ce jour pour l'amélioration de la race chevaline, ont été infructueux. Dans son canton, le comice a acheté un cheval, l'a placé chez un cultivateur; ce cultivateur en a abusé. On l'a ensuite conservé chez ceux des membres les plus éclairés du comice et aux frais du comice; la dépense a été très-élevée et les résultats insignifiants. Les mêmes inconvénients se produisent pour les chevaux concédés par le département; il faut donc faire quelque nouvelle tentative. Mettre les chevaux entre les mains du directeur d'étalons de Montierender, les faire soigner par les palefreniers du gouvernement, les envoyer dans les différents cantons et successivement dans les différentes parties des cantons, c'est le moyen d'arriver à un état de choses meilleur.

« Un autre membre ne croit pas que le ministre consente à recevoir les chevaux du département dans les établissements; mais, s'il y consent, il est à craindre que ce ne soit avec l'arrière-pensée de s'affranchir de la promesse qu'il a faite d'augmenter le nombre des étalons qui appartiennent à l'Etat et de doter le département de nouvelles stations.

« Un autre membre fait observer que, dans l'état actuel des choses, le conseil ne peut prendre une décision régulière; il faut d'abord que M. le préfet lui soumette le projet de contrat à intervenir entre l'Etat et le département, relatif aux conditions de la nourriture, de l'entretien, du stationnement des étalons, conditions qui devront recevoir l'approbation du conseil général. Le conseil ne peut que prier M. le préfet de vouloir bien demander au ministre 1° s'il consent à recevoir les chevaux du département dans son établissement de Montierender; 2° quelles seraient les conditions du contrat entre le département et l'Etat.

« Cette proposition est mise aux voix et adoptée; M. le préfet est invité à vouloir bien apporter au conseil général, à sa prochaine session, la réponse de M. le ministre.

« Un membre insiste encore et ajoute que certains concessionnaires des étalons départementaux ne remplissent pas leurs engagements et emploient les chevaux à un tout autre usage que celui pour lequel ils leur ont été adjugés; il recommande cette observation à toute la sollicitude du conseil.

« Le mode employé en ce moment pour la reproduction de la race chevaline ne paraissant pas atteindre le but désiré, le conseil général pense que celui des stations d'étalons est encore le plus favorable. C'est pourquoi il émet le vœu que le nombre d'étalons royaux placés au dépôt de Montierender, qui n'est en ce moment que de trente-cinq pour quatre départements, soit porté par l'administration des haras à cinquante, et que, pour y parvenir, M. le ministre de l'agriculture et du commerce soit prié de vouloir bien compléter ce chiffre, afin que les stations qui existaient autrefois, telles que Joinville, le Fays, Billot, Huillecourt et autres, puissent être rétablies. Il prie très-particulièrement M. le préfet, dont il connaît toute l'obligeance et le bon vouloir, d'appuyer près de M. le ministre ce vœu si nécessaire pour la reproduction de la race chevaline. Le conseil insiste pour que cette augmentation d'étalons soit surtout de races percheronne et boulonnaise. »

Il était impossible d'être plus explicite.

Jusqu'ici aucune suite n'a été donnée à cette délibération du conseil général.

Elle offre matière à réflexion. Le seul moyen qu'on n'ait point encore essayé, pour tirer bon parti des fonds consacrés par les départements, est celui que propose le conseil général de la Haute-Marne; nous le croyons susceptible d'une facile application.

C'est aux commissions que l'arrêté organique du 11 décembre place à côté de chaque établissement à dire quels fruits elles le croient capable de porter.

En attendant qu'elles se prononcent, mettons sans commentaires, sous les yeux du lecteur, le tableau des étalons nationaux et, en regard de leur placement dans les départements, le tableau des augmentations d'effectif sollicitées, en 1848 pour 1849, par les conseils d'arrondissement, les conseils généraux ou les sociétés d'agriculture.

ÉTABLISSEMENTS.	DÉPARTEMENTS dont se compose la circonscription.	ÉTALONS faisant la monte en 1819.		Augmentat. du nomb. d'étalons dem. en 1848 p. 1849 par les conseils d'ar., les cons. génér. et les sociét. d'agricul.		ÉTALONS approuvés pour 1849.	
ABBEVILLE..	Nord (rive dr. de l'Escaut).	3		4		14	
	Pas-de-Calais............	14	40	10	39	12	44
	Seine-Inférieure.........	9		12		5	
	Somme.	14		13		13	
ANGERS.....	Loire-Inférieure.........	17		12		3	
	Mayenne.	31	64	7	51	4	25
	Maine-et-Loire.........	16		19		6	
	Sarthe.	»		13		12	
ARLES......	Bouches-du-Rhône......	6		5		»	
	Drôme...............	8		7		»	
	Gard................	3		3		»	
	Hérault..............	3	37	5	44	»	1
	Pyrénées-Orientales.....	9		12		1	
	Var.................	4		6		»	
	Vaucluse.............	4		6		»	
	Hautes-Alpes..........	»		»		»	
	Basses-Alpes...........	»		»		»	
AURILLAC...	Cantal.	19		12		»	
	Haute-Loire...........	12	45	10	42	»	»
	Lot.................	7		14		»	
	Puy-de-Dôme..........	7		6		»	
BLOIS......	Cher................	13		17		5	
	Indre................	10		12		5	
	Indre-et-Loire.	»	29	9	43	1	17
	Loir-et-Cher..........	6		5		10	
	Loiret...............	»		»		1	
BRAISNE....	Aisne................	7		»		31	
	Ardennes.............	6		3		31	
	Marne.	14		18		»	
	Nord (rive dr. de l'Escaut).	6	46	3	47	»	69
	Oise................	7		12		5	
	Seine-et-Oise..........	»		5		2	
	Seine-et-Marne........	6		6		»	
CLUNY......	Ain.................	»		8		13	
	Allier................	11		6		»	
	Ardèche..............	»		»		»	
	Isère................	2	44	9	44	12	25
	Loire...............	»		»		»	
	Nièvre...............	12		11		»	
	Rhône...............	2		3		»	
	Saône-et-Loire..........	17		7		»	
JUSSEY.....	Doubs...............	17		21		10	
	Haute-Saône.	9	31	13	49	19	31
	Jura................	5		15		2	
LAMBALLE...	Côtes-du-Nord.........	36	47	19	33	15	16
	Ille-et-Vilaine...........	11		14		1	
	A reporter........		383		392		228

ÉTABLISSE-MENTS.	DÉPARTEMENTS dont se compose la circonscription.	ÉTALONS faisant la monte en 1849.		Augment. du nomb. d'étalons dem. en 1848 p. 1849 par les conseils d'arr., les cons. génér. et les societ. d'agricul.		ÉTALONS approuvés pour 1849.	
	Report.............		383		392		228
LANGONNET.	Finistère................	36	56	22	41	13	13
	Morbihan................	20		19		»	
LIBOURNE...	Dordogne................	5	35	15	36	»	1
	Gironde.................	30		21		1	
MONTIEREN-DER........	Aube....................	10	40	15	51	5	23
	Côte-d'Or...............	18		9		17	
	Haute-Marne.............	12		21		»	
	Yonne...................	»		9		1	
NAPOLÉON-VENDÉE...	Charente-Inf. (r. d. de la C.).	25	82	10	20	1	1
	Loire-Inf. (m. de Machecoul)	3		2		»	
	Vendée..................	54		8		»	
PAU........	Basses-Pyrénées..........	52	65	13	21	2	2
	Landes..................	13		8		»	
PIN (LE)...	Calvados (rive d. de l'Orne).	39	103	7	27	17	41
	Eure....................	6		8		4	
	Eure-et-Loir............	1		6		2	
	Orne....................	57		6		18	
POMPADOUR.	Corrèze.................	12	51	3	17	»	1
	Creuse..................	23		9		1	
	Haute-Vienne............	16		5		»	
RODEZ.....	Aveyron.................	13	30	7	18	»	»
	Lozère..................	4		5		»	
	Tarn....................	13		6		»	
ROSIÈRES...	Meurthe.................	33	69	24	59	3	30
	Moselle.................	9		14		1	
	Meuse...................	14		12		26	
	Vosges..................	13		9		»	
SAINTES....	Charente-Inf. (r. g. de la C.)	20	37	17	29	»	»
	Charente................	17		12		»	
SAINT-LÔ...	Calvados (rive g. de l'Orne).	23	85	7	35	12	37
	Manche..................	62		28		25	
ST.-MAIXENT.	Deux-Sèvres.............	15	39	37	48	9	13
	Vienne..................	24		11		4	
STRASBOURG	Bas-Rhin................	47	50	»	7	»	»
	Haut-Rhin...............	3		7		»	
TARBES.....	Ariége..................	15	103	3	67	2	16
	Aude....................	8		7		6	
	Gers....................	26		16		2	
	Haute-Garonne...........	17		14		2	
	Hautes-Pyrénées.........	37		27		4	
VILLENEUVE-SUR-LOT.	Lot-et-Garonne..........	20	30	19	31	1	5
	Tarn-et-Garonne.........	10		12		4	
DÉPÔT DES REMONTES.—Seine..........		4	4	»	»	»	»
	TOTAUX...............		1,262		902		411

Ainsi l'Etat possède pour la monte de 1849 — 1,262 étalons.

Il en prime chez les particuliers..   411

Et les conseils généraux ou d'arrondissement et les sociétés d'agriculture ont demandé une augmentation d'effectif qui s'élève à.   902

CHAPITRE TROISIÈME.

DES ENCOURAGEMENTS A LA PRODUCTION ET A L'ÉLÉVE.

1. — DE L'APPROBATION ET DE L'AUTORISATION DES ÉTALONS PARTICULIERS.

Sommaire.

Considérations générales.—Intervention directe et indirecte.—Système mixte. — Les étalons approuvés et le décret organique de 1806. — Circulaire du 26 février 1820.—Ordonnance du 16 janvier et règlement du 29 octobre 1825. — Nouvelles dispositions. — Instructions aux inspecteurs généraux (juillet 1828). — Insuffisance du budget.—Ordonnance et règlement de 1833.—Ordonnance et règlement de 1840.—Examen de l'opinion de Mathieu de Dombasle sur les primes aux étalons.— Importance de cette institution. — Insuffisance de la prime.—Calculs à ce sujet par MM. de la Roche-Aymon, de Loupiac, de Montendre, Ch. de Boigne, etc.—Tarif de 1847.—Propositions de la commission d'enquête (1848). — Il ne faudrait pas exagérer le taux de la prime. — Organisation de M. de la Roche-Aymon.—Comment sont réformés et remplacés les étalons approuvés.—Nœud gordien.—Nombre des étalons nécessaires à la France.—Tableau des résultats obtenus par l'institution à partir de 1821.—Observations à ce sujet.—Tableau des étalons approuvés classés par espèce. — Tableau des étalons approuvés par départements. — Du prix de la saillie. — Protection demandée aux moyens coercitifs.—Concurrence faite par les étalons de l'État aux étalons de l'industrie privée.—Circulaire du 1er novembre et arrêté du 27 octobre 1847.—Observations.— Des étalons autorisés.—Tableau des commissions locales et des étalons autorisés.—Opinions diverses sur les mesures relatives aux étalons autorisés.

L'administration des haras a été créée dans le but spécial de **remettre en valeur** les principales races de chevaux du pays, de travailler sans relâche à leur plus complète appropriation aux exigences de tous les services publics. Les perfectionnements obtenus sur les races mères s'étendant successivement aux autres, c'est à l'élévation de la population entière sur l'échelle de l'amélioration que tend forcément l'institution.

Cette tâche immense, indépendamment des sacrifices qu'elle comporte, ne pouvait être remplie qu'avec l'aide du temps. C'est une œuvre progressive, mais lente, qui, par cela même qu'elle a besoin d'être entreprise, ne saurait être poursuivie et accomplie sans ordre de choses durable, sans un concours d'efforts incessants, toujours assurés et renouvelés, jamais interrompus dans leurs effets.

Si l'industrie privée avait été puissante à prévenir l'affaiblissement de la population chevaline de la France, nul, en aucun temps, n'eût songé à faire intervenir l'Etat dans le fait si complexe d'une production de ce genre. Les conditions générales de l'industrie sont telles, au contraire, que, seule, cette dernière n'arriverait jamais à un résultat utile, appréciable.

La production du cheval embrasse trois ordres de faits bien distincts : — le laisser aller pur et simple; — l'amélioration dans le sens des besoins à satisfaire; — la conservation des qualités acquises.

On sait parfaitement ce qui résulte de l'abandon de l'industrie à ses propres forces, à ses seules ressources, à ses seules lumières. Le laisser aller pur et simple répond à la dégradation la plus absolue, situation misérable à tous égards, condition à peu près générale de la production partout où elle n'est l'objet d'aucun intérêt supérieur à l'intérêt isolé.

Pareille situation est intolérable; elle porte avec elle un besoin pressant d'améliorations, la nécessité d'intervenir auprès de l'industrie, la nécessité de diriger son action dans une voie sûre et bien déterminée.

Les races perfectionnées ne se conservent pas sans atten-

tion ni savoir ; elles constituent un fonds dont il faut savoir
tirer avantage. Leur reproduction utile, leur conservation
sont peut-être plus difficiles encore que leur amélioration
proprement dite : en effet, les besoins changeants de la
civilisation imposent à la reproduction du cheval des transformations presque incessantes ; car les meilleures races
vieillissent comme les individus. Alors le problème se complique : il ne s'agit plus de reproduire les individus selon le
type le plus prononcé de leur race, mais de modifier ce type
lui-même ; s'il ne doit rien perdre de ses qualités essentielles, il doit s'enrichir des aptitudes nouvelles que réclament des besoins nouveaux, de plus grandes exigences.

Il y avait donc — nécessité d'intervenir, — et deux modes d'intervention, — l'un direct, — l'autre indirect.

Examinés en soi, l'un et l'autre moyen devaient tout d'abord paraître insuffisants : isolés dans leur action, on ne
pouvait leur trouver assez de force ; unis, combinés, au contraire, on sent leur utilité, leur efficacité plus ou moins
complète, en raison même de l'étendue donnée à chacun
d'eux.

Au commencement, les deux modes d'intervention ont
été liés à ce point qu'ils ne formaient, pour ainsi dire, qu'un
seul et même fait. Plus tard, les conditions ont été profondément modifiées et les deux interventions ont été plus
profondément séparées ; si l'action directe est longtemps
restée à l'état d'embryon, elle avait pourtant sa force à part,
et celle-ci tendait à s'accroître sensiblement. Dans le même
temps, l'action indirecte allait s'affaiblissant et perdant en
étendue tout le terrain que l'autre mode gagnait forcément
dans la pratique.

En 1789, peu de temps avant la suppression, les étalons
officiels étaient au nombre de trois mille deux cent trente-
neuf (1). — Trois cent soixante-cinq se trouvaient en dépôt

(1) Tome Ier, page 71.

dans les établissements de l'État; sept cent cinquante autres, appartenant aussi à l'Etat, étaient confiés à des détenteurs privilégiés ; — soit mille cent quinze ; par conséquent, — deux mille cent vingt-quatre, approuvés comme ces derniers, étaient la propriété même des gardes-étalons.

Quelques années auparavant , la répartition était tout autre : les étalons particuliers étaient plus nombreux ; l'État en possédait beaucoup moins. Cette proportion différente renversait le système et conduisait nécessairement à l'extension du mode d'intervention directe; celle-ci prenait peu à peu la place du système contraire dont les abus ont donné lieu à tant de plaintes qu'ils ont été à peu près l'unique cause de la suppression du service des haras en 1790. L'intervention directe a donc été la suite, la conséquence forcée des mauvais fruits qu'avait portés l'intervention indirecte , ou plutôt l'action de l'État, exercée dans la même mesure, au profit de l'industrie privée, a pris une autre direction et s'est fait sentir différemment à partir du jour où les moyens primitivement employés ont cessé de rendre des services proportionnés aux sacrifices qu'ils imposaient au trésor de la France.

Nous avons vu comment Eschassériaux jeune (1) discutait devant le conseil des Cinq-Cents le mérite des trois modes d'intervention dont on pouvait proposer l'application ; il donnait la préférence à l'action directe, et s'éloignait du système de Colbert en même temps qu'il adoptait le principe de la loi du 2 germinal an III ; il excluait complétement le système des concessions d'étalons aux particuliers et admettait, comme un utile auxiliaire, le système des primes accordées pour la tenue d'étalons privés, capables et dignes d'une distinction pécuniaire ; il voulait assurer, par ce moyen, le service et le concours des meilleurs producteurs du pays.

(1) Tome Ier, page 71.

A dater de cette époque, le système d'intervention mixte a prévalu dans toutes les combinaisons. Ce n'est point une invention bien nouvelle, puisqu'il était en pratique sous l'ancienne monarchie ; on en a seulement fait disparaître le mode des concessions, le plus onéreux de tous, sans compensation. L'ancienne administration agissait sur la production et l'amélioration par des étalons classés en trois ordres ; la nouvelle ne devait plus en posséder que de deux classes : l'une composée des reproducteurs entretenus par l'État, — l'autre formée des étalons particuliers dont l'emploi se trouvait assuré, avons-nous dit, par des primes en argent.

Toutefois l'application de ce dernier mode était conseillée comme une expérimentation à renouveler et non point comme un moyen sur l'efficacité duquel on dût compter au delà d'une certaine limite ; et, en effet, l'industrie privée ne se montra pas très-empressée d'entrer dans la voie qui lui était rouverte. Elle n'offrit pas beaucoup d'étalons à l'approbation ; mais nous devons dire, à sa décharge,

1° Que les ressources lui manquaient complétement,

2° Que l'État eut d'autres soins à remplir.

En 1806, ainsi que nous avons déjà eu l'occasion de le constater, l'institution des haras fut rétablie, en principe, sur le terrain de l'intervention mixte.

Le titre III du décret organique du 4 juillet contient, sous cette rubrique, *Des étalons approuvés*, les articles ci-après.

« 22. Les propriétaires qui auront des étalons qu'ils destineront à la monte des juments pourront les présenter aux inspecteurs généraux, par qui ils seront approuvés quand ils en seront trouvés susceptibles.

« 23. Les étalons seront inspectés, chaque année, avant la monte ; l'inspecteur général prononcera la réforme de ceux qu'il trouvera défectueux et les marquera.

« 24. Les propriétaires d'étalons approuvés recevront,

pour chaque année d'entretien d'un étalon, une prime de 100 à 300 francs, suivant la qualité des étalons. »

Telle a été la première charte relative.aux étalons particuliers : elle consacre les règles précédemment posées dans le rapport fait par M. Eschassériaux jeune ; seulement la prime n'est plus tout à fait la même. Les fixations du projet de l'an VI étaient — 150 — 200 — et 250 fr. Dans le décret de 1806, les deux extrêmes sont 100 et 300 fr., sans gradation fixe. Le taux de la prime entre le minimum et le maximum était donc laissé à l'appréciation des inspecteurs généraux.

L'institution des étalons approuvés offre deux côtés, deux ordres, deux faces, nous ne savons trop comment expliquer notre pensée ; toujours est-il qu'elle contient — le principe — et le fait.

Le principe a été posé, parfaitement déterminé ; mais l'application est longtemps restée dans l'ombre, sinon dans l'oubli.

Soit que l'industrie n'ait pas répondu aux sollicitations dont elle était l'objet, soit que le gouvernement ait pensé qu'il y avait plus d'utilité à retirer tout d'abord de l'intervention directe, isolée des moyens auxiliaires, que du partage des ressources mises à sa disposition entre les deux modes d'action, le système des approbations a été stérile et n'a laissé aucun souvenir, ni dans les actes de l'administration, ni dans les efforts des particuliers.

Cette institution a sommeillé ainsi jusqu'au commencement de 1820.

Au 26 février de cette année, M. Siméon, alors ministre de l'intérieur, a adressé la circulaire suivante aux préfets :

« Paris, le 26 février 1820.

« Monsieur, dès mon arrivée au ministère de l'intérieur, mon attention s'est portée d'une manière toute particulière sur le service des haras, partie d'administration à laquelle je prends un très-grand intérêt, et dont j'ai à cœur d'assurer les succès, au moins autant que le permettront les circonstances et les moyens dont je pourrai disposer.

« Depuis deux ans, tous les fonds que le budget de chaque exercice a mis à la disposition du département de l'intérieur pour la remonte des haras et des dépôts d'étalons ont été entièrement employés à l'acquisition soit de chevaux étrangers et de grand prix, soit de chevaux indigènes propres à améliorer la race dans les diverses localités où ils ont été placés. D'importantes opérations en ce genre, entreprises au loin, ne sont pas encore consommées, mais les résultats en sont attendus prochainement ; je me propose d'y donner toute la suite possible, et de prendre, d'ailleurs, toutes les mesures propres à assurer à nos établissements des haras une composition qui laissera peu à désirer.

« Cependant je ne me dissimule pas les difficultés qu'oppose la pénurie extrême de bons étalons, pénurie qui est presque générale et qui est la suite presque inévitable des guerres ruineuses qui ont affligé l'Europe.

« Dans une semblable circonstance, s'il existe un moyen de donner aux sacrifices que fait le gouvernement une direction plus immédiate vers les véritables éléments de l'amélioration, et de consacrer presque exclusivement à cette destination principale les ressources que la loi met sous sa main, il n'est pas douteux que ce moyen ne doive être suivi avec empressement.

« Ainsi l'administration, qui, dans des vues paternelles, embrasse les divers besoins qu'éprouvent l'agriculture et le commerce en chevaux de trait, etc., pourrait, moyennant de certaines combinaisons, se dispenser d'acheter et d'entretenir dans ses établissements des animaux de cette classe, qui, sans travailler, consomment, dans le cours de l'année, proportionnellement à leurs forces et à leur développement physique.

« De telles combinaisons dépendent surtout des particuliers : ils peuvent concourir aux vues du gouvernement, et diminuer ses charges par un choix bien entendu des étalons et des juments qu'ils consacrent à la reproduction, par un bon système d'éducation des produits qui en résultent, et par l'emploi sage et ménagé des uns et des autres, à quelque service ou à quelque usage qu'on les destine.

« Je me bornerai, aujourd'hui, à parler des étalons. Il convient, monsieur, que vous rappeliez, aux propriétaires et aux agriculteurs qu'elles peuvent intéresser, les dispositions du décret du 4 juillet 1806 et des règlements y annexés, en ce qui regarde les primes que le gouvernement accorde à ceux de ces animaux qui sont jugés dignes d'être approuvés. Voici le texte de ces dispositions. »

Suivent les articles 22, 23 et 24 rapportés ci-dessus.

« Art. 18 *du règlement intervenu*. Le service de l'étalon devra être attesté par le préfet, sur le rapport du directeur du haras ou du chef du dépôt, et d'après la visite d'inspection. Il sera justifié du nombre de juments saillies chaque année, ainsi que de leurs nom, âge et espèce. Le nombre des juments servira à régler le montant de la prime.

« Art. 19. La prime sera portée de 200 à 300 francs, et payée également pendant cinq années, lorsque l'étalon *approuvé*, faisant le service de la monte, aurait précédemment obtenu un premier prix à l'une des foires des départements.

« Art. 20. La demande de ces primes sera faite, chaque année, après la monte, par le préfet du département, d'après le certificat de l'inspecteur général, ou, en son absence, du directeur du haras, ou du chef du dépôt de l'arrondissement dans lequel l'étalon sera conservé; le ministre de l'intérieur en réglera le montant par un état général, et en ordonnera le payement sur les fonds mis à sa disposition pour cet objet.

« Je désire donc que, en exécution des dispositions ci-dessus rappelées, vous me fassiez connaître, dès ce moment et avant la tournée de MM. les inspecteurs des haras, s'il existe dans votre département des étalons susceptibles d'être approuvés, *particulièrement dans l'espèce des chevaux de trait*, et quel peut en être le nombre. Je dois vous faire observer que le gouvernement ne doit admettre à l'approbation que des chevaux entiers, sans tares, et réunissant les formes et les autres qualités nécessaires pour améliorer sensiblement l'espèce du pays. Vous me donneriez, d'accord avec les chefs de dépôts et directeurs de haras, votre avis sur la quotité de la prime qu'il vous paraîtrait convenable d'accorder, en général, aux propriétaires qui se procureraient et qui emploieraient à la reproduction de semblables étalons, pour que l'encouragement qui leur serait ménagé fût combiné avec le prix du saut et le travail de l'animal dans le temps où il n'est pas employé à la monte. On aurait, de plus, égard, dans cette fixation, à l'origine des étalons, car, si le propriétaire, pour se procurer de meilleurs animaux, les avait achetés au loin, il conviendrait de prendre en considération le zèle dont il aurait fait preuve en cette occasion, et le surcroît de dépense qu'il aurait supporté.

« Les approbations que, sur votre proposition, j'aurais ainsi prononcées seraient provisoires et ne deviendraient définitives qu'après la tournée de MM. les inspecteurs généraux, qui s'entendraient avec vous pour visiter les animaux proposés à l'approbation, et me feraient ensuite leur rapport.

« Il y a encore une autre classe d'étalons à laquelle il convient aussi d'accorder quelque faveur, surtout pour discréditer et faire tomber, s'il est possible, la multitude de chevaux tarés et défectueux qu'on emploie presque partout à la reproduction ; ce sont les chevaux entiers qui, sans avoir rien de distingué ni qui puisse avancer l'amélioration, n'ont cependant ni tares ni défauts qui puissent les faire reculer, et qui, par conséquent, sont au moins propres à conserver l'espèce. A cet effet, on pourrait adopter la mesure déjà en usage dans plusieurs départements, où MM. les préfets ont nommé un ou plusieurs inspecteurs exerçant

gratuitement, qui sont chargés de visiter, dans leur arrondissement respectif, les chevaux consacrés à la reproduction, de dresser un état de ceux qui leur paraissent propres
à cet emploi, état qui est communiqué par le préfet au chef
de l'établissement de haras qui dessert le département, et
renvoyé ensuite par celui-ci avec ses observations. C'est sur
ces documents réunis que le préfet arrête la liste, par arrondissement, des étalons de ce genre, que j'appellerais seulement *autorisés* : il transmet les listes aux maires des communes, qui les font publier et afficher. La publication,
l'affiche doivent avoir lieu assez à temps pour que les propriétaires et cultivateurs intéressés en aient connaissance
avant la monte. Il en résulte nécessairement, pour les possesseurs des chevaux ainsi signalés à la confiance du public,
un avantage qui est encore augmenté par la faveur qui sera
accordée aux juments saillies par ces étalons d'être admises
à concourir pour les primes avec celles qui ont été saillies
par ceux du gouvernement et par les étalons *approuvés*.

« Je vous serai obligé, monsieur, de vous bien pénétrer
des dispositions de cette lettre, et de me faire part ensuite
des observations que vous croiriez utile de me soumettre
en conséquence.

« J'ai l'honneur, etc.

« Le ministre secrétaire d'Etat de l'intérieur,

« Siméon. »

Cette circulaire était une première tentative, un premier
essai pratique en faveur de l'institution des primes aux étalons particuliers, une provocation directe de laquelle on
pouvait attendre les meilleurs résultats.

Elle interprétait aussi largement et aussi favorablement
que possible les dispositions du décret qu'elle rappelait, elle
posait même des principes nouveaux en établissant d'une
manière plus nette que par le passé la part d'intervention
plus particulièrement afférente à l'industrie ; elle cherchait

un remède à opposer au mal toujours plus grave qui résultait de l'emploi irréfléchi de cette multitude de chevaux tarés, défectueux, abâtardis auxquels était voué le gros de la production; elle formait enfin une nouvelle classe d'étalons sous la dénomination d'*étalons autorisés*.

Nous reviendrons plus tard sur cette catégorie.

L'ordonnance royale du 16 janvier de 1825, en ce qui concerne l'institution des étalons approuvés, n'a apporté d'autre modification que celle-ci : l'approbation ne sera valable qu'après la ratification du ministre; mais le règlement du 29 octobre suivant pose des conditions nouvelles. Nous copions en leur entier les dispositions y relatives.

« Art. 155. — Aucun cheval ne peut être admis au nombre des étalons approuvés, s'il n'est exempt de tares et de maladies transmissibles; s'il ne réunit les qualités propres à améliorer sensiblement la race du pays où il doit faire la monte; s'il n'y a, en outre, certitude qu'il est nécessaire là où il doit être employé, et s'il n'est spécialement et non accidentellement consacré à la reproduction.

« Le cheval de selle ne peut être approuvé, s'il n'a au moins cinq ans faits; les chevaux de trait ou de carrosse ne peuvent l'être avant quatre ans faits.

« Art. 156. — Tout cheval entier, présenté pour être autorisé, doit être également sans tare ni maladie héréditaire, et propre, sinon à améliorer, du moins à conserver l'espèce au degré d'amélioration auquel elle est parvenue.

« L'autorisation d'un étalon ne vaudra que pour un an; le titre en sera délivré par l'inspecteur général qui l'aura accordée.

« Art. 157. — L'approbation sera accordée pour cinq années consécutives; elle sera, toutefois, révocable dans le cours des cinq années, si quelque tare ou maladie héréditaire, non reconnue d'abord, venait à se manifester dans l'étalon approuvé.

« Le titre qui devra constater l'approbation sera délivré

II.   13

par le ministre, qui fixera en même temps la quotité de la prime à allouer au propriétaire de l'étalon, et ce d'après le rapport de l'inspecteur général.

« Cette quotité pourra être augmentée ou diminuée les années suivantes, d'après les propositions de l'inspecteur général, motivées sur le degré d'utilité reconnu des services de l'étalon.

« Art. 158. — Les étalons approuvés ou autorisés ne doivent être employés à la monte que dans l'arrondissement déterminé par le titre même qui constate l'approbation ou l'autorisation. Hors de cet arrondissement, ces titres seront considérés comme nuls et ne devront avoir, par conséquent, aucun effet.

« Art. 159. — Indépendamment de l'inspection qui en sera faite, pendant la monte, par le chef de l'établissement, les étalons approuvés et les étalons autorisés seront visités, chaque année, aux époques convenables, par l'inspecteur général de l'arrondissement, lequel se fera remettre, pour chaque étalon approuvé, deux états en double certifiés par le propriétaire de l'étalon, et visés par le maire de la commune où la monte aura eu lieu, et par le sous-préfet de l'arrondissement : l'un, des juments saillies dans l'année par l'étalon ; l'autre, des productions de la monte de l'année précédente.

« Il adressera un des doubles de chaque état au chef de l'établissement, avec ses instructions, s'il y a lieu, et transmettra l'autre double au ministre, avec ses observations et propositions.

« Si l'approbation doit être maintenue, il en fera mention sur le titre même, avec indication de la prime à allouer pour la monte suivante. Si elle ne devait pas être continuée (art. 157), il retirera des mains du propriétaire le titre qui aura été délivré à celui-ci, et le renverra au ministre.

« Il retirera de même le titre d'autorisation, dans le cas où il ne jugerait pas à propos de la continuer.

« Art. 160. — La prime d'approbation ne sera due et payée qu'autant que l'étalon approuvé aura sailli au moins vingt-cinq juments. Dans ce nombre, il devra s'en trouver vingt appartenant à des particuliers autres que le propriétaire.

« Art. 161. — Si l'étalon approuvé est un de ceux qui sont concédés par les départements aux propriétaires, la prime à payer sera mise à la disposition du préfet, pour être employée conformément aux vues que le conseil général du département aura arrêtées à cet égard.

« Art. 162. — Il sera tenu, dans chaque département, par le directeur ou chef, un registre des étalons approuvés et un autre des étalons autorisés, où seront enregistrés, par ordre de date, les titres d'approbation et ceux d'autorisation à mesure qu'ils auront été fournis sur le nombre des juments saillies par ces animaux et sur les productions qui en auront résulté. »

Arrêtons-nous quelque peu sur ces dispositions réglementaires.

Il n'y a rien à objecter quant aux conditions mêmes de l'approbation ; c'est donner de l'importance à l'institution des étalons approuvés, c'est assurer le rôle d'amélioration qu'elle doit remplir dans la reproduction générale que de l'entourer des garanties d'une utilité réelle. Trop de facilités données à l'approbation n'amèneraient aucun résultat sérieux ; elles ne feraient pas plus rechercher les étalons capables par ceux qui spéculent sur leur possession que par ceux qui doivent en obtenir les fruits. A cet égard, il ne saurait y avoir deux opinions : soyez difficiles dans la délivrance de vos titres d'approbation, rien de plus rationnel ; mais créez un intérêt à remplir convenablement les conditions sévères que vous imposez à l'industrie. Nous examinerons bientôt cet autre côté de la question qui a été jusqu'ici le revers de l'institution.

Une disposition utile conserve les étalons *autorisés*, tout en les soumettant à un nouveau régime ; nous y reviendrons.

Bien que révocable, l'approbation est tout d'abord accordée pour cinq années consécutives ; c'est une grande certitude donnée à l'industrie, à la spéculation des étalonniers. Ce n'est pas en vue d'une seule prime qu'un bon étalon pourrait être recherché avec intelligence, entretenu avec soin, offert à bas prix aux producteurs. L'intérêt, néanmoins, se trouve plus vivement excité lorsque cette prime peut se multiplier par un nombre d'années égal à celui pendant lequel l'étalon conservera son mérite, sa bonne conformation, les qualités qui lui ont valu d'être *approuvé*. On voit tout de suite que, dans la pensée de retrouver entier le capital d'achat, les spéculateurs pourront se décider à faire des avances utiles à l'industrie ; que les soins d'hygiène, si favorables, d'ailleurs, à la bonne reproduction des races, tendront à conserver, aussi longtemps que possible, les étalons auxquels une nombreuse clientèle se sera attachée soit à cause de la distinction dont ils auront été l'objet, et dont la carte d'approbation est le titre authentique, soit en raison de leur bonne tenue et des bons résultats qu'ils ont déjà laissés. Il ne faut pas trop se faire illusion sur le mérite des étalons approuvés ; en général, sauf de très-rares exceptions et particulièrement à l'époque à laquelle se rapporte le règlement que nous examinons, la classe des étalons approuvés ne comprenait et ne pouvait guère comprendre que des chevaux de trait d'une valeur assez limitée. En portant leur prix d'achat à 1,500 fr., on atteint, croyons-nous, à une moyenne fort satisfaisante. Eh bien, si l'on applique pendant huit ans à un étalon de ce prix une prime annuelle de 300 fr., on arrive à une recette totale de 2,400 fr. Cette condition n'était pas impossible avec un reproducteur capable ; mais, en faisant le même calcul pour une existence moins heureuse, il est évident qu'on trouve encore assez d'avantages à retirer de la spéculation, pour qu'elle puisse tenter les détenteurs d'étalons appartenant aux grosses races, celles dont la tenue est toujours largement compensée par le travail et le fumier.

Le taux de la prime, inférieur à 300 fr., est complétement insuffisant pour des étalons d'espèce, dont le prix d'acquisition est nécessairement élevé sans que le prix de la saillie puisse être augmenté et sans que les frais d'entretien trouvent aucune compensation dans le travail. En limitant la prime à ce maximum, on avait implicitement reconnu que l'étalon de trait était, en quelque sorte, le seul que l'industrie privée pût se procurer et entretenir avec quelque avantage. Au moins avait-on fait assez pour les animaux de cette espèce, et c'est à tort que la critique, envisageant cette fixation sous un autre point de vue, l'a attaquée d'une manière absolue et sans la rattacher à l'ordre d'idées qu'elle représentait.

La mise en œuvre du système des étalons approuvés correspond, en effet, à cette époque toute d'expansion pour les grosses races, au temps où les étalons carrossiers et les étalons d'espèce légère étaient abandonnés de toutes parts au profit du cheval de trait dont les forces et l'ardeur ne suffisaient point aux demandes, à la recherche active du producteur.

Quoi qu'il en soit, l'importance de la prime attachée au service des étalons privés doit être bien moins établie sur son chiffre même que d'après d'autres considérations très-essentielles, — tels la race, le genre d'aptitude, le prix d'achat, les habitudes locales relativement à la rétribution à percevoir pour la saillie, la moyenne des services, etc.

Nous ne pouvons pas approuver les dispositions de l'article 158 : elles gênent nécessairement l'industrie. On ne saurait limiter ainsi la recherche et les services d'un étalon à un arrondissement territorial, à une circonscription administrative déterminés à l'avance. Il y a là quelque chose de si étrangement absolu quant au principe, et de si maté-

riellement impossible dans la pratique, qu'on se sent disposé à qualifier très-sévèrement une pareille prétention,
une telle entrave au succès même du reproducteur dont on
provoque l'existence et dont on a la pensée de favoriser
l'utile emploi.

Cependant cette condition, si contraire qu'elle paraisse de
prime abord au but de l'institution, a réellement eu sa
raison d'être : son point d'appui est en dehors de l'absurde;
on le trouve bientôt pour peu que la raison s'arrête aux
faits. En beaucoup de localités parcourues dans tous les sens
par le commerce, les primes avaient pour objet principal de
désigner à l'acheteur les animaux d'élite du pays. Un prix
suffisamment élevé, réalisable à l'instant même, tente toujours le cultivateur et le décide aisément : un marché est
bientôt conclu, acheteur et vendeur y trouvent sans doute
leur compte; mais ce qui fait si bien leur affaire à tous
deux sert peu les intérêts de la bonne production. C'est au
désir qu'on avait eu de fixer, dans chaque localité, des étalons capables entre les mains de détenteurs moins incon-
stants, qu'il faut rapporter les dispositions de cet article 158.
Elles voulaient obvier à des inconvénients réels; le remède
devait être aussi complétement inefficace qu'il était mal
trouvé.

Les deux premiers paragraphes de l'article suivant constituent des formalités difficiles et désagréables à remplir.
Les cultivateurs ont presque une invincible répugnance à se
soumettre à toutes ces exigences qui se traduisent en écritures, en démarches renouvelées, en ports de lettres. Ces
formalités sont dictées en manière de garantie donnée au
trésor; l'expérience prouve qu'elles sont tout à fait illusoires
sous ce dernier rapport, et qu'elles nuisent essentiellement
à l'accroissement du nombre des étalons approuvés. Nous
reviendrons sur ce point.

Il y aurait eu peu de justice à ne pas comprendre dans le
nombre des juments celles qui appartenaient aux étalon-

niers, si, d'une part, on avait exigé, pour le payement de la prime, un nombre de saillies supérieur à vingt-cinq, et, d'autre part, plus de vingt juments appartenant à d'autres propriétaires que le détenteur ; néanmoins cette condition sent encore la gêne. En méditant sur toutes ces dispositions règlementaires, on s'aperçoit bien vite qu'elles étaient le produit d'un esprit étroit et de tendances peu libérales. Les bonnes intentions ne s'y révèlent qu'après une recherche imposée par une grande bienveillance. On voit dans ces articles de règlement un travail de cabinet longuement élaboré ; on n'y saisit pas une pensée large, on n'y aperçoit pas ce premier jet d'une inspiration généreuse qui peut laisser à reprendre dans les petits détails, mais qui fonde l'avenir sur des bases larges et sûres.

L'article 161 avait pour objet de stimuler le zèle des préfets et d'exciter les bonnes dispositions des conseils généraux en faveur de l'industrie chevaline ; il réservait aux départements le mode d'emploi des fonds naturellement acquis aux efforts déjà tentés. C'était de la décentralisation bien ou mal entendue, selon que les fonds recevaient une destination utile ou aventurée, mais c'était de la décentralisation enfin. A ce point de vue, nul ne pouvait se plaindre assurément de la teneur de cet article.

Celui qui vient après avait son utilité aussi ; il faisait tenir état des fruits mêmes de l'institution : on ne pouvait, de la sorte, étudier les résultats et savoir ce qu'elle rendait au pays en retour de ce qui lui était accordé.

Les visites auxquelles les étalons approuvés étaient assujettis, en vertu de la première partie de l'article 159, devaient permettre aux agents de l'administration de suivre, jusqu'à un certain point, le service de chacun d'eux ; elles répondaient, d'ailleurs, aux recommandations déjà bien anciennes de Bourgelat, qui ne voulait pas qu'on perdît de vue les étalons approuvés, qu'on les livrât à l'ignorance des uns et à l'avidité des autres, à la mauvaise direction de ceux-ci

et à l'incapacité de ceux-là. Il demandait, au contraire,
qu'on en fît le sujet d'études exactes, attentives, qu'on n'a-
bandonnât pas leur emploi au hasard ou au caprice; car,
aussi longtemps que les choses se passeront ainsi, « il est aisé
de comprendre, dit-il, quand bien même on prendrait et
choisirait chez toutes les nations les étalons les plus rares,
dès que les produits de ces différents troncs, d'ailleurs mé-
salliés du premier abord, seront à la première, ou, si l'on
veut, même à la seconde génération, délaissés, perdus,
confondus et unis indifféremment à des juments de toutes
sortes, sans égard à l'origine, aux tailles, aux figures, aux
qualités, les premiers caractères, déjà altérés en eux, seront
bientôt effacés de leurs fruits, et ceux-ci, souillés d'une multitude de défectuosités acquises, qu'ils communiqueront iné-
vitablement et qui s'accumuleront de plus en plus, ôteront
enfin jusqu'au souvenir le plus léger des souches précieuses
que l'on se serait procurées. Il s'agirait donc d'être plus
éclairé et plus soigneux qu'on ne l'a été jusqu'ici. »

Bourgelat écrivait en 1770. C'est vers cette époque que
l'on commença à réunir dans des établissements publics les
étalons que, jusque-là, on avait indistinctement abandonnés,
par voie de concessions plus ou moins onéreuses, à des gardes-étalons, à des détenteurs privilégiés, lesquels en usaient
dans un intérêt bien opposé à celui d'une reproduction judicieuse et d'une amélioration bien comprise. Les critiques
du plus savant homme de cheval du temps pèsent d'un immense poids sur l'ancien système de placement des étalons
de l'État, sur le mode d'intervention auquel on s'était arrêté en vue du perfectionnement de l'espèce chevaline : elles
accusent son insuffisance et démontrent parfaitement que,
si les étalons approuvés peuvent être utiles au but de l'institution des haras, ils ne sont pas l'institution tout entière;
qu'il n'y a pas, avec leur seul concours, d'application rationnelle possible des principes mêmes de la science de l'amélioration. Les étalons approuvés, quoi qu'on fasse, ne seront

jamais qu'un moyen — essentiel, considérable, assurément, — mais un moyen enfin et rien de plus. Ceux-là donc sont dans une erreur grave, compromettante pour notre prospérité hippique et pour la richesse nationale, qui veulent en faire un système complet et lui confier l'avenir de l'industrie chevaline de la France.

Mais poursuivons.

Entre l'ordonnance du 16 janvier 1825 et celle du 10 décembre 1833, entre le règlement du 29 octobre 1825 et celui qui est intervenu à la suite de l'ordonnance de 1833, quelques modifications ont été apportées aux dispositions relatées plus haut.

Ainsi, le 30 avril 1827, aux conditions imposées par l'article 155 on en ajoute une autre relative à la taille. Aucun étalon ne pourrait être approuvé, à l'avenir, s'il ne mesurait pas au moins 1 mètre 49 centimètres à la potence.

Le 11 juillet 1829, et conformément aux vues de la commission administrative présidée par M. d'Escars, le ministre arrête les dispositions suivantes :

« 1° L'approbation pourra, dans le cas où l'intérêt de l'amélioration le réclamerait, être prolongée au delà de la limite de cinq années, fixée par l'article 157 du règlement du 29 octobre 1825.

« 2° L'article 160 du même règlement est modifié en ce sens que la prime promise ne sera due et payée qu'autant que l'étalon approuvé aura sailli trente juments au moins, et que, dans le cas où ce nombre ne serait point atteint, il ne sera payé qu'une partie de la prime, et ce à raison d'un sixième pour cinq juments saillies, dans le nombre desquelles celles du propriétaire de l'étalon pourront compter. Néanmoins il ne sera dû aucune prime pour l'étalon qui aura sailli moins de dix juments. »

Le système des primes aux étalons particuliers avait été, de la part de la commission de 1829, l'objet d'un très-sérieux examen. Voici comment le rapporteur de ses travaux s'est exprimé à ce sujet :

« L'utilité de la mesure des approbations d'étalons n'est point contestée ; cette mesure est une des plus propres à exciter un concours efficace et utile de l'industrie particulière en faveur de l'amélioration, en tant, toutefois, qu'elle sera employée avec intelligence et appliquée avec discernement. Les meilleures institutions manquent le but quand leur exécution tombe en des mains négligentes ou inhabiles.

« L'étalon, pour être approuvé, doit non-seulement réunir les qualités propres à améliorer l'espèce, mais encore être placé là où il peut être employé utilement dans l'intérêt de la reproduction et de l'amélioration, eu égard au nombre et à la qualité des juments.

« Outre ces conditions, il faut encore que l'approbation puisse avoir pour effet de déterminer un choix d'étalons meilleurs que ceux qui sont communément employés à la reproduction dans le pays ; autrement la prime serait superflue.

« La prime doit être assez forte pour que le propriétaire qui est dans le cas de faire la spéculation d'entretenir des étalons pour la reproduction y trouve un dédommagement suffisant des sacrifices qu'il doit faire pour se procurer en ce genre et entretenir convenablement les éléments propres à remplir les vues de l'administration ; or c'est ici qu'est la difficulté.

« La prime de 100 à 500 francs, fixée par les règlements pour les approbations, est suffisante et au delà pour les chevaux de trait, parce que les chevaux de cette espèce, quoique employés à la monte dans la saison, n'en sont pas moins occupés aux travaux de l'agriculture ou autres le reste de l'année, et peuvent, par conséquent, gagner en tout temps leur nourriture. La prime accordée au propriétaire offre à celui-ci le moyen d'être plus sévère dans le choix de l'étalon, et d'y mettre par là même un prix plus considérable. Il y a même des contrées où la prime serait superflue, les propriétaires qui y entretiennent des étalons étant assez généralement dans l'usage de choisir, sous ce rapport, ce qu'il y a de mieux. C'est à raison de ces circonstances qu'on a dit tout à l'heure que le gouvernement pouvait, dans beaucoup de localités, s'en fier à l'industrie particulière pour la reproduction des chevaux de trait.

« Il n'en est pas de même pour le cheval de selle.

« Pour avoir, dans cette espèce, des étalons de qualités propres à améliorer réellement, surtout là où les juments ont déjà quelque mérite, il faut y mettre un prix qui dépasse de beaucoup celui des meilleurs étalons de trait. Le cheval de selle destiné à faire la monte ne saurait guère être employé à d'autres services ; dès lors on conçoit facilement qu'une prime portée même au maximum de 500 fr., réunie au produit des saillies, ne saurait jamais être un dédommagement suffisant pour de telles avances, d'autant plus que, dans les contrées qui produisent particulièrement des chevaux de selle, le prix du saut pour l'espèce chevaline est communément à un taux médiocre ; aussi l'administration a-t-elle beaucoup de peine à rencontrer quelques étalons à approuver dans ces contrées.

« Ces considérations ont fait sentir à la commission la nécessité qu'il y aurait d'augmenter le taux des primes d'approbation, particulièrement pour les chevaux de selle : elle a pensé que le maximum de ces primes devait être porté à 600 fr., sauf à prendre toutes les précautions convenables pour le bon choix des étalons ainsi approuvés.

« La disposition de l'article 157 du règlement, qui limite à cinq ans la durée de l'approbation, et l'article 160, qui ne permet de payer la prime qu'autant que l'étalon approuvé a sailli vingt-cinq juments, dont vingt au moins doivent appartenir à des particuliers autres que le propriétaire de l'étalon, ont fixé aussi l'attention de la commission : elle a pensé que, dans l'intérêt de l'amélioration, ces dispositions devaient être modifiées en ce sens que l'approbation pourrait être prolongée au delà de cinq années; que la prime, au lieu d'être supprimée dans le cas prévu de l'article 160, serait seulement réduite proportionnellement au nombre effectif des juments saillies, et que les juments du propriétaire de l'étalon pourraient aussi compter dans ce nombre. »

On a souvent reproché à l'administration de n'avoir pas donné à l'institution des étalons approuvés le développement qu'eût exigé la situation de l'industrie privée; on l'a même accusée d'avoir réduit ce mode d'encouragement dans le but de prolonger son existence en rendant son intervention directe nécessaire. Le passage suivant, extrait d'une instruction remise en juillet 1828 aux inspecteurs généraux du service, répondra à ce reproche, et montrera que l'administration n'envisageait pas ce moyen d'action sur l'industrie particulière d'un point de vue ni moins élevé ni moins libéral que la commission de 1829.

« . . . .

« Quant à l'application des encouragements dont l'administration peut disposer, dit le ministre, je renouvellerai à ce sujet les recommandations qui ont déjà été faites à MM. les inspecteurs généraux de s'étudier à provoquer et à favoriser, en ce qui peut dépendre d'eux, le concours de l'industrie privée dans les efforts et les sacrifices à faire pour l'amélioration, et, à cette fin, de chercher à étendre les approbations d'étalons partout où ils trouveront à le faire utilement, c'està-dire autant qu'elles pourront porter sur des sujets qui soient non-seulement propres à améliorer la race locale, mais encore placés de manière à pouvoir remplir ce but avec un nombre de juments suffisant.

« Il est sans doute superflu de rappeler ici qu'il n'y a pas lieu à appliquer ces encouragements là où l'industrie qu'on voudrait y exciter existerait déjà indépendamment des primes, s'exercerait avec des éléments et d'après une direction convenables, et trouverait dans d'autres circonstances un encouragement suffisant; là enfin où les approbations ne pourraient déterminer une amélioration remarquable ni dans le choix des étalons ni dans les usages d'après lesquels ils sont employés.

« En effet, l'objet des approbations doit être d'amener les propriétaires, là où ils n'y sont pas suffisamment portés par d'autres intérêts, à suppléer, quant aux besoins de l'amélioration, à l'insuffisance des ressources de l'administration, et par des éléments semblables à ceux que le service des haras devrait employer lui-même pour l'opérer.

« Elles doivent de plus, et surtout dans les circonstances actuelles, être dirigées de manière à permettre à l'administration de réduire le nombre des étalons dans les espèces relativement auxquelles les particuliers peuvent la suppléer le plus facilement et le plus avantageusement, c'est-à-dire dans l'espèce des chevaux de trait. Ce moyen, employé avec intelligence et discernement, peut offrir des économies notables, tout en ménageant les intérêts de l'amélioration. »

Des instructions aussi positives, données aux plus hauts fonctionnaires du service, ne permettent aucun doute sur les tendances et les vues de l'administration supérieure. Cette dernière n'a jamais pu songer, en effet, à suffire seule à tous les besoins ; elle n'a jamais pu songer à donner à son intervention directe des proportions telles qu'il lui fût possible d'étreindre l'œuvre entière de l'amélioration ; loin de là, elle a toujours parfaitement compris que le secours habilement développé des moyens indirects ne pouvait que l'aider à se rapprocher du but, que ce n'était pas trop du concours de tous, de l'application de toutes les forces pour marcher à la conquête d'améliorations qui devaient coûter tant d'années et d'efforts. L'opinion contraire ne repose sur aucun fait, bien qu'on ait voulu l'appuyer sur la modicité du taux de la prime. Tout ce qu'on a dit à cet égard a néanmoins son grain de vérité et de justice, et nous-même, autant que personne, nous reconnaissons l'impossibilité, pour l'industrie privée, d'entretenir un étalon de choix et de prix sans une indemnité suffisante, sans une prime très-élevée; mais la question est celle-ci :

Etant donnée une allocation de 2 millions, en assurer l'emploi le plus profitable à l'industrie et le plus utile au pays.

Nous avons déjà indiqué la solution (1), et ramené à la vérité des faits les propositions systématiques tant de fois présentées aux pouvoirs publics, en vue d'une réorganisation administrative des haras, sous prétexte d'une meilleure application des fonds dont ils disposent au profit de l'amélioration de l'espèce chevaline.

En montrant l'idée par son beau côté seulement, on a saisi et favorablement impressionné les esprits que l'examen et l'étude n'ont point préparés; en retournant la médaille, nous en avons exposé l'autre face. Or sur celle-ci est écrit : l'application de vos projets rendrait moins en utilité et coûterait plus au trésor. Quand on voudra des résultats plus nombreux et meilleurs, on s'arrêtera non à une modification administrative, mais à une dotation plus large. L'expérience est pour le système actuel qui satisfait à toutes les idées de progrès. S'il ne remplit pas tous les besoins, c'est par insuffisance des ressources et non par impuissance des principes. Vous détruisez tandis qu'il faut achever l'édifice qui s'élève laborieusement. Si vos vues sont les plus fécondes, pourquoi ne pas demander que leur application marche parallèlement avec l'organisation actuelle, puisqu'elle se prête merveilleusement à l'essai plus en grand, aussi étendu que possible de votre système. Est-ce qu'il n'y a pas, à côté de ce qui existe maintenant, un vaste espace à conquérir, un immense terrain à féconder, sans nuire aux améliorations acquises, aux résultats obtenus? C'est dans cet ordre de

(1) Voyez tome Ier, p. 868 et 422.

faits que tendraient vos efforts, si vous n'étiez, par avance, certains de l'insuccès. Ce qu'il vous faut, ce que vous poursuivez avec une coupable persévérance, c'est la destruction de l'administration actuelle, dût s'ensuivre la ruine de l'industrie. Or cette ruine nous jetterait dans la dépendance exclusive de nos voisins, dont la population chevaline se fortifie, d'année en année, grâce au système de haras dont vous ne voulez pas chez nous, grâce encore à l'appui protecteur que vous lui assurez en offrant un immense débouché à ses produits, bien inférieurs aux nôtres cependant.

Tout cela, au surplus, n'est qu'une question de budget ; plus faible sera celui des haras et plus grande sera la nécessité, répétons-le, de le dépenser en intervention directe. Celle-ci est une garantie de résultats proportionnels : elle n'est et ne saurait être qu'un point dans l'espace, mais ce point est d'une importance extrême ; si restreint qu'en soit le cercle tout d'abord, il est impossible qu'il ne s'étende pas avec le temps. L'intervention indirecte n'est et ne peut être, dans les conditions économiques du pays, qu'un moyen secondaire au point de vue même du perfectionnement de l'espèce. Pour être, il faut que l'action directe la précède, et, quand elle est, elle ne peut se soutenir qu'à la faveur de son aînée, source de toute amélioration réelle.

Quoi qu'il en soit, l'administration n'a négligé aucune occasion de donner de l'importance aux moyens d'intervention indirecte, et notamment à l'institution des étalons approuvés : celle-ci ayant pour point de départ la pénurie des éléments nécessaires à toute bonne reproduction, il fallait stimuler l'industrie privée à les multiplier en ses propres mains ; mais la prime de 100 à 300 fr. était notoirement insuffisante. L'ordonnance du 10 décembre 1833 a, sous ce rapport, amélioré les conditions faites aux étalonniers ; l'article 10 est ainsi conçu :

« Le propriétaire d'un étalon approuvé, qui aura rempli

les conditions prescrites par les règlements, recevra, chaque année, une prime de

« 300 à 600 fr. pour un étalon de selle ;

« 200 à 500 fr. pour un étalon carrossier ;

« 100 à 200 fr. pour un étalon de trait. »

Voici maintenant les additions ou modifications introduites dans le règlement intervenu.

« Art. 80. — Aucun étalon ne pourra être approuvé au-dessous de la taille de

« 1^m,49 pour les chevaux de selle ;

« 1^m,54 pour les chevaux de carrosse ;

« 1^m,50 pour les chevaux de trait.

« Art. 89. — La totalité de la prime d'approbation ne sera due qu'autant que l'étalon approuvé aura sailli au moins trente juments.

« Dans le cas où ce nombre ne serait pas atteint, la prime ne sera payée que dans les proportions suivantes :

« Au-dessus de vingt juments, les deux tiers ;

« Au-dessus de quinze, la moitié.

« Les juments du propriétaire de l'étalon compteront dans le nombre. »

La nouvelle fixation du tarif est assurément un progrès sur l'ancienne, sur celle de 1806.

Les conditions de taille n'ont rien d'exorbitant, ni les proportions établies pour le payement de la prime ; sans elles, en effet, beaucoup d'étalons eussent été offerts à l'approbation, mais le petit nombre seulement eût été recherché ou même appliqué au service de la monte. Bien des chevaux de selle employés à tout autre usage eussent été mis au rang de reproducteurs sans que l'amélioration ni la dégénération aient eu rien à démêler avec eux. Il était juste de ne payer la prime qu'en raison même des services rendus, et cette condition était bien propre, d'ailleurs, à exciter le propriétaire d'un bon étalon à lui chercher suffisante clientèle, à l'utiliser, par conséquent, dans l'intérêt le mieux entendu de la reproduction, puisque le brevet d'approbation n'était accordé que pour des étalons réunissant « les qualités propres à améliorer la race du pays où ils devaient faire la monte. »

L'ordonnance du 24 octobre 1840 et le règlement arrêté à la même époque ont introduit de nouvelles modifications dans la fixation des primes et dans les conditions imposées à l'approbation.

L'article 10 de cette ordonnance est ainsi conçu :

« Le propriétaire d'un étalon approuvé, qui aura rempli les conditions prescrites par les règlements, recevra, chaque année, une prime de

« 300 à 500 fr. pour un étalon de pur sang,

« 200 à 400 fr. pour un étalon de demi-sang,

« 100 à 200 fr. pour un étalon de gros trait. »

L'article 119 du règlement établit les conditions de taille suivantes :

$1^m,49$ pour les chevaux de pur sang,

$1^m,55$ pour les chevaux de demi-sang,

$1^m,55$ pour les chevaux de gros trait.

On ne se rend pas bien compte du motif qui a pu faire abaisser de 100 francs le maximum des primes accordées pour les chevaux de pur sang et de demi-sang. Nous ne chercherons pas à justifier cette mesure, vraiment rétrograde, si elle avait été prise intentionnellement. Elle a, sans doute, été commandée par l'insuffisance de la dotation même du budget des haras. La taille du cheval de demi-sang a été élevée de $0^m,01$, et celle du cheval de gros trait de $0^m,05$. Ces exigences n'ont jamais suscité aucune réclamation.

Bien que le principe du pur sang ait été adopté d'une manière tout à fait ostensible à partir de 1833, c'est dans l'ordonnance de 1840 que, pour la première fois, on désigne le classement rationnel des étalons sous les dénominations de chevaux de pur sang et de demi-sang. Jusque-là les classes avaient distingué les étalons en chevaux de selle et de carrosse. Ces dernières dénominations sont plus applicables aux chevaux de service ; les autres appartiennent plus correctement au langage de la science et se rapportent d'une manière plus exacte aux principes mêmes de l'amélioration des races.

Bien qu'il reproduise les dispositions de l'article 161 du règlement de 1825, celui de 1840 est moins rigoureux dans l'application. En effet, ses dispositions tombent en désuétude, et le montant des primes, dont les préfets avaient, en quelque sorte, le libre emploi, va droit aux détenteurs d'étalons concédés par les soins des départements.

Toutefois, et telle qu'elle a été réglementée, l'institution des étalons approuvés a soulevé plusieurs critiques ; on nous permettra de nous y arrêter un instant.

Tous les auteurs, un seul excepté, sont d'accord sur ce fait, que les primes aux étalons privés constituent l'un des moyens les plus sûrs de multiplier les éléments indispensables à l'amélioration ; c'est à ce point de vue qu'ils se placent pour étudier l'institution et l'appuyer sur des bases larges et puissantes. Occupons-nous d'abord de l'opinion de l'économiste qui rejette l'institution comme inutile ou même comme nuisible au développement de la production et du perfectionnement du cheval en France. Nous avons nommé Mathieu de Dombasle. A ce sujet, voici comme il s'exprime :

« Les approbations d'étalons présentent les mêmes inconvénients que les primes et sont encore plus fréquemment suspectées de partialité, parce que l'examen et la décision n'ont pas lieu publiquement. Il faut bien remarquer que l'on n'a été amené à cette institution que par l'existence des haras de l'État, qui présentent, au préjudice des propriétaires d'étalons, une concurrence qu'il est impossible à ces derniers de soutenir. Les étalons approuvés réunis à ceux du gouvernement n'offrent encore qu'un chiffre tout à fait disproportionné avec les besoins du service pour l'amélioration des races du pays, et cette institution tend à décourager l'industrie particulière dans l'entretien des étalons.

« Au total, on peut dire que, si les encouragements de ce genre tendent à favoriser la production des espèces de chevaux qui sont les plus demandées par le commerce, et dont la Société a, par conséquent, le plus besoin, ils sont superflus, et ils sont certainement nuisibles, s'ils ont pour but de donner à l'élève une autre direction (1). »

Ce système est la négation de toute intervention quelconque. Sous ce point de vue, la question est jugée depuis longtemps, et l'on sait parfaitement à quoi s'en tenir sur le pouvoir de l'industrie; on sait très-bien ce que l'on peut attendre de ses forces isolées et de son libre arbitre. Mathieu de Dombasle ne voit partout que monopole et concurrence. Les étalons de l'État, — monopole; les étalons approuvés, — concurrence. Concurrence et monopole, qu'est-ce autre chose que le découragement de l'industrie particulière? Les étalons approuvés pèsent sur ceux qui ne jouissent pas du même avantage; les étalons du gouvernement pèsent à la fois sur les uns et sur les autres. Et pourtant, ces deux classes réunies « n'offrent encore qu'un chiffre tout à fait disproportionné avec les besoins du service pour l'amélioration des races du pays. » Ce dernier fait atténue singulièrement l'accusation de monopole et de concurrence. Admettant que, là où les étalons de l'Etat et les étalons approuvés existent, il puisse y avoir gêne, entrave au développement de la spéculation, il faut bien reconnaître que le même inconvénient, que le même obstacle n'existe pas là où il n'y a ni étalons approuvés ni stations d'étalons du gouvernement. D'où vient alors que les localités réclament et appellent, comme une nécessité, le concours de l'intervention directe au lieu et place de l'action de l'industrie privée, laquelle ne se manifeste que de la manière la plus fâcheuse pour elle-même? Toutes ces idées de concurrence sont fausses ou exagérées. Encore une fois, l'administration des haras

(1) Mathieu de Dombasle. *OEuvres diverses*, p. 411.

est plus intéressée qu'on ne saurait dire au développement
des forces individuelles ; celles-ci ajoutent à sa propre action,
beaucoup trop limitée pour être appréciable, lorsque l'industrie ne concourt pas activement avec elle à l'accomplissement de la tâche immense qui lui est dévolue. A-t-on
mesuré la disproportion qui existe entre la fin et les moyens?
Ceux qui peuvent le faire ne redoutent pas le monopole des
haras, et ces derniers, qui savent ce qu'il faut de temps, de
sacrifices et d'efforts intelligents pour gagner un peu de
terrain et répandre quelques bons germes dans ce vaste
champ à féconder, ne peuvent que désirer l'accroissement
considérable des forces de l'industrie particulière.

Il serait tout aussi nuisible à cette dernière d'être privée,
quant à présent, du concours de l'État, qu'absurde de prétendre encore que l'administration des haras, préoccupée de
son existence, arrête le développement de l'industrie, dans
la crainte que son inutilité n'apparaisse le jour où les particuliers pourront se passer d'elle. Ces deux ordres d'idées,
qui n'ont aucun fondement dans la pratique, défrayent depuis trop longtemps la polémique spéciale.

Mathieu de Dombasle dit : « Il faut bien remarquer que
l'on n'a été amené à cette institution (celle des étalons approuvés) que par l'existence des haras royaux. » Nous n'a-
vons plus besoin de réfuter cette assertion. On sait maintenant quelle a été l'origine de l'intervention de l'État dans la
production chevaline en France (1) ; on sait, de plus, comment a pris naissance et a fonctionné le système des approbations d'étalons, fondé sur la pénurie des éléments nécessaires
non-seulement à toute amélioration, mais encore à toute
régénération, lorsque l'avilissement de l'espèce est tel qu'il
y a urgence de la relever, de lui rendre les qualités qui faisaient sa valeur, sa force, sa seule utilité, une partie notable
de la richesse du pays. L'institution actuelle des étalons ap-

(1) Tome I⁰ʳ, page 1.

prouvés est empruntée de l'ancienne administration des haras. Dans l'origine, elle constituait l'intervention de l'État tout entière. Le gouvernement alors n'avait point d'établissements spéciaux ; ces derniers sont d'une création plus récente et n'ont été formés que pour ne pas rendre illusoires les sacrifices de l'État, pour assurer le succès de son immixtion forcée dans la bonne production du cheval. Représentant la grande communauté, l'État s'est donc substitué à l'aristocratie absente, à la grande propriété qui n'existait plus. En passant sur toutes les fortunes, le niveau social lui imposait la nécessité impérieuse de remplacer les forces qui s'éteignaient par une force nouvelle. A lui, dès lors, le rôle de protecteur, la tâche d'aider et de secourir l'industrie ; à lui l'initiative de l'exemple, les dépenses que les fortunes privées, amoindries, ne pouvaient plus supporter ; à lui enfin le soin de parer aux inconvénients résultant de l'incertitude des entreprises particulières et des crises qui les accompagnent.

Quand on se met en face des faits, on ne s'explique pas qu'un esprit aussi éminent que celui dont était doué l'illustre fondateur de Roville ait pu tomber dans un tel écart. L'intervention de l'Etat, quand elle est ainsi commandée par l'absence de toute action privée, ne saurait être une cause de découragement, une entrave.

Mathieu de Dombasle a supposé que les approbations d'étalons devaient être fréquemment suspectées de partialité, parce que l'examen et la décision n'ont pas lieu publiquement. Cet argument n'a pas été souvent invoqué contre le système des étalons approuvés ; il y a eu peu de plaintes, en effet, peu de réclamations contre le jugement porté par les inspecteurs généraux sur les rapports desquels les approbations étaient accordées par le ministre. Cependant nous avons craint, nous aussi, le soupçon de partialité, et nous avons provoqué une mesure qui soumet tout cheval entier, proposé à l'approbation, à la formalité préparatoire d'un jugement rendu par une commission locale qui n'est ni à la nomination ni à la dévotion des haras. Cette disposition, arrêtée seulement en 1847, et dont l'application ne devait avoir d'effet que pour les approbations à accorder pour la monte de 1849, a déjà soulevé plus de craintes et de réclamations que le huis clos des vingt-sept années précédentes. Mais n'anticipons pas.

L'opinion de Mathieu de Dombasle écartée, nous restons en présence d'un sentiment bien autre; celui-ci est unanime à considérer l'institution des primes aux étalons comme le fait capital d'une intervention sagement entendue, comme le mode d'encouragement le plus fécond en résultats utiles et prochains. Hâtons-nous d'ajouter, pourtant, que c'est à la condition d'être richement dotée, dotée en raison même des besoins à satisfaire.

Sous ce dernier rapport et jusqu'à présent, il faut l'avouer, l'institution est restée fort au-dessous d'elle-même et n'a réellement produit que des résultats trop isolés pour être convenablement appréciés.

Pour les critiques de toutes les dates, cette insuffisance a été un texte inépuisable de récriminations. Elle a servi maintes fois à demander que le budget des haras fût remanié de fond en comble, et réparti suivant un système bien différent, d'après des vues qui modifieraient l'organisation actuelle à ce point que l'intervention directe ne prît plus qu'une part insignifiante à l'œuvre d'amélioration qu'elle poursuit, que cette œuvre, au contraire, fût presque exclusivement abandonnée à l'institution des étalons approuvés. Nous avons déjà combattu ce système, qui ne tendrait à rien moins qu'à la dispersion, au gaspillage de tous les éléments réunis en ce moment dans les dépôts de l'Etat, sans garantie aucune pour l'avenir. La position de l'industrie serait telle alors, qu'il faudrait renoncer pour toujours à toute espèce de progrès.

D'autres écrivains plus pratiques, entrant plus avant dans

les faits, ne veulent pas qu'on établisse l'action directe de
l'Etat ; car elle est à la fois le point culminant et la base
même du système à suivre, le point de départ de tous les
efforts utiles, la seule garantie possible d'une amélioration
successive toujours intelligemment poursuivie dans le sens
des besoins de la civilisation ; mais ils demandent qu'on assure les effets mêmes de l'intervention directe en la fortifiant
par l'institution des étalons approuvés beaucoup trop cir-
conscrite jusqu'ici et par des mesures capables d'arrêter
l'action corrosive de tous les éléments nuisibles contre lesquels luttent, à forces si prodigieusement inégales, les secours offerts par les moyens améliorateurs.

Examinons la question ainsi posée.

Quelque richement dotée qu'elle soit, dit M. de la Roche-
Aymon, l'administration des haras ne saurait suffire par elle-
même au nombre des reproducteurs nécessaires à la France ;
elle doit donc associer les particuliers à ses efforts, et les exciter par des primes d'approbation ; mais, pour que ces primes
soient de véritables encouragements, il faut qu'elles soient
en proportion de l'utilité dont l'étalon peut être, et qu'elles
couvrent les dépenses et les risques du propriétaire ; sans
cela, ce ne sont que des moyens illusoires d'encourager l'é-
lève des chevaux.

Le nombre des étalons approuvés par les haras est complétement insuffisant ; d'ailleurs, tout minime qu'il est, on
ne peut dire encore qu'il soit exclusivement composé de
beaux et bons chevaux. La nécessité impérieuse d'augmenter les reproducteurs force trop souvent les inspecteurs généraux à une indulgence nuisible à l'amélioration (1). Mais

(1) Un inspecteur général des haras avait déjà dit, avant M. de la
Roche-Aymon : « .... C'est avec une extrême difficulté que, parmi
ces étalons, il s'en trouve qui réunissent les qualités requises, quelque
peu exigeant qu'on soit même à leur égard. Cela vient de ce que les
particuliers qui spéculent de la sorte ne veulent pas se mettre en frais

comment être sévère quand ce que l'on donne aux propriétaires ne les couvre même pas des frais de la nourriture de l'étalon? Si les propriétaires ne s'associent pas dans une proportion plus large aux travaux de l'administration, c'est qu'ils ne sont pas suffisamment encouragés à le faire. L'intérêt particulier doit être calculé dans toutes les entreprises ; quand il est satisfait, il s'active. Dans l'application de ce principe est toute la science de l'administration (1).

Il n'y a rien à objecter à ces considérations : elles sont justes et fondées à tous égards. Nous dirons seulement que, pour exciter l'intérêt privé au degré convenable, il faut avoir autre chose encore que la science de l'administration ; cette autre chose, — l'argent, — a toujours manqué au bon vouloir, aux principes des hommes des haras.

M. de la Roche-Aymon établit ensuite le décompte des frais annuels que comporte l'entretien d'un étalon chez un particulier, et il arrive à la somme de.   .   622 f. 50 c.

Ce genre de décompte a bien souvent été fait. Chacun, appréciant les faits à son point de vue, a posé des chiffres divers ; nous en rappellerons seulement quelques-uns.

M. de Loupiac, qui écrivait en 1831, deux ans après le général de la Roche-Aymon, trouvait les sommes ci-après :

pour s'en procurer de bons. Leur parcimonie à cet égard, jointe à leur insouciance pour l'intérêt public, est telle que, lorsque dans quelques établissements des haras on réforme des étalons sans castration, ces particuliers s'empressent de les acheter à bas prix, pour les employer dans leurs ateliers.

« Aussi l'on peut dire avec vérité que, dans le nombre d'étalons de selle actuellement approuvés, il y en a très-peu qu'on ne trouvât certainement déplacés dans les dépôts du gouvernement. » (*Journal des haras.* — 1828, p. 325.)

(1) *De la cavalerie*, tome II, page 180.

Pour un étalon du prix de 1,500 fr. .   896 »

Pour un étalon du prix de 2,400. . . 1,054 »

Pour un étalon du prix de 4,000. . . 1,534 »

M. de Montendre, venant à son tour, fait ses calculs et pose ses chiffres; il écrit, en fin de compte, pour un cheval du prix de 4,000 fr., un total qui s'élève à. . . . 1,547 »

M. Charles de Boigne passe après lui : armé de la plume du critique, il reprend les chiffres de M. Montendre, les pèse et les allége; il retranche par-ci, rogne par-là, tant et si bien (sans trop savoir pourquoi, peut-être), mais enfin, tant et si bien, qu'il obtient une économie notable, et que la dépense ne ressort plus qu'à. . . . . . 1,097 »

Le rapporteur du projet de décret relatif à l'organisation de l'enseignement professionnel de l'agriculture pose, en chiffres ronds, pour un cheval du prix de 3,000 fr., la somme de. . . . . 1,000 »

Cette dernière appréciation étant la plus récente de toutes (août 1848), nous nous en tiendrons à ces données.

En les réunissant, bien qu'elles s'appliquent à des reproducteurs d'un prix bien différent, puisqu'il varie de 1,500 à 4,000 fr., et en prenant la moyenne, nous trouverons une dépense annuelle qui atteint le chiffre de 1,050 fr.

Voilà la dépense, voyons maintenant la recette.

La recette peut avoir lieu par trois sources différentes : — le prix de la saillie, — la valeur du travail, — la valeur des fumiers. Aucun des auteurs cités ne tient compte de la valeur des engrais : le produit du travail n'est estimé que par MM. de Montendre et de Boigne; le produit du saut, au contraire, est l'objet d'une appréciation très-différente.

Ecartons, tout d'abord, la question du travail, et laissons-en les produits pour mémoire.

Reste seulement le prix de la saillie. Pour l'armée entière,

M. de la Roche-Aymon le porte à. . . . 140 fr.

M. de Loupiac, pour un étalon du prix de 1,500 fr., à. 400

Le même, pour un étalon du prix de 2,400 f., à 600

Le même, pour un étalon du prix de 4,000 f., à 800

M. de Montendre à. 500

M. de Boigne à. 1,000

Et le rapporteur à l'Assemblée nationale à. . 250

La moyenne de ces évaluations diverses est de 527.

Si nous consultons les faits, cette moyenne, un peu arbitrairement composée, nous l'avouons, nous semble néanmoins toucher de très-près à la vérité ; elle réduit de moitié la dépense annuelle ; c'est l'autre moitié des frais qu'il s'agit de couvrir. La prime doit servir à cet objet : il est évident qu'elle était insuffisante sous le régime établi par le décret de 1806 ; qu'elle laissait encore l'étalonnier en perte sous le bénéfice de l'ordonnance de 1853, et à plus forte raison sous les conditions moins favorables de l'ordonnance du 24 décembre 1840.

Donc, en tant qu'elle a besoin de la prime pour se développer, pour exister même, l'industrie étalonnière, ceci est hors de doute, ne pouvait ni s'établir ni prendre des forces sous le régime qui lui avait été fait. Mais en est-il de même aujourd'hui, à partir de l'application de l'ordonnance du 10 novembre 1847. Examinons et comparons, sans nous préoccuper, d'ailleurs, ni du décret de 1806 ni de l'ordonnance de 1825, qui, l'un et l'autre, fixaient à 300 francs le maximum de la prime à accorder pour un étalon approuvé. Présentés sous la forme suivante, les chiffres apparaîtront mieux dans les différences qu'ils présentent.

Tarifs de 1855—1840— et 1847 (1).

	ÉTALONS de selle ou de pur sang.	ÉTALONS carrossiers ou de demi-sang.	MOYENNES.
Ordonnance de 1833........	300 à 600	200 à 500	400
Id. de 1840.......	300 à 500	200 à 400	350
Id. de 1847.......	400 à 700	300 à 500	475
Arrêté du chef du pouvoir exécutif (11 décemb. 1848).	500 à 800	300 à 600	525

Les fixations actuelles paraissent suffisantes ; en effet, si le minimum est un peu faible dans chaque catégorie, les moyennes donnent un taux raisonnable, — et le maximum, dans chaque classe, est assurément fort satisfaisant. Il faut bien tenir compte des données rationnelles que présente la pratique en pareille matière, et ne pas se laisser dominer par des considérations qui ne s'appuient, en définitive, que sur un système condamné par l'expérience.

Nous pourrions longuement disserter sur ces tarifs. A quoi bon ? mieux vaut laisser au lecteur sérieux le soin de les commenter. En y réfléchissant, d'ailleurs, nous nous apercevons bien vite qu'une objection ne peut venir à l'esprit sans que tout de suite, à côté, ne germe une réponse satisfaisante. Tous les éléments d'appréciation sont dans les données et les chiffres qui précèdent. Une seule chose nous reste à dire ou plutôt à répéter : Il ne suffit pas que le tarif des primes soit convenablement établi, il faut encore, et surtout, qu'un

(1) Ayant négligé la question du travail, nous ne devons nous occuper que des primes affectées à l'entretien des chevaux de sang.

crédit important soit inscrit au budget à la place d'une allocation insignifiante ; or c'est là que serait la difficulté, si les
dispositions d'aujourd'hui devaient rappeler les dispositions
d'autrefois (1).

Maintenant serait-il désirable que le taux de la prime fût
encore haussé ?

La commission d'enquête réunie en 1848 au ministère
de l'agriculture et du commerce, raisonnant d'après les fixations du tarif de 1847, avait résolu la question par l'affir-
mative. Son rapport s'exprime, à ce sujet, dans les termes
suivants :

« La commission, pénétrée de la nécessité d'arriver à l'é-
mancipation de l'industrie par le moyen qui peut y conduire
le plus rapidement, n'a pas trouvé suffisante l'augmentation
qui est résultée de l'ordonnance de 1847 ; elle demande, en
conséquence, que le tarif des primes soit encore élevé ; elle
croit qu'il devrait être établi comme suit :

« Étalons de pur sang. . . . 600 à 800 fr.
« — de demi-sang. . . . 400 à 600
« — de trait. . . . . 100 à 300 »

Si l'on adoptait ces propositions, la moyenne ressortirait
à 600 fr. pour les deux premières catégories.

En l'état actuel des choses, nous n'hésitons pas à dire
qu'une prime moyenne supérieure à 600 francs serait trop
chère. Pour bien juger les faits, il faut les voir tels qu'ils
sont, non tels qu'on voudrait qu'ils fussent. La qualité des
étalons présentés à l'approbation n'est point un hors-d'œuvre
dans la question ; elle doit entrer comme élément essentiel
dans la fixation du taux des primes. Eh bien, il faut l'avouer,
les étalons particuliers, ceux de demi-sang surtout, sont, en
général, de si mince mérite, que la moyenne de la prime allouée pour la monte de 1848, pour peu qu'on veuille la multiplier par le nombre des années de service pendant lequel

(1) Voyez tome Ier, page 342.

elle pourra être payée, dépasse la valeur réelle, le prix d'a-
chat de l'étalon. Cette moyenne a été de 350 francs pour les
étalons de demi-sang. Appliquée pendant cinq années seulement, c'est une somme de 1,750 francs ; continuée pendant huit ans, la somme s'élève à 2,800 francs ; prolongée
jusqu'à la dixième monte, c'est un capital de 5,500 francs.

Sait-on bien ce que cet étalon aura coûté d'achat ? Rarement, bien rarement au delà de 1,200 à 1,500 fr. Et qu'on
ne dise pas qu'avec une prime plus forte les particuliers se
procureront des reproducteurs de plus haut choix, des régénérateurs de prix capables d'imprimer une plus vive impulsion
au progrès ; que, s'il en devait être ainsi pour quelques-uns,
pour l'exception, il n'en serait point de même pour la règle
commune, pour le grand nombre. Et d'abord, pour acheter
cher, il faut de grosses avances ; on ne met un grand prix à
un étalon que lorsqu'on possède de certaines connaissances,
que lorsqu'on peut le loger sainement, le nourrir convenablement, l'entourer des soins spéciaux d'un palefrenier intelligent. Ce n'est pas tout ; il faut encore que cet étalon,
payé à chers deniers, convienne aux cultivateurs, aux possesseurs des juments qui formeront sa clientèle. Eh bien,
soyez sûrs qu'il ne leur conviendra qu'à demi, qu'ils le dé-
laisseront s'il apparaît sous une forme trop distinguée. Le
cultivateur n'estime pas l'étalon dont il se sert en raison de
ce qu'il a coûté, de la somme qu'il représente, mais par
l'*idée* qu'il s'en fait, par l'utilité qu'il en attend. Or cette utilité réside, avant tout, dans le volume et le poids du corps,
dans certaines formes plus massives que correctes, plus communes que belles ; elle fausse un peu le jugement du producteur, mais ce jugement est conforme à son intérêt le plus
prochain qui recommande l'emploi du gros cheval et le dé-
laissement du cheval léger, de l'étalon de sang qui ne répond pas encore au goût, aux habitudes, aux besoins de
l'agriculture. Les choses sont donc ainsi : le cultivateur recherche l'étalon corpulent, lourd et commun ; l'étalonnier

lui donne son cheval de prédilection, le cheval qui satisfait à la fois son goût et son intérêt. Toutes les primes du monde ne modifieront pas cette position respective, qui résulte d'un ordre de faits complétement étranger à tous les systèmes de haras connus ou à naître.

Un tarif supérieur aux exigences n'aurait d'autre avantage que celui d'une dépense hors de toute proportion avec les résultats. La question chevaline a plus d'un côté : au figuré, c'est un triangle au sommet des angles duquel on trouve — la production, — l'élevage, — la consommation. L'institution des étalons approuvés, si parfaite qu'elle soit, si bien entendue et si complète qu'on la suppose, laisse intactes les difficultés faites à la production par un élevage irrationnel et par un débouché incertain. Les trois termes du problème à résoudre ne sauraient être isolés dans la pratique; or le plus absolu, celui qui commande impérieusement aux deux autres, — le débouché, — échappe trop aisément — à la production, — celui des trois qui a le plus d'importance en fait et le moins de force en réalité.

Il faut prendre garde enfin que l'élévation exagérée des primes aux étalons approuvés ne détruise toute l'économie du système et n'efface le seul avantage que s'en promettent ses plus chauds partisans, celui de coûter moins que le système des étalons entretenus pour le compte de l'État dans les dépôts de l'administration. La surveillance actuelle des étalons particuliers, qu'on ne l'oublie pas, est exercée par le personnel des haras; aucuns frais ne tombent donc à leur charge en ce moment; en cas de suppression des établissements nationaux, au contraire, les frais d'état-major viendront grever le budget des étalons privés et accroître d'autant plus la dépense. Aujourd'hui c'est l'administration des dépôts, c'est l'entretien des animaux qu'ils renferment qui supportent tous les frais du personnel, — appointements et tournées; — dans l'autre système, il n'y aura plus de munificence, de fiction possible, les étalons particuliers coûteront

plus que la prime allouée. Cette organisation, si simple jusqu'ici, se compliquera dès lors plus qu'on ne suppose au
point de vue budgétaire.

Il y a un écueil à prévenir : il ne faudrait pas se laisser
emporter par un beau zèle, et d'augmentation en augmentation atteindre aux chiffres de 1,000 et 1,200 fr. plusieurs
fois proposés. Toutes dépenses comprises, c'est-à-dire la totalité du budget divisée par le nombre d'animaux entretenus
dans les établissements de l'administration, chacun de ces
animaux ne revient, annuellement, à l'Etat qu'à la somme
de 1,169 fr. (Exercice de 1847.) En défalquant de cette
somme — 1° la recette afférente à chaque tête, — 2° la
partie du budget ressortissant au personnel des officiers
(traitements et tournées), chaque tête ne coûte pas au delà
de 700 fr. par an au trésor.

Ces calculs jettent de la lumière sur une question que l'on
a fort embrouillée, sous prétexte de la simplifier. Ce n'est pas
simplifier une question que de rester à sa surface; ce n'est
pas parce qu'elle serait incomplète qu'une organisation serait simple. Tout rouage inutile fait obstacle; mais entre le
nécessaire et le superflu la distance est grande. Le jour où
l'on substituerait le système des étalons approuvés au système des dépôts, il faudrait substituer un nouveau personnel
à l'ancien, mettre des inspecteurs à la place des directeurs,
et renoncer aux recettes que le système des dépôts donne
au trésor. A la dépense de la prime, nous le répétons, il
faudrait ajouter les frais d'un nouvel état-major. C'est ainsi
qu'on désigne dans un certain monde l'ensemble des employés préposés au service des haras.

Parmi les économistes qui ont traité cette question, M. de
la Roche-Aymon est assurément l'un des plus judicieux. Nous
avons déjà dit (1), en le laissant parler lui-même, comment,
de partisan qu'il avait été de la suppression des dépôts, il

(1) Tome Ier, p. 125.

était revenu, par la réflexion et l'étude, à *des idées plus saines.* Or ces idées étaient favorables à l'intervention mixte; cependant elles la voulaient sérieuse, efficace, proportionnée à l'étendue des besoins; elles maintenaient le système des dépôts au chiffre effectif de mille trois cents bons étalons, tout en faisant observer que l'organisation de 1806 l'avait fixé à mille quatre cent soixante-dix au minimum, à mille huit cent vingt-cinq au maximum, et elles étendaient l'action indirecte au chiffre de deux mille sept cents reproducteurs de toutes races à approuver dans les diverses parties de la France pour parfaire le nombre de quatre mille étalons reconnu nécessaire « pour faire sortir nos races de selle, et pour les qualités et pour la quantité, de l'inertie dont elles sont frappées. »

Entrant plus avant dans le sujet, M. de la Roche-Aymon organisait l'institution sur les bases que voici :

Il formait six classes d'étalons particuliers. La raison de cette distinction s'appuyait sur la différence de valeur des étalons; l'importance de la prime tenait à cette valeur même, et l'échelle suivante avait été établie :

Pour un étalon de 1,000 fr. et au-dessous. 300 fr.
Pour un étalon de 1,000 à 1,500 fr. . . . 400
Pour un étalon de 1,500 à 2,000 fr. . . . 500
Pour un étalon de 2,000 à 3,000 fr., de. . 600 à 700
Pour un étalon de 3,000 à 4,000 fr., de. . 700 à 800
Pour un étalon de 4,000 et au-dessus, de. 900 à 1,000

M. de la Roche-Aymon soumettait son organisation aux idées militaires; chacune de ces fixations de primes s'adaptait à un cadre dont l'étendue, la surface étaient déterminées à l'avance. Ainsi il devait y avoir :

Primes de 500 fr.	1,000. . .	500,000 fr.
de 400	500. . .	200,000
de 500	500. . .	150,000
Primes moyennes de 650 fr.	500. . .	195,000
de 750	500. . .	225,000
de 950	500. . .	285,000

Totaux. . 2,700 pri-

mes pour la somme de. 1,355,000

Et M. de la Roche-Aymon ajoutait : « Le nombre des étalons nécessaires n'est pas forcé, celui des primes n'est pas
exagéré ; tout cela est indispensable et né peut même s'a-
journer sans dangers... »

Ce plan offrait bien quelques difficultés dans l'application.
Constater la valeur différentielle des chevaux pour lui proportionner le taux de la prime devait être une opération
assez délicate. M. de la Roche-Aymon tournait l'obstacle ;
il confiait l'examen et l'estimation des étalons à « un jury
de trois propriétaires de l'arrondissement, d'un officier supérieur de cavalerie et de deux officiers des haras, présidé par
le préfet. » Une fois la valeur constatée, on adjugeait la prime
fixée d'après l'échelle proportionnelle du tarif, lequel devait
offrir autant d'économie au gouvernement que d'avantages
réels aux particuliers.

Ces primes, au reste, devaient être assurées pour cinq ans.
« Bien entendu que l'étalon, par une inspection annuelle des
officiers des haras, serait, pendant ce laps de temps, trouvé
en bon état et exempt de tares. Si au bout des cinq ans il
était propre à la monte, on continuerait la prime d'approbation sans déplacer l'étalon ; car le mal, suite de la consanguinité ou de la reproduction entre parents, n'est pas assez
prouvé pour imposer aux propriétaires une condition si onéreuse. La prime ne serait payée en totalité que par les saillies de trente-cinq juments, prouvées par des quittances à
talon. Ce nombre n'est pas trop considérable et ne sera pas

nuisible aux forces et à la santé d'un étalon bien entretenu ; mais comme il ne dépendra pas toujours du propriétaire, malgré son zèle et sa bonne volonté, d'arriver au nombre déterminé, en cas de moindre saillie la prime lui serait toujours payée, en en retranchant seulement un trente-cinquième par jument saillie en moins, ou une portion plus forte, si le nombre des saillies déterminé pour la prime n'était pas aussi considérable. »

Il y aurait bien quelque chose à reprendre dans ce plan d'organisation ; on nous permettra, tout au moins, de l'examiner rapidement.

Et d'abord M. de la Roche-Aymon a sondé la plaie dans toute sa profondeur. Il ne se contente pas de reconnaître que le nombre des étalons capables, nécessaires au pays, est insuffisant ; il mesure l'étendue même de cette insuffisance et dit nettement qu'il faut y remédier sans délai sous peine d'un danger réel. Il fait la part des deux modes d'intervention, et les dote aussi richement qu'il le croit indispensable. C'est parce qu'il n'ignore pas combien il est difficile de se procurer des reproducteurs de mérite et combien est marquée, chez le spéculateur susceptible de devenir étalonnier, la préférence pour l'étalon commun, qu'il établit un tarif gradué et qu'il élève à un taux considérable la prime des étalons d'un certain prix. Comme moyen transitoire, ces fixations auraient pu être acceptées ; comme situation permanente, elles nous paraissent excessives.

Quoi qu'il en soit, la question était abordée franchement, et sa solution n'était pas laissée dans le lointain. On y arrivait par des voies sûres ; on savait à quelle distance du point de départ se trouvait le but, et l'on se mettait résolûment en marche pour y arriver. Quelle différence entre ce plan et les projets bâtards qui demandent la suppression des dépôts de l'administration et la remise des étalons à l'industrie privée pour primer mille cinq cent cinquante-sept étalons particu-

liers au lieu de mille cinq cent dix dont le système mixte
assure aujourd'hui le bon service ?

La répartition des étalons dans les cadres déterminés par
M. de la Roche-Aymon n'aurait peut-être pas été toujours
exempte de difficultés ; mais ce n'est là qu'un détail, une
petite complication dans le travail du jury. — Passons.

La formation d'un jury est toujours chose facile. Un préfet
n'est jamais embarrassé de faire des nominations dans ce
genre. Il est moins aisé de réunir les membres d'une commission, de les mettre d'accord dans des questions spéciales
aussi controversées, et de les faire fonctionner avec la régularité et la convenance désirables. Il est hors de doute que,
sauf un très-petit nombre d'exceptions, le jury estimateur
se fût composé de l'officier supérieur de l'armée et des deux
officiers des haras. Ces trois agents n'auraient pu parcourir
la France entière ; il aurait fallu établir des circonscriptions
et attacher un jury spécial à chacune d'elles. Le travail de
ces divers jurys n'aurait pu être définitif ; en effet, le nombre d'étalons à admettre dans chaque classe n'aurait pu être
déterminé *à priori* suivant les localités. Ces jurys n'auraient
pu opérer gratuitement ; des indemnités de tournées auraient nécessairement grevé l'institution et augmenté d'autant la dépense : là ne se seraient point bornés les faux frais.
M. de la Roche-Aymon comprenait la nécessité de soumettre
les étalons approuvés à l'inspection, au contrôle des agents
de l'administration des haras ; c'étaient de nouveaux frais de
déplacement à accorder, si réduits qu'on les suppose.

La durée de l'approbation devait être prolongée, sur place,
au delà des cinq premières années ; cette disposition va de
soi. M. de la Roche-Aymon s'est préoccupé, outre mesure et
plus que personne, des inconvénients réels de la consanguinité ; mais, sans toucher ici à la question de science, nous devons nous arrêter un instant sur le fait de la réforme et du
remplacement de l'étalon chez les particuliers, voir aussi

quelle est, en général, la durée des services rendus par cette classe de reproducteurs.

L'industrie privée ne travaille guère pour l'avenir (1). Ses spéculations ne sont pas, ne peuvent pas être des opérations à long terme. Elle fait ses calculs pour des éventualités prochaines et leur donne par cela même un certain degré de certitude que le temps dérangerait fort si on ne se pressait un peu de jouir. Fidèle à ses intérêts, avare de ses avances, économe de son temps, le producteur ou l'éleveur de chevaux fait en sorte de ne pas garder ses produits au delà d'un certain temps après lequel ils doivent nécessairement perdre, chaque jour, quelque chose de leur valeur.

Mâle ou femelle, c'est alors qu'il n'est point encore arrivé à l'état adulte, longtemps avant qu'il n'ait atteint l'apogée de sa force, que le cheval est voué au travail, livré à la reproduction de l'espèce. A peine sorti du premier âge, il rend déjà d'importants services, et le moment de la vente arrive à l'époque à laquelle son emploi pourrait commencer. Parmi les onze mille étalons privés auxquels sont abandonnés aujourd'hui les neuf dixièmes du renouvellement de la population, combien sont dans ce cas ? l'immense majorité, assurément. Le difficile est de retenir ces animaux, quand ils ont de la valeur, lors surtout qu'ils ont du mérite au point de vue de l'amélioration, aux mains de ceux qui les possèdent, et de créer à ces derniers un intérêt de conservation suffisant. Les inconvénients de la consanguinité, comme

(1) « ... En faisant saillir certains chevaux, les cultivateurs ne travaillent pas dans le but d'améliorer une race, ils font une spéculation qu'ils abandonnent bien vite, s'ils ne la trouvent pas lucrative.

« ... Ils n'ont pas toujours les moyens de mettre un grand prix à l'acquisition d'un bon cheval. Ensuite ils travaillent sans ensemble.....

« Toujours par esprit d'intérêt et de spéculation, le cultivateur qui achète un cheval pour le faire saillir s'attache aux qualités apparentes sans se soucier de l'origine et des qualités réelles. » (*Nouveau système d'amélioration des animaux domestiques;* par A. Péteaux.)

l'entend M. de la Roche-Aymon, ne sont point à redouter.
En effet, bien rarement conserve-t-on, pendant cinq années
consécutives, le même cheval; plus fréquemment est-il remplacé tous les deux ou trois ans. Cette mobilité dans les
moyens, cette diversité dans les éléments de reproduction
ne permettent pas d'asseoir l'œuvre de la reproduction sur
des bases certaines. Dans ce système, une rotation inces-
sante d'existences nouvelles jette l'espèce dans une incohérence extrême, et les bons étalons, qu'il est toujours si important de laisser vieillir à l'œuvre, disparaissent emportés
les premiers par la facilité du débouché. Cela est si vrai, que
l'approbation n'est souvent sollicitée qu'en vue de donner
à l'étalon un surcroît de valeur. Dans ce cas, le titre d'approbation tourne contre son but; il sert la spéculation et ne
rend aucun service à la bonne production.

Dans un autre ordre d'idées, quand par hasard l'étalon
approuvé appartient non à un étalonnier de profession,
mais à un cultivateur placé dans des conditions moins faciles
pour la vente souvent renouvelée de ses chevaux, l'animal
peut se tarer, ou bien, quoique exempt de vices transmissibles, il se montre fort médiocre dans ses suites. Dans cette
autre situation, la réforme devient impossible. On retire le
brevet d'approbation, mais alors le prix de la saillie est réduit, ramené au taux le plus bas, et l'étalon sème autour
de lui les mauvais germes qui empoisonneront pour plusieurs générations la population de tout son voisinage.

Telle est l'industrie privée; elle se défait vite et vite de
tout ce qui a de la valeur, et conserve, le plus qu'elle peut,
ce qui ne mérite aucune attention, ou ce qui devrait être
écarté avec le plus de soin et d'empressement (1).

(1) Beaucoup d'autres avant nous ont exprimé les mêmes idées et
les mêmes faits. A tous nos devanciers nous n'emprunterons que le
passage suivant, extrait du tome Ier du *Journal des haras*, p. 322.

« En France, la plupart des cultivateurs sont pauvres et ignorants,

M. de la Roche-Aymon ne fixait qu'à trente-cinq le nombre des juments saillies nécessaire pour que la totalité de la prime fût acquise à l'étalon, et il sait si bien que tout ce qui n'est pas cheval de trait ne doit atteindre que difficilement à ce chiffre, qu'il établit une échelle descendante, afin qu'une partie de la prime au moins ne puisse échapper au possesseur de l'étalon.

Cependant qu'on y prenne garde : lorsque les primes sont élevées, on peut avoir un intérêt à faire approuver un cheval entier sans trop de soucis des services qu'il rendra, de l'utilité qu'il pourra exercer sur l'amélioration. Dans ce cas, le cheval entier peut être habituellement employé à tout autre usage qu'à la monte et ne servir comme producteur que par occasion, d'une manière tout à fait accidentelle. Supposant qu'un étalon estimé 5,000 fr. soit primé à 700 fr., qu'à la fin de la monte ses états comprennent seulement vingt-cinq juments sur lesquelles huit ou dix auront été frauduleusement inscrites, le propriétaire touchera 25/35 de la prime, ou 500 fr., pour s'être donné le

et les grands propriétaires sont malaisés. Il n'y a point de luxe dans nos campagnes. Partout l'industrie s'exerce par calcul plutôt que par goût. Dans toute spéculation l'intérêt général n'est compté pour quelque chose que lorsqu'il se rattache à l'intérêt privé.

« Ainsi jamais il n'entrera dans la pensée d'un homme qui entreprend de former un établissement de haras pour le service public qu'il doit contribuer à l'amélioration de l'espèce. Peu lui importe que les étalons soient tarés et qu'ils vicient la propriété d'autrui ; son unique but est de les employer utilement pour lui-même, et toute son industrie ne tend qu'à dissimuler leurs défauts, afin de les achalander.

« . . . .

« Que trouvons-nous chez nos particuliers qui exercent ce genre d'industrie? Partout, et même en Normandie, la plupart de leurs étalons de selle ne sont que des poulains de deux et trois ans auxquels on fait faire une ou deux montes, et que l'on châtre ensuite pour être mis en vente. De là viennent la faiblesse et le peu de durée de ces chevaux, que l'on croit acheter neufs, tandis que sous des apparences trompeuses ils cachent un épuisement réel. . . . . »

plaisir d'user son cheval à sa guise, dans l'unique intérêt de ses plaisirs ou de ses besoins personnels. Si nous appliquons ce raisonnement et ce calcul à un étalon jugé digne d'une prime annuelle de 1,000 fr., nous arrivons à une remise de 714 fr. Chacun de ces deux chevaux pourrait donner sept produits. Dans le premier cas, ils reviendraient à 71 fr. 45 c. l'un ; dans le second cas, au prix énorme de 102 fr. !

Maintenant dira-t-on que ces suppositions sont toutes gratuites, que rien de semblable ne saurait arriver? Nous répondrons : Ceux-là qui savent les hommes et connaissent les faits avoueront nettement que cet abus ne serait pas le seul contre lequel il y aurait des mesures inefficaces à prendre. Sous l'ancienne administration des haras, qu'on nous permette de le rappeler, les abus n'ont jamais été plus nombreux que lorsque les priviléges accordés aux gardes-étalons créaient l'intérêt le plus considérable à posséder et à conserver des étalons; mais, quand les priviléges ne suffisaient pas à cet intérêt, c'est le nombre des gardes-étalons qui se trouvait subitement réduit de telle sorte que le service n'était plus assuré. De là ces immunités toujours consenties et incessamment reprises sans que la mesure exacte ait jamais pu être rencontrée.

Ces considérations donneront, sans doute, à réfléchir. La prime trop faible n'a aucune influence sur l'amélioration ; la prime trop forte pousse à la spéculation privée, coûte énormément au trésor, et n'offre point à l'amélioration les garanties que l'on croit. Les primes trop élevées ont un autre inconvénient fort grave; elles détruisent les véritables conditions de l'industrie, et mettent la faveur et le privilége à la place de l'égalité et de la concurrence. Elles finissent par constituer un monopole et rappellent involontairement tous les abus sous lesquels est tombée l'institution des gardes-étalons, à la suite de la révolution de 1789.

De telles combinaisons ne seraient point de nature à

hâter le développement de l'œuvre, l'émancipation de l'industrie ; elles témoignent bien plutôt des difficultés de toutes sortes que l'on rencontre dans la pratique des meilleures idées. L'industrie est insuffisante, c'est un fait ; mais en quelle mesure faut-il venir à son aide et la protéger sans que son action immédiate puisse en ressentir aucun choc, aucune entrave ? Là est le nœud ; il est plus facile à trancher qu'à défaire patiemment ; mais, si l'on voit bien où doit commencer la protection dont ne peut se passer la production améliorée du cheval, on découvre moins aisément le point précis auquel elle doit être arrêtée, sous peine de nuire aux efforts privés et d'exiger que l'intervention de l'Etat, directe ou indirecte, prenne une extension démesurée ou plutôt complétement impossible.

M. de la Roche-Aymon adoptait, en 1829, le nombre de quatre mille étalons officiels ; d'autres, après lui, ont élevé ce chiffre à cinq mille et même six mille. En 1848, le rapporteur du projet de décret relatif à l'organisation de l'enseignement agricole établissait que huit mille étalons de choix seraient nécessaires à la France. En 1828, un propriétaire de la Moselle, M. Bouchotte, allait plus loin et demandait plus. Cependant, bornant ses exigences à son département, il voulait une subvention de 80,000 fr. à répartir en deux cents primes de 400 fr. l'une, attachées à autant d'étalons approuvés chez les particuliers. Un tel concours, des encouragements aussi larges que ceux que réclament M. Bouchotte et le rapporteur à l'Assemblée nationale produiraient-ils autre chose qu'une industrie factice, ou bien, monopolisant l'œuvre de la reproduction, deviendraient-ils une cause de ruine pour tous ? Nous laissons à d'autres le soin de répondre. Les questions posées s'adressent particulièrement à ceux qui, comme nous, tendent à l'émancipation de l'industrie particulière. Toutefois nous sommes avec ceux qui trouvent que, jusqu'ici, la production et l'élève du cheval n'ont point occupé, dans notre économie politique, une place assez importante. On les a laissées dans une situation trop secondaire, alors qu'elles auraient dû être portées au rang des intérêts les plus graves du pays ; on les a maintenues dans un abaissement qui a ses dangers, quand leur force accrue aurait dû multiplier la richesse et la puissance du pays.

Toute population chevaline, ceci est notre conviction, doit demeurer sur les bas degrés de l'échelle, qui ne tend pas incessamment à être relevée par le tiers au moins des éléments nécessaires à son renouvellement annuel. Nous avons constaté que, pour la population équestre de la France, ce tiers représentait une force de reproduction égale à quatre mille étalons approchant cinquante juments en moyenne. C'est à procurer ce nombre au pays que tous les efforts doivent tendre.

Nous en sommes loin, bien loin : la faute en est à l'insuffisance des ressources consacrées au développement de cette industrie.

Quoi qu'il en soit, voici le tableau des résultats offerts par l'institution à partir de 1821, époque à laquelle elle a été mise en vigueur.

ÉTALONS APPROUVÉS.

ANNÉES	ÉTALONS approuvés		JUMENTS saillies.	MOYENNE par étalon.	PRODUITS	PRIMES payées.	TAUX moyen de la prime.
	avant la monte	ayant fait la monte					
						fr. c.	fr. c.
1821.	117	106	4,820	45,47	1,980	15,700 »	148 11
1822.	169	157	7,546	48 »	2,838	22,040 »	140 38
1823.	188	164	7,749	47,25	2,534	22,275 »	135 82
1824.	153	138	6,787	49,18	2,716	19,050 »	133 04
1825.	174	166	8,296	49,77	3,313	24,080 »	145 06
1826.	209	192	8,586	49,92	3,485	27,610 »	143 80
1827.	251	216	9,996	46,27	3,942	30,380 »	140 64
1828.	286	259	11,826	45,66	5,638	37,095 »	143 22
1829.	318	289	14,224	49,21	5,751	42,885 »	148 39
1830.	307	273	13,065	47,85	5,487	42,179 93	151 50
1831.	335	302	13,544	44,85	6,209	48,613 29	160 97
1832.	344	322	15,575	48,36	6,267	51,424 95	159 70
1833.	369	350	16,611	48,88	7,625	53,937 42	154 10
1834.	352	313	14,798	47,28	5,799	49,739 96	158 91
1835.	245	222	10,339	46,57	4,022	36,879 16	166 12
1836.	194	177	8,562	48,37	3,654	31,843 33	179 90
1837.	196	184	9,044	49,15	3,577	35,138 33	190 96
1838.	177	164	8,114	49,47	4,595	31,704 98	193 32
1839.	189	178	9,176	51,55	4,158	32,338 21	182 23
1840.	208	197	9,860	50 »	4,255	35,121 66	187 31
1841.	224	213	10,795	50,68	4,574	33,369 99	156 66
1842.	303	284	14,192	50 »	5,767	42,108 32	148 26
1843.	290	266	13,166	49,49	5,813	38,243 29	143 77
1844.	316	277	14,924	53,87	6,347	40,401 66	145 85
1845	336	294	16,045	54,57	6,572	41,891 64	142 48
1846	315	282	13,830	49 »	6,529	42,083 31	149 23
1847.	411	369	19,118	51,81	8,255	56,541 62	153 23
Totaux	6,976	6,354	310,588	» »	131,702	984,676 15	» »
Moyen.	258	239	11,503	48,87	4,878	36,469 48	155 18

Nous n'avons rien à dire quant au chiffre des étalons en lui-même; il est complétement illusoire; nous ferons seulement remarquer la différence qui existe entre le nombre des étalons approuvés et le nombre moindre de ceux qui ont fait la monte.

Cette réduction provient des ventes qui ont eu lieu soit

avant, soit pendant la monte. Depuis quelques années, tout
étalon approuvé emporte avec lui, partout où il est conduit
par suite des transactions dont il devient l'objet, son titre
d'approbation et son droit d'obtenir la prime. Il ne faut
donc pas rechercher, dans un déplacement pur et simple, la
cause de la différence numérique que présentent les deux
premières colonnes du tableau : elle résulte des avantages
que trouve toujours le cultivateur à se défaire de ses chevaux
à l'âge de leur plus grande valeur, à l'époque aussi où les
services divers et les habitudes du commerce les recherchent
avec une préférence marquée.

Un fait très-digne d'attention aussi, et qui vient à l'appui
de l'observation précédente, c'est le petit nombre des ex-
tinctions par suite de mort. En effet, le chiffre de la mortalité est insignifiant parmi les étalons particuliers librement
et *accidentellement* (1) voués au service de la production,
tandis qu'il devient considérable, toutes proportions gardées, quand on l'étudie dans la classe des étalons concédés
à des détenteurs pour un laps de temps plus ou moins prolongé. Nous donnerons des preuves à l'appui de cette remarque, lorsque nous nous occuperons des *étalons départementaux.*

La moyenne des juments saillies par les étalons approuvés
est satisfaisante, quoique modérée; cependant il n'existe
aucun moyen de contrôle certain. Les étalons de trait, les
chevaux de quart de sang ou de demi-sang communs dépassent d'ordinaire le nombre de cinquante saillies; mais
les chevaux d'une origine plus distinguée restent très-souvent et de beaucoup au-dessous de ce chiffre. Pour les premiers, on ne prend pas toujours la peine d'accuser la totalité des juments; pour les derniers, au contraire, le chiffre
a quelquefois été forcé, afin de ne pas perdre une partie

---

(1) Nous avons déjà dit que les étalonniers renouvellent souvent
leurs étalons; rarement les conservent-ils au delà de deux ou trois
montes.

plus ou moins considérable de la prime dont le taux proportionnel, au-dessous du maximum déterminé, est dans la dépendance du nombre des juments saillies, ou en raison des services rendus.

Il n'y a pas plus de certitude quant aux résultats de la monte, quant aux naissances des produits. Quelque diligence qu'on fasse auprès des propriétaires des étalons, on ne réunit qu'après des sollicitations bien des fois renouvelées et l'état des juments saillies dans l'année et l'état des produits résultant de la monte précédente. La remise de ces pièces est pourtant une condition *sine quâ non* de l'ordonnancement de la prime. Dans un très-grand nombre de cas, il faut bien en convenir, ces documents sont établis sur des à peu près et finalement complétés sous le manteau de la cheminée.

La somme consacrée aux étalons approuvés n'est en aucune façon proportionnée aux besoins. Qu'on veuille bien remarquer, toutefois, qu'elle n'avait point encore été aussi forte qu'en 1847 et que les six dernières années du tableau offrent un chiffre supérieur à la moyenne générale. Le taux moyen de ces six années ressort à 45,545 fr.

On a pris l'habitude d'établir le taux moyen de la prime en confondant toutes les classes entre elles. Cette manière de procéder est mauvaise et conduit à un résultat complétement erroné. Nous n'avons pas agi autrement que ceux qui ont écrit avant nous; mais nous nous réservions de faire ressortir le côté essentiellement défectueux de cette méthode. En effet, le tarif des primes est triple, puisqu'il s'applique — aux étalons de pur sang, — aux étalons de demi-sang — et aux étalons de trait. Pour obtenir la moyenne vraie et non plus fausse, mensongère, il faut réunir la totalité des sommes accordées dans chaque classe au moment même de l'approbation, et la diviser par le nombre d'étalons admis dans chacune d'elles; on obtient ainsi des chiffres réels et non plus fictifs. Cette moyenne ainsi cherchée pour les approbations accordées en vue de la monte de 1848 donne les résultats suivants :

Prime moyenne pour un étalon de pur sang. 500 fr.
de demi-sang. 350
de gros trait. 130

21 étalons de pur sang ont été approuvés, ci.	10,500 fr.
106 — de demi-sang.	40,100
284 — de gros trait.	56,920
Totaux. 411 étalons pour une somme de.	87,520

L'allocation inscrite au budget n'était que 65,000 fr.; nous l'avons dépassée de 22,520 fr.

La somme totale, divisée par le nombre entier des étalons approuvés, ne donnerait qu'une prime moyenne de 212 fr. 94 c. Ce mode de répartition est donc vicieux à tous égards ; il le devient bien plus encore en réalité lorsqu'on l'applique aux primes payées. Un certain nombre de celles-ci n'étant que proportionnelles, le taux moyen se trouve encore abaissé et l'erreur aggravée ; car la moyenne accordée est de beaucoup supérieure à celle que les faits accomplis permettent de payer. Les choses changent à ce point, que nous étions certain, lorsque nous dépassions le crédit de 22,520 fr., de n'avoir point à dépenser, en fin de compte, au delà de l'allocation inscrite dans la loi de finances. Nous croyons même être assuré, au moment où nous écrivons, que la totalité du crédit ne sera point absorbée. Les circonstances politiques auront beaucoup contribué à ce mauvais résultat. D'une part, la production a été ralentie ; d'autre part, un certain nombre d'étalons approuvés n'a point été conservé. Ainsi diminution de ces derniers et ralentissement dans le service, telle a été la situation des primes formant ensemble un total de 87,520 fr.

Le tableau suivant indique l'énorme disproportion qui règne entre les trois classes d'étalons approuvés.

Étalons approuvés classés par espèces.

ANNÉES.	ÉTALONS de pur sang.	ÉTALONS de demi-sang.	ÉTALONS de gros trait.	TOTAL.
1821................	»	30	87	117
1822...............	»	74	95	169
1823...............	»	47	141	188
1824................	»	52	101	153
1825................	»	63	111	174
1826................	»	75	134	209
1827...............	»	87	164	251
1828...............	»	112	174	286
1829...............	»	103	215	318
1830................	»	129	178	307
1831...............	»	141	194	335
1832...............	»	137	207	344
1833...............	»	136	233	369
1834...............	»	116	236	352
1835...............	12	81	152	245
1836...............	14	62	118	194
1837...............	12	68	116	196
1838...............	14	69	94	177
1839...............	11	61	117	189
1840...............	13	67	128	208
1841...............	14	67	143	224
1842...............	18	92	193	303
1843...............	17	93	180	290
1844...............	14	108	194	316
1845...............	16	117	203	336
1846...............	18	153	144	315
1847...............	21	106	284	411
TOTAUX......	194	2,446	4,336	6,976

Ce tableau pourrait se passer de commentaires; nous y attacherons néanmoins quelques observations.

Ce n'est qu'en 1835 que des primes commencent à être appliquées aux étalons de pur sang. Depuis lors, le nombre, tout minime qu'il soit encore, s'en est presque constamment augmenté; mais il se compose, à très-peu d'exceptions près, des étalons dont l'administration des haras s'est refusée à faire l'acquisition. Ce ne sont pas les plus occupés;

leur clientèle est lente à se former, et le prix de la saillie ne parvient pas à s'établir à un taux bien élevé.

La moyenne annuelle des étalons de demi-sang n'est pas tout à fait de quatre-vingt-onze. Si l'on retirait de ce nombre les étalons départementaux qui, par suite de combinaisons diverses et toutes spéciales, restent forcément aux mains des détenteurs pendant quatre, — cinq ou six années, cette classe se réduirait à un chiffre complétement insignifiant. L'étalon de demi-sang, considéré en lui-même, n'est encore entré ni dans les besoins, ni dans les goûts du cultivateur. Les haras le vulgariseront, le propriétaire de juments l'utilisera chaque jour davantage; mais de longtemps on ne le verra tenter la spéculation de l'étalonnier. Le prix de la saillie de cette classe de reproducteurs reste nécessairement fixé à un taux très-inférieur.

La classe des étalons de gros trait est de beaucoup la plus nombreuse; la moyenne annuelle est de cent soixante pour vingt-sept ans. Cette nature de cheval est à la portée de tous et d'une défaite toujours facile. De plus, le prix de la saillie, sans être considérable, devient important par l'étendue de la clientèle qui s'attache à l'étalon de trait, promené de foire en foire et conduit de ferme en ferme. La multiplicité des saillies combat le bon marché; d'ailleurs, cheval et conducteur, nomades pendant cinq, six et sept mois de l'année, vivent au compte des fermiers. La monte terminée, l'étalon trouve un autre emploi, reçoit une autre destination; il est revendu tout autant qu'il a coûté d'achat, sinon plus, et le produit de son service est tout profit. Nonobstant ces avantages, cette classe de producteurs n'est guère composée que d'animaux médiocres; le plus grand mérite que l'on recherche en eux consiste en une taille élevée et la plus forte corpulence. La pureté, la régularité des formes, les bonnes conditions de structure attirent rarement l'attention. Tous les vices de conformation, toutes les défectuosités sont aisément masqués par une ardeur acquise dont il faut voir la source dans le régime abondant auquel sont tenus ces étalons pendant toute la durée de la monte.

Il peut être intéressant aussi de connaître comment se répartissent, en général, sur la surface du pays, les étalons proposés à l'approbation. Ce travail, s'il était présenté pour les vingt-sept années comprises dans les tableaux précédents, excéderait les bornes raisonnables que nous devons nous imposer ; nous le donnerons seulement pour l'année la plus rapprochée, pour 1847.

Tableau des étalons approuvés par département.

CIRCONSCRIP-TIONS.	DÉPARTE-MENTS.	NOMBRE des étalons approuvés.	CIRCONSCRIP-TIONS.	DÉPARTE-MENTS.	NOMBRE des étalons approuvés.
			Report.........		305
ABBEVILLE.	Pas-de-Cal..	19			
	Somme....	14	LAMBALLE et	Côtes-du-N.	16
	Nord......	11 / 51	LANGONNET.	Ille-et-Vilai.	1 / 43
	Seine-Infér..	7		Finistère...	26
BRAISNE..	Ardennes...	42	BLOIS.....	Loir-et-Cher	6
	Aisne......	40		Indre......	5 / 14
	Marne....	3 / 94		Cher......	2
	Oise......	5		Loiret......	1
	Seine-et-Ois.	4	CLUNY....	Isère......	9
ROSIÈRES..	Meuse......	27		Ain.......	7 / 18
	Meurthe...	3 / 31		Nièvre.....	1
	Moselle....	1		Saône-et-L..	1
JUSSEY...	Haute-Saône	11	POMPADOUR	Creuse....	3
	Doubs......	3 / 16	AURILLAC..	Cantal....	1
	Jura......	2	ARLES.....	Gard......	1
MONTIEREN-DER......	Côte-d'Or...	13	ST.-MAIXENT	Deux-Sèvres	6 / 8
	Aube......	5 / 18		Vienne.....	2
LE PIN ET ST.-LÔ...	Calvados...	35	LIBOURNE..	Gironde....	1
	Orne......	14	VILLENEUVE	Lot-et-Gar..	1
	Eure-et-Loir	5 / 78	PAU.......	Basses-Pyr..	1
	Eure......	2	TARBES....	Hautes-Pyr.	4
	Manche....	22		Ariége......	4
ANGERS....	Mayenne...	7		Pyrén.-Or..	3 / 15
	Sarthe.....	6 / 17		Aude......	2
	Maine-et-L..	3		Haute-Gar..	2
	Loire-Infér..	1			
A reporter......		305	*TOTAL*........		411

Cette répartition inégale est parfaitement rationnelle néanmoins et cadre en tous points avec l'espèce des étalons approuvés; elle place le grand nombre dans les contrées où le cheval commun, le cheval de gros trait est le plus abondamment produit. En faisant la part des localités et en les rangeant toutes dans deux régions seulement, celle du nord et celle du midi, — nous trouvons dans la première trois cent quatre-vingt-huit étalons contre vingt-trois qui existent dans la seconde.

Le système des étalons approuvés est une institution toute d'encouragement et de protection; c'est là ce qui en forme et la base et le caractère : les deux choses sont intimement liées l'une à l'autre et réagissent l'une sur l'autre, bien qu'elles appartiennent à deux ordres de faits très-distincts.

Le bon cheval devrait se protéger par lui-même, par le mérite de son origine et de sa bonne conformation, autant que par la qualité de ses produits. Dans ce cas, le taux de la prime pourrait s'élever au maximum, et le prix du saut suivrait, sans doute, la même progression. Malheureusement il n'en est point ainsi en France, et la raison en est bien simple; elle tient à ce que les étalons ne fournissent point une carrière assez longue pour que leurs œuvres puissent les mettre en vogue et leur assurer une riche clientèle.

Le prix élevé de la saillie est répulsif en France. Dans la plus grande partie du pays, un cheval à 20 fr. ne réunirait pas dix juments, un cheval à 10 fr. n'en aurait guère plus, et le cheval à 5 fr. est abandonné pour le rouleur indigne à 1 fr. 50. En de telles conditions, il y a peu de succès à attendre de l'industrie privée, si on ne lui vient largement en aide, si on ne l'encourage pas par des primes considérables, si même, comme d'aucuns le voudraient, on ne la protége d'une manière plus immédiate par des dispositions d'un caractère répressif.

Nous n'avons plus rien à dire sur l'importance de la prime,

si ce n'est que ceux qui en exagèrent le chiffre s'appuient principalement sur la nécessité de donner aux producteurs la saillie gratuite, ou tout au moins la saillie à très-bas prix. Dans leur pensée, il s'agit de tuer par la concurrence cette tourbe de chevaux entiers qui avilissent l'espèce en inoculant à ses générations le poison de leur propre dégradation. La prime élevée permet de supposer que les étalonniers mettraient plus de soin et d'attention à se procurer des étalons capables, que l'approbation, c'est-à-dire une attache officielle, désignerait tout naturellement à la préférence des propriétaires de juments. A prix égal, cela devrait être ; le bon cheval serait recherché avec un empressement égal à celui qu'on mettrait à fuir l'étalon nuisible. Cette théorie a son grain de vérité ; mais son application serait exorbitamment chère, car elle conduirait droit à quelque chose de matériellement impossible, à la subvention des douze mille étalons nécessaires au renouvellement de notre population chevaline. Elle serait destructive de tout effort privé, monopoliserait la reproduction, et loin de développer l'industrie, loin de l'amener par degrés à se suffire à elle-même, elle l'habituerait à ne compter que sur l'intervention la plus puissante de l'Etat.

Le système opposé à celui-ci est plus favorable aux saines idées d'économie publique ; il stimule, éclaire, encourage, montre la route à suivre et la déblaye, afin que peu à peu on s'essaye à la parcourir seul et sans secours. C'est à ce dernier résultat qu'il faut tendre, si éloigné qu'il se montre d'ailleurs ; par l'autre système, au lieu de s'en rapprocher, on s'en écarterait chaque jour davantage.

Les partisans de la saillie gratuite sont peut-être plus nombreux que les partisans de la saillie payée à un taux aussi considérable que possible ; mais la vérité est avec ces derniers, et leurs arguments plaident avec plus de force en faveur de leur opinion. En effet, « c'est rarement le prix du saut qui influe sur la détermination du propriétaire dans le choix de l'animal auquel il doit donner sa jument, mais ses espérances ou ses craintes par rapport au prix ou à l'usage qu'il pourra retirer de la production (1). »

M. Charles de Boigne est l'un des hippologues qui ont le plus vigoureusement combattu pour la saillie chèrement payée ; il s'est exprimé ainsi (2) :

« Nous voudrions que le prix de la saillie pût être moindre de 20 fr. ; à cinquante juments, cela ferait 100 louis ; mais un bon étalon, bien constitué, peut saillir de soixante à soixante-dix juments : ce sera donc une recette de 1,200 fr. ou même de 1,400 fr. »

Le cultivateur se décidera-t-il à payer si cher une saillie qui ne le tente pas quand elle est fixée à un taux bien inférieur ? A cette question M. de Boigne répond :

« De ce côté, l'éducation du pays est encore à faire, nous l'avouons, mais elle est déjà commencée. Lorsque *Raimbow* vint en France, il fut aussitôt assez recherché, malgré le prix de 100 fr. auquel il faisait la monte, prix exorbitant pour l'époque. Peu à peu le nombre des juments distinguées augmenta avec le nombre des amateurs ; ce prix fut porté à 200 fr., et, loin d'effrayer les éleveurs, il n'empêcha pas que *Raimbow*, mieux connu par ses produits, ne couvrît plus de juments à 200 fr. qu'il n'en avait couvert à 100 fr. Que l'étalon s'appelle *Raimbow* ou Pierre, qu'il soit de pur sang, de demi-sang, ou simplement bien conformé, que sa saillie coûte 200 fr. ou 20 fr., si, dans son espèce, ses produits sont distingués, le cultivateur finira par sacrifier volontiers 10 ou 12 fr., dans l'espoir de regagner cette somme et bien au delà, quelques années plus tard. Quand un étalon sera avantageusement connu dans un pays, quand ses poulains se seront vendus un bon prix, il sera plus recherché que le cheval taré faisant la saillie à 5 fr., mais dont les fils sont d'une défaite dificile. »

(1) Rapport de la commission administrative des haras (1829).
(2) *Du cheval en France*, p. 151.

Ces considérations ne manquent pas de justesse; mais la théorie et la pratique, au lieu d'aller de pair et de se prêter main forte, sont souvent et très-souvent en pleine discordance. Pour qu'il soit connu et apprécié dans ses suites, il faut qu'un étalon demeure là où il a commencé sa carrière d'étalon, et que cette carrière ait au moins une certaine durée. Eh bien, c'est là qu'est le principal obstacle à l'élévation du prix de la saillie, et cet obstacle est tel, que nous ne connaissons, nulle part, un seul étalon particulier de demi-sang ou de gros trait, qui ait laissé un nom, un regret, des souvenirs parmi les producteurs.

A cela M. de Boigne répondrait que c'est précisément à cause de cette difficulté qu'il faut élever les primes à un taux considérable, afin de créer un intérêt à se procurer des étalons supérieurs et à les conserver. Et M. de Boigne établirait le tarif suivant :

Pour le cheval de pur sang, de 600 à 1,200 fr. ;
Pour l'étalon de demi-sang, de 500 à 500 fr. ;
Pour l'étalon de gros trait, de 150 à 500 fr.

Ces fixations sont atteintes aujourd'hui pour la dernière classe, dépassées pour la seconde et fort convenables pour la première, qui va jusqu'à 800 fr. On peut dire que le vœu de M. de Boigne a été accueilli; nous verrons combien de temps il fera conserver chaque étalon au service de la monte; nous le saurons bientôt, car nous étudierons tout spécialement la question sous ce point de vue moins neuf pour nous que pour la plupart des hippologues, sinon pour tous.

Aussi bien sommes-nous déjà certain du résultat, par la raison que tout n'est pas, que tout ne peut pas être dans le taux moyen rationnel ou exagéré de la prime. La solution du problème est plus compliquée; les termes en sont, malheureusement, moins simples que ne l'a pensé M. de Boigne.

En l'absence d'un encouragement pécuniaire suffisant, beaucoup ont demandé une protection de fait plus certaine,

plus générale, à l'usage de tous, et non plus de simples subventions nécessairement limitées au petit nombre. Ceux-ci
voudraient recourir à des mesures législatives d'une haute
gravité, car elles porteraient jusqu'à un certain point atteinte au libre usage de la chose possédée, ou même à
l'exercice du droit sacré de propriété.

Cette question a été lumineusement débattue au sein de la
commission d'enquête, réunie en avril 1848, par l'honorable
M. Bethmont. Qu'on nous permette de transcrire ici les passages du rapport remis au ministre, dans lesquels les opinions divergentes ont été reproduites avec beaucoup de
lucidité.

« Quelques membres demandaient qu'une mesure législative prescrivît la castration de tous les chevaux qui ne seraient pas reconnus propres à la reproduction, ou que, au
moins, les propriétaires de chevaux entiers fussent soumis à
un impôt. Ces deux demandes ont été repoussées par la commission ; mais, convaincue de la nécessité de repousser de
la reproduction les animaux nuisibles à l'amélioration de
l'espèce, elle a émis le vœu que les propriétaires qui n'au
raient pas obtenu, pour les étalons, de patente de santé
fussent, par une disposition législative, passibles d'une
amende.

« L'émission de ce vœu a rencontré une vive opposition
dans le sein de la commission.

« D'accord sur le principe, nous n'avons été divisés que
sur la question de droit.

« La restriction imposée au propriétaire pour l'usage de
son cheval a paru à la minorité une atteinte portée à l'exercice du droit de propriété, une condition de nature à éloigner les cultivateurs de l'industrie étalonnière; dans leur
opinion, le seul contrôle certain et impartial, c'est celui de
l'appréciation publique et de l'intérêt privé. Si les étalons
produisent mal, ils seront bientôt abandonnés. Confier à une
commission spéciale le pouvoir de prononcer sur les qualités

ou les défauts d'un cheval , sur son emploi, c'est remettre à l'inquisition , à l'arbitraire, aux préventions et quelquefois aux rivalités des hommes, le droit de décider du sort de leurs concurrents.

« Dans l'opinion contraire, on a fait valoir le danger qu'il y a à tolérer, pour le service de la monte, des animaux dont la conformation ou les vices se reproduisent dans leur descendance. C'est nuire à l'amélioration et détruire le bon effet des efforts tentés par l'administration et par les particuliers pour améliorer les espèces. Les pouvoirs publics doivent empêcher l'abus du droit de propriété, lorsque cet abus peut porter préjudice à des tiers. Il existe dans nos lois d'autres cas où l'exercice de ce droit est limité ; d'autres pays ont eu recours à des restrictions telles que celles auxquelles on veut soumettre l'industrie étalonnière et en ont ressenti d'heureux effets. Il arrive que des étalons repoussés de Belgique et de Suisse par la législation de ces pays viennent dans le nord de la France faire, au détriment de nos espèces et à la faveur du bas prix de la monte, une concurrence fatale aux bons étalons.

« Ces considérations ont déterminé le vote de la commission , qui, après une discussion animée, a décidé, à la majorité de deux voix, que le vœu serait recommandé à votre sollicitude. Il est bien entendu que les propriétaires qui limiteraient à leurs propres juments la monte de leurs étalons ne seraient point, dans l'intention de la commission, passibles de l'amende (1). »

Nous consacrerons un autre chapitre à l'étude de cette question, dont la solution est toujours pendante à cause de sa gravité, et toujours ajournée en raison même des difficultés qu'elle présente ; mais c'est ici le lieu de répondre à une accusation souvent portée contre les haras et d'y répondre par les faits officiels.

(1) Rapport au ministre de l'agriculture et du commerce, page 25.

« Les progrès ne se réalisent pas en un jour, a dit M. de Boigne ; il faut des années et bien des années avant que les notions les plus élémentaires et les plus simples parviennent à se faire jour dans les esprits même éclairés. Longtemps l'administration des haras a eu des stations d'étalons voisines des chevaux des particuliers, et elle ne s'apercevait pas du tort qu'elle leur causait. Les étalons particuliers exigeaient une redevance plus considérable que celle de l'État, et naturellement les juments affluaient au bon marché. Aujourd'hui, aussitôt qu'un propriétaire établit une monte dans une localité, ou l'administration éloigne ses étalons, ou elle demande un prix de monte supérieur à celui fixé par le propriétaire. De telles mesures ne sauraient être trop appréciées. »

M. de Boigne écrivait en 1845. Il a certainement élevé quelques très-rares exceptions à la hauteur d'un fait général, usuel, ou même d'un principe admis par l'administration supérieure. C'est un tort. Si des stations ont fait concurrence, concurrence de parti pris à l'industrie privée, ce n'a jamais été ni par ordre ni du consentement de l'administration ; ç'a été un fait isolé, une maladresse commise, rien de plus. Jamais les officiers n'ont eu pour mission d'enrayer les efforts des particuliers, et nous avons déjà cité des instructions qui marquaient d'autres tendances et indiquaient des vues bien différentes.

Cependant la même accusation s'étant reproduite postérieurement à l'apparition du livre de M. de Boigne, et jusque dans ces derniers temps, malgré la publicité donnée à la circulaire ministérielle du 1er novembre 1847 concernant l'arrêté pris le 27 octobre, même année, et relatif aux étalons autorisés, nous devons consigner ici ces deux pièces, qui sont une protestation officielle contre toute idée de concurrence à l'industrie particulière dont l'administration ne saurait trop encourager les efforts et protéger les bonnes dispositions.

Circulaire adressée par M. le ministre de l'agriculture et du commerce aux préfets, en leur transmettant l'arrêté du 1ᵉʳ novembre 1847, relatif aux étalons autorisés.

Paris, le 1ᵉʳ novembre 1847.

« Monsieur le préfet, l'administration des haras s'est de tout temps attachée à épurer l'espèce des étalons entretenus dans les établissements de l'État. L'amélioration, sensible aujourd'hui, de nos principales races rend la tâche plus facile et permet de réformer, avant de les laisser vieillir, les reproducteurs qui ne justifient pas, dès les premières années de leur emploi, les espérances qu'on avait pu concevoir au moment de l'achat.

« L'effectif des étalons royaux est et doit être nécessairement borné. Plus que jamais l'administration doit s'efforcer de le renouveler par des animaux de grand mérite. Elle se montrera donc plus sévère dans ses conditions d'achat et dans ses choix. Cette classe d'étalons offrira ainsi toute garantie aux possesseurs de juments et remplira bien le but que poursuit le gouvernement, — l'amélioration de l'espèce. Toutefois le chiffre de son effectif actuel, qui est de mille deux cents, est de beaucoup inférieur aux besoins de l'industrie. En effet, le renouvellement de la population chevaline de la France nécessite une force dix fois plus considérable.

« L'influence des étalons royaux serait donc insuffisante si d'autres moyens et d'autres ressources ne venaient la fortifier et la développer. Elle doit trouver un puissant auxiliaire dans la classe des étalons approuvés.

« Cette dernière n'a pu encore être bien nombreuse. Les haras achetant jusqu'ici la presque totalité des étalons capables que produisait le pays, il en restait bien peu qui fussent véritablement dignes d'un encouragement élevé. La situation est changée : l'industrie peut trouver maintenant, après les achats de l'administration, un certain nombre de reproducteurs de choix, c'est-à-dire de bonne origine et de belle conformation. Il y aurait un grand intérêt à les faire conserver par les propriétaires et les faire concourir à l'amélioration des races par leur emploi à la reproduction. Un système de primes suffisamment rémunérateur pouvant seul créer cet intérêt et stimuler le zèle des étalonniers, une ordonnance royale, rendue sur ma proposition, modifie le tarif des encouragements accordés aux détenteurs d'étalons approuvés. A partir de 1848, ce tarif est fixé comme suit :

« Pour un étalon de pur sang, de 400 à 700 fr. ;

« Pour un étalon de demi-sang, de 300 à 500 fr. ;

« Pour un étalon de gros trait, de 100 à 200 fr. (1).

« Une augmentation de crédit destinée à l'acquittement de ces primes sera proposée au vote des chambres, afin de mettre en rapport l'allocation du budget et les fixations de l'ordonnance royale du 10 novembre dernier.

« Je voudrais amener l'industrie particulière à posséder le plus grand nombre possible d'étalons améliorateurs; la nouvelle ordonnance n'a pas d'autre but. On comprendra néanmoins que le maximum des primes ne pourra s'appliquer qu'à des animaux de race, d'une conformation régulière, et exempts de vices et de maladies héréditaires.

« La classe des étalons approuvés, dans un temps donné, devrait égaler en mérite, en force, en utilité celle des étalons royaux. Tel est le résultat à obtenir.

« Cependant, fussions-nous aussi riches, tous les besoins ne seraient pas remplis; le bien qu'on pourrait attendre des étalons royaux et des étalons approuvés réunis serait encore paralysé par l'emploi beaucoup plus étendu des étalons libres; ceux-ci ont été et seront longtemps le fléau de l'espèce. On a souvent demandé et l'on demande, chaque jour, contre eux des mesures répressives; il ne semble pas qu'on puisse, sous

(1) L'arrêté du 11 décembre 1848 a modifié ce tarif. Voir page 56.

ce rapport, arriver de sitôt à une solution satisfaisante. Je n'abandonne pas l'étude de cette question ; mais, en attendant qu'elle puisse être résolue, j'ai cru qu'il était possible d'atténuer en partie le mal dont on se plaint avec raison.

« S'il est juste de ne porter aucune atteinte au droit de propriété, il importe essentiellement aussi de garantir, autant que possible, l'industrie contre l'emploi trop facile de ces mauvais étalons qui dégradent l'espèce, et qu'on ne fait autant servir à la reproduction que parce qu'un examen superficiel ne permet pas toujours de reconnaître en eux l'existence de vices ou de maladies qui doivent les en faire exclure. C'est pour prémunir le grand nombre contre ces inconvénients que, par mon arrêté du 27 octobre dernier, j'ai décidé qu'il serait formé, dans les départements, des commissions hippiques chargées d'examiner les animaux préposés au renouvellement de l'espèce ; par suite du travail de ces commissions, une troisième classe d'étalons sera instituée sous le nom d'*étalons autorisés*.

« L'admission dans celle-ci aura pour objet d'éclairer l'industrie sur le mérite réel des chevaux entiers livrés à la reproduction ; elle distinguera nécessairement le cheval qui ne peut préjudicier aux qualités de l'espèce de celui dont le contact ne peut que les altérer ; elle signalera l'étalon qui n'aura ni tares ni graves défauts, et, par le fait, indiquera suffisamment l'étalon nuisible. En éloignant de la production un grand nombre d'étalons tarés et défectueux, on aura affranchi l'amélioration chevaline du plus grand obstacle qu'elle ait rencontré jusqu'à ce jour. La concurrence qui s'établira entre les meilleurs producteurs maintiendra le prix de la monte dans de justes limites, et on n'aura plus de motifs pour accorder la préférence à des sujets qui détérioreraient les races.

« Il faut que la carte d'*autorisation* créée par l'art. 7 de l'arrêté précité devienne tout à la fois un titre pour l'étalonnier, un certificat d'aptitude pour l'étalon, et un motif

de sécurité pour le producteur comme pour le consommateur.

« Les dispositions de l'art. 9 ont une haute importance :
en faisant de l'admission dans la classe des étalons *autorisés*
l'une des conditions indispensables à l'approbation, elles
attachent un grand intérêt à l'examen des commissions hippiques et donnent du prix à l'obtention de la carte d'*autorisation.*

« Je ne saurais trop vous recommander de surveiller l'entière et judicieuse application de cet arrêté. Pour cette année, le temps presse déjà. Veuillez, je vous prie, composer
sans retard les commissions d'examen organisées par l'art. 5,
et leur demander de vous remettre immédiatement la nomenclature des vices et maladies transmissibles qui, dans
votre département, seraient de nature à mettre obstacle
à l'admission des chevaux entiers parmi les étalons *autorisés.*

« Il ne faudrait pas, par une sévérité excessive, affaiblir
l'influence que la mesure devra exercer plus complétement
un jour sur l'amélioration. On peut, au début, s'arrêter aux
vices les plus saillants, à ceux qui, dans chaque localité,
déprécient le plus la race et nuisent essentiellement à la
vente des produits. Plus tard, lorsque l'industrie sera plus
avancée, lorsqu'elle aura bien compris la nécessité de se
plier aux exigences de l'amélioration, les commissions pourront se montrer moins faciles, et n'admettre que des sujets
vraiment capables de concourir au perfectionnement des
races. Il y aura lieu alors d'établir à nouveau la nomenclature que je vous demande aujourd'hui.

« Vous ne ferez entrer dans les commissions que des
hommes ayant des connaissances hippiques réelles. Le mode
adopté pour leur renouvellement (art. 4) vous permettra de
remplacer successivement les membres qui, nommés une
première fois, n'auraient pas prêté à la commission le concours que vous en attendiez.

« Je joins à cette circulaire   exemplaires de mon arrêté du 27 octobre et un modèle de la carte d'*autorisation* à délivrer pour tout cheval jugé digne de faire partie de la classe des étalons *autorisés*.

« Recevez, etc. »

Arrêté du 27 octobre relatif aux étalons autorisés.

« Le ministre secrétaire d'Etat au département de l'agriculture et du commerce,

« Considérant qu'il importe à l'amélioration des races chevalines d'éloigner de la production les chevaux entiers tarés, défectueux ou atteints de maladies héréditaires ;

« Qu'un grand nombre de mauvais étalons ne sont employés que parce que plusieurs de ces tares ou de ces vices demeurent ignorés ;

« Que ce serait mettre en faveur les étalons exempts de tares et sains de corps que de les désigner au choix des producteurs ,

« Arrête :

« Art. 1er. Il y aura, à l'avenir, une classe d'étalons dite des *étalons autorisés*.

« Art. 2. Cette classe ne comprendra que des chevaux entiers, âgés de quatre ans, exempts de tares et de maladies héréditaires.

« La nomenclature de ces tares, vices et maladies sera arrêtée, pour chaque localité, d'après l'avis des commissions créées en vertu des dispositions de l'article 5 du présent arrêté, et portée par les préfets à la connaissance du public.

« Art. 3. Il sera formé , dans chaque département, une ou plusieurs commissions hippiques chargées d'examiner les étalons que les propriétaires présenteraient à l'*autorisation*.

« Art. 4. Les commissions, nommées par le préfet et

composées de six membres, se renouvelleront, chaque année, par tiers.

« Les membres sortants pourront être renommés.

« Art. 5. Les commissions éliront elles-mêmes leur président.

« La présence de quatre membres sera nécessaire pour délibérer.

« Les délibérations auront lieu à la majorité des voix ; en cas de partage, la voix du président prévaudra.

« Art. 6. Les commissions soumettront les chevaux entiers qui leur seront présentés aux diverses épreuves que pourrait exiger la constatation des vices, tares ou maladies compris en la liste arrêtée et publiée conformément à l'article 2.

« Art. 7. Les préfets délivreront, sur papier libre et sans frais, aux propriétaires des étalons admis par les commissions, une carte d'*autorisation*, valable pour un an seulement.

« Les étalons *autorisés* pour une année ne pourront être maintenus que par suite d'un nouvel examen et d'une nouvelle admission.

« Art. 8. Les préfets détermineront, à l'avance, les lieu, jour et heure des réunions de chaque commission.

« La liste des étalons *autorisés* sera dressée, publiée et affichée, chaque année, à la diligence des préfets.

« Un exemplaire devra en être adressé au ministre de l'agriculture et du commerce.

« Art. 9. A l'avenir, aucun étalon ne sera *approuvé* par l'administration des haras, s'il n'a été préalablement admis, par les commissions locales, dans la classe des étalons *autorisés*.

« Paris, le 27 octobre 1847.

« Signé L. Cunin-Gridaine. »

La création de cette troisième classe d'étalons, celle des étalons autorisés, complétait le système des haras. En effet, si, à côté des étalons du gouvernement, plus spécialement voués à l'amélioration, il était nécessaire de créer un intérêt à entretenir des animaux d'un certain mérite, en donnant des approbations avec primes il n'était pas moins utile de travailler à éloigner de la reproduction cette foule d'entiers nuisibles à l'espèce et par leur dégradation morale et par les défectuosités et les tares qui les couvrent.

L'arrêté et la circulaire qui précèdent n'avaient pas d'autre objet.

L'arrêté a institué des commissions locales (1) chargées d'examiner tous les étalons particuliers, de désigner à l'industrie ceux qui, sans avoir ni distinction ni aptitude suffisantes pour faire progresser l'amélioration, n'ont cependant ni tares ni défauts qui puissent la faire reculer, et qui, par conséquent, sont au moins propres à conserver les races dans leur état actuel.

Cette mesure, dont l'application sérieuse, efficace s'est trouvée ajournée par suite des circonstances, ne saurait être accueillie qu'avec faveur, car elle est destinée à séparer l'ivraie du bon grain ; elle doit surtout avoir pour résultat de discréditer les animaux abâtardis, de protéger ceux dont l'emploi n'est point une perte ou un danger pour l'industrie chevaline. Nul, assurément, ne s'attache de gaîté de cœur à la reproduction des vices constitutionnels, nul ne poursuit systématiquement la transmission des maladies ou des tares qui dégradent l'espèce et la retiennent au dernier degré de l'échelle ; on peut dès lors attribuer, avec quelque raison, au manque de connaissances pratiques autant qu'à l'indifférence l'état d'infériorité de la masse de notre population équestre.

La formation de la classe des étalons autorisés, qui devra comprendre toutes les forces utiles au renouvellement de l'espèce, remédiera donc à un grand inconvénient ; elle aura

_____

(1) Voyez tome Ier, page 320.

presque cet avantage de mettre l'ignorance au niveau du savoir. La carte d'autorisation devra toujours être, pour le possesseur de juments, un moyen de se reconnaître et un motif de sécurité; elle donnera peut-être, espérons-le du moins, une certaine vogue au cheval autorisé, lui attirera suffisante clientèle, élèvera l'intérêt qu'on peut avoir à l'offrir à l'industrie, laquelle aussi en retirera une utilité plus grande. Le bien produit par l'emploi des étalons nationaux et approuvés ne sera plus autant affaibli par le contact nuisible de beaucoup de mauvais étalons; on ne laissera plus détruire par la foule ce que l'on s'efforçait en vain d'obtenir par le petit nombre; il y aura plus d'ensemble et de certitude dans les efforts de chacun et de tous.

C'est aux préfets à se montrer judicieux dans la composition des commissions locales ; c'est à ces dernières à comprendre le rôle qui leur a été dévolu , à bien se pénétrer de son importance et de son utilité : elles ont une haute mission à remplir, l'œuvre de conservation est entre leurs mains, et l'administration des haras a commencé par les mettre en honneur en déclarant qu'elle n'approuverait plus un étalon qui n'aurait pas été préalablement soumis à leur autorisation.

Cette disposition seule témoignerait de l'intérêt que l'administration supérieure se propose d'attacher aux décisions des commissions hippiques locales , dont la création et le mode de renouvellement reposent, d'ailleurs, sur les idées les plus libérales et les plus capables de conduire à la décentralisation administrative et à l'émancipation de l'industrie.

En 1820, avons-nous déjà dit , on avait formé une classe d'étalons désignés sous le nom d'étalons *autorisés;* le règlement de 1825 en fait mention pour les assimiler aux étalons *approuvés*, au-dessous desquels il les plaçait néanmoins, et le rapport de M. le duc d'Escars, déposé au nom de la commission de 1829, s'est également prononcé pour le maintien des autorisations accordées aux étalons. « Ce système, ajoutait M. d'Escars, est la conséquence immédiate de l'adoption de l'avis émis par la commission lorsqu'elle a demandé une loi pour la répression des étalons défectueux ; car évidemment, par le fait d'une loi semblable, tout étalon qui ne serait pas approuvé devrait au moins être autorisé.'»

Cependant l'institution ne reposait pas sur une base assez large ; on n'en retira, paraît-il, aucune application utile. On cessa de délivrer des cartes d'autorisation en 1833 ; le règlement de cette époque les avait supprimées.

Nous croyons davantage au succès de la tentative qui se renouvelle. En 1820, M. Siméon (1) recommandait aux préfets de nommer des inspecteurs qui auraient pour mission de visiter, dans la circonscription qui leur serait attribuée, les chevaux consacrés à la reproduction et de dresser un état de ceux qui leur paraîtraient propres à cet emploi. Cet état devait ensuite être envoyé aux préfets : ces fonctionnaires le communiquaient aux directeurs des haras au dépôt d'étalons du ressort ; ceux-ci donnaient leur avis sur ces documents divers. Les préfets arrêtaient définitivement la liste des chevaux admis dans la classe des étalons autorisés, puis la transmettaient aux maires de toutes les communes pour être publiée et affichée. C'était trop de formalités à remplir. Les fonctions d'inspecteur étaient gratuites, donnaient trop de peine aux titulaires sans compensation aucune, et attiraient sur un seul une responsabilité de refus qui pouvait avoir quelques inconvénients. L'inspecteur n'avait qu'un droit de proposition ; d'autres exerçaient, aussi largement qu'ils l'entendaient, celui de récusation. C'était blessant pour ceux qui auraient été disposés à se vouer à l'œuvre pénible et souvent désagréable qu'on demandait à leur désintéressement. La mesure ne pouvait porter aucun fruit ; elle avorta.

En 1825, M. Syriès de Marinhac modifia les dispositions

(1) Circulaire du 26 février, page 188.

qui précèdent; il maintint la classe de étalons autorisés, mais les autorisations furent accordées par le ministre, sur la proposition des inspecteurs généraux des haras; elles limitaient l'emploi à un arrondissement déterminé au delà duquel elles cessaient de protéger les étalons qui en étaient pourvus. C'était par trop d'entraves; on peut croire aussi qu'il y avait peut-être nécessité de montrer une certaine sévérité dans des admissions que le ministre était appelé à sanctionner. Sous l'empire du règlement de 1825, le nombre des étalons autorisés n'atteignit pas le chiffre de cent cinquante; le but était manqué; le règlement de 1833 ne s'en occupa plus.

Les mesures qui ont été arrêtées en 1847 se présentent dans des conditions plus heureuses; et d'abord ce sont des commissions locales qui sont appelées à établir la nomenclature des tares et des maladies qui feront exclure les chevaux entiers de la classe des étalons autorisés; c'est d'après l'avis des mêmes commissions que la carte d'autorisation sera délivrée comme un titre, et il leur est expressément recommandé de faire en sorte que la mesure adoptée, loin de s'affaiblir par l'usage, ne fasse que se fortifier, au contraire, avec le temps. C'est une mission d'intelligence et de dévouement : elle doit faire comprendre à la masse des producteurs les exigences de l'amélioration, et faire entrer cette vérité dans les esprits, que la routine aveugle rend moins de services qu'une pratique éclairée. C'est surtout une mission d'enseignement qu'auront à remplir les commissions hippiatriques instituées par l'arrêté du 27 octobre 1847.

Une immense distance sépare les dispositions qu'il consacre de celles qui avaient été précédemment essayées; espérons que l'application en sera plus profitable et qu'elle dispensera de recourir aux moyens répressifs que tant de gens sollicitent du gouvernement, qu'un grand nombre d'associations agricoles et de conseils généraux redemandent,

II. 17

chaque année, avec une insistance bien propre à faire croire à leur utilité pratique.

Avec le tableau des commissions locales, nous aurions voulu donner la nomenclature des vices et des tares héréditaires, établie par chaque commission; malheureusement notre travail serait tellement incomplet que nous préférons y renoncer. Les événements politiques ont fait oublier presque partout la mise en œuvre des commissions, dont l'action est par, conséquent, ajournée.

Quoi qu'il en soit, voici le tableau des commissions instituées et du nombre des étalons autorisés par elles pour la monte de 1848.

Tableau des commissions locales et des étalons autorisés.

CIRCONSCRIPTIONS	DÉPARTEMENTS	COMMISS. NOMMÉES	TOTAL	ÉTALONS AUTORISÉS	TOTAL	CIRCONSCRIPTIONS	DÉPARTEMENTS	COMMISS. NOMMÉES	TOTAL	ÉTALONS AUTORISÉS	TOTAL
							Report..		69		312
ABBEVILLE...	Nord.........	7	15	25	55	LIBOURNE...	Dordogne.....	»	1	»	10
	Pas-de-Calais...	6		15			Gironde........	1		10	
	Seine-Inférieure..	1		11			Aube.........	1	5	2	2
	Somme.......	1		4		MONTIEREN-DER......	Côte-d'Or.....	4		»	
ANGERS.....	Loire-Inférieure.	1	6	»	27		Haute-Marne...	»		»	
	Maine-et-Loire..	1		5			Yonne.........	»		»	
	Mayenne.......	3		7		NAPOLÉON-VENDÉE...	Charente-Infér.	6	7	1	1
	Sarthe........	1		15			Vendée........	1		»	
ARLES......	Basses-Alpes...	»	3	»	»	PAU.......	Landes.......	3	3	»	3
	Hautes-Alpes..	»		»			Basses-Pyrénées.	»		»	
	Bouch.-du-Rhône.	»		»		PIN (LE)....	Calvados......	6	14	»	7
	Drôme.........	1		»			Eure.........	»		»	
	Gard.........	1		»			Eure-et-Loir...	4		7	
	Hérault........	1		»			Orne.........	4		»	
	Pyrénées-Orientales...	»		»		POMPADOUR.	Charente......	1	4	»	4
	Var.........	1		»			Corrèze......	1		1	
	Vaucluse.......	»		»			Creuse.......	1		3	
AURILLAC...	Cantal........	1	2	»	»		Haute-Vienne...	1		»	
	Lot..........	»		»		RODEZ......	Aveyron......	1	1	1	1
	Puy-de-Dôme...	»		»			Lozère.......	»		»	
	Haute-Loire...	1		»			Tarn.........	»		»	
BLOIS.......	Cher.........	3	7	2	12	ROSIÈRES...	Meurthe......	»	10	12	99
	Indre........	3		8			Meuse........	4		45	
	Indre-et-Loire..	1		2			Moselle.......	4		30	
	Loir-et-Cher...	»		»			Vosges.......	2		12	
	Loiret........	»		»		SAINT-LÔ...	Manche.......	1	1	40	40
BRAISNE...,	Aisne........	1	8	38	62	ST.-MAIXENT.	Deux-Sèvres...	4	»	»	»
	Ardennes......	1		24			Vienne.......	»		»	
	Marne........	5		»		STRASBOURG.	Bas-Rhin......	»	»	»	»
	Oise.........	»		»			Haut-Rhin....	»		»	
	Seine-et-Marne.	1		»		TARBES.....	Ariège........	3	7	3	28
CLUNY.....	Ain..........	1	9	7	31		Aude.........	1		7	
	Allier........	1		»			Haute-Garonne.	»		3	
	Ardèche.......	»		»			Gers.........	1		15	
	Isère.........	1		10			Hautes-Pyrénées.	2		»	
	Loire........	»		14		VILLENEUVE-SUR-LOT..	Lot-et-Garonne.	1	2	2	7
	Nièvre........	3		»			Tarn-et-Garonne.	1		5	
	Rhône........	»		»		DÉPÔT DES RE-MONTES...	Seine.........	»	1	»	»
	Saône-et-Loire..	3		»			Seine-et-Oise...	4		»	
JUSSEY.....	Doubs........	5	7	14	32						
	Jura.........	1		5							
	Haute-Saône...	1		13							
LAMBALLE...	Côtes-du-Nord..	5	8	41	50						
	Ille-et-Vilaine..	3		9							
LANGONNET..	Finistère......	4	4	43	43						
	Morbihan.....	»		»							
	A reporter...	69		312			TOTAUX..		129		514

Tel est donc le résultat de la première application de l'arrêté du 27 octobre 1847. Si l'on veut se reporter aux circonstances au milieu desquelles cette première tentative a été faite, après une publicité insuffisante, avant que l'institution ne soit bien connue et bien comprise, on ne pourra que bien augurer de l'avenir.

Cinq cent quatorze étalons autorisés dès le début, c'est plus que le triple de ce qui en a existé avant 1833 après plus de dix ans d'efforts. Nul doute que les autorisations ne soient plus nombreuses dans l'avenir. Le chiffre de 1848 peut être décuplé deux fois avant de dépasser la quantité strictement nécessaire au renouvellement annuel de la population. Il est évident que le nombre des étalons approuvés devra s'élever en raison même de l'augmentation qu'éprouvera le chiffre des étalons autorisés. Ces derniers, on l'a dit avec justesse, doivent former comme une vaste candidature à l'approbation ; mais cette dernière institution ne peut exister qu'à la faveur d'une large dotation. Son développement proportionnel dépend exclusivement des crédits que donnera le budget de chaque année.

La presse agricole et les journaux vétérinaires se sont occupés de l'arrêté du 27 octobre 1847 et de la circulaire du 1er novembre suivant. On nous permettra de nous arrêter quelques instants sur ce qu'en ont dit le *Moniteur agricole* et le *Recueil de médecine vétérinaire pratique*.

Le premier s'exprime ainsi (1).

« Des divers moyens qui peuvent être mis en usage pour mettre de bons étalons à la disposition des éleveurs, les mesures prescrites par l'ordonnance du 10 octobre qui institue des primes élevées, et par l'arrêté ministériel dont nous venons de citer des passages, sont peut-être ceux sur l'utilité desquels les hippiatres s'accordent le mieux ; aussi ne nous arrêterons-nous pas longtemps sur les avantages que nous

(1) Première année — 1848 — page 117.

devons en attendre. Ces mesures tendent à un double but : venir en aide aux éleveurs pour le choix des étalons en faisant examiner les chevaux employés comme reproducteurs par des hommes capables de les apprécier, et engager par des primes les propriétaires à tenir des étalons capables de contribuer à la conservation et même à l'amélioration de nos races. Mais, comme nous croyons que le succès dépendra en grande partie de la manière dont sera exécuté l'arrêté, nous nous permettrons de publier quelques réflexions sur la mission qui sera confiée aux commissaires chargés d'inspecter les animaux présentés pour recevoir l'autorisation, et qui pourront ensuite concourir à l'obtention des primes.

« Nous ne pensons pas qu'il convienne de donner la préférence à une race plutôt qu'à une autre ; les commissaires doivent, à cet égard, se montrer de la plus complète indifférence. Les éleveurs doivent être considérés comme les plus compétents ; eux seuls connaissent parfaitement les conditions de leur exploitation, conditions d'où doivent dépendre les bénéfices de leurs animaux. Nous sommes loin cependant de penser qu'ils ne puissent pas se tromper ; mais leurs préjugés, leurs erreurs même doivent être respectés. Les animaux qui ne conviennent pas aux éleveurs, qui ne sont pas adaptés aux habitudes des travailleurs, réagissent bien rarement.

« Un autre motif, la nécessité de diminuer autant que possible les étalons rouleurs, doit engager les commissions à ne pas être plus difficiles sur les étalons de gros trait que sur ceux d'attelage et de selle. Quand les éleveurs seront persuadés que les commissions admettent tous les chevaux qui n'ont pas de vice caché, sans distinction de race, ils seront bien près de refuser les étalons qui ne seront pas autorisés, pourvu qu'ils en trouvent à leur disposition de la corpulence qu'ils demandent. La préférence trop exclusive donnée jusqu'ici aux animaux de race distinguée a puissamment contribué à propager les mauvais étalons de race commune ; les propriétaires de ces animaux ne manquent jamais de les comparer à ceux de l'administration, et de dire que, s'ils ne sont pas approuvés, cela dépend seulement de ce qu'ils sont trop corsés, trop forts.

« C'est surtout pour la distinction des maladies, de certains défauts de conformation et de quelques vices héréditaires, que les commissions sont nécessaires. Autant les cultivateurs aiment à choisir eux-mêmes leurs races, autant ils consultent volontiers pour le choix des individus ; il n'y a tout au plus d'exception que pour les éleveurs de quelques pays où l'industrie chevaline domine exclusivement, et où ils sont la plupart marchands et fins connaisseurs.

« C'est donc pour le choix des étalons que les commissions seront surtout utiles aux éleveurs. Pour choisir un bon étalon, il ne suffit pas toujours d'être éleveur expérimenté, grand producteur de chevaux, ni même d'être très-habile dans l'appréciation des formes extérieures des animaux : une certaine conformation de l'encolure, du jarret, de la croupe, sans diminuer l'aptitude des animaux à travailler, peut être un motif de réforme pour un père ; car pour le bon choix d'un reproducteur il ne faut pas avoir égard seulement aux formes d'un individu, mais encore aux tendances de la race du pays ; il faut savoir apprécier s'il corrigera ou s'il aggravera les défauts qui ont de la tendance à se montrer dans cette race. Le choix des étalons pour chaque contrée doit être fait par des hommes connaissant bien les besoins et les ressources des producteurs, les conditions hygiéniques de la contrée, et aussi par des hommes capables de bien apprécier l'état sain ou maladif des animaux.

« Mais, pour bien effectuer ce choix, les commissions n'ont pas seulement besoin de savoir que quelques affections, la maladie naviculaire, le cornage, la fluxion périodique, etc., peuvent se transmettre par la génération, il ne suffit pas même qu'elles sachent reconnaître ces maladies lorsqu'elles sont bien caractérisées ; elles doivent compter parmi elles des hommes capables de deviner les prédispositions des animaux, de reconnaître les germes des maladies qui doivent faire exclure les chevaux de la reproduction : bien rarement on présentera à l'inspection des étalons atteints de maladies déclarées.

« D'ailleurs les maladies héréditaires ne devraient pas seules faire refuser les étalons; toutes celles qui, par leur ancienneté ou leur gravité, fatiguent les animaux, les épuisent, portent atteinte à la constitution, occasionnent l'altération du sang, affectent le système nerveux, nuisent aux fonctions digestives et à la nutrition, rendent les animaux impropres à procréer des descendants robustes.

« Nous ajouterons, pour terminer, que les commissions ne doivent pas se montrer trop sévères dans la réception des étalons. Comme le dit M. le ministre de l'agriculture dans sa circulaire aux préfets : « Il ne faudrait pas, par une sé-
« vérité excessive, affaiblir l'influence que la mesure devra
« exercer plus complétement un jour sur l'amélioration.
« On peut, au début, s'arrêter aux vices les plus saillants,
« à ceux qui, dans chaque localité, déprécient le plus la race
« et nuisent essentiellement à la vente des produits. » Rien n'empêcherait, d'ailleurs, d'établir plusieurs classes d'étalons autorisés : première, deuxième et même troisième classes. Accorder l'autorisation de porter, sur les listes, des reproducteurs qui ne seraient pas parfaits de conformation, ne serait-ce pas le meilleur moyen d'anéantir l'industrie des étalons rouleurs? Les propriétaires ne tarderaient pas à savoir que la commission de l'arrondissement reçoit les étalons qui sont seulement passables; que tous ceux qu'elle refuse sont absolument mauvais, et ne peuvent donner que de mauvais produits.

« Ne serait-il pas encore à désirer que les commissions ne montrassent pas partout la même sévérité? Si elles doivent être indulgentes dans les contrées où les bons étalons sont rares, pourquoi autoriseraient-elles l'emploi de reproducteurs médiocres là où se trouvent de très-bons étalons en quantité suffisante pour couvrir toutes les juments du pays, pour entretenir entre les étalonniers une concurrence sérieuse, et maintenir ainsi le prix de la saillie à un taux raisonnable.

« Mais, pour que l'indulgence des commissaires portât tous ses fruits sans être nuisible, il faudrait qu'ils n'accordassent l'*autorisation* aux chevaux qui laissent à désirer par leurs qualités que pour certaines localités positivement désignées. Il serait défendu aux possesseurs de ces animaux de les présenter comme *autorisés* hors de ces communes; car il ne faudrait pas que l'indulgence dont seraient forcées d'user les commissions, dans certains cantons, nuisît aux étalonniers qui, dans d'autres cantons, posséderaient de très-bons producteurs. En faisant connaître les étalons autorisés, les administrations départementales indiqueraient la classe à laquelle ces animaux appartiendraient. Il est très-probable que, dans chaque localité, nous verrions bientôt le prix de la saillie varier selon la classe des reproducteurs.»

Cette note soulève plusieurs questions.

Et d'abord les commissions locales doivent-elles donner la préférence à une race plutôt qu'à une autre?

Toute latitude a été laissée aux commissions; mais la pensée qui a dicté la mesure a nettement exprimé le genre d'utilité qu'elle pouvait avoir pour le pays. On ne saurait conserver aucun doute à cet égard; il s'agit surtout d'écarter les reproducteurs nuisibles aux qualités mêmes de l'espèce. L'autorisation est particulièrement une institution de premier degré; on la fausserait en lui demandant plus qu'elle ne doit rendre.

Au surplus, nous trouvons, dans un numéro du *Cultivateur breton*, à l'occasion des primes aux étalons approuvés, des réflexions fort justes qui s'appliquent parfaitement à la question précédente.

« Quel genre d'étalons admettra-t-on aux primes? se demande le rédacteur, M. Aug. Desjars.

« Il faut, à notre avis, répond-il, se garder de tout système exclusif; car de pareils systèmes pourraient conduire à des résultats tout contraires à ceux que l'on chercherait à obtenir à leur moyen. Tantôt ce seraient les partisans d'une certaine sorte de chevaux qui prévaudraient, tantôt ce seraient ceux d'une autre sorte, et des changements assez fréquents du *système exclusif* finiraient par produire le plus grand de tous les désordres imaginables.

« Le plus simple est d'agréer tous les étalons bien conditionnés qui seront présentés; car, entre les bons étalons, le meilleur, incontestablement, est celui qu'on est disposé à employer dans le pays où il est placé, par la raison que le meilleur étalon du monde ne fera aucun bien, s'il n'est pas suivi. . . . .

« A mérite égal, préférons et primons mieux les étalons de la race du pays. . . . . . . Il y a toujours de grands inconvénients à mêler plus de deux races. »

Il nous semble très-aisé de fixer l'opinion sur ce que l'on doit surtout attendre des étalons autorisés et de déterminer la part qu'on doit spécialement leur réserver dans l'œuvre de la reproduction.

Le point essentiel est, nous le répétons une dernière fois, que les étalons nuisibles soient partout écartés, afin que le mal soit incessamment combattu; mais on concourra doublement au but, si, parmi les étalons admis par les commissions locales, il s'en trouve un certain nombre de capables de rectifier les formes, de corriger les défauts, de grandir la population là où elle est trop petite, et tout au moins de la fortifier au lieu de la laisser, comme précédemment, abandonnée au hasard et à la plus complète incurie. Lorsque la classe des étalons autorisés, nombreuse et recherchée, aura produit ces premiers résultats, notre population chevaline offrira partout une base solide aux améliorations que doivent réaliser des croisements judicieux. Il y a peu à attendre de ce dernier moyen tant que la poulinière n'apportera pas à l'œuvre du perfectionnement sa part d'influence et de qualités réelles. C'est aux étalons autorisés à sauvegarder les races contre la dégénération et la ruine; les étalons approuvés peuvent plus; ceux de l'État doivent avoir assez de supériorité pour mettre le sceau à la perfection.

La note publiée par le *Moniteur agricole* demande qu'il y ait plusieurs degrés à l'autorisation; que l'on fasse trois classes dans l'ordre, et que certains étalons autorisés, les plus médiocres, ceux de la troisième classe par exemple, ne puissent sortir d'une circonscription assez restreinte.

Voilà tout de suite une complication qui ôterait à l'institution son caractère essentiel. L'autorisation ne classe pas les étalons entre eux par ordre de mérite, elle distingue seulement le bon du mauvais, voire le passable du nuisible; elle sépare, avons-nous dit, l'ivraie du bon grain. Si l'on veut aller au delà, on arrive à des difficultés pratiques que des commissions nous paraissent peu aptes à trancher, et l'on peut faire, sans aucune utilité, double emploi avec l'institution des étalons *approuvés*.

Quant aux circonscriptions que l'on voudrait imposer à certains animaux, nous ne croyons pas devoir en discuter le principe; une fois admis, il faudrait songer à des dispositions pénales qui ne sont guère de ce temps-ci.

L'article publié par le *Recueil de médecine vétérinaire pratique* (1) traite du sujet sous un autre point de vue; il examine en critique les dispositions des deux arrêtés pris par le préfet du département de la Nièvre, en conformité des dispositions ministérielles concernant la formation des commissions hippiques.

Il aurait désiré que, dans la composition de ces commissions, la majorité pût appartenir aux vétérinaires, plus compétents que d'autres pour traiter et résoudre les questions

(1) 8e série, tome V, page 685. — Lettre de M. O. Delafond au rédacteur de l'*Écho de la Nièvre*.

spéciales à débattre au sein de pareilles réunions; il prend
texte du désaccord qui a nécessairement existé entre la nomenclature différente, admise par chaque commission, des
défauts, tares, vices et maladies héréditaires pour chercher
à prouver qu'il n'en serait pas ainsi; qu'il y aurait plus d'u-
nité, plus d'uniformité dans les listes, si elles étaient discu-
tées par des vétérinaires, au lieu d'être abandonnées à l'insuffisance notoire, pour ne pas dire à l'ignorance d'hommes
moins instruits à tous égards. Il en résulte, d'après l'auteur
de l'article, de très-graves inconvénients; il aurait voulu
que l'administration départementale entourât l'institution
nouvelle de garanties plus réelles et répondît plus complétement aux dispositions de l'arrêté ministériel du 27 octobre 1847.

Toutefois l'expérience démontrant que ce qui s'est passé
dans la Nièvre s'est renouvelé dans presque tous les départements, l'expérience attestant que les vétérinaires n'ont point
été appelés à composer la majorité des commissions locales,
M. O. Delafond regrette que l'administration supérieure des
haras n'ait pas pris les devants et désigné elle-même les défauts, les tares, les vices organiques qui, dans toute la
France, auraient dû être un motif d'exclusion. Cela n'eût
point empêché, d'ailleurs, les commissions hippiques d'ajouter à la nomenclature générale, à la liste officielle certaines
autres maladies spéciales particulières à chaque localité, telles
ou telles défectuosités inhérentes à telle ou telle race.

Si l'on se place, pour juger sa lettre, au même point de
vue que lui, il y a certainement du vrai dans les réflexions
et dans les critiques de M. Delafond; — mais la raison de
ces critiques s'affaiblit singulièrement si l'on reste dans les
limites tracées par les instructions et l'arrêté ministériels.

M. Delafond a oublié qu'il s'agissait de constituer de fond
en comble l'industrie étalonnière en France : elle n'y existe
réellement à aucun degré. Pourquoi? Parce que l'incurie le
dispute à l'ignorance, et que les producteurs de chevaux

n'attachent pas plus de prix à la recherche d'un bon étalon qu'ils ne savent le distinguer de l'entier ignoble offert par la spéculation besoigneuse et empressée à se plier à toutes les exigences. Eh bien, quand tout est à faire, ce qui est le plus simple est à la fois le meilleur et le plus utile, par la raison que c'est aussi le plus praticable.

Pour que l'institution des étalons autorisés produisît quelques résultats appréciables, il fallait laisser aux commissions locales toute latitude et ne leur imposer aucune gêne : elles devaient rester libres de toute contrainte et n'avoir aucun prétexte de se plaindre de la centralisation administrative; que, si leur composition a été mauvaise, leur mode de renouvellement donne le moyen facile de l'améliorer. Une commission de six membres, qui se renouvelle, chaque année, par tiers, ne peut rester longtemps au-dessous de sa mission, si l'autorité qui la nomme prend le moindre souci de la manière dont elle fonctionne.

Pour nous, ces commissions locales contiennent le germe d'une représentation spéciale éclairée; elles peuvent, si elles le veulent, imprimer à l'industrie étalonnière une impulsion vive et salutaire, et pousser la production dans des voies d'amélioration certaines, tandis qu'en ce moment cette dernière travaille au hasard, sans intelligence ni savoir.

En effet, elle n'est pas seulement indifférente sur le mérite des étalons qu'on met à sa portée; le poids, la masse tiennent lieu de toutes les qualités, pourvu que l'on n'ait point de déplacement à s'imposer. L'extrême jeunesse de l'étalon est particulièrement un de ses plus grands avantages; dès l'âge de deux ans, on le voue à la reproduction et l'on demande à son enfance, qu'on nous permette le mot, des efforts où succombera sa précoce vigueur, où s'altéreront ses formes, où se décomposeront en germes affaiblis les trésors de régénération que le temps aurait accumulés en lui comme un dépôt destiné à couvrir de lointaines échéances et non de folles prodigalités.

« Ici comme ailleurs, dit M. Eugène Barbier (1), l'usage s'est érigé en loi, et l'abus s'est perpétué à l'abri des considérations de personnes.

« Quelles raisons si puissantes ont déterminé nos éleveurs? Nous le dirons.

« Raisonnant par analogie avec ce qui se passe dans l'espèce bovine, on a pensé qu'un reproducteur encore jeune donnerait de *meilleurs* élèves qu'un animal âgé ; mais on a oublié que ce qui est *meilleur* pour un bœuf ne l'est pas pour un cheval.

« Il est admis parmi nous que les produits d'un jeune taureau sont tendres, moelleux, faciles à l'engraissement ; mais ce mérite, si précieux dans un bœuf, n'est pas celui qu'on doit rchercher dans le cheval. On demande à celui-ci des qualités bien différentes ; c'est de la force, de l'énergie, de la résistance que nous en attendons; son tissu ne doit être ni lymphatique ni adipeux. Il nous faut en lui de bons muscles bien dégagés, bien élastiques, bien secs, rebelles à de molles dilatations et aux énervantes séductions de l'embonpoint.

« Aussi, dans les contrées où l'élève du cheval a pris le plus d'extension et le plus d'éclat, se garde-t-on bien d'admettre à la saillie des animaux qui n'aient pas pris à peu près tout leur développement.

« En Normandie, où l'on impose trop tôt sans doute aux poulains les rudes labeurs de la culture, il est très-rare qu'on les fasse saillir à deux ans; on attend qu'ils en aient au moins trois et souvent quatre. S'il est vrai que, par suite d'un travail prématuré, ils soient souvent et de bonne heure sur leurs boulets, au moins n'offrent-ils pas ce défaut au même degré que nos étalons de la Nièvre, ruinés, sous ce rapport, avant de mettre leurs premières dents d'adultes, perdus de vessigons, de capelets, de courbes, d'éparvins, frappés de

(1) *Écho de la Nièvre*, 28 septembre 1844.

toutes les maladies résultant d'un usage immodéré du système articulaire et des forces tendineuses, épuisés dans leur
arrière-main, empreints, en un mot, de ces caractères de
caducité anticipée qui trahissent les excès imposés à leur
ardeur ; défauts mal compensés par une certaine boursouflure
de formes empruntée à un régime surabondant, et par une
coquetterie prématurément surannée, qui nous fatigue d'in-
fatigables hennissements, symptômes de désir plutôt que de
puissance, et qui se manifeste par des piaffements, par des
trépignements, par une certaine humeur tracassière et inso-
lente, reste vaniteux d'une noblesse et d'une importance
déchues.

« Nos paysans, hélas! ne se trompent guère quand ils
nomment ces chevaux de trois ans des vieux chevaux.

« Le Perche est dans un esprit plus sage; il n'accorde pas
de prime à des étalons âgés de moins de cinq ans. Les habiles éleveurs de ce pays exigent au concours des certificats
de fécondité : ils ne décernent pas, ils ne comprennent pas
de prix pour un reproducteur qui n'ait pas fait preuve de
qualités reproductives; ils ne veulent pas que l'étalon sail-
lisse avant quatre ans, et à Vendôme les étalons concourent
pour la prime jusqu'à dix ans.

« . . . .

« L'administration des haras, juge naturel de ces sortes
de questions, ne fournit pas d'étalons au-dessous de quatre
ans, et encore ne leur donne-t-elle, à cet âge, qu'un nombre
de juments assez restreint.

« M. Huzard père ne voulait pas d'étalons « qui n'eussent
fait preuve d'une vigueur soutenue dans l'exercice. » Il
prétend que c'est par « l'emploi prématuré de nos productions d'espérance que nos races se sont abâtardies, » et il
accuse les Normands de « s'être trop hâtés de faire servir
leurs juments par des poulains de figure. » Il exige qu'on at-
tende l'âge adulte.

« Son fils va plus loin et n'admet pas d'étalons de moins de six ans.

« Si nous en croyons enfin la pratique et les écrits des meilleurs éleveurs anglais, « un étalon ne doit pas être employé à la saillie avant l'âge de quatre ans; cinq ans sont préférables et six ou sept ans encore meilleurs. » Sans doute moins la race sera noble et moins il y aura d'inconvénients à la jeunesse de l'étalon ; car on pourrait poser en principe que le sang efface l'âge. Aussi est-ce parmi les étalons les plus vieux de la Grande-Bretagne que se trouvent les favoris des éleveurs, et ceux dont l'accouplement est payé le plus cher. Ainsi, tandis que pour les chevaux les plus célèbres le prix ordinaire de la saillie varie, cette année, de 125 à 250 f., *Liverpool*, étalon de seize ans, et *sir Hercules*, étalon de dix-huit ans, se payent 500 fr. ; *Camel*, âgé de vingt-deux ans, en coûte 625; *Pantaloon*, à vingt ans, saillit pour 750 fr.; *Touchstone*, à treize ans, pour 1,000 fr. ; et enfin *Émilius*, à vingt-quatre ans, pour 1,250 fr.

« Il est vrai que c'est *Émilius*; mais que dirait-on, bon Dieu ! autour de nous d'étalons de cet âge? Ne semblerait-il pas que, sortis d'un tel père, nos poulains dussent naître avec des langues pendant jusqu'aux genoux, avec des salières à loger leur tête, et avec des dents de 0^m,10 de long ?

« Telles ne sont pas les craintes de nos voisins d'Angleterre : ils pensent que c'est chose rare qu'un bon et bel étalon, et, quand ils ont eu le bonheur de le rencontrer, ils le gardent. Ils savent bien qu'il est plus aisé d'en trouver un que d'en trouver dix, et ils font ce raisonnement très-simple que, s'ils en gardent un dix ans, il leur en représente dix qu'ils ne garderaient pas plus d'un an. Il leur est donc dix fois plus facile qu'à nous de choisir de bons reproducteurs dans un nombre donné de chevaux; car, si de cent nous en prenons dix pour nos haras domestiques, les Anglais n'en prennent qu'un, et envoient les quatre-vingt-dix neuf autres au roulage, à la charrue, à l'armée, à l'attelage ou à la chasse au renard.

« Pourquoi attendre des produits difformes d'un cheval fait, comme si les qualités générales des parents, au moment de la conception, ne se retrouvaient pas dans leurs enfants, et comme si un animal encore incomplet, chez qui toutes les forces de la nature tendent à son achèvement, si je puis m'exprimer ainsi, pouvait transmettre à ses descendants les vertus qu'il n'a pas encore ? »

Nous pourrions pousser plus loin cette petite revue ; mais à quoi bon ? Les deux inconvénients que nous venons de signaler, — l'incurie qui préside au choix de l'étalon, — la faveur accordée aux plus jeunes, — démontrent assez tout ce qu'il y aurait d'utilité à obtenir des commissions locales qui s'attacheraient à faire pénétrer dans l'esprit des masses des idées plus saines et dont les efforts tendraient à donner plus de vogue aux étalons capables qu'aux animaux nuisibles. Ceci n'est pas l'œuvre d'une année ; le temps seul peut conduire à des résultats, car il faut se heurter à des habitudes prises, à des routines profondément enracinées. Eh bien, contre de pareils obstacles, des règlements d'administration, des arrêtés ministériels n'ont qu'une puissance bien bornée, tandis que les conseils sans cesse renouvelés, que des efforts qui ne se lassent pas ont une action certaine et appréciable à la longue. Un préjugé est, sans doute, plus difficile à détruire qu'une vérité n'est facile à mettre en lumière ; mais la vérité jouit d'une force expansive et finit toujours par luire d'un vif éclat. Aidons à la diffusion des idées justes, et nous verrons peu à peu se dissiper les épaisses ténèbres sous lesquelles l'erreur les retient encore.

Quoi qu'il en soit, on ne saurait disconvenir que jamais on n'avait fait autant pour fournir à l'industrie productrice les étalons capables dont elle a besoin.

Ceux de l'État sont maintenant d'un bon choix ; — les étalons approuvés, grâce à l'élévation du tarif des primes, devront se multiplier et s'améliorer rapidement, — et les étalons autorisés vont se produire avec un avantage marqué contre ceux que les commissions auront refusé d'admettre parmi eux.

Un mot encore. Beaucoup de listes demandées aux commissions offrent un assemblage bizarre de maladies, de tares et d'imperfections plus ou moins graves, mais parfois aussi tout à fait insignifiants. En général, ces nomenclatures ne promettent pas des résultats très-satisfaisants ; mais ces listes ne sont pas faites à tout jamais ; elles seront reprises en sous-œuvre et modifiées ; l'expérience qui éclaire portera ses fruits, et de ce travail hétérogène sortira plus tard quelque renseignement pratique sérieux. Nous le considérons comme une sorte d'enquête d'autant plus utile qu'elle aura été plus spontanée. En l'étudiant avec soin, nous trouverons le côté faible de chaque race, et nous pourrons porter vers lui avec plus de certitude nos ressources et nos moyens préventifs. Qu'on ne blâme pas trop ce laisser aller, ce libre arbitre laissé aux commissions locales, et qu'on donne à l'étude le temps de conclure.

II. PRIMES A LA PRODUCTION ET A L'ÉLEVAGE.

—

Sommaire.

Considérations générales. — Les primes ne sont point une institution nouvelle. — Système proposé au conseil des Cinq-Cents. — Règlement du 13 novembre 1806.—Allocations spéciales de 1809 à 1825. — Circulaire du 20 mars 1820.— Causes d'insuccès.—Système des primes créé par l'ordonnance du 16 janvier 1825 et — circulaire du 20 juin suivant. — Résultats du nouveau mode. — Système mixte adopté en 1830.—Circulaire du 11 juillet 1829.—Des motifs qui ont forcé de renoncer au système de 1825. — Données économiques.— Modifications du système adopté en 1829.—Ordonnance du 10 décembre 1833. — Primes spéciales aux juments de pur sang et aux juments indigènes. — Pourquoi ce nouveau mode? — Opposition au principe du pur sang.—Circulaire du 23 décembre 1838 et arrêté de la même époque concernant les primes triennales. — Opinion de M. de Montendre sur cette dernière modification.—Examen des critiques que soulève une de ses dispositions essentielles.—Des primes sous le régime de l'ordonnance du 24 octobre 1840. — Allocations spéciales à partir de 1840. — Critique de M. de Boigne. — Alliance de l'étalon de pur sang et de la jument de demi-sang. — Une faute de rédaction n'est point une erreur contre la science. — Il y a toujours un immense inconnu dans la première application d'une théorie.— Les appréciations tardives sont aisées. — Tarif des primes. — But de l'institution. — Quelles règles déterminent la bonne application des primes? — La simplicité du programme est une garantie de succès.—Avantages des exhibitions publiques.—Primes aux étalons, —aux poulinières, — aux pouliches, — aux poulains entiers, — aux poulains castrés, — à l'élevage proprement dit, — aux migrations de poulains, — au dressage. — Forme et époque des concours.—Jurys de distribution. — Primes à la *beauté*. — Opinion de Mathieu de Dombasle et de M. Huzard fils. — Coup d'œil rétrospectif.

Les meilleures graines, jetées sur une terre aride et sans culture, n'ont qu'une végétation languissante; on ne peut en attendre que de maigres produits : les étalons les plus précieux, prostitués à des juments sans valeur, ne sauraient donner que des résultats médiocres. Une race est perdue, a dit avec vérité M. d'Aure, quand elle ne possède pas, pour se perpétuer, de bonnes poulinières. L'un des moyens d'amélioration les plus sûrs et les plus efficaces, ajouterons-nous, c'est la sélection bien comprise des femelles, c'est un mode d'encouragement capable de les fixer au sol et de les attacher à la conservation de leur race : elles en sont, d'ailleurs, la plus haute expression quand un mérite réel les distingue.

Une hygiène soigneuse, une éducation rationnelle ne sont pas moins nécessaires à la réussite du poulain de bonne race qu'une culture attentive n'est utile à la complète évolution des plantes, lors même qu'elles proviendraient des meilleures semences, et que ces dernières auraient été confiées au sol le plus fertile et le mieux préparé.

Il ne faut pas chercher dans un autre ordre d'idées la pensée première de l'institution des primes à la production et à l'élevage. C'est parce qu'on n'en a pas nettement défini le but, clairement déterminé les voies que ce mode d'encouragement, presque toujours appliqué à faux, a dévié dans sa marche, n'a produit que des résultats souvent contestables, a soulevé de toutes parts, à certaines époques, périodiquement en quelque sorte, mille critiques fondées, puis une réprobation à peu près générale, et, en dernière analyse, une réaction toute favorable et qui n'est pas toujours justifiée.

Les primes ne sont point un moyen nouveau d'exciter la production, d'encourager l'élève bien entendue. En cherchant avec soin dans tout ce qui s'est fait autrefois pour intéresser l'industrie particulière, on trouverait bien quelque chose de semblable à nos primes, ou tout au moins leur équivalent; mais aucune idée de système, aucune vue générale ne recommandaient ce mode d'encouragement, dont les effets et l'action isolés ne constituaient point encore une institution, un moyen assis et régulier, par exemple, de provoquer, dans l'espèce, telle ou telle amélioration, une spécialité d'aptitude quelconque.

La première pensée d'organisation d'un système rationnel de primes aux poulinières a été jetée dans le rapport fait par Eschassériaux jeune au conseil des Cinq-Cents. Ce mode d'encouragement lui paraît tellement sûr, qu'il ne prend même pas la peine d'en justifier l'application. « En effet, dit-il, il suffit d'indiquer ce moyen pour en faire sentir toute l'influence qu'il devra naturellement avoir sur le perfectionnement de l'espèce, par l'émulation qu'il excitera pour la propagation des plus belles productions en ce genre. »

Et, dans le projet de résolution qui suit le rapport, plusieurs articles du titre VII, — *Moyens auxiliaires des établissements nationaux des haras,* — déterminent les règles de cette nouvelle institution.

« Art. 28. Il est accordé, chaque année, des primes aux citoyens qui, dans des arrondissements donnés, présenteront le plus beau poulain mâle ou femelle à la suite de la mère. Ces arrondissements, ainsi que le lieu du concours, sont fixés par l'administration centrale, d'après les renseignements qu'elle se procure, à cet effet, de l'inspecteur particulier de l'établissement des haras de la division.

« Art. 29. Les primes sont fixées au nombre de huit cents, dont une moitié de 100 fr. et l'autre de 80 fr.; elles sont réparties, par le ministre de l'intérieur, sur les départements dans une proportion convenable à leur objet.

« Art. 30. Il y a deux primes par chaque concours, l'une de 100 fr. et l'autre de 80 fr.

« Elles sont allouées par arrêté de l'administration municipale ou de canton, pris sur le rapport de l'inspecteur particulier de l'établissement des haras et de deux experts nommés par elle à cet effet, et approuvé par l'administration centrale. »

Ces dispositions sont à la fois insuffisantes et imparfaites;

elles avaient néanmoins un bon côté.—Elles portaient l'attention du producteur sur le mérite de la poulinière, chose important à tous égards quand la protection de l'État est commandée par l'affaiblissement considérable de la population ;—elles affectaient à cette sorte d'encouragement une somme annuelle de 72,000 fr., allocation considérable pour un point de départ. La tendance de cette résolution était heureuse autant que favorable aux intérêts qu'elle se proposait de développer ; mais elle n'a reçu aucune application.

Le décret du 4 juillet 1806 mentionne à peine et fort indirectement l'institution des primes : le règlement qui l'accompagne n'est guère plus explicite ; il confond, sous le même titre, — *Des étalons et juments approuvés*, — deux institutions très-distinctes, et ne détermine que les conditions d'approbations de l'étalon. La seule part qu'il fasse à la poulinière approuvée, c'est une préférence de droit à la saillie des étalons entretenus dans les haras ou dépôts du gouvernement. Mais un règlement spécial intervient le 13 novembre suivant ; en voici la teneur.

« *Règlement concernant la distribution des primes accordées, lors de la tenue des foires aux chevaux, pour les étalons et juments approuvés.*

« Art. 1ᵉʳ. Il sera distribué annuellement des primes aux propriétaires ou cultivateurs qui amèneront, aux principales foires des départements les plus fertiles en chevaux de belle race, des chevaux entiers, juments et poulains qui auront été jugés supérieurs, d'après les concours qui seront ouverts à cet effet.

« 2. La désignation des foires aux chevaux dans lesquelles il sera accordé des primes sera faite par le ministre de l'intérieur.

« 3. Ces primes seront décernées au nom du gouvernement et d'après l'avis d'un jury composé du directeur du haras ou du chef du dépôt dont les étalons sont affectés au service du département, du maire de la commune faisant fonction de secrétaire, d'un artiste vétérinaire, d'un cultivateur et d'un marchand de chevaux. Ces trois derniers seront à la nomination du préfet du département.

« 4. Parmi tous les chevaux entiers et juments qui lui auront été présentés, le jury fera un premier choix de dix ou douze qui auront les plus belles formes, et sur lesquels il devra porter son jugement définitif. Il fera manœuvrer à la longe et sous l'homme ceux de selle, et il exercera au tirage ceux de trait, afin de pouvoir juger de leurs qualités réelles et de prononcer ensuite sur le mérite de chacun d'eux, d'après leur plus grande perfection sous le rapport des formes et sous celui de la supériorité de leur service.

« 5. Les chevaux entiers, juments et poulains nés dans l'arrondissement auquel ce concours aura été affecté seront seuls admis à concourir pour la prime.

« 6. Aucun cheval entier ou jument ayant déjà remporté un prix ne pourra être représenté de nouveau au concours.

« 7. Les poulains ayant remporté des prix ne seront point marqués; ils pourront être représentés au concours lorsqu'ils seront en état d'être étalons ou juments poulinières.

« 8. Les chevaux entiers et juments qui auront remporté des prix seront marqués d'un I couronné, qui sera appliqué avec un fer chaud sur la cuisse.

« 9. Les estampilles qui seront fabriquées à cet effet, et envoyées dans les départements, seront, pour la lettre I couronnée, de deux grandeurs : la première aura 12 centimètres de hauteur et désignera le premier prix; la seconde aura 8 centimètres de hauteur et indiquera le second prix.

« 10. Les estampilles resteront dans la main des préfets, pour être appliquées sans frais, d'après leurs ordres, et conformément à l'avis et en présence du jury.

« 11. Il sera donné par le préfet, et sans autres frais que

ceux du papier timbré, à chaque propriétaire de cheval entier
ou jument ayant obtenu un prix, un certificat revêtu de la
signature du préfet et des membres du jury, et contenant le
signalement très-détaillé du cheval, son extrait de naissance, et le jugement du jury à son égard ; ce certificat devra
être copié en toutes lettres sur un registre disposé à cet effet
à la préfecture, et expédition en être de suite envoyée au
ministre de l'intérieur.

« 12. Le certificat devra être représenté par le propriétaire, toutes les fois qu'il sera requis par les autorités com-
pétentes de justifier de la marque qui sera trouvée apposée
sur son étalon ou sur sa jument.

« 13. Tout particulier convaincu d'avoir contrefait la
marque ou le certificat à l'appui, ou bien d'avoir concouru
à sa contrefaçon, sera puni comme faussaire.

« 14. Le propriétaire de tout cheval marqué de l'un des
signes ci-dessus désignés, qui ne pourra justifier du titre
légal de la marque, sera poursuivi comme faussaire ; il aura
son recours contre le vendeur dudit cheval, s'il peut prouver que la marque était apposée antérieurement à son acquisition.

« 15. La fausse marque apposée sur un cheval est mise
au nombre des cas rédhibitoires ; la garantie due par le vendeur, à cet égard, durera l'espace de soixante jours. »

Ce règlement sent son époque et la reflète à merveille
jusque dans les moindres détails.

Ce qui nous frappe le plus dans les dispositions qu'il
consacre, — c'est l'absence de toute indication quant au
nombre et quant au chiffre des primes ; — c'est l'exclusion
de tout cheval et de toute jument, primés une fois, de tous
concours subséquents.

Il est évident que de telles dispositions ne fondent pas,
ne constituent pas une institution ; elles allouent une indemnité, promettent une manière de récompense accidentelle pour un fait accompli, pour un fait unique, mais elles

ne créent rien de stable, elles ne fixent les idées sur aucun point de pratique. Elles sont un effet quand elles devraient être une cause, un moyen, le véhicule puissant qui mène forcément au but indiqué à l'avance.

Les archives ne possèdent pas de renseignements positifs sur le mode d'encouragement qui nous occupe. Toutefois une simple note, consignée sur une feuille volante, nous apprend ce qui suit :

« Jusqu'en 1808, l'administration avait seule fait les frais des distributions de primes aux étalons, aux juments et aux plus beaux poulains, en concours publics; mais, à partir de l'année suivante, les conseils généraux des départements votèrent aussi des fonds pour cette destination. Ces allocations, sur les budgets des départements, qui ne se montaient d'abord qu'à 2,400 fr., s'élevaient, en 1825, à 185,000 fr. »

De 1816 à 1820, l'administration des haras distribua en primes de toutes sortes, sans but déterminé et sur l'avis de jurys spéciaux opérant en concours publics, une somme de 132,000 fr. De 1821 à 1825 inclusivement, elle porta la totalité des fonds affectés à cette nature d'encouragement sur les poulinières et les pouliches, marquant ainsi des vues mieux réfléchies, un but mieux arrêté. Elle élevait en même temps la part de crédit consacrée jusque-là à ces sortes de distributions, et alloua, pendant ces cinq années, 270,850 fr.

La moyenne annuelle dépassa donc 52,000 fr., chiffre de beaucoup supérieur à celui des années précédentes, dont la moyenne n'avait été que de 26,500 fr.

L'exemple et les conseils de l'administration avaient, d'ailleurs, entraîné quelques conseils généraux dans la même voie. Les haras voulaient bien contribuer, pour leur quote-part, aux distributions de primes et fortifier les concours publics par leur présence autant que par des allocations spéciales ; mais ils mettaient une condition pourtant à leur double participation, ils exigeaient que les conseils généraux, s'ils reconnaissaient l'utilité des primes, ne fissent point défaut à l'institution, lui vinssent en aide au contraire, et au même titre que l'Etat, en patronnant doublement aussi l'œuvre commune. C'est alors que les allocations spéciales se multiplièrent et grossirent dans les budgets départementaux au point de s'élever, en très-peu d'années, de l'extrême 2,400 fr. à cet autre 185,000.

Cependant toute la question n'est pas dans l'importance des fonds affectés à sa solution ; elle y est même si peu, que, à partir du jour où les allocations ont pris assez d'importance pour commander l'attention, des plaintes aussi vives que nombreuses, aussi vives que fondées peut-être, se sont fait entendre contre l'institution, attaquée de toutes parts avec violence, avec un acharnement égal à celui qui s'est attaché à tous les moyens comme à toutes les idées d'amélioration successivement mis en pratique pour essayer de donner plus de valeur à nos races affaiblies.

D'un moyen d'encouragement, a-t-on dit, on a fait une mesure décourageante et destructive de toute émulation. C'est donc que l'institution avait été faussée. Si elle n'a pas donné les résultats attendus, c'est qu'on avait méconnu son but et sa force. Au lieu de la réglementer sainement, on en avait fait partout une manière de selle à tous chevaux, une panacée dont l'application inintelligente et capricieuse pouvait conduire précisément à l'encontre du but qu'on s'était proposé.

Tel était l'état de la question en 1825. Cependant les haras étaient déjà intervenus et avaient tenté d'imprimer à ce mode d'encouragement une direction meilleure, logique, mieux assurée, plus conforme, en un mot, aux besoins réels dans chaque localité.

Aussi bien pouvons-nous appuyer cette assertion d'une preuve irrécusable. Un document officiel existe qui porte la date du 20 mars 1820 et qui témoigne plus que d'un intérêt stérile ; il constate les efforts tentés pour engager chaque département à entrer dans une voie mieux connue, à marcher d'un pas plus affermi, suivant des vues rationnelles, vers un but certain et bien déterminé.

Voici le document en question.

Circulaire du ministre de l'intérieur (comte Siméon) aux préfets.

« L'expérience qu'a faite l'administration, jusqu'à ce jour, des divers modes appliqués à la distribution des primes d'encouragement pour l'amélioration de nos races de chevaux a dû la mettre à même de donner à ce mobile la direction la plus utile. C'est vers ce but qu'ont tendu ses efforts, particulièrement dans ces dernières années, et ils paraissent l'avoir atteint assez généralement, partout où ses vues ont été convenablement secondées.

« Cependant il est des départements, en assez grand nombre, où l'on s'est formé, sur ce point, des opinions qui s'écartent de celles que l'expérience semble avoir justifiées; il en est aussi où les encouragements dont il s'agit n'ont pas encore été établis, et quelques autres où ils ont souffert une assez longue interruption.

« J'ai l'intention, en étendant ces moyens d'amélioration à toutes les contrées où ils peuvent être utilement introduits, d'en régler partout l'usage, de concert avec les préfets, sur des principes positifs et dont la fixité puisse provoquer les spéculations des cultivateurs et des propriétaires.

« Des renseignements complets et appropriés à chaque contrée peuvent seuls me mettre à même de réaliser ce projet ; et, pour vous rendre plus facile le travail que j'attends de vous, à cet égard, je crois devoir retracer ici des considérations générales dont il est nécessaire que les préfets soient tous également pénétrés.

« L'amélioration des chevaux s'obtient 1° par un bon choix et par l'emploi judicieux des éléments de reproduction ; 2° par l'éducation soignée et bien entendue des poulains et pouliches. De là suit la nécessité de diviser les encouragements en deux classes principales embrassant, l'une les contrées où l'on fait naître, l'autre celle où l'on élève les poulains jusqu'à l'âge de chevaux faits.

« Il est peu de départements qui ne puissent être rangés dans une de ces classes. Dans la première, où il s'agit d'encourager les soins tendant à la propagation des juments poulinières et au développement de la beauté de leurs formes, l'expérience a prouvé que les fonds consacrés à l'amélioration des chevaux en général devaient être principalement affectés aux juments dont il s'agit, et répartis en petites primes de deux ou trois classes au plus, afin d'y faire participer le plus grand nombre de juments possible, en ayant, toutefois, égard aux qualités relatives qui doivent motiver les préférences à accorder dans les concours.

« Un des moyens de parvenir à multiplier les naissances paraît être d'accorder aux mêmes juments le droit de participer aux primes successivement chaque année, tant qu'elles mériteront d'être classées parmi les plus belles et les meilleures poulinières ; et, comme les précautions prises pour la saillie des juments qui aspirent aux primes offrent, dans le choix du père et de la mère, la garantie de la bonté des productions, il semble superflu d'affecter un encouragement spécial aux jeunes animaux résultant de ces accouplements. Dans tous les cas, cet encouragement devait se borner, pour chaque département, à deux prix un peu considérables qui seraient accordés aux élèves parvenus à l'âge de quatre ou cinq ans, et dont la beauté et les qualités répondraient aux soins qu'ils auraient reçus pendant leur enfance.

« En général, les avantages accordés aux étalons approuvés, et qui font l'objet de ma circulaire du 26 février dernier, sont un motif assez puissant pour engager à faire des élèves mâles et à les conserver entièrement. L'extension que je donnerai aux dispositions déjà prises à cet égard, partout où le bien de la chose l'exigera, me paraît devoir compléter, avec le mode ci-dessus exposé de répartition de primes aux juments, le système d'encouragement le plus convenable aux contrées où l'on fait naître.

« Quant à celui qui peut être appliqué aux contrées qui s'a-donnent à l'*élève* des chevaux, il doit consister principale-ment en une répartition de primes plus nombreuses que con-sidérables entre les plus beaux poulains de deux, trois et quatre ans, successivement admissibles aux primes de ces différents âges, tant qu'ils conservent leurs premiers avan-tages, et qu'ils n'ont été ni employés à la reproduction ni soumis à un travail pénible.

« A cette espèce d'encouragement se joint celui qui ré-sulte des achats faits tant pour la remonte des haras royaux que pour celle des différentes armes de cavalerie.

« Entre ces deux grandes divisions, une troisième paraît se présenter, qui participe presque également de l'une et de l'autre ; je veux parler des contrées où la propagation et l'édu-cation entrent dans les habitudes communes. Convient-il d'adopter pour ces contrées un système d'encouragement mixte, basé sur les principes ci-dessus développés ? Mais il n'est qu'un très-petit nombre de départements où il puisse être avantageux d'encourager à la fois les deux spéculations dont il s'agit ; et, d'ailleurs, favoriser sur le même point l'éducation des poulains et des poulinières, n'est-ce pas ôter aux uns ce qui pourrait être affecté aux autres ?

« Tout considéré, l'existence simultanée de ces deux éduca-tions est, à mes yeux, un état de choses sur lequel j'ai besoin d'être fixé par les renseignements de ceux des préfets qui peuvent l'avoir observé.

« Après vous être bien pénétrés des principes et des consi-dérations qui précèdent, je désire que vous réunissiez près de vous une commission dont les membres seraient pris parmi ceux de vos administrés qui vous paraîtraient le plus en état de les apprécier.

« La commission que vous présiderez aura à s'occuper des questions suivantes :

« 1° A laquelle des deux classes principales appartient votre département, et, dans le cas où il n'appartiendrait spécialement ni à l'une ni à l'autre, quelle est celle des deux spéculations indiquées qu'il conviendrait d'y encourager plus particulièrement.

« 2° Quels doivent être le nombre et la qualité des prix ou des primes à accorder ?

« 3° Quelles classes de chevaux ou de juments doivent être appelées à y participer?

« 4° En quels lieux et à quelles époques les concours doivent-ils être établis?

« 5° Enfin à quelles conditions les sujets présentés peuvent-ils être admis au concours?

« Les réponses à ces diverses questions doivent être basées sur l'état actuel du nombre des chevaux de votre département, sur celui de l'amélioration des races, sur la valeur intrinsèque de ces animaux, sur l'importance des sacrifices que les propriétaires et cultivateurs devraient s'imposer pour répondre aux vues de l'administration, et aussi sur les circonstances et habitudes locales qui peuvent influer sur leurs spéculations.

« Il importe aussi de remarquer que les primes, pour être aussi nombreuses que possible, et pour ne point exciter la cupidité et l'intrigue aux dépens de l'émulation, ne peuvent être que modiques, et qu'il convient, conséquemment, de pourvoir à ce que les citoyens qui sont dans le cas d'y prétendre ne soient pas astreints à des déplacements trop dispendieux ni distraits de leurs travaux agricoles.

« Il faut également que les concours soient, autant que possible, placés au centre des contrées où ils doivent produire le plus d'effet, et fixés, du moins pour les juments poulinières, à une époque qui permette aux poulains d'accompagner leurs mères.

« Vos observations seront immédiatement l'objet de mon attention ; et, soit qu'elles me fassent sentir la nécessité de rétablir des concours interrompus ou d'en créer de nouveaux, j'aurai soin que les règles établies le soient pour cinq ans au moins, et que, même après ce laps de temps, elles ne puissent être modifiées qu'après un examen approfondi des motifs qui réclameraient un changement, motifs sur lesquels votre avis et celui d'une commission semblable à celle qu'il s'agit d'organiser seraient nécessairement pris.

« En me transmettant le travail que je vous demande, vous voudrez bien me faire connaître la part que vous présumez pouvoir être prise par le conseil général de votre département dans les dépenses que pourrait exiger l'exécution de vos vues. Je ferai, de mon côté, tout ce que les moyens mis à ma disposition pourront me permettre. »

Ces dispositions sont assurément bien raisonnées. Mettant le précepte à côté de l'exemple, les haras ont cessé d'accorder des fonds sans en spécifier l'emploi ; tandis que l'administration donnait une destination réfléchie aux subventions prises sur son propre budget, elle doublait le chiffre des allocations antérieures.

Sous l'influence du régime établi par la circulaire du 20 mars, l'institution des primes aurait dû s'asseoir d'une manière utile et pousser largement au progrès. Les principes étaient posés ; leur application spéciale était confiée aux lumières de commissions spéciales ; si elle a été faussée ou erronée, à qui la faute ?

Deux grandes routes avaient été tracées ; il était facile de suivre l'une ou l'autre, et de solliciter l'industrie dans le sens même de ses intérêts, qu'il ne faut jamais séparer de ceux de l'amélioration. Au lieu d'en user ainsi, au lieu de concentrer toutes les forces autour du point essentiel, on s'est évertué, comme à l'envi, à disséminer et à éparpiller des ressources déjà insuffisantes ; on a donc multiplié les primes, divisé à l'infini les allocations consenties. L'étalon, la jument, le poulain, la pouliche, à tous leurs âges, ont formé des catégories distinctes au programme, ont eu leur place au concours, obtenu leur part de gâteau; mais ce n'était point encore assez que d'accorder quelque chose à tous, on sortit de ce cercle déjà si large et qui embrassait, dans tous leurs détails, à tous les degrés, les opérations de la production et de l'élevage. On ne s'en tint pas à une race déterminée; on fit au programme, on fit sur le terrain, des classes qui intéressaient à la fois — le cheval de selle, — les races carrossières — et l'espèce de trait...

On n'adopta donc nulle part les prescriptions bien entendues des haras, on n'accepta pas les conseils, on n'imita pas les exemples donnés; — on se livra partout à des distributions de primes qui ne pouvaient conduire à rien d'utile. L'administration le comprit: après une expérience de six années, elle changea le pas et cessa de confondre ses encouragements avec ceux des départements; elle voulut leur imprimer une action meilleure et leur demander des fruits plus sûrs. Elle laissa aux localités les distributions de primes en concours publics et adopta, pour la répartition de ses propres encouragements, un mode complétement opposé qui avait au moins l'avantage de lui laisser toute sa liberté d'action.

Le point de départ de cette modification importante au système des primes se trouve dans les art. 19 et 20 de l'ordonnance royale du 16 janvier 1825.

Ces articles étaient ainsi conçus:

« Art. 19. La race des chevaux de selle étant celle qui demande à être le plus encouragée, des primes de 100 à 200 f. seront données annuellement aux propriétaires des plus belles juments de cette espèce.

« Ces primes ne pourront être obtenues que lorsque la jument sera suivie de son poulain de l'année.

« Art. 20. Les primes ci-dessus seront accordées par notre

ministre de l'intérieur, sur la proposition des inspecteurs généraux. »

D'après le règlement intervenu en octobre suivant, aucune jument ne pouvait être primée, si elle ne réunissait à un degré notable les qualités propres à améliorer l'espèce, et si elle n'était, en outre, consacrée habituellement, et non accidentellement, à la reproduction. Le nombre de ces juments devait être limité en raison des fonds qu'il serait possible d'affecter à cette nature d'encouragement.

A partir de 1827, la taille exigible fut portée à $1^m,44$ sous potence.

Du reste, les propositions des inspecteurs généraux devaient distinguer les juments en trois classes ; à chacune de ces classes répondait une tarification différente : — 200 fr., — 150 fr. — et 100 fr.

Les juments primées étaient soumises à une inspection annuelle.

Les autres dispositions n'ont rien d'organique ni de bien essentiel ; elles se bornent à régler des détails et à déterminer des formalités qui n'ajoutent rien au fond.

Voilà donc un système bien tranché.

On sent tout de suite sa raison d'être ; on comprend que le moment de la grosse espèce est venu, que l'extension des besoins porte vers elle toutes les sollicitations du commerce, que toute faveur, au contraire, s'est retirée de l'éducation des races légères, du cheval de selle. De là, la nécessité de s'occuper de ce dernier avec une attention nouvelle, et de compenser, en tant que cela est possible, les inconvénients de l'abandon par des avantages pécuniaires capables de soutenir et de protéger, sinon d'activer une production désormais compromise dans ses causes les plus prochaines.

Toutefois, en retirant aux départements les fonds donnés jusque-là pour être distribués en concours publics en même temps que les allocations spéciales consenties par les conseils généraux, l'administration n'abandonne pas complétement à elles-mêmes les provinces à chevaux; elle leur renouvelle ses conseils. Ceux-ci n'eussent pas été stériles dans leur application, si les programmes en avaient tenu meilleur compte, et surtout si l'on avait mis quelque persévérance à en appeler les bons résultats.

La circulaire adressée aux préfets, le 20 juin 1825, est un témoignage d'intérêt bien compris; elle traite à fond la matière, et pose des principes qu'on ne saurait contester.

La voici dans son entier.

Paris, le 20 juin 1825.

Le ministre de l'intérieur (comte Corbière) aux préfets.

« Les préfets des départements qui avaient part à la répartition des fonds que l'administration générale prélevait annuellement sur le budget des haras, pour les primes à distribuer dans les concours publics, ont été prévenus que cette allocation cesserait à partir de 1826.

« Il résulte de cette disposition que les conseils généraux des départements qui voudront maintenir les concours dont il s'agit, ou en établir de semblables, auront désormais à pourvoir à la totalité des fonds à y employer.

« Pour prévenir toute difficulté par rapport à l'emploi de ces fonds, et pour que, sous ce rapport, leurs intentions soient suivies autant que possible, je leur laisse, ainsi qu'aux préfets, le soin de régler, de concert, le mode de distributions, bien persuadé que les intérêts des localités seront défendus avec tout le discernement convenable, et seront toujours en rapport avec le bien général.

« Cependant, afin que les dispositions qu'ils pourront adopter à cet égard puissent se concilier avec les principes de l'administration générale des haras, je vais succinctement vous exposer quelques observations sur cette matière.

« Engager, dans les pays où l'on fait naître, les propriétaires et cultivateurs à conserver et à livrer à des étalons de choix leurs meilleures juments, et à remplacer les mères par les pouliches améliorées à un degré supérieur;

II.   19

« Faire en sorte que la naissance soit contrariée le moins possible par la présence des productions mâles, et favoriser l'importation et l'éducation de celles-ci dans les contrées où cette éducation peut avoir lieu et s'achever avec le plus d'avantages, tant pour les cultivateurs qui les élèvent que pour l'utilité des services auxquels elles peuvent être propres,

« Telles sont, d'après les principes de l'administration, les bases fondamentales du système des prix.

« Ainsi, là où il s'agit de favoriser la naissance, ces encouragements doivent porter principalement sur les juments et les pouliches, parce que c'est du bon choix de ces éléments de reproduction que dépend l'amélioration, le gouvernement fournissant, de son côté, les étalons.

« Là où il convient d'encourager l'éducation des mâles, c'est sur les poulains que les primes doivent généralement porter, sans, toutefois, négliger tout à fait la conservation des mères, objet principal de l'amélioration des races.

« Dans les dispositions qui doivent fixer le nombre des concours et les lieux où ils doivent se tenir, on doit avoir soin d'éviter, aux cultivateurs qui sont dans le cas d'y prendre part, des déplacements très-dispendieux, et néanmoins ne pas perdre de vue que ces concours ne sauraient remplir leur objet d'une manière vraiment utile qu'autant que chacun d'eux peut réunir un nombre d'animaux assez considérable pour qu'il y ait réellement concurrence et motif suffisant d'émulation; que la somme à y distribuer doit être proportionnée à l'importance relative du concours, et que tout doit, d'ailleurs, être disposé pour que les distributions aient un certain éclat, moyen puissant aussi d'exciter l'émulation.

« Pour pouvoir concourir aux primes, les juments doivent appartenir à des propriétaires du département et avoir été saillies, dans l'année même de la distribution, par les étalons royaux ou par les étalons approuvés ou autorisés, ou être accompagnées d'un produit de l'année des mêmes étalons.

« Une conséquence de la condition relative à la saillie de la jument est que les concours pour cette classe de chevaux ne doivent avoir lieu qu'après la monte, puisque c'est seulement alors que les propriétaires peuvent prouver qu'elle a été remplie ; il y aurait, d'ailleurs, du danger à faire voyager les juments plus tôt, par rapport à leurs jeunes productions.

« Les primes destinées aux juments ont été jusqu'ici divisées en trois classes et réparties de telle sorte, que le nombre des primes de deuxième classe était double de celles de la première, et le nombre de celles de la troisième classe double de celles de la seconde.

« Cette division était principalement fondée sur ce qu'il est constant que les juments susceptibles d'être placées dans les premiers rangs sont, pour l'ordinaire, en très-petit nombre, relativement à celles des classes inférieures, et sur l'avantage qu'il y a de faire porter le plus grand nombre de primes sur la classe de cultivateurs qui a le plus besoin de ces encouragements, et à laquelle il est le plus convenable de les appliquer. J'entends parler ici des cultivateurs qui s'étudient, qui mettent tous leurs soins à n'avoir que de bons produits, mais qui n'ont pas les moyens de faire de grands sacrifices pour se procurer des éléments d'un haut prix. C'est cette classe qui s'occupe plus particulièrement de la reproduction des animaux propres aux usages les plus ordinaires et, par conséquent, de ceux dont on fait une plus grande consommation ; c'est en effet chez elle surtout qu'on trouve les chevaux pour l'agriculture, le commerce et la guerre.

« Il paraît utile d'établir, ainsi que cela s'est pratiqué depuis quelques années, que les primes destinées aux juments seront annuelles, c'est-à-dire que les mêmes juments pourraient y concourir et en obtenir tous les ans, tant qu'elles seraient jugées les meilleures et qu'elles rempliraient les conditions voulues. Les propriétaires sont, par là, fortement intéressés à se procurer toujours ce qu'il y a de mieux en éléments de cette nature ; il en résulte aussi la facilité de faire participer un plus grand nombre de sujets à ces encouragements, qui, se renouvelant tous les ans, peuvent se composer de sommes beaucoup plus modiques que si chaque jument ne pouvait obtenir qu'une prime une fois payée.

« Les primes affectées aux pouliches doivent avoir à peu près le même but que celles qui sont accordées pour les juments, c'est-à-dire qu'on doit y avoir en vue d'engager les propriétaires à conserver pour la reproduction celles qui promettent le plus, et à les élever convenablement. On sent qu'elles seraient moins utiles là où ce résultat peut s'obtenir naturellement et par suite des habitudes établies, ou par l'influence seule des primes affectées aux juments.

« Les chevaux entiers qui sont arrivés à l'âge d'être employés à la reproduction ne paraissent point devoir être compris dans la catégorie des animaux aptes à prendre part aux primes qui se distribuent dans les concours publics. L'administration a réservé à cette classe de chevaux des encouragements spéciaux; ce sont les avantages et prérogatives attachés aux approbations et autorisations.

« Toutefois l'exclusion dont on vient de parler serait susceptible d'exception dans les pays qui, étant dans l'usage de tirer des poulains d'autres contrées pour les élever chez eux, n'ont pas les moyens d'employer ensuite utilement ces animaux à la reproduction. Sauf cette exception, qui n'est applicable qu'à un très-petit nombre de localités, on ne doit, en général, admettre de chevaux entiers dans les concours dont il s'agit que jusqu'à l'âge où ils peuvent être classés parmi les étalons, c'est-à-dire jusqu'à quatre ans. Il n'y a pas non plus de motifs de les admettre dans ces concours avant l'âge de deux ans faits, attendu que, jusqu'à cet âge, ils coûtent peu à leurs propriétaires, qui, par conséquent, n'ont pas besoin d'être encouragés à les conserver jusque-là.

« Les poulains, non plus que les pouliches, ne doivent être admis à prendre part aux primes qu'autant qu'ils proviennent des étalons royaux ou des étalons approuvés ou autorisés, qu'ils appartiennent à des propriétaires du département ou qu'ils y ont été élevés depuis un an au moins; ils ne doivent pas avoir encore été employés à la monte.

« L'objet de ces primes, quant aux poulains, doit être principalement de favoriser, dans les contrées qui ont les moyens et la facilité d'élever des chevaux à peu de frais, et qui manquent de juments ou qui n'en ont que de mauvaises, la spéculation de tirer des poulains des contrées qui en produisent de bonne espèce pour les élever.

« Ainsi c'est plus particulièrement dans les pays propres à l'élève qu'on doit en faire usage.

« Leur effet doit être

« 1° De favoriser, dans les pays qui font naître, l'écoulement, à des époques convenables, des productions mâles dont la présence pourrait entraver ou paralyser la naissance;

« 2° De rendre les pays qui élèvent plus difficiles quant au choix des poulains qu'ils tirent des contrées qui font naître, et de mettre, par suite, ces contrées dans la nécessité d'être plus sévères dans le choix des éléments de reproduction;

« 3° D'amener les éleveurs à mieux soigner, à mieux nourrir leurs élèves, et à les ménager davantage dans les travaux auxquels ils les soumettent dans leur jeunesse.

« Tels sont les principes sur lesquels le système des primes me paraît devoir s'appuyer. Je recommande aux préfets et aux conseils généraux qui voudront affecter des fonds à ces encouragements de ne pas perdre de vue ces principes, et de les méditer avec attention avant de rien arrêter par rapport au mode d'après lequel les sommes qui seraient allouées à leur budget pour la destination dont il s'agit devraient être distribuées.

« Ils ne perdront pas de vue non plus, par rapport aux primes qu'ils pourraient vouloir encore affecter aux juments de selle, les dispositions des articles 19 et 20 de l'ordonnance du 16 janvier dernier, d'après lesquels cette classe de chevaux, se trouve déjà l'objet d'encouragements spéciaux que le gouvernement prend à sa charge.

« Je sais que, dans quelques localités, ces encouragements seraient insuffisants : c'est aux conseils généraux et aux préfets à apprécier cette circonstance, et à tenir tel compte que de droit, dans leurs dispositions en faveur des juments, des avantages que l'administration assure de son côté à leurs propriétaires, en observant, toutefois, qu'il serait à désirer que, dans tous les départements, on donnât des primes, quelque minimes qu'elles fussent, aux juments de selle; ce mode aurait l'avantage de fournir des renseignements d'autant plus précieux qu'ils seraient le résultat de la publicité et de la concurrence.

« Relativement à la composition du jury qui devra prononcer sur l'admission des chevaux présentés aux concours, sur le mérite relatif de chacun d'eux, et sur l'application à leur faire des dispositions relatives aux encouragements à décerner, je crois devoir en laisser le soin aux préfets, sous la réserve, néanmoins, que l'inspecteur général de l'arrondissement en fera toujours partie de droit, et, à son défaut, le directeur ou chef du haras ou dépôt de la circonscription. J'aurai l'honneur de rappeler encore à ces magistrats que, dans aucun cas, ils ne doivent, non plus que les fonctionnaires qui pourraient les remplacer pour les distributions, exercer les fonctions de jurés. Leurs attributions, dans ces circonstances, sont de décerner eux-mêmes les primes d'après l'avis du jury, c'est-à-dire du conseil établi près d'eux pour leur désigner les sujets qui y ont le plus de droits. Il convient, du reste, de maintenir à cinq le nombre des membres de ce conseil, qui se trouvera entièrement composé de propriétaires de département, si aucun des deux employés de haras désignés ci-dessus ne pouvait y assister. Les membres du jury nommeront entre eux leur président.

« Je prie les préfets de vouloir bien ne pas omettre de m'adresser exactement un exemplaire des arrêtés qu'ils auront pris au sujet des distributions de primes qui pourront avoir lieu dans leurs départements, et de me faire aussi parvenir, immédiatement après chaque distribution, une expédition du procès-verbal qui aura dû être dressé des opérations qui y auront été faites. »

Ces instructions, nous l'avons dit, tentaient de donner une direction utile aux encouragements votés par les conseils généraux et appliqués à l'industrie chevaline par des jurys locaux, par des commissions spéciales qui n'ont jamais su s'élever à la hauteur de la mission qui leur était dévolue. Nous reviendrons sur ce point.

Il y avait alors deux ordres de primes : — les unes, annuelles, dont les fonds étaient faits par les départements et distribués en concours publics ; — les autres, permanentes, accordées sur les fonds de l'Etat et formant une sorte de dotation payée aussi longtemps que les poulinières auxquelles elles avaient été affectées s'en montraient dignes.

Le nouveau système de l'administration fut d'abord accueilli avec une grande faveur. La production du cheval de selle en reçut une activité puissante, efficace. Les producteurs accordèrent plus de sollicitude à la jument d'élite. L'inspection annuelle que celle-ci était obligée de subir et par suite de laquelle elle devait se trouver — favorisée, si elle n'avait point encore été placée dans la première classe, — maintenue, si elle n'avait rien perdu de son mérite, — ou déclassée, selon les circonstances, l'inspection annuelle, disons-nous, était le point de mire et le stimulant du propriétaire.

Les bonnes juments furent recherchées, leur valeur s'accrut; on les entoura de tous les soins qu'exige la tenue d'une poulinière d'espérance, on donna aux pouliches une attention soutenue; de leur pleine réussite dépendait l'avenir. Bref, le nouveau système avait un succès complet. Dès la première année, il prit au budget près de 60,000 fr.; cette somme avait plus que doublé en 1829. Durant ces quatre années, les juments primées reçurent 341,000 fr.; c'est une moyenne de 85,275 fr., c'est-à-dire 33,275 de plus que pendant la période de 1822 à 1825, — et près de 59,000 fr. de plus que la moyenne des cinq années antérieures à la dernière période.

L'administration ne devait pas jouir longtemps de son succès. Tandis qu'elle augmentait le fonds d'encouragement consacré par elle aux poulinières, les conseils généraux réduisaient considérablement le chiffre des allocations qu'ils avaient votées jusque-là en vue des primes à la production et à l'élève. Les concours publics perdirent bientôt une grande partie de leur importance et de leur utilité. Les juments pensionnées pouvaient y paraître et y disputer aux juments de second et de troisième ordre les faibles avantages qu'on leur continuait avec mauvaise grâce ; mais le grand nombre se tenait à l'écart, et les réunions n'offraient plus qu'un très-minime intérêt. En beaucoup de départements, on supprima les concours. Tous ceux qui ne prenaient aucune part à la répartition ministérielle crièrent alors à la faveur et au privilége ; ils demandèrent avec instance que l'on rapportât les dispositions en vigueur, et que les haras missent en commun avec les départements, comme ils le pratiquaient précédemment, les allocations à distribuer à l'avenir en primes d'encouragement.

Ces réclamations coïncidèrent parfaitement avec l'impossibilité d'accroître davantage le fonds spécialement affecté aux primes. L'émulation avait été si grande, que le nombre des juments capables avait dépassé toutes les proportions budgétaires. Il fallut songer tout d'abord à restreindre les admissions, puis à éliminer successivement les poulinières les moins précieuses, afin de faire place à d'autres plus recommandables.

Cette mesure jeta quelque perturbation dans l'esprit des producteurs ; elle leur inspira quelque méfiance, et le système des juments primées en aurait peut-être reçu une fâcheuse atteinte.

Toutefois on n'en fit pas l'expérience. Des réductions notables dans le budget forcèrent à l'économie. On retrancha quelque peu sur les dépenses de toute nature; le fonds des primes se trouva atteint comme le reste.

D'ailleurs les idées se modifiaient : les saines doctrines commençaient à poindre et devaient bientôt envahir la pratique; on commençait à parler du pur sang, et l'on sentait la nécessité d'aider à l'importation nombreuse de reproducteurs de cette race. On comprit qu'une partie des encouragements consacrés jusqu'alors à la jument de selle devait être plus spécialisée et désormais attribuée à la jument de race pure.

Un système mixte fut la conséquence de cette nouvelle situation; il laissait subsister en son entier le principe sur lequel avaient porté les dispositions de l'ordonnance du 16 janvier 1825, celui d'une protection spéciale en faveur des juments de selle; mais il en modifiait l'application.

Une partie des fonds que les haras pourraient affecter aux primes serait réunie à ceux que les départements auraient votés pour être distribués en concours publics, et les uns et les autres répartis d'après l'avis d'un jury local dans lequel entreraient toujours deux officiers de l'administration; — l'autre partie serait exclusivement réservée aux juments de race pure. Cependant les fonds du gouvernement, réunis aux allocations votées par les conseils généraux, ne pourraient favoriser l'entretien et la bonne tenue que des juments de selle ou d'espèce carrossière; ils auraient ainsi une répartition distincte. Les fonds des départements seraient tout naturellement employés d'après les intentions des conseils généraux; mais on devrait chercher, par des avis et des instructions *ad hoc*, à diriger, autant que possible, cet emploi dans le sens de l'application des subventions de l'État.

Ce système avait l'avantage de satisfaire aux intentions

des art. 19 et 20 de l'ordonnance précitée, et de répondre aux réclamations des départements qui, par suite des mesures prises pour l'exécution de ces dispositions, s'étaient trouvés déshérités des encouragements qu'ils recevaient précédemment. Il faisait droit aux vœux fréquemment exprimés, savoir, que les encouragements de l'État fussent décernés dans des concours publics et sur l'avis de jurys locaux.

Ce système fut résumé dans la résolution suivante, transmise aux préfets sous forme de circulaire, le 11 juillet 1829 :

Le ministre de l'intérieur (vicomte de Martignac) aux préfets.

« A partir de 1830, un quart de la somme destinée aux primes pour l'encouragement à l'éducation des chevaux sera réservé pour l'encouragement spécial des juments de race pure, et les trois autres quarts répartis entre les départements qui seront jugés devoir y participer, pour être distribués en concours publics, et sur l'avis d'un jury, avec les fonds votés par les conseils généraux pour la même destination.

« Les primes à décerner dans les concours sur les fonds du gouvernement ne pourront s'appliquer qu'aux juments de selle ou d'espèce dite *carrossière*, suivies d'une production de l'année, issue d'elles et d'un étalon royal ou d'un étalon approuvé ou autorisé. Ces juments devront avoir au moins 1^m,488 (4 pieds 7 pouces), dans le Midi, et 1^m,543 (4 pieds 9 pouces), dans le Nord, mesurées à la potence.

« Le jury sera composé de cinq membres, dont deux officiers des haras, parmi lesquels se trouveront l'inspecteur général de l'arrondissement ou le chef de l'établissement de haras. Les agents spéciaux ou surveillants ne pourront en faire partie qu'autant qu'ils compteront au moins six ans de service dans les haras.

« Les titres d'admission délivrés aux propriétaires des juments dites *primées* cesseront d'avoir leur effet ; toutefois

ceux de ces titres qui s'appliquent à des juments de race
pure pourront être maintenus, si ces juments remplissent
les conditions requises.

« Aucune jument ne sera admise dans la classe dite *des
juments de race pure* qu'après qu'il aura été bien et dûment
constaté qu'elle descend en ligne directe et sans mélange de
père et mère arabes, barbes, turcs, persans, ou d'individus
reconnus, en Angleterre, comme de race pure, et si elle ne
réunit pas, d'ailleurs, à une taille d'au moins $1^m,448$ (4 pieds
7 pouces) à la potence, les qualités exigées pour une bonne
poulinière.

« La prime déterminée dans l'acte d'admission ne sera
due et payée que pour la jument suivie d'une production de
l'année, issue d'elle et d'un étalon royal ou approuvé.

« Les fonds qui resteraient sans application sur le quart
réservé aux juments de cette classe seront employés en achats
de juments de race pure pour les haras royaux.

«Je vous prie de vouloir bien tenir strictement la main
à ce que les fonds qui seront mis à votre disposition sur le
crédit des haras, pour les concours dans votre département,
soient employés conformément aux dispositions que je viens
d'énoncer.

« Quant à ceux que le conseil général pourra affecter à
ces encouragements, l'emploi devra, comme précédemment,
en être réglé par vous, d'accord avec le conseil général. Je
désirerais, toutefois, que cet emploi fût dirigé de manière à
correspondre aux vues qui motivent les dispositions relatives
à l'application des primes décernées sur les fonds du gouvernement. J'insisterai surtout pour que les poulains soient
rarement appelés à participer à ces encouragements. Il est
bien reconnu, en effet, que les primes accordées à cette classe
de chevaux sont, en général, plutôt nuisibles qu'utiles à l'a-
mélioration et même aux vrais intérêts des propriétaires,
qu'elles engagent trop souvent à conserver entiers des poulains qui ne sauraient, dans aucun cas, les **dédommager**

des frais de leur éducation, et qu'il serait plus avantageux, sous tous les rapports, de faire castrer de bonne heure.

« Il n'en est pas de même des pouliches; les primes qui pourraient leur être accordées sur les fonds départementaux rentreraient dans les vues de l'administration.

« Vous sentirez sans doute combien, d'après ces nouvelles dispositions, il devient plus essentiel que jamais que les officiers des haras qui doivent faire partie des jurys puissent remplir exactement ces fonctions. J'en fais un devoir exprès aux inspecteurs généraux et aux chefs des établissements. Je vous prie de leur faciliter, autant que vous le pourrez et autant que les circonstances le permettront, les moyens d'y satisfaire, en vous concertant avec ces officiers pour la fixation des époques auxquelles les concours auront lieu.

« Dans le cas où l'un de ces officiers, ou ni l'un ni l'autre ne pourraient se trouver au concours, vous pourvoiriez à leur remplacement. Je vous prie d'apporter une attention particulière dans les choix à faire pour ces remplacements, de même que pour celui des trois autres membres du jury qui sont à votre nomination. Il importe que ces fonctions ne soient remplies que par des personnes choisies parmi les propriétaires ou officiers de cavalerie en état de bien comprendre les vues de l'administration relativement à ces encouragements, et qui réunissent les connaissances et le zèle nécessaires pour les remplir convenablement. Vous leur recommanderez, du reste, d'apporter dans leurs opérations une juste et scrupuleuse vérité. Les primes mal appliquées, celles qui sont décernées à des sujets qui ne les méritent pas manquent le but et souvent y nuisent.

« J'ai admis aussi que les inspecteurs généraux pourraient accorder, pour les juments qui auraient obtenu une prime sur les fonds du gouvernement, un titre d'après lequel elles seraient saillies gratuitement, l'année suivante, par un des étalons royaux désignés à cet effet. Toutefois les inspecteurs généraux sont invités à n'user de cette faculté qu'avec beaucoup de réserve, et seulement dans le cas où il peut en résulter un avantage notable pour l'amélioration, et particulièrement dans ceux où il serait à craindre qu'autrement une belle jument ne fût mal accouplée. L'exécution de cette mesure sera, d'ailleurs, réglée ultérieurement par des dispositions spéciales.

« Je désire que, chaque année, vous me fassiez parvenir, au plus tard dans le courant de décembre, avec l'extrait de la délibération du conseil général concernant son vote relatif aux primes, votre projet d'arrêté pour les concours de l'année suivante, lequel projet sera, dans tous les cas, subordonné à l'approbation du vote.

« Je ne terminerai pas cette lettre sans vous recommander de seconder aussi, autant que vous le pourrez, l'inspecteur général de l'arrondissement, relativement aux réunions d'animaux qu'il serait dans le cas de provoquer pour la visite des étalons et des juments susceptibles de l'application des encouragements que le gouvernement accorde sur les propositions de ces officiers ; vous concevrez facilement combien il est essentiel que ces réunions aient lieu aux jours et heures déterminés. Ces officiers ne peuvent, en effet, sans déranger toute leur tournée, se prêter à aucun changement dans les dispositions qu'ils auraient faites à cet égard. »

Ce système dura cinq années, de 1830 à 1834 inclusivement ; il absorba 269,750 fr. ainsi répartis : — 232,450 fr. en concours publics, — et seulement 36,900 fr. aux juments de race pure sur les propositions directes des inspecteurs généraux. C'était une moyenne annuelle de 53,950 fr.

Les racines du nouveau mode sont faciles à saisir. La production du cheval léger n'offrant plus aucun bénéfice, ne constituant plus qu'une spéculation onéreuse, on avait demandé aux encouragements les moyens de la soutenir. Mais les encouragements sont impuissants lorsqu'ils s'adressent à une industrie défaillante par cela seul que le débouché lui manque, que la consommation lui fait défaut;

ils sont utiles, ils sont efficaces pour ouvrir une voie nouvelle, pour quitter les routes battues et montrer de nouveaux
chemins ; ils ne peuvent rien contre l'abandon et la ruine.
Telle était la situation de l'industrie du cheval léger quand
on imagina de la défendre, par des primes élevées, par de
véritables dotations, contre la force des choses qui l'avait déjà emportée. Les primes spéciales ranimèrent la production,
mais elles furent réclamées en tel nombre, que le choix des
juments était chose fort embarrassante, à peu près impraticable, et qu'on arrivait forcément à la nécessité d'attacher
une prime à l'existence, à la conservation de chaque poulinière employée à la reproduction des races légères. Une telle
extension était impossible ; eût-elle été possible, d'ailleurs,
qu'elle n'eût encore créé qu'une industrie factice. Or ce
n'est point à l'aide de semblables moyens qu'une industrie
peut vivre, se relever et se soutenir.

C'est donc à bon droit que le président de la commission administrative de 1829, après avoir constaté et le bon
accueil fait au système de 1825 et l'empressement avec lequel tous les producteurs de chevaux légers en ont recherché les bienfaits, ajoute : « Tout semble prouver que cette
émulation se serait soutenue et aurait même été toujours
croissant, si on avait pu, chaque année, augmenter la somme
à affecter à ces encouragements, et y admettre successivement les juments pouvant y avoir droit, à mesure que les
propriétaires se les seraient procurées. »

Il est évident qu'un système d'encouragement ne saurait
embrasser la production tout entière. Quand la production
est languissante à ce point, qu'elle ne vit qu'en raison et en
proportion des encouragements consentis, elle ne vit plus de
son existence propre ; elle n'a plus qu'une existence fausse
et compromise ; rien ne saurait la sauver ; elle est éteinte.

Et cela est si vrai ; que le système de dotation, accueilli
pourtant comme un moyen suprême, considéré comme la
mesure la plus favorable et la plus utile qu'il fût possible

d'adopter alors, se trouva, dès les premiers temps de son application, voué à l'impuissance par insuffisance de crédit.

Il en résulta nécessairement, dit encore M. le duc d'Escars, il en résulta un grand découragement pour ceux des propriétaires qui avaient fait des frais pour se mettre en mesure de participer aux avantages du système, et qui virent leurs espérances déçues, ne pouvant faire admettre leurs juments, parce que les cadres étaient remplis, parce que les crédits étaient dépassés. On se trouva donc engagé dans une route où il était désormais impossible d'avancer. Les sacrifices mêmes qu'on s'était imposés ne pouvaient remplir que très-imparfaitement le but, puisque ceux qui en jouissaient restaient eux-mêmes sans motif d'émulation, les avantages qu'ils avaient pu espérer de la mesure devant se borner à ceux qui leur étaient acquis (1).

Ces résultats ne condamnent pas le moyen, ils ne prouvent pas que le système ait été mauvais ou qu'on l'ait appliqué à faux; ils disent, au contraire, que, à la faveur d'un encouragement bien compris, on avait pu galvaniser un instant une industrie toujours prête à se ranimer; mais ils constatent aussi que cette industrie s'était fourvoyée en comptant d'une manière trop absolue sur les ressources que pouvait lui apporter un moyen d'émulation pur et simple; ils constatent que l'administration n'avait point appuyé son système d'encouragement de la seule force vive qui pût lui prêter main-forte et la seconder, — l'assurance que la consommation ferait retour, la certitude que le débouché ne manquerait pas aux efforts du producteur.

Les primes ne pouvaient résumer tout en elles : elles devaient précéder le consommateur, car ce dernier ne pouvait revenir qu'à la condition d'être rappelé par une production abondante et par le nombre et par la qualité; mais, ce résultat obtenu, les primes n'avaient plus, ne pouvaient plus

(1) Commission des haras—1829—(rapport au ministre).

avoir qu'une importance tout à fait secondaire. Dans toutes les industries, le premier rôle appartient nécessairement au commerce; lui seul stimule, excite la production d'une manière puissante, sérieuse, efficace par une recherche active, régulière et profitable des produits. Ceux qui le conçoivent et l'octroient, aussi bien que ceux qui en profitent, se trompent au même titre que ceux qui comptent exclusivement sur les ressources pécuniaires ou la part d'influence que peut exercer, sur une grande industrie, un système d'encouragement quelconque, lorsqu'il n'a pas, pour les tendances qu'il favorise, le secours d'un débouché assuré. A la rigueur, et pour un temps déterminé, la spéculation peut se passer d'un bénéfice attendu; elle ne consentira jamais à travailler avec la certitude de pertes toujours renouvelées. Eh bien, il ne saurait y avoir, il n'y a réellement que des pertes à recueillir pour qui n'a d'autre espérance de profit que la prime d'encouragement offerte à ses efforts. La prime d'encouragement, qu'est-ce autre chose qu'un moyen? Ce n'est pas le but. — Le but, c'est le placement plus ou moins facile, plus ou moins avantageux des produits plus ou moins aisément obtenus à l'aide de tel ou tel moyen. Une production qu'il serait possible de soutenir pendant quelque temps par des encouragements autres que ceux du débouché coûterait des sommes considérables, et, si ces sommes étaient assez fortes pour indemniser le producteur des pertes qu'il éprouverait sans le secours des encouragements, il faudrait encore se demander quels sacrifices ceux-ci imposent au budget qui les donne.

Le système des dotations, tel qu'il avait été conçu, n'était pas né viable; il ne pouvait avoir la prétention de faire seul ce qui n'était réalisable qu'avec l'aide du consommateur. En même temps donc qu'on l'appliquait sainement à une production languissante, il fallait écarter de celle-ci les causes qui l'avaient fait déchoir, les obstacles sous lesquels avait disparu la prospérité; il fallait, par des moyens que nous n'avons point à examiner ici, ramener le commerce qui s'était éloigné, agir sur la partie de la consommation qui s'était détournée, étendre enfin son action et son influence sur l'industrie tout entière et ne point se borner à l'un de ses détails; il fallait embrasser la question dans ses rapports divers avec l'ordre social.

C'est ainsi qu'une spécialité s'agrandit, et qu'une production, étudiée seulement en elle-même, reste une manière de problème insoluble.

En effet, à côté de cette question, — l'éducation bien entendue du cheval de selle, — combien n'en surgit-il pas d'autres tout à coup de la plus haute importance, et qui ne sont plus en aucune façon du ressort de l'administration spéciale chargée de l'amélioration des races chevalines en France? N'y avait-il rien à faire à la frontière? n'y avait-il rien à exiger de l'armée, rien à obtenir de la maison du roi, rien à demander au patriotisme du consommateur riche, rien à organiser qui retînt à l'intérieur le marchand dont les habitudes, provoquées par la mode, étaient exclusivement favorables aux produits similaires de l'étranger? n'y avait-il rien à demander aux ponts et chaussées, quand l'état déplorable des grandes routes et de toutes les autres voies de communication faisait un si complet obstacle à l'emploi et, par conséquent, à la production du cheval léger? n'y avait-il aucun perfectionnement à réaliser par l'agriculture dont les travaux ont été si rudes jusqu'ici, les instruments si grossiers et si lourds, les richesses alimentaires si restreintes et si dénuées de qualités, etc., etc.?

La critique est aisée, l'art est moins facile. Vous qui avez tant blâmé les haras de ce que notre population chevaline n'est pas partout en haute estime et en grande valeur, jetez donc les yeux autour de vous, consultez les faits, et, la main sur la conscience, demandez-vous si toutes les améliorations poursuivies ont été possibles, lorsque tant et de si puissants obstacles venaient à l'encontre des faibles moyens qui pouvaient leur être opposés.

II.   20

Qu'on nous pardonne cette digression.

L'application du système d'encouragement adopté pour 1830, système mixte ainsi que nous l'avons vu, confirme, à tous égards, les présomptions qu'on pouvait en avoir et que nous-même avons déjà indiquées. Les distributions en concours publics n'eurent pas un grand succès et ne donnèrent pas des résultats fort appréciables. Ce genre d'encouragement perdit peu à peu de la vogue dont il avait joui à son début, et, bientôt après, passa tout à fait de mode. Beaucoup de conseils généraux l'abandonnèrent ; cet abandon indiqua fort bien à l'administration que les réclamations, si nombreuses pourtant, qu'elle avait reçues plusieurs années auparavant, ne se renouvelleraient pas, si elle retirait les fonds consacrés par elle aux distributions en concours publics.

Par ailleurs, l'autre moitié du système prenait de l'importance. Le nombre des juments de pur sang paraissait devoir s'accroître rapidement, si des encouragements spéciaux venaient à en solliciter, à en favoriser l'importation. Les haras et les dépôts d'étalons commençaient aussi à se peupler d'étalons de race pure, et les producteurs montraient une certaine répugnance à les allier à leurs juments. Le goût du gros cheval était partout dominant, et les idées d'amélioration par le sang n'étaient pas encore descendues dans les masses.

Cette situation obligeait l'administration à modifier encore son système de primes, à le calquer sur le besoin du moment, et à l'établir de telle sorte qu'il servît à la fois — à la multiplication de la race pure en France — et au croisement de celle-ci avec la poulinière indigène de bon choix. Tels furent les principes adoptés et la base des dispositions qui suivent.

« Les juments de race pure, arabe, barbe, turque, persane ou anglaise, pourront obtenir des primes de 200 à 400 fr., si elles réunissent à une taille de 1^m,49 (4 pieds

7 pouces), mesurées à la potence, les qualités exigées d'une bonne poulinière, et si elles sont suivies de leur production de l'année provenant d'un étalon de race pure appartenant à l'administration ou approuvé.

« Il pourra aussi être accordé des primes de 200 à 300 fr. aux juments indigènes, bien étoffées, réunissant aux qualités exigées d'une bonne poulinière une taille de 1^m,52, lorsque ces juments seront suivies de leur production de l'année provenant d'un étalon de race pure appartenant à l'administration ou approuvé.

« Les inspecteurs généraux adresseront au ministre, chaque année, dans le courant de novembre, le tableau, par département, des juments de race pure que, d'après l'indication des directeurs et d'après l'examen qu'ils en auront fait eux-mêmes, ils ont jugées dignes d'être primées.

« Ce tableau contiendra le signalement détaillé de chaque jument, sa généalogie, ainsi que le nom et la demeure du propriétaire.

« Le titre qui devra constater l'admission sera délivré par le ministre (*modèle n° 55*).

« Les juments primées seront soumises à l'inspection annuelle, comme les étalons approuvés. Les inspecteurs généraux indiqueront les réformes qui leur paraîtront nécessaires, et pourront proposer l'augmentation ou la diminution des primes, selon l'utilité des juments primées, sans, toutefois, sortir des limites posées plus haut.

« Les directeurs de haras ou dépôts tiendront, pour les juments primées de leur circonscription, un registre où seront inscrits les titres d'admission et les renseignements relatifs au service des juments et aux primes payées à leurs propriétaires (1). »

Une disposition expresse (art. 13) réservait la possibilité

(1) Ordonnance royale du 10 décembre et règlement du 15 décembre 1833.

d'assigner des fonds pour primes à distribuer en concours publics aux juments de selle et de carrosse.

Ce n'était là, pourtant, qu'une exception; on avait fait sagement en ne s'interdisant pas tout encouragement à décerner en concours publics; mais la règle, le point essentiel et fondamental était la concession de primes spéciales, en tant que les conditions déterminées, fixes, égales pour tous, se trouvaient remplies.

A vrai dire, l'ordonnance de 1855 ne consacra point un changement de système; elle modifia seulement le mode adopté en 1829.

Les juments de pur sang et les poulinières indigènes se trouvaient ici sur le même plan; l'encouragement venait à elles au même titre et ne différait que dans le maximum de la prime, naturellement plus élevée pour la jument de pur sang que pour l'autre.

Les choses restèrent en cet état de 1855 à 1859; c'est une nouvelle période de cinq années pendant laquelle 269,470 fr. furent ainsi distribués. C'est une moyenne à peu près égale à la moyenne de l'époque antérieure : en effet, elle avait été de 53,950 fr. de 1850 à 1854.

Elle est de 53,894 fr. de 1855 à 1859.

Le nombre des juments de pur sang était encore peu considérable alors; on comprend donc que la plus grosse part de cette somme ait été attribuée à la jument indigène. Durant ces cinq dernières années, aucune application n'a été faite aux concours publics. Ç'a donc été une grande impulsion donnée au croisement des races indigènes par l'étalon de pur sang.

Nous apprécierons, ailleurs, les résultats pratiques obtenus de l'alliance du cheval de pur sang avec les juments de races différentes indigènes à chaque localité. Nous ferons cette étude dans une autre partie de cet ouvrage; mais nous pouvons, dès à présent, juger de l'influence absolue qu'a exercée, sur le fait même du croisement, le mode de primes qui l'a provoqué et mis plus ou moins complétement en honneur dans le pays.

Il est positif que, au moment où ce système de primes a été arrêté, notre population chevaline était partout tombée au plus bas degré de l'avilissement; il n'y avait plus aucune trace de noblesse dans les formes, et les races dont on avait le plus parlé étaient fort dégénérées, fort appauvries. Le sang n'avait conservé aucune chaleur, aucun principe généreux; les maladies du système lymphatique décimaient les existences; le développement des individus était lent, leur vie était courte, on n'en obtenait que de mauvais services.

Il y avait nécessité de relever cette population affaiblie; on ne le pouvait qu'à l'aide du *sang* : il fallait en verser goutte à goutte sur toutes nos races et arriver graduellement à certaines doses, variables sans doute, mais suffisantes néanmoins pour repousser la dégradation et l'avilissement, pour fortifier la vie, développer les qualités intérieures et ennoblir les formes.

L'emploi du cheval de sang pouvait seul conduire à ce résultat; mais l'étalon de cette race se trouvait, par sa conformation extérieure, tellement éloigné du modèle du gros cheval presque exclusivement recherché alors, et si près, au contraire, de l'étalon de selle proprement dit dont les haras et dépôts avaient été meublés, qu'il y avait des difficultés réelles à le faire rechercher et adopter par la masse des producteurs.

C'est alors que l'administration offrit à ces derniers l'appât d'une prime généralement plus forte que celle des concours départementaux. Toutefois les primes ministérielles n'étaient point une cause d'exclusion aux primes données sur les fonds votés par les conseils généraux. Cette disposition avait un double objet; elle créait une nouvelle chance de profit et mettait les produits de l'étalon de pur sang en regard des produits des chevaux de toute espèce en rivalité avec de jeunes animaux auxquels on ne manquait pas de les comparer. Si l'application du principe du pur sang avait les avantages que l'administration s'en était promis, cette exhibition en rehaussait les bons effets et aidait au succès; le principe du pur sang était-il prématuré au contraire, l'expérience parlait, et la pratique pouvait faire justice de la théorie. Dans l'un et l'autre cas, les premiers résultats du croisement, observés en commun sur un certain nombre de sujets, avaient une utilité réelle; ils éclairaient à la fois l'industrie et l'administration.

Les primes remplirent donc cet objet; elles avaient en même temps pour but, par leur importance annuelle, d'engager le cultivateur à marier ses meilleures poulinières à l'étalon de pur sang, et à les consacrer aussi longtemps que possible à la production améliorée.

Jamais système de primes n'a marqué d'une manière plus positive le but que voulaient atteindre les baras; il forçait à l'expérimentation en grand du pur sang sur les diverses races du pays et multipliait les leçons de l'expérience sur un grand nombre de points à la fois. C'était une révolution dans les faits et dans les idées; aussi, à partir de cette époque, les idées se sont modifiées, les saines doctrines ont percé d'épaisses ténèbres, et la transformation de plusieurs races a marché, dans le sens des besoins et des exigences, du même pas que l'amélioration elle-même.

On s'est fortement élevé contre le reproducteur de sang, contre le système des primes attachées à son utile emploi, contre les résultats obtenus. Peu de questions ont soulevé des critiques aussi violentes, une opposition plus vive et plus générale; mais il y avait de la passion et de l'aveuglement dans tout ce bruit. En persistant, l'administration a vaincu mauvais vouloir et préjugés. L'importance des sommes données en primes témoigne hautement des succès qu'a remportés le principe du pur sang dès le début de son application — systématique et rationnelle — à l'amélioration de notre population équestre.

Mais ce n'était point assez que d'avoir opéré sur l'espèce indigène. Il ne fallait pas que les bons effets résultant de l'alliance du pur sang s'arrêtassent à la première génération ; il importait essentiellement à l'œuvre commencée que les meilleurs fruits de ces accouplements ne fussent point perdus pour l'amélioration, que de nouveaux perfectionnements pussent être poursuivis dans les générations nouvelles : il fallait donc créer un intérêt opposé à celui qui excitait la recherche par le commerce. Il était fort remarquable, en effet, que les sollicitations de ce dernier s'attachaient très-spécialement aux produits obtenus par le concours du cheval de pur sang, et aux jeunes poulinières d'élite qui donnaient les poulains les plus précieux. Les inspecteurs généraux signalèrent cet écueil ; l'administration crut pouvoir y remédier par les dispositions de l'arrêté du 5 décembre 1838, dont la publication a été accompagnée des observations suivantes.

Circulaire aux préfets.

Paris, le 23 décembre 1838.

« Monsieur le préfet, de tous les moyens que l'administration peut employer pour obtenir le concours de l'industrie particulière dans l'intérêt de l'amélioration de l'espèce chevaline, un des plus avantageux est incontestablement celui qui a pour effet de déterminer les propriétaires à se procurer de bonnes juments pour la reproduction et à les livrer aux étalons les plus convenables..

« Tel est le système des primes instituées par l'art. 11 de l'ordonnance du 10 décembre 1833 ; aucun des modes d'encouragement adoptés jusque-là n'a produit de meilleurs résultats.

« Toutefois l'expérience a fait connaître que, pour en retirer tous les avantages qu'on peut en attendre, ce système doit éprouver quelques modifications dans son application.

« Dans l'état actuel des choses, le propriétaire ne voit souvent, dans la prime accordée à sa jument qu'un moyen d'en rehausser le mérite aux yeux des acheteurs et d'en obtenir un prix plus élevé ; d'où il résulte que, au lieu de favoriser les vues de l'administration, qui tendent à faire consacrer l'élite des juments à l'amélioration et à les fixer à cette destination, la prime produit souvent un effet contraire, puisqu'elle peut déterminer la vente de la jument. Le propriétaire résiste d'autant moins à l'appât d'un bon prix de vente que, dans le système tel qu'il a été appliqué jusqu'ici, une prime obtenue n'est pas toujours pour lui une garantie certaine qu'il pourra en obtenir une autre.

« Il était donc important de remédier à cet inconvénient, qui, d'après le rapport des inspecteurs généraux et des directeurs des établissements de haras, devenait tous les jours plus grave.

« C'est dans cette vue que j'ai cru devoir prendre l'arrêté ci-joint.

« On doit espérer, d'une part, que la retenue de la moitié de la prime jusqu'à la troisième année, et la certitude d'avoir des primes trois ans de suite, si la jument donne un produit chaque année, en empêcheront la vente, au moins pendant la période ; de l'autre, que, recevant à la fois une assez forte somme la troisième année, le propriétaire emploiera volontiers cette somme à l'achat d'une bonne jument, soit pour remplacer la sienne dans le cas où elle devrait cesser d'être primée, soit pour s'assurer une prime de plus.

« . . . . »

Voici maintenant l'arrêté du 5 décembre 1838 :

« Le ministre secrétaire d'Etat au département des travaux publics, de l'agriculture et du commerce,

« Vu l'ordonnance du 10 décembre 1833 et le règlement du 15 du même mois concernant les haras,

« Arrête :

« Art. 1ᵉʳ. A compter de 1859, le titre destiné, aux termes de l'art. 94 du règlement, à constater l'admission d'une jument au bénéfice de l'art. 11 de l'ordonnance du 10 décembre 1833 sera délivré et valable pour une période de trois années consécutives.

« Il ne sera accordé que pour une jument de quatre ans au moins, réunissant à un degré notable les conditions exigées par ledit art. 11, et suivie de son poulain de l'année provenant d'un étalon de race pure appartenant à l'administration ou approuvé.

« Il pourra être renouvelé ; il sera, toutefois, révocable dans le cours de la période, si quelque maladie ou vice contagieux ou héréditaire venait à se manifester.

« Art. 2. Aucune jument, si elle n'est de pur sang, ne pourra être admise à la prime, pour la première fois, à l'âge de dix ans révolus, l'âge se comptant à partir du 1ᵉʳ mai.

« Art. 3. Le titre d'admission déterminera, dans les limites fixées par l'ordonnance du 10 décembre précitée, la quotité de la prime qui pourra être allouée pour la période.

« Le propriétaire de la jument ne recevra, pour chacune des deux premières années, que la moitié de la prime à laquelle il pourrait avoir droit.

« La troisième année, il recevra le complément de la prime ou des primes précédemment accordées, et, s'il y a lieu, la totalité de la prime de cette troisième année.

« La jument primée sera représentée à l'inspecteur général à chaque tournée ; à défaut, par le propriétaire, de se conformer à cette disposition, quelle qu'en soit la cause, il perdra tout droit aux demi-primes arriérées.

« Art. 4. La naissance et l'origine de la production devront être constatées entre les mains de l'inspecteur général, savoir :

« 1° Si elle provient d'un étalon de l'administration, par la représentation du certificat du directeur du haras ou dépôt de la circonscription, spécifiée à l'art. 48 du règlement du 15 décembre 1833 ;

« 2° Si elle est issue d'un étalon approuvé, par un certificat du propriétaire de l'étalon qui constate la saillie de la jument, avec la déclaration signée du propriétaire de cette jument, visée par le maire de la commune, constatant la naissance de la production et visée par le sous-préfet de l'arrondissement.

« Art. 5. La saillie par les étalons royaux pourra être accordée gratuitement aux juments primées. Cette concession n'aura, toutefois, lieu qu'autant que l'étalon sera choisi par l'inspecteur général ou par le directeur de l'établissement de la circonscription.

« Art. 6. Les directeurs de haras ou dépôts tiendront, pour les juments primées de leur circonscription, un registre où seront inscrits les titres d'admission et les renseignements relatifs aux juments et aux productions qu'elles auront données.

« Art. 7. Le titre d'admission suivra la jument ; toutefois, en cas de changement de circonscription, il ne conservera son effet qu'autant que le directeur de l'établissement où la jument aura été inscrite sera informé de cette mutation et de ses causes, ainsi que de la nouvelle destination de la jument, et aura mentionné ces renseignements sur le titre même. A défaut de ces formalités, le déplacement de la jument d'une circonscription dans une autre serait considéré comme une renonciation, de la part du propriétaire, au bénéfice du titre d'admission.

« Paris, le 5 décembre 1838.
« N. MARTIN (du Nord). »

Les dispositions contenues en l'arrêté qui précède ont obtenu faveur ; mais rien mieux que ce bon accueil ne prouve que le débouché seul était insuffisant à créer l'intérêt auquel sait toujours répondre le producteur. Si les sollicitations du commerce avaient été actives et régulières, il n'aurait point été nécessaire de chercher dans un moyen de cette nature une cause de conservation de la bonne poulinière, source abondante de profits quand la consommation établit un écoulement large et facile des profits.

C'était une nécessité que les primes protégeassent en raison même du peu d'appui que donnait le commerce ; le système d'encouragement appliqué à la production devait offrir des combinaisons telles, qu'il assurât à l'amélioration une partie des secours que lui aurait prêtés la recherche suivie des produits.

Les primes triennales devaient remplir cet objet. Si l'administration était dans l'erreur, beaucoup y étaient avec elle. Plusieurs départements trouvèrent dans le nouveau système les garanties que les haras avaient cru y rencontrer et adoptèrent le même mode de distribution pour les sommes consacrées par eux à l'amélioration des races locales.

En thèse générale, M. de Montendre était peu partisan des primes ; il a néanmoins donné sa complète approbation au système de 1838 dont il attendait les meilleurs résultats.

« Pour comprendre, a-t-il écrit, les motifs qui ont pu déterminer l'administration à prendre une semblable mesure, pour l'apprécier à sa juste valeur et en juger toute la portée, il faut connaître la situation de l'élève du cheval dans les pays qui font naître, et la pénurie de bonnes poulinières d'espèce propre aux croisements qu'on voudrait généraliser de plus en plus en France ; il faudrait savoir avec quelle facilité les propriétaires se décident à vendre leurs juments, quelles que soient leurs qualités, pour peu qu'on leur en offre un prix qui les tente, ou si elles ont manqué leur poulain une seule année, soit pour en faire des bêtes

d'attelage, soit pour être livrées à la reproduction à l'étranger, soit enfin pour les livrer aux remontes de l'armée.

« Dans une semblable situation, il fallait, à tout prix et par
un moyen quelconque, remédier au mal qui, chaque jour,
faisait des progrès, et provoquer, chez les propriétaires, les
cultivateurs, les éleveurs grands et petits, la conservation
des bonnes poulinières ; il fallait qu'un attrait quelconque
les y déterminât, et que leur intérêt s'y trouvât engagé. Je
crois qu'on a trouvé le seul moyen capable d'atteindre le
but proposé, et de faire livrer à la reproduction les meilleures
juments, aussi bien que de les conserver à l'état de poulinières le plus longtemps possible (1). »

Au fond, l'arrêté du 5 décembre 1838 n'établissait point
encore un système nouveau; il modifiait cependant, d'une
manière assez profonde, quelques-unes des dispositions consacrées par l'ordonnance de 1833. Celle qui assurait la prime
pour une période de trois ans à la même jument et qui pro-
mettait de la renouveler à chaque période égale, aussi longtemps que la poulinière se montrerait utile à la bonne production, fut partout bien accueillie; il n'en fut pas de même
de celle qui repoussait la jument non tracée, qui pour la première fois sollicitait son admission au bénéfice de la prime,
après l'âge de dix ans révolus.

Cette dernière souleva un grand mécontentement et de
nombreuses critiques. Le mécontentement peut s'expliquer;
les critiques ne se comprennent pas. Il est des amateurs qui
trouvent tout simple de vouer à la reproduction une foule de
juments plus ou moins usées par le travail et de spéculer sur
les primes. Bien rarement ces poulinières problématiques
ont quelque valeur ; plus rarement encore elles rendent des
services à l'amélioration, et les haras doivent peu s'en occuper et s'en préoccuper : leurs encouragements peuvent trouver un meilleur emploi, une plus utile application. Le mé-

(1) *Institutions hippiques*, tome II.

contentement de cette classe d'amateurs ne devait donc point arrêter les vues de l'administration supérieure.

Pour critiquer la limite d'âge imposée à la première obtention des primes triennales, on a feint de ne pas comprendre la pensée des haras, et on leur a fait ainsi la leçon : Est-ce qu'à onze ans une jument est impropre à la reproduction? Celles qui ont un véritable mérite ne donnent-elles pas de bons poulains jusqu'à vingt ans et plus? Mais l'âge à partir duquel on repousse la poulinière est précisément celui de la plus grande puissance, celui de la plénitude de tous les actes de la vie; est-il donc rationnel, raisonnable même de poser, à cet égard, une limite absolue? Équitablement, la réforme peut-elle être prononcée avant l'époque marquée par la déchéance des produits? Une poulinière ne peut être jugée que dans sa descendance; c'est à la fois une faute contre la science, un oubli de ce qu'enseigne la bonne expérience, un tort et une injustice que de décider ainsi par voie de règlement.

Le thème était fécond; on l'a épuisé. Une fois de plus, les haras ont obtenu le brevet d'incapacité qu'on est si prompt à leur délivrer en toute occasion.

Le tort était-il donc de leur côté? Nous ne parlons pas de leur science. Il est convenu que ceux-là seuls qui n'ont jamais appartenu à l'administration ont possédé et possèdent les connaissances économiques et spéciales propres à lui imprimer une marche salutaire, propres à servir les intérêts bien compris de l'industrie chevaline en France. Mais répondons à notre question : les haras avaient-ils commis la faute de refuser leurs encouragements aux bonnes poulinières qui avaient atteint l'âge de onze ans? non, puisqu'il ne s'agissait que des juments *non tracées présentées pour la première fois* à la prime.

La poulinière qui aurait été repoussée de quatre à dix ans ne pouvait plus avoir aucune prétention ni conserver aucun espoir d'être primée; celle qui apparaissait à onze ans pour la première fois ne venait à la production que parce qu'elle ne trouvait plus ailleurs utile emploi. Elle n'arrivait pas là par vocation, qu'on nous passe le mot ; c'était un pis aller, rien de plus. On ne lui devait aucune récompense. Tout sacrifice consenti en sa faveur eût été fait en pure perte et aurait détourné de la vraie poulinière la part d'encouragement qui ne devait s'adresser qu'à elle.

Les critiques qui se sont attachées à l'arrêté du 5 décembre n'avaient donc aucun fondement.

Au surplus, ces dispositions ne devaient pas avoir une longue durée. Une nouvelle ordonnance constitutive, rendue le 24 octobre 1840, ne s'occupe plus que de la jument de race pure ; elle lui conserve, aux mêmes conditions qu'en 1833, la prime annuelle de 200 à 400 fr. La jument de demi-sang se retrouve placée dans la situation qu'elle avait déjà eue lorsque les haras contribuaient, par une subvention quelconque, aux distributions locales faites en concours publics.

La triennalité, appliquée à la jument de pur sang, n'offrait pas d'avantages sérieux. Les poulinières devant être inspectées tous les ans, il était beaucoup plus simple de les primer à nouveau chaque année. En faisant ainsi, on a évité beaucoup de complications inutiles. Aucune réclamation ne s'est produite à cet égard ; cette modification n'a donc contrarié aucun intérêt. Les juments de pur sang ont ainsi, à partir de 1840, été primées seules, conformément aux dispositions de l'ordonnance précitée.

Durant ces huit années elles ont reçu, en totalité, 188,600 fr. ou 23,600 fr. par an, en moyenne.

Pendant le même laps de temps, les subventions accordées aux départements pour concourir à des distributions publiques, dans le midi exclusivement, se sont élevées à la somme de 183,700 fr., ou, en moyenne, à celle de 22,962 fr., non compris 22,400 fr. alloués pour prime d'une autre nature dont nous parlerons plus loin.

Ces diverses allocations réunies donnent, au total, 594,700 fr. et 49,557 fr. pour la moyenne annuelle.

Les primes ministérielles à la jument indigène, telles que les avait établies l'ordonnance de 1855, n'avaient donné lieu à aucune critique. Il n'en a pas été ainsi des mêmes dispositions adoptées par l'ordonnance du 24 octobre 1840; cette dernière a excité la verve de M. Charles de Boigne (1). D'où vient cela? C'est qu'un mot, — un seul, — avait été changé. En 1855, la prime avait été offerte à la jument *indigène*; en 1840, on la destinait à la jument de *demi-sang*. Dans l'un et l'autre cas, la poulinière devait être suivie de son poulain provenant d'un étalon de race pure.

On avait compris le premier système. Il ouvrait des voies nouvelles, il expérimentait sur une nature de croisement dont on avait reconnu l'utilité, mieux que cela l'urgence.

On blâmait la loi nouvelle, et nous ne la justifierons pas, car elle était mauvaise, car elle était contraire aux saines idées. Toutefois il n'est pas douteux que ce malencontreux changement, que cette substitution d'un mot à une qualification non encore usitée en France, n'ait été involontaire et complétement opposé aux principes mêmes du rédacteur de l'ordonnance et du règlement qui l'a suivie.

Au surplus, les primes à la jument indigène, spécialement accordées par le ministre, n'avaient plus une utilité bien grande du jour où l'expérience avait démontré les avantages de son alliance avec l'étalon de pur sang quand, d'ailleurs, elle était de conformation à donner de bons produits. On pouvait alors l'abandonner, sans aucun inconvénient, aux distributions en concours publics. C'est ce que l'on fit. On sollicita les départements d'élever le chiffre des allocations destinées à cette nature d'encouragement, et toutes les fois que la jument demi-sang, suivie d'un poulain de l'année, issu ou non d'un étalon de pur sang, se pré-

(1) *Du cheval en France*, page 203.

senta supérieure à ses rivales, on peut croire qu'elle a été distinguée par le jury et primée selon son mérite.

Un fait constant que nous consignerons ici comme entre deux parenthèses, c'est que, de 1833 à 1848, l'étalon de pur sang n'a cessé d'être, chaque année, de plus en plus recherché. Nous fournirons nos preuves dans une autre partie de cet ouvrage.

La critique de M. de Boigne, sans être d'une justesse parfaite, défendait néanmoins un principe si vrai, que nous copions sans hésiter le passage de son livre qui s'y rapporte. C'est un enseignement utile; nous le donnons à ce titre, tout en faisant remarquer que la disposition attaquée n'a produit par elle-même aucun mal, car elle n'a reçu aucune application. M. de Boigne aurait donc pu s'attacher exclusivement à la lettre de l'ordonnance et se borner à repousser une fausse théorie; rien, encore une fois, n'est à reprendre dans les faits, dans la pratique. M. de Boigne écrivait trois ans après l'apparition du nouveau règlement.

Quoi qu'il en soit, voici son anathème :

« Pour le coup, dit-il, c'est accumuler erreur sur erreur, hérésie sur hérésie. Non contente de ne primer que les juments de demi-sang suitées, l'administration exige que le poulain soit issu d'un étalon de pur sang. Ce règlement a eu les conséquences les plus funestes en Normandie surtout, où il n'a pas peu contribué à entretenir les préjugés des éleveurs de ce pays contre le pur sang. Le cheval de pur sang est le cheval exceptionnel et régénérateur. Si, pour obtenir des chevaux de service, vous revenez toujours à lui, si à une jument de demi-sang vous donnez un étalon de race pure, vous affinez tellement l'espèce, que vous arrivez à une nature nouvelle, mince, grêle, décousue, qui n'est ni pur sang ni demi-sang.

« La jument demi-sang doit être couverte par des étalons forts et bien conformés, et les produits participeront à la fois des qualités du sang maternel et des qualités plus communes, mais plus développées du père; ils auront du *gros*, et ce gros, ils le transmettront à leurs descendants.

« Le règlement, pour être réellement protecteur, devrait exiger le contraire de ce qu'il exige ; il ne devrait accorder de primes qu'aux poulinières demi-sang n'ayant pas été saillies par un étalon de pur sang. »

M. de Boigne se trompe, nous l'avons déjà fait remarquer, lorsqu'il accuse le règlement d'avoir contribué à entretenir des préjugés dans l'esprit des éleveurs normands contre l'emploi de l'étalon de race pure. Cette partie du règlement est restée lettre morte. Mais il est dans le vrai quant aux observations présentées sur les effets résultant d'une continuité de croisements non interrompus entre l'étalon de pur sang et la jument indigène successivement modifiée dans sa structure et dans sa nature intime par plusieurs générations dues au pur sang.

Hâtons-nous d'ajouter que la théorie touchée par M. de Boigne est surtout fondée pour des races toutes faites, pour des familles arrivées déjà à un certain degré d'élévation, et que sa critique après coup, si elle a constaté des faits avérés, des observations judicieuses, en ce qui concerne les mauvais résultats produits chez quelques éleveurs normands, a néanmoins été trop absolue et trop exclusive en laissant à l'écart les résultats heureux, en ne maintenant pas les succès réels, solides, durables obtenus par d'autres éleveurs. Aussi les observations faites par M. de Boigne ont eu leur fondement et leur vérité ; mais il y aurait eu justice à déclarer que tout n'avait pas été mal dans l'application du système, et qu'en définitive une immense amélioration en est sortie, puisque la Normandie, si pauvre naguère en reproducteurs utiles, indispensables à quelques autres parties de la France, se montrait déjà plus riche et plus forte au moment où M. de Boigne écrivait.

Ce qui manquait surtout aux races normandes, ceci est incontestable, c'était le sang. Les hommes instruits pouvaient être d'accord sur la nécessité de retremper celles qui avaient eu de la réputation, de remettre en valeur et en honneur les races cotentines et du Merlerault. Nul cependant, à cette époque, ne savait d'une manière bien précise ce qui adviendrait du croisement des juments normandes par l'étalon de pur sang ; nul n'aurait pu dire au juste ce que produirait l'élément régénérateur à la première, à la seconde ou à la troisième génération ; nul n'aurait voulu, à l'avance, mesurer la dose de sang à verser sur la poulinière indigène, et déterminer ainsi, *à priori*, par quelle série d'alliances diverses entre individus plus ou moins doués on devrait arriver, à jour fixe, au *quantum* de sang nécessaire pour donner à la race nouvelle, métisse, la vitalité qui lui manquait sans rien perdre du *gros* et des qualités résultant du volume auxquelles on s'est attaché pendant si longtemps par habitude et par convention, bien plus encore, assurément, que par raison ou nécessité. Il y avait beaucoup d'inconnu non dans les résultats éloignés, mais dans les résultats prochains, immédiats par lesquels, bon gré, mal gré, il faut bien passer avant d'arriver aux autres.

Cette question reviendra en son lieu et place ; nous en avons dit assez pour faire sentir la différence qui sépare une appréciation tardive d'une appréciation avant terme. Il n'est pas difficile, même pour les plus malins, de dire, d'un produit qui vient de naître, s'il est mâle ou femelle ; il est moins aisé, même pour les demi-savants, de préjuger la question quelques heures, une seconde avant que la nature ne l'ait traduite en fait matériel.

Ceux qui jugent des résultats obtenus se donnent une tâche facile ; en s'appuyant sur des faits bien observés, ils peuvent se montrer critiques judicieux et critiques utiles, mais ils sont mal venus, assurément, à s'ériger en maîtres posthumes. Les bonnes théories sont filles de l'expérience. Il faut répudier les mauvaises pratiques, les applications erronées des meilleures doctrines ; mais qui est-ce donc qui a appris à discerner ce qui est bon de ce qui est mauvais, ce qui est avantageux de ce qui est nuisible? L'expérience, sans doute. Eh bien, l'expérience ne vient qu'après essai; elle n'est point une inspiration : c'est l'usage qui en donne la connaissance.

Aussi bien est-ce trop nous arrêter sur ce point; nous revenons.

M. de Boigne adresse d'autres reproches au règlement qui régit les primes.

Il trouve trop faible le taux de la prime fixé de 200 fr. à 400 fr.; il en élève le chiffre de 300 fr. à 500 fr. A cette demande, nous n'avons à objecter que l'impuissance du budget; nous ajouterons cependant que, si les ressources budgétaires permettaient d'accorder plus de primes de 300 fr. à 400 fr., et moins de primes inférieures à 300 fr., il y aurait véritablement peu d'importance à modifier le tarif actuel : celui-ci nous paraît stimuler suffisamment l'intérêt privé; mais ce n'est pas nous qui mettrons jamais empêchement à ce qu'on l'encourage plus largement. A cet égard, nous avons fait nos preuves et donné toutes garanties.

M. de Boigne s'attaque ensuite à une autre disposition au sujet de laquelle il s'exprime en ces termes :

« Nous ne pourrons jamais élever la voix assez haut pour demander la suppression des trois lignes qui n'accordent la prime aux juments qu'autant qu'elles sont suitées. Si, par un caprice de la nature qui se représente assez souvent, même chez les meilleures poulinières, elles sont stériles pendant une ou plusieurs années, le payement de la prime sera suspendu. Les gens les plus opposés aux encouragements qui ne sont pas donnés à la concurrence et à des succès remportés dans les épreuves publiques, parce qu'ils ne constatent qu'une espérance et non un résultat, remarqueront et blâmeront l'inconséquence qu'il y a à retirer aux éleveurs la pension de leurs juments, juste au moment où la stérilité rendait le secours plus opportun et plus nécessaire.

« Les propriétaires de juments poulinières sont encore

plus à plaindre que les propriétaires d'étalons : ceux-ci peuvent, hors du temps de la monte, employer leurs chevaux à des exercices et des travaux modérés; de plus, quoique les étalons n'aient pas sailli le nombre de juments exigé par le règlement pour obtenir une prime, ils n'en ont pas moins touché le prix des montes qu'ils ont faites; c'est toujours un petit soulagement. Mais le propriétaire de la poulinière est complétement, entièrement accablé; il lui faut attendre un an avant que sa jument soit, non pas pleine, mais ait l'espoir d'être pleine. Pendant le temps qui s'écoulera jusqu'au moment de la monte, il ne pourra l'utiliser, de crainte de nuire à ses facultés productrices; ainsi tout lui aura manqué à la fois, prime et poulain.

« A ces observations il n'y a pas de réplique quand elles s'adressent aux poulinières de pur sang, encore trop peu nombreuses en France pour que l'État ne cherche pas à les y attirer par toutes les récompenses possibles. Cette restriction est d'autant plus injuste que la stérilité de la jument souvent ne vient pas d'elle, mais bien de l'étalon qu'on lui a présenté. Certains chevaux sont très-journaliers; il leur arrive tantôt de féconder les juments qu'ils couvrent, tantôt de ne pas les féconder : nous citerons *Lottery* et bien d'autres. Il est très-difficile ou, pour mieux dire, impossible de constater si la stérilité de la poulinière tient à elle ou à l'étalon. Pourquoi donc punir la jument d'une faute dont peut-être elle est innocente? N'y a-t-il pas double injustice à refuser la prime à la poulinière qui a été inutilement saillie par un étalon de l'État?

« Que la protection soit donc plus large et mieux entendue. Au lieu de leurrer les poulinières d'encouragements arbitraires, accordez-leur des primes, avec ou sans leurs poulains de l'année. Assurez-vous que vous ne pensionnez pas des juments décorées du titre de poulinières dans le but unique d'obtenir la pension. Pour les juments de pur sang l'intérêt des éleveurs vous sera un sûr garant qu'ils ne vous trompent pas : ils ne peuvent espérer d'aucun travail les récompenses que les courses leur font entrevoir dans l'avenir ; et quand bien même leurs chevaux ne gagneraient pas ces prix, objet de leurs plus vifs désirs, ils retireraient de leurs produits de pur sang de plus grands bénéfices qu'en employant les mères à des services indignes d'elles. Une fois certains que la poulinière a été menée plusieurs fois à l'étalon, et si elle n'a pas retenu, on ne peut en accuser qu'un caprice de la nature, donnez sans scrupule, donnez cette prime, qui sera bien placée et qui fructifiera dans l'avenir. »

Certes, il y a du vrai dans les observations qui précèdent. En se plaçant au même point de vue que M. de Boigne, il le dit avec raison, il n'y a rien à lui répliquer ; mais en sera t-il de même, si nous examinons les choses sous un autre aspect ?

Le système de M. de Boigne est fort simple ; nous dirons même qu'il est parfaitement logique. M. de Boigne veut que l'État supporte tous les frais d'entretien des reproducteurs capables, mâles ou femelles, que l'industrie privée voudra bien se procurer ; il demande des primes de 600 à 1,200 fr. pour les étalons de pur sang, et des primes qui, bon an, mal an, puissent atteindre le chiffre de 500 fr. pour les juments de même race.

On peut reconnaître deux inconvénients à ce système : le premier serait d'occasionner une dépense exorbitante ; le second, de ne créer que des efforts factices et de mettre une rémunération complète, sans contrôle suffisant, à la place d'une indemnité qui excite et encourage tout à la fois.

La prime, telle que la donne l'État aujourd'hui, est une sorte de mutualité. Les particuliers rendent des services à l'amélioration des bonnes races. Il importe à l'Etat que ces efforts soient durables ; ils allégent les sacrifices et payent une indemnité.

Telle est la situation respective de celui-ci et de ceux-là.

L'État laisse à chacun un intérêt à conserver sa chose, à entourer l'opération, sinon la spéculation, d'une sollicitude attentive, éclairée, soutenue; il prend une partie de la dépense, mais il ne se charge pas de l'entretien tout entier.

Les particuliers veulent profiter des avantages que leur réserve l'État; mais, comme ils ne peuvent être mis en leur possession que sous conditions expresses, ils s'attachent à remplir ces conditions. C'est la garantie naturelle de l'État.

Dans ce système, on donne, on reçoit de part et d'autre, et chacun donne selon qu'il reçoit.

Dans le système de M. de Boigne, l'État donne et paye toujours, sauf à ne recevoir que très-irrégulièrement et très-peu.

A ce compte, l'industrie privée ferait une bonne spéculation; la part de l'Etat pourrait être moins enviable. Chacun, sur ce point, peut établir ses calculs et voir où conduirait le système onéreux présenté par M. de Boigne.

Encore une fois, conservez aux encouragements leur caractère spécial et bien défini; n'en faites pas un système sans nom, ruineux, et d'ailleurs impraticable; car, ainsi que vous le dites vous-mêmes, c'est arriver à *rien*.

« ..... Nous n'avons jamais eu grand penchant pour les récompenses arbitraires, dit en effet M. de Boigne; nous voudrions que l'industrie particulière pût se passer de primes, soit pour ses étalons, soit pour ses juments; mais, quel que soit notre degré de confiance en elle et en son avenir, nous croyons que, pour le moment, elle a besoin de secours qui l'aident à marcher et à réussir.

« Les primes sont exposées à être souvent mal réparties, mais elles ont aussi quelquefois la chance de tomber sur de bonnes poulinières; espérons que cette chance n'est pas rare, et nous trouverons dans cette espérance de justes motifs de conserver le système des primes. Il ne s'agit pas seulement ici de détruire, il s'agit de remplacer; nous le sa-

vons, le système opposé est net et simple, car le système
opposé, c'est *rien*.

« Rien avec les obstacles qui existent aujourd'hui, avec
nos fortunes étriquées, *rien*, c'est l'impossible; car *rien* signifie rien de l'autorité, ni encouragement ni restriction;
rien signifie liberté entière, concurrence entière. Les *rienistes*, qu'on nous permette la création de ce mot, les *rienistes*
croient pouvoir se passer de la protection de l'Etat, et ils se
trompent. Leur système est économique ; pour eux, plus de
budget, plus d'administration, plus de haras; l'industrie
partout et par tous. Ils n'admettent que les prix des courses,
mais des prix considérables. On ne peut traiter les *rienistes*
d'utopistes et de visionnaires ; ils s'appuient sur l'exemple de l'Angleterre, où les choses ne se passent pas autrement.

« Que chacun, disent-ils, tourne son industrie du côté
qui lui semble le plus lucratif; que celui qui trouve du profit
à élever des mulets élève des mulets; que celui qui trouve
du profit à élever des chevaux élève des chevaux : l'avenir
ne pourra manquer de les éclairer sur leurs véritables intérêts. Les chevaux sont une marchandise et une nécessité im-
périssables; on achètera toujours des chevaux, et meilleurs
ils seront, plus cher ils se vendront. Les éleveurs trouveront,
sans l'administration, le secret des bonnes doctrines et des
croisements judicieux. Pour l'élève du cheval de pur sang,
les encouragements ne leur manqueront pas; les localités
fonderont des prix de courses, parce qu'elles y trouveront
leur avantage; des souscriptions se formeront comme en Angleterre, où la course du Derby rapporte, par le fait seul des
engagements particuliers, plus de 100,000 fr. au cheval
gagnant.

« Pour l'élève du cheval de troupe, de selle et de trait,
la protection qui s'attache aux courses ne leur viendra pas
en aide; de ce côté, l'industrie saura faire ses affaires toute
seule. Le cheval de pur sang est une exception, et les excep-

tions ont besoin de soutiens spéciaux, jusqu'à ce qu'elles soient passées à l'état normal. Le seul encouragement que l'éleveur doive rechercher et ambitionner, il le trouvera dans la qualité des étalons et des juments qu'il emploiera, dans les soins qu'il prodiguera aux produits, dans la bonne nourriture qu'il leur donnera; qu'il soit sans crainte, ses poulains ne vieilliront pas à l'écurie, s'il est prouvé qu'ils sont bons.

« Ainsi, continuent les *rienistes*, rentrant dans les conditions hors desquelles nulle industrie ne saurait espérer de succès durables et solides, l'élève des chevaux atteindra un développement auquel elle ne peut prétendre qu'avec la liberté. A part la sécurité que cette réforme donnerait pour l'avenir, elle assurerait, dès à présent, des avantages positifs que chacun peut apprécier : économie de la plus grosse partie du budget de l'administration des haras, économie de trois millions de propriétés.

« Tel est le système des *rienistes*, et il est séduisant comme tout système à bon marché. Mais pour l'État, quelque importante que soit une économie de deux ou trois millions, il est une considération plus élevée et qui domine toutes les considérations d'argent, c'est la conscience des devoirs qui lui sont imposés. Il ne peut se laisser aller à des idées nouvelles et flatteuses, il ne peut renoncer à toutes les traditions bonnes ou mauvaises du passé, sans être convaincu que les améliorations proposées ne sont pas des améliorations hardies et privées de toute chance de durée. Si, par hasard, il arrivait que l'industrie abandonnée à ses seules forces vînt un jour à reculer devant les difficultés de son œuvre, à quoi auraient servi ces économies si prônées? Il faudrait reconstruire à grands frais ce qu'on aurait démoli, et les races auraient peut-être dégénéré.

« Le secours du gouvernement est encore nécessaire à l'industrie particulière, et, tant qu'on ne nous aura pas proposé un système meilleur que celui qui nous gouverne aujourd'hui, nous serons pour les primes aux étalons et juments. Certainement le jour viendra où les primes recevront une application plus judicieuse ; à force de chercher on finit par trouver, et déjà le système des primes a été singulièrement amélioré. »

Nous nous en tenons, quant à présent, aux dernières espérances de M. de Boigne. Placé en face de la nécessité d'aider à la marche incertaine et débile de l'industrie, nous dirons : Si cette institution a fait fausse route, nous pouvons en redresser les voies, et prévenir de nouveaux écarts. L'étude du passé profitera certainement à l'avenir. Ce serait trop médire de l'expérience que de prétendre qu'elle est sans action sur les hommes : en ceci comme en tout, elle sera un guide, un refuge, une ancre de salut.

Cherchons donc à préciser les règles générales qui doivent être suivies dans l'application des primes — aux poulinières — et aux produits.

Nous dirons des premières qu'elles sont des primes à la production ; — des secondes, qu'elles sont des primes à l'élevage bien entendu, à la bonne éducation des produits.

Et d'abord nous définirons l'institution elle-même — un moyen pécuniaire d'émulation à l'aide duquel on peut se proposer — ou de soutenir une industrie qui chancelle, — ou de modifier, pour la rajeunir, une industrie attardée, souffrante en raison de ce qu'elle n'a pas su se transformer en temps opportun, — ou bien enfin de provoquer une nature d'amélioration qui ne paraît pas devoir sortir de l'initiative des producteurs et pour laquelle on reconnaît l'utilité d'une direction nouvelle, la nécessité d'une excitation spéciale.

Le point de départ est donc une promesse contenue en un programme officiel. Les programmes sont la clef de l'institution des primes. Si les conditions sont puisées dans un ordre d'idées saines et logiques, si elles fixent, d'une manière nette, positive, le but vers lequel on veut que l'industrie s'achemine, si elles disent, d'une façon intelligible, facile à saisir, le pourquoi et le comment des améliorations que l'on poursuit, si elles ne prescrivent pas des formalités qui effrayent, elles exciteront l'intérêt, elles détermineront le grand nombre à entrer dans la voie ouverte. La simplicité du programme est déjà une preuve de force, une garantie de succès ; elle concentre sur le point essentiel toutes les ressources et indique le point à atteindre aux intelligences les plus rebelles.

Ce principe est bien rarement adopté. Presque partout, au contraire, on voit des dispositions complexes, illogiques, mal étudiées ; une institution compromise et sans action sur l'industrie, dont la marche est vacillante, faute d'un appel intelligent, d'une direction rationnelle.

Dans ces conditions, n'attendez rien des primes ; si nombreuses qu'elles soient, vous en ferez un palliatif, un expédient, mais non plus un véhicule sérieux, efficace pour la bonne production ou le bon élevage. Dans ces conditions, et pour maintenir les distributions annuelles, on modifie sans cesse le programme dans ses détails ; on va, sans but comme sans résultat, d'un mode à un autre, puis on marie celui-ci à celui-là, et ce dernier à un autre. On alimente ainsi les concours, parce que, à chaque changement, des producteurs et des éleveurs nouveaux qui se trouvent dans la catégorie favorisée se présentent pour profiter des avantages temporaires que le hasard, qu'un accident, allions-nous dire, a mis à leur portée. Ainsi tourmentée, l'institution ne rend aucun service à l'industrie ; elle devient souvent une déception, par suite du peu de fixité du programme ; elle décourage nombre d'éleveurs dont elle aurait pu assurer les efforts, utiliser le bon vouloir et les sacrifices ; elle fait naître des préventions dans les esprits, détourne au lieu d'attirer, et compromet pour longtemps le succès des tentatives ultérieures que l'on pourrait se proposer dans des vues bien arrêtées.

En des conditions mieux entendues, l'institution a des avantages marqués et un caractère de haut enseignement pratique ; celui-ci est également profitable à tous, à ceux qui donnent l'impulsion comme à ceux qui la reçoivent. Lorsqu'il s'attache à une pensée vraiment utile, le programme ne s'écarte des habitudes ordinaires qu'en raison même du possible et sait faire tourner, dans le sens des modifications qu'il sollicite ou des améliorations qu'il recherche, toutes les forces et toutes les ressources disponibles ; il en devient le maître par l'intérêt nouveau qu'il détermine, et finit toujours par la plier à la donnée économique qu'il a formulée en manière d'arrêté ou de règlement. Il agit efficacement, car il engage les masses dans la pratique, et, quand il en est là, au lieu d'étendre encore ses moyens, il doit songer à les restreindre, afin de laisser aller de soi une industrie qui, désormais, doit pouvoir se suffire à elle-même (1).

Les concours, les réunions provoqués pour les distributions de primes ont nécessairement une grande portée. L'observateur y puise des leçons qui ne peuvent l'égarer et qu'il ne trouverait point ailleurs ; indépendamment de ce qu'il peut voir par lui-même, il a beaucoup à apprendre de tous ces mots en l'air qui se débitent çà et là, des appréciations

---

(1) « En fait de progrès, il ne faut pas se proposer le suprême beau, le suprème bien, pour le rechercher par les moyens puisés dans son imagination : cela est bon, cela est parfait en théorie ; mais, en pratique, l'habileté, suivant nous, consiste à peu près à profiter de tous les moyens et surtout des tendances heureuses que les circonstances viennent offrir. *Quo natura vergit eo ducendum*, dit la médecine ; c'est là le secret de la santé, le secret de la vie, et c'est aussi celui de tous les progrès possibles.

« Luttez, luttez contre les préjugés, mais ne prétendez pas forcer artificiellement la production, ni la mener pas plus que lui dicter des lois ; elle n'en reçoit que de l'intelligence et des intérêts de ceux qui s'y livrent ; en dehors de là, il ne peut y avoir rien d'imposant ni de durable.

« Qu'on donne des primes pour des juments, pour des poulains, pour

plus réfléchies qui courent en se complétant et en se confirmant à travers la foule; il peut saisir la pensée générale,
l'opinion publique, et résumer l'expression vraie pour former
son opinion propre.

Ces sortes d'exhibitions permettent de juger bien plus
sainement les caractères des animaux que l'on examine, et
d'apprécier, avec beaucoup plus de maturité qu'on ne le
pourrait faire dans l'isolement ou dans la cohue d'une foire,
les progrès obtenus dans le sens indiqué par le programme,
les changements déjà survenus dans la race dont on désire
ou l'amélioration ou la transformation, la part d'influence
conquise et sur l'esprit et sur la matière.

Au point de vue de l'industrie chevaline, la seule dont
nous nous occupions ici, de pareilles réunions, dit M. de
Sourdeval, ont l'avantage non-seulement d'indemniser l'éleveur de ses sacrifices et de l'encourager à travers les chances
qu'il court, mais encore de lui servir d'enseignement pour
l'appréciation et le choix des éléments de reproduction qu'il
doit employer. Les rapports de bonne foi qui s'établissent
entre l'éleveur et les autorités hippiques dont sont formés
les jurys offrent une tout autre garantie du progrès que les
observations hiéroglyphiques du maquignon; celui-ci s'ef-
force de déprécier le cheval qu'il achète sans jamais révéler le
secret de sa pensée ni le motif de son choix. Le rôle de l'officier des haras est bien différent (1).....

des élèves de différents âges, tout cela est excellent, mais seulement
pour déterminer des essais. Quand une chose a été suffisamment essayée, les primes ne sont plus qu'une ornière, une routine, une dilapi-
dation. — Que la chose dont elles ont provoqué l'essai ait été étendue
ou bien qu'elle n'ait fait d'autres progrès que ceux que l'intérêt de la
prime a déterminés, d'autres progrès que ceux qui trouvent dans la
prime une indemnité suffisante, — hâtez-vous de la supprimer. » (Aug.
Desjars. — *Le Cultivateur breton.*)

Ces idées, exprimées d'une manière un peu trop absolue, ont néanmoins un grand fonds de vérité et de justice.

(1) *Journal des haras*, tome XXXVIII, page 97.

Nous reviendrons sur ce point, qui est d'une grande importance; en effet, quelque judicieux qu'il soit, un système de primes est, par avance, condamné à la stérilité, forcément voué à l'impuissance, s'il ne trouve pas, sur le terrain de l'application, des interprètes éclairés, si sa mise en œuvre n'est pas confiée à un jury compétent, comprenant bien sa mission, décidé à se maintenir dans les vues arrêtées du programme.

Au sommet de l'institution des primes et dans un ordre en quelque sorte hiérarchique, se présentent les primes aux étalons. Il ne s'agit ici, bien entendu, que des primes annuelles une fois données, que des primes enlevées dans une réunion de chevaux entiers et disputées dans un concours public jugé par un jury.

Ce mode d'application du système des primes se rapproche beaucoup du système des étalons approuvés; mais il n'en a pas tous les avantages. Dans l'approbation, l'étalonnier voit une série de primes se succédant l'une à l'autre sans que les chances fort diverses d'un concours puissent atteindre ses espérances et les détruire. L'étalon approuvé est jugé d'une manière absolue; il n'a rien à redouter de la comparaison; la prime demeurera officiellement attachée à son service aussi longtemps qu'il sera permis de croire à l'utilité même de ce service. Les primes accordées au concours ont moins de certitude de retour; elles expulsent forcément le cheval d'âge, l'étalon le mieux éprouvé, celui qu'il faut s'efforcer de retenir, car il rend à l'amélioration des services dont le mérite peut être apprécié par les résultats déjà connus. En effet, un étalon fatigué par la monte ou quelque peu déformé par les années ne peut entrer en rivalité avec de jeunes chevaux qui n'ont encore rien fait : ces derniers auront une supériorité très-marquée et enlèveront les suffrages du jury; cependant rien ne viendra constater leurs qualités absolues ou relatives, rien surtout ne pourra révéler leur mérite comme reproducteurs utiles.

Il y a donc un grand vice dans ce mode d'encouragement, et le premier perfectionnement qu'il réclame est bien certainement de lui donner le caractère de suite et de permanence qui seul permet de juger sainement de l'utilité des services d'un étalon. Il ne peut qu'y avoir intérêt à convertir ces primes annuelles en primes durables; mais alors c'est un tout autre système, c'est celui des étalons *approuvés*.

Quoi qu'il en soit, et toutes circonstances égales d'ailleurs, les primes données aux étalons en concours public ont au moins cet avantage d'exciter les étalonniers à s'en procurer momentanément de bons. Outre que la prime est une indemnité du prix d'achat qui profite au vendeur tout aussi bien qu'à l'acheteur, sa concession attache une certaine vogue à l'étalon qui l'a obtenue, et sa clientèle s'en trouve d'autant mieux assurée. L'étalon primé peut alors être recherché et convenablement employé; il soutient bien la concurrence que lui font les mauvais étalons achetés à bas prix et livrés à vil prix au service.

Les primes aux poulinières sont fondées sur la nécessité d'enchaîner à la production toutes les femelles capables de perpétuer dans leur race les plus hautes qualités de celle-ci. Toute conservation est à ce prix.

Il en est de même de l'amélioration; on ne peut y atteindre qu'en conservant à la reproduction les juments qui s'y montrent le plus propres, mais encore et surtout celles de leurs filles qui, par le degré même d'amélioration qu'elles représentent, permettent d'espérer un nouveau progrès dans le sens de l'aptitude ou de la perfection recherchées.

Les primes à la production sont une nécessité là où le mouvement commercial n'est pas établi d'une manière assez positive pour qu'un propriétaire refuse de vendre une poulinière, s'il en trouve un prix élevé; car il y a peu de cultivateurs, en France, assez riches pour conserver une jument de valeur, ou pour acheter la belle et bonne poulinière qu'il faudrait mettre en leurs mains dans un intérêt d'amélioration bien compris. Il résulte de cette misérable position, dit M. d'Aure, que toutes nos fortes juments sont enlevées par l'étranger ou par le commerce, et que nous sommes condamnés à voir s'amincir et se dénaturer nos espèces (1).

Mais les primes aux poulinières font fausse route, sont distribuées en pure perte là où n'existe pas une famille de chevaux ancienne, un fonds de race utile à conserver, à améliorer, à transformer; elles ne reposent sur aucune base, elles n'ont aucune portée, elles ne se justifient pas lorsqu'elles s'attachent à des juments qui n'ont aucune adhérence avec le sol, à des juments d'espèces diverses, étrangères l'une à l'autre par la forme et les aptitudes autant que par le sang, réunies sur un même point par les besoins des services les plus variés, ou jetées là sans but et comme par les seuls effets du hasard. Ces juments ne sont pas des poulinières en dehors de la jument de pur sang, de celle qui appartient au prototype de l'espèce; il n'y a de vraie poulinière que la jument indigène, celle qui est née dans la localité même où s'est produite la race dont elle est une émanation, dont elle peut devenir une tige. Partout ailleurs, on ne voit qu'un bizarre assemblage d'éléments hétérogènes, de familles peu propres à la reproduction et formant comme une colonie de transfuges dont il n'y a rien à attendre au point de vue d'une amélioration rationnelle et progressive.

A quoi bon distribuer des primes à une population aussi bigarrée? C'est alors que ces encouragements nuisent à l'institution elle-même; ils en montrent le revers, et les économistes, s'attachant à l'inutilité des sacrifices imposés, ont beau jeu pour faire ressortir et l'inefficacité du moyen et les pertes d'argent qu'il entraîne.

Bien des fautes de ce genre ont été commises; bien des départements s'épuisent sans résultats possibles en maintenant un système de primes qui ne saurait avoir une bonne

(1) *De l'industrie chevaline en France.*

issue. La poulinière ne s'improvise pas; il faut des années et des années pour l'obtenir sur le sol lui-même. Quelques primes données au hasard ne suffiraient point à la tâche. La fondation d'une race est un problème compliqué; la solution n'est permise qu'à la faveur de certaines influences et d'éléments qui s'y prêtent. En tous cas il ne faudrait pas la chercher là où elle n'est pas; elle est ailleurs, sans doute, que dans la mauvaise application de programmes mal digérés et dans les efforts divergents qu'ils pourraient provoquer.

Nous avons déterminé les cas où les primes à la production sont un besoin, une nécessité; nous les résumons.

Les primes aux poulinières sont utiles pour fixer au sol, pour enchaîner à la production les juments capables d'entretenir une famille, de perpétuer une race, toutes les fois que le mouvement du commerce ne crée pas suffisant intérêt à conserver soit la bonne jument, soit la meilleure pouliche qni en descend : dans ce cas, leur nombre ne devrait avoir d'autre limite que le nombre même des existences précieuses ; leur importance devrait toujours être calculée dans chaque localité sur le prix de revient annuel de la tenue d'une poulinière, combiné avec la défaveur qui pèse sur son produit par suite de la difficulté de la vente et du cours plus ou moins élevé auquel celle-ci peut avoir lieu.

Telles sont les bases et les règles générales hors desquelles nous ne croyons plus qu'à une utilité fort douteuse, sinon même à une application nuisible.

Cela passé, c'est à chaque localité à s'étudier et à se connaître, afin de déterminer et d'arrêter un système de primes qui ne soit point illusoire, qui ne permette que des résultats problématiques. Un département possède-t-il, par exemple, cent poulinières de bon choix, vraiment précieuses à la conservation des hautes qualités de la race indigène et susceptibles de donner, par an, soixante et dix produits? C'est sur une quantité de soixante et dix primes qu'il faut compter pour le jour de la distribution ; car il y a justice à faire arriver à toutes la part d'encouragement proportionnelle reconnue utile non plus à l'intérêt isolé du possesseur de la jument, mais à l'intérêt collectif, à l'intérêt général , lequel commande quelques sacrifices en faveur de la conservation d'une race qui est nécessairement une richesse pour le pays.

Quant au taux de la prime , il ne doit être fixé qu'après mûr examen et d'après la donnée pratique déjà indiquée. Selon qu'il est plus élevé ou plus bas, on peut former deux classes de primes. Multiplier les classes comme on le fait généralement, c'est créer de grands embarras aux jurys chargés de la distribution, et puis on tombe ordinairement alors à des chiffres si minimes, que l'encouragement perd son double caractère : — distinguer le très-bon du médiocre, — indemniser convenablement le propriétaire de la part de dépenses qu'on ne croit pas devoir laisser à sa charge, après l'avoir éclairé sur le mérite même de sa propriété.

Les mêmes principes doivent être observés lorsqu'il s'agit d'expérimenter un nouveau croisement et de placer cette expérience sous l'autorisation du grand nombre ; il faut alors que l'encouragement soit établi sur une vaste échelle, afin que les effets puissent en être promptement appréciables et que la période d'essais ne se prolonge pas au delà du délai le plus court.

L'expérience faite, de deux choses l'une : elle a réussi ou échoué. Dans le premier cas, il faudra voir si les primes doivent être continuées, et alors on les régularisera ; dans le second cas, le croisement doit être abandonné, et l'on serait coupable de tenter l'industrie par des primes, de l'exciter plus longtemps à produire contrairement à ses intérêts.

Nous avons eu soin de mettre à l'écart les primes attachées à la reproduction et à la conservation du pur sang : ceci est une spécialité, chose complétement à part et qui regarde le gouvernement bien plus que les localités.

H.   22

— 338 —

Arrivons aux primes à décerner aux produits : elles sont
de deux sortes et doivent se proposer des vues bien différentes, selon qu'elles s'appliquent à de jeunes animaux destinés à la reproduction, ou bien à des sujets qui doivent être
élevés en vue des besoins de la consommation, c'est-à-dire
du commerce.

Ici encore, les primes n'ont d'utilité qu'autant qu'elles
reposent sur un bon principe, sur une donnée féconde. En
général, les jeunes animaux excitent volontiers l'attention
des rédacteurs de programmes; on les y comprend presque
toujours à tort et à travers pour des sommes d'importance
diverse, mais ordinairement peu considérables. Ces sortes de
primes ne s'élèvent guère au delà de 60 fr. pour les produits
de trois ans, et descendent souvent au chiffre insignifiant et
ridicule de 10 fr. pour les poulains qui ont atteint leur première année. La pensée de ces encouragements est dans
tous les esprits; on en sollicite de toutes parts une application large et bienfaisante, mais on n'en tire guère d'avantages par la raison que l'on en combine fort mal les dispositions essentielles, celles d'où vient la force.

Lorsque par des primes offertes à la production on invite le propriétaire à conserver ses poulinières capables, il
faut préparer le remplacement de celles-ci par des juments
de bon choix, par l'élite des pouliches issues de leur alliance
bien entendue avec les étalons les plus renommés.

Les primes aux poulinières, en provoquant leur tenue judicieuse et des soins d'hygiène mieux compris, assurent
déjà au produit qui doit naître un développement et une vitalité supérieurs à ceux du commun des martyrs. L'époque
ordinaire de la distribution de ces primes, en excitant l'intérêt et l'amour-propre de l'éleveur, prolonge d'autant les
attentions que commande la réussite du poulain, si la bonne
venue de ce dernier entre comme élément d'appréciation
dans la somme des qualités exigibles au concours. Jusque-là
tout est bien; cependant l'avenir n'est point encore assuré.

Les raisons qui forcent à donner des primes aux poulinières obligent de même à en accorder aux pouliches; elles résident dans l'insuffisance du commerce et dans la nécessité de créer un intérêt de conservation supérieur aux bénéfices immédiats de la vente; elles naissent aussi de cette loi de nature qui remet aux animaux les plus parfaits de l'espèce la mission de la maintenir à sa hauteur et de l'empêcher de déchoir. Dans l'œuvre compliquée du perfectionnement des races, les améliorations ne s'improvisent pas; elles ne viennent que du temps, c'est-à-dire d'une série non interrompue de générations bien conduites. Il faut donc stimuler le propriétaire à bien élever et à garder, parmi ses pouliches, celles qui donnent le plus d'espérance au point de vue de l'avenir, de la production améliorée.

Les primes aux pouliches sont à la fois des indemnités offertes à l'éleveur intelligent, une protection, un intérêt de conservation créé dans des vues profitables au perfectionnement constant de la race; elles sont la source de soins spéciaux et éclairés, un stimulant qui fait nourrir convenablement la pouliche, une leçon de pratique qui porte ses fruits, car elle renouvelle toujours la preuve de l'influence heureuse, sur l'économie, d'une alimentation suffisante et substantielle dès les premiers temps de la vie : en effet, c'est à partir du jeune âge que l'on fonde, chez le cheval, la force et l'ampleur des formes qui font plus tard, en dehors des qualités du sang ou de la race, sa valeur intrinsèque et son prix marchand.

Les primes aux pouliches reposant, d'ailleurs, sur les mêmes besoins et devant conduire aux mêmes résultats, les mêmes règles leur sont parfaitement applicables quant au nombre et à l'importance. Il faudrait arriver à ce fait, que toute pouliche de valeur reçût une prime, que toute pouliche non primée fût, par cela même, désignée pour la vente; de la sorte, on ne trouverait bientôt plus au nombre des poulinières que des bêtes de choix et vraiment capables. Le progrès est rapide lorsque les choses sont ainsi arrangées.

Ces derniers mots établissent d'une manière bien nette l'objet des concessions de primes à la production : il ne s'agit pas de pousser indistinctement au nombre, mais d'assurer, dans une race d'élite, les qualités solides qui la recommandent, qui en font la valeur, d'exciter, par l'appât d'une indemnité suffisante, le propriétaire à conserver et la bonne poulinière et la bonne pouliche qui doit la remplacer un jour; sans cela, le contraire arrive. Les bêtes de qualité passent au commerce, entrent en service et sont perdues pour la reproduction; c'est bien simple : les mauvaises, celles qui se trouvent tarées, chétives, affectées de vices quelconques, sont de défaite difficile et ne donnent aucun bénéfice. On ne trouve souvent à les vendre ni pour son ni pour livre; elles restent aux mains du producteur et finissent, à la longue, par être la souche même de la race. Que peut-on en espérer autre chose que la reproduction des tares et des maladies qui souillent et dégradent, qui ôtent tout mérite à une race, qui enlèvent tout intérêt à la reproduire, parce qu'aucun intérêt ne s'attache plus à la rechercher en vue des besoins qu'elle était appelée à satisfaire (1)?

Les faiseurs de programmes, ceux qui se chargent de la répartition des fonds votés par les conseils généraux pour encouragements à l'industrie chevaline, témoignent d'ordinaire une grande prédilection pour les poulains entiers; ils leur font une place et leur réservent toujours quelques

---

(1) Nous avions déjà dit ailleurs : « Presque partout les prix élevés offerts pour les meilleurs produits d'un croisement heureux tentent l'éleveur et le décident à s'en défaire. La vente atteint particulièrement les pouliches; les meilleures sont recherchées avec beaucoup d'empressement dès l'âge de trois ans, époque à laquelle leur précocité et leur caractère généralement facile permettent de les appliquer au service. Il en résulte que celles dont on trouve le débit le plus prompt, réalisant de suite aux mains de l'éleveur le bénéfice le plus important, celui-ci n'hésite pas. Il livre au commerce la pouliche d'espérance et

faveurs. Ils voient dans chaque poulain primé un étalon en herbe, un reproducteur précieux, l'espoir de l'espèce, car ils ne s'arrêtent guère à une race déterminée. Ceci n'est pas seulement un contre-sens, une erreur contre la science, c'est une mauvaise pratique et une cause certaine de découragement pour l'éleveur.

On ne produit pas spécialement et exclusivement des étalons. L'étalon, c'est-à-dire l'animal susceptible d'être employé avec avantage à la reproduction, capable de renouveler et d'éprouver sans cesse une race, n'est point une monnaie courante, mais une individualité rare.

L'éducation de l'étalon n'est point une industrie facile, et c'est ouvrir une fausse voie que d'exciter le producteur à conserver entiers, en vue de la reproduction, des poulains qui ne se trouvent pas, qui ne peuvent pas se trouver dans les conditions voulues pour remplir un jour la destination de *pères*.

L'éducation de l'étalon est une particularité, elle ne saurait entrer dans les faits généraux ; les bonnes races seules peuvent en donner, et encore, lorsque cette industrie est praticable, commandée par la réunion des conditions diverses qui la favorisent, ne peut-elle être la préoccupation à peu près exclusive du producteur, le but de la spéculation de l'élevage, mais seulement une exception, un accident.

La règle générale est donc celle-ci : ne pousser à l'élève de l'étalon que là où la race est ancienne et bien fondée, là où elle offre un type à reproduire, une nature utile à la con-

conserve pour la reproduction celle qui a le moins de valeur à tous égards, celle dont la vente eût été le plus désirable au point de vue de l'amélioration. Les choses se passent ainsi au rebours de ce qui devrait être. Il y a là un obstacle immense au progrès. Les services publics profitent des premiers succès obtenus ; mais les races n'en tirent aucun avantage. Il faut donc recommencer toujours sur nouveaux frais et travailler sans relâche comme sans profit, à la manière de madame Pénélope. »

servation de la race elle-même ou à l'amélioration d'autres races, afin d'inviter soit le producteur, soit un éleveur distinct à faire toujours un choix intelligent des poulains les mieux nés et les mieux doués. Cependant il est rare que l'élevage réussi de l'étalon ne porte pas avec lui ses avantages et ses bénéfices, sa rémunération complète; la vente en est d'ordinaire certaine, facile, profitable. La perte ne se fait sentir que sur les animaux qui ont mal tourné, ou qui, mal choisis, ne pourraient arriver à bien, quoi qu'on fît! Les primes atteindraient, sans doute, les premiers. Quelle en serait alors l'utilité? On ne le voit pas, on ne le sent pas. La seule indemnité que l'éleveur doive trouver pour les insuccès réside dans le prix de vente élevé des poulains d'espérance qui ne se sont pas démentis.

Au surplus, il a été attaché un autre mode d'encouragement à la production et à l'élève des étalons. Les prix de courses créent un intérêt plus puissant et plus direct, en ce qu'ils donnent une grande valeur aux vainqueurs. Mais ce n'est point ici le lieu d'aborder la question; nous y reviendrons ailleurs.

Les primes aux poulains castrés ont une utilité plus certaine; celles que l'on a jusqu'ici accordées aux poulains entiers, les difficultés qui entourent la vente pour les différentes armes de l'armée, l'espoir de former un étalon dont le prix est toujours supérieur à celui du cheval hongre, sont autant de causes qui ont faussé l'opinion sur les avantages de la castration en bas âge, et détourné de sa véritable voie la spéculation de l'élève du cheval de service.

Ces quelques mots disent en quelles circonstances les primes aux poulains castrés peuvent être appliquées avec avantage. C'est — ou lorsqu'il s'agit de faire contracter aux éleveurs l'habitude de hongrer de bonne heure des poulains qu'ils conservent trop longtemps entiers, sans se rendre compte des inconvénients auxquels ils se soumettent ou des chances de perte qu'ils courent, — ou bien lorsqu'il s'agit de faire rentrer l'industrie de l'étalonnage dans des conditions rationnelles et de restreindre sa spéculation au petit nombre de sujets vraiment dignes d'être élevés en vue de la reproduction.

Ces primes doivent être essentiellement temporaires ; elles ont un caractère d'enseignement pratique qui, une fois compris, doit suffire au but.

Dans les hautes et basses Pyrénées, les primes aux poulains castrés n'ont point eu d'autre objet que de faciliter l'élève du poulain et de la rendre moins chanceuse ; on en comprend toute l'utilité, on en saisit tous les avantages qui nous occuperont dans une autre partie de cet ouvrage.

En Normandie, dans le département du Calvados, la même institution a cherché à régler l'industrie de l'étalonnage, laquelle avait pris une extension trop considérable : elle s'exerçait, en effet, sur tout poulain passablement tourné en naissant, et sans se préoccuper autrement des qualités de race qu'il aurait dû avoir au plus haut degré, sans accorder aucune importance à la généalogie soit du père, soit de la mère.

La conservation, dans la condition d'entiers du plus grand nombre des poulains avait un double inconvénient ; elle faisait élever en vue de la reproduction des animaux qui n'en étaient pas dignes, et elle restreignait d'autant l'éducation de ceux qui devaient être élevés en vue des besoins du commerce. Elle appauvrissait l'éleveur de toute la part de sacrifices que commande l'éducation du cheval entier, que n'exige pas celle du poulain hongre, pour aboutir à des pertes, à une cruelle déception ; car à ce premier résultat d'une dépense plus forte il faut ajouter tous les inconvénients d'une castration tardive et la difficulté de trouver un écoulement avantageux pour les animaux opérés seulement à l'âge fait.

Les primes aux poulains hongres sont de nature à profiter à l'amélioration des races et à la meilleure éducation de certains produits. C'est nuire à l'amélioration que de faciliter l'élève et l'emploi de mauvais étalons ; c'est servir les intérêts du producteur et du consommateur que de provoquer l'application de bons soins et d'une hygiène honorable sur des animaux que l'absence de tout encouragement aurait voués au hasard et à l'incurie ordinaire. Le producteur place mieux le poulain qu'il met en condition favorable de vente et le consommateur recherche avec plus d'empressement les produits qu'il sait devoir être bons par cela seul que leur production a été entourée de toutes les garanties désirables.

Une autre combinaison du même mode d'encouragement porte sur la division de l'industrie en deux branches très-distinctes, — la production et l'élève, — pour favoriser particulièrement le partage et assurer la réussite de l'élevage. D'heureuses tentatives ont déjà été faites en ce sens et suivies des meilleurs résultats.

Pour être profitable, l'industrie chevaline a besoin de diviser les charges et les mauvaises chances qui pèsent sur elle. Ces charges sont trop lourdes pour un seul, et notamment en l'absence d'une excitation commerciale considérable. D'ailleurs l'industrie mulassière, celle qui porte sur le gros bétail, se divise également et se partage les spéculations diverses qui résultent de la production, de l'élève et de la fabrication en grand de tel ou tel produit : ainsi le mulet n'est pas élevé par celui qui le fait naître ; ainsi la production, l'élève et l'engraissement du bœuf, la production du lait, la fabrication du beurre et du fromage sont des spéculations bien différentes et bien séparées, toujours adaptées aux circonstances et aux lieux, jamais réunies toutes sur la même exploitation ni dans la même main ; ainsi encore la production du cheval de trait, sa première et sa seconde éducation ne sont point une seule et même opération, mais des spéculations différentes, qui souvent éloignent beaucoup le poulain de la contrée dans laquelle il est né.

La division de l'industrie de bétail est la règle; la réunion de ses diverses branches en une seule spéculation n'est que l'exception, une exception que l'expérience condamne au point de vue de la spéculation.

En effet, l'industrie chevaline est prospère partout où la division de ses branches est dans les habitudes du cultivateur; elle est languissante et pauvre, au contraire, partout où le défaut d'intelligence et le manque d'organisation les tiennent forcément unies, partout où les circonstances commerciales ont ralenti la recherche des produits.

L'activité moindre du commerce porte tout d'abord sur l'éleveur; le producteur n'en ressent pas la première atteinte, mais il ne résiste pas au contre-coup qui le frappe.

Eh bien, là où l'industrie n'est point organisée, là où elle est incomplète et boiteuse, il faut songer à la compléter en appelant à elle la spéculation qui s'en est retirée.

Jusque dans ces dernières années, tous les encouragements étaient portés, tous les efforts s'étaient concentrés sur la production. On s'en rapportait un peu trop exclusivement à l'acheteur, au consommateur du soin de stimuler la spéculation de l'élevage. En fait, dans une situation normale, c'est bien du commerce que cette spéculation doit recevoir son activité, sa vie, son impulsion; mais il peut arriver qu'il n'y ait encore qu'une médiocre confiance de la part de ce dernier dans le bon vouloir du premier. Dès lors, l'industrie et le commerce restent l'un et l'autre en présence, et demandent, — celle-ci, qu'on lui fournisse meilleur; — celui-là, qu'on le rémunère plus largement. Chacun demeurant immobile à sa place, la production, seule encouragée, progresse d'abord; puis, quand tous les points du cercle ont été parcourus, quand toutes les formes d'encouragement ont été épuisées, si nulle issue ne se montre, eh bien, elle s'arrête et meurt de pléthore.

Les moyens d'éviter cet écueil et de faire que tous les efforts en faveur de la production ne soient pas perdus consistent à organiser l'industrie partout où elle a cessé de l'être, et à donner aux spéculations distinctes de la production et de l'élevage une part d'encouragement proportionnelle à l'importance et aux besoins de l'un et de l'autre. De cet ordre d'idées sont nées les provocations intelligentes de la Société hippique de Pompadour, des sociétés d'encouragement de la Dordogne, de Tarbes et de plusieurs autres.

L'administration des haras a puissamment contribué à l'application de ces idées, activement concouru à leur mise en œuvre et à leur plein succès; elle a prêté le concours de ses agents et le secours de ses subventions; elle s'est faite point de départ et centre; elle aide, provoque et dirige, tout en engageant les intérêts privés au plus fort de la question, afin de donner à l'industrie elle-même la vie d'abord, et puis la confiance en ses propres forces.

Des concours ont donc été créés, des primes ont été distribuées pour amener l'éleveur à prendre, des mains du possesseur de juments, des produits qui, passé un certain âge, l'encombrent et le gênent.

Tel est l'objet de cette nouvelle forme, de cette autre application du système des primes. Particulièrement attribuées à l'élevage, celles-ci viennent à son aide; elles encouragent l'achat des poulains en bas âge par ceux-là qui sont plus en position d'élever que de produire, et les deux spéculations de la production et de l'élève marchent alors d'un pas égal vers un plus grand développement et une perfection mieux assurée.

En effet, l'éleveur *n'achète pas chat en poche;* il sait ce qu'il fait et juge bien. D'ailleurs l'expérience lui permet bientôt de voir clair au fond de ses opérations. Les difficultés ou les facilités qu'il éprouve à mener à bien tel ou tel produit lui donnent une connaissance certaine des juments. Il apprend à distinguer, dans les diverses familles, celles qui donnent les poulains les mieux venants et de la meilleure nature; il avance dans les faits, il attache une importance bien justifiée au mérite des généalogies, et par ses offres plus ou moins élevées il éclaire jusqu'au producteur, lequel reçoit ainsi, chaque année, la plus profitable des leçons, celle de l'intérêt. Celui qui borne sa spéculation à l'élève n'a pas de capital engagé dans la possession d'une poulinière; il n'a point à songer aux saillies infécondes, aux avortements, aux poulains manqués, à toutes les éventualités de pertes, en un mot, qui commencent avec l'acquisition d'une jument et finissent au jour de la vente du produit.

De son côté, le producteur qui se défait de son poulain d'un an à dix-huit mois cesse de courir bien des risques et passe à un autre, en réalisant le prix de vente, toutes les chances contraires attachées à la seconde période de l'élève et à la première éducation du cheval.

Il est donc incontestable qu'une industrie à long terme, comme celle qui nous occupe, ne peut que gagner à être divisée lorsqu'elle est ainsi aux mains des petits propriétaires, et qu'il y a tout avantage à favoriser l'élève, par ceux-ci, des produits que font habituellement naître ceux-là : en effet, les pertes sont plus faciles à supporter quand les mauvaises chances sont affaiblies par le partage; — les bénéfices sont d'autant plus importants, au contraire, que les avances faites à chaque spéculation rentrent dans un délai plus court.

Ces principes admis, il faut encore en assurer la bonne application, afin de les rendre aussi fructueux que possible; c'est l'objet des conditions à imposer, du programme à rédiger. Les détails doivent en être simplement exposés, mais nettement établis de manière à ce que rien ne puisse en détourner ni contrarier le succès.

Un autre avantage de ces primes réside dans l'utilité que recueille l'éleveur à ne pas soumettre la constitution de ses poulains à l'épreuve destructive d'un jeûne plus ou moins complet, et dont la durée se prolonge d'ordinaire pendant la saison rigoureuse.

Ainsi — bonne tenue de la poulinière et du produit jusqu'au moment de la vente, — bons soins à ce dernier pendant la période de son second élevage, tels sont les effets immédiats des primes à la production combinées avec les primes accordées à l'élevage.

Ces conditions apprennent à connaître les familles; elles assurent au développement des produits les moyens d'alimentation qui fondent en eux les qualités les plus brillantes et les plus solides.

Telle est la portée de l'enseignement pratique que porte avec lui ce mode de primes; c'est un intérêt d'amour-propre excité par l'appât d'un bénéfice très-licite qui ouvre les yeux et l'intelligence de celui dont l'incurie devient une cause de perte et un sujet de remarque générale en quelque sorte. Le concours n'est pas seulement une occasion de distribuer quelques primes aux propriétaires qui ont su se procurer les meilleurs poulains et qui les ont le mieux nourris et soignés, il est encore, et surtout, un moyen de leur désigner les possesseurs de bonnes juments, de les rapprocher les uns des autres, et de mettre en réputation et en faveur les poulinières les plus capables. Cet avantage porte plus tard ses fruits; il facilite nécessairement les transactions tout en donnant une plus-value à certains produits.

Jusqu'ici le système des primes n'a rien perdu de son caractère spécial. C'est un encouragement, rien de plus. Cependant il s'est présenté telle situation dans l'industrie où il y a eu nécessité d'aller plus loin, obligation d'intervenir directement et de prendre l'initiative de mesures urgentes qui ne pouvaient sortir des efforts isolés des particuliers.

C'était le cas de certaines contrées qui avaient bien encore le moyen de faire naître de bons produits, mais qui ne trouvaient plus chez elles l'éleveur entendu, capable de bien élever ces produits : il n'y avait que deux alternatives possibles, — laisser s'éteindre complétement la production, et priver ainsi à la fois le pays des avantages qu'il pouvait en retirer et les services publics des secours qu'ils pouvaient en attendre; — ou bien trouver un éleveur d'où qu'il vînt, mais qui pût, qui voulût bien se charger de compléter une industrie qui, sans son concours, restait inachevée, inutile, par conséquent.

Ce mode d'intervention soulevait les questions économiques les plus délicates; il commandait une extrême prudence dans l'application, car il ne s'agissait pas de créer des spéculations factices uniquement appuyées sur l'appât de primes spéciales offertes ici à des exportateurs, — là à des importateurs. Il s'agissait d'abord de faire naître des habitudes nouvelles, puis de les étendre successivement, d'un essai pur et simple tenté à la faveur d'un encouragement suffisant, à des expériences plus nombreuses et plus sûres; il s'agissait d'arriver à établir, d'une manière régulière et permanente, des relations de commerce qui n'existaient pas encore et qui devaient profiter autant aux uns qu'aux autres, aux contrées de production qu'aux pays d'élève.

Ce système faisait rentrer la production du cheval dans les faits généraux et dans la pratique usuelle à toutes les industries, usuelle au cheval lui-même dans toutes les provinces où sa fabrication est bien comprise et bien organisée. Le cheval! — qu'est-ce autre chose que l'un de ces objets de nécessité qui empruntent la main d'ouvriers divers avant de servir à l'usage auquel ils sont destinés? Si l'un prépare la matière, un autre la façonne; un troisième est souvent appelé à lui donner la dernière perfection.

Au lieu de cette division dans l'industrie, toutes ses branches avaient fini par se trouver réunies et concentrées, en Limousin, dans les mains d'un seul, dans les mains d'un métayer pauvre et fort ignorant en fait de science du cheval. Cette concentration impliquerait, au contraire, l'idée de connaissances spéciales, la possession de riches pâturages et de bâtiments convenables, la privation de services des élèves pendant plusieurs années, enfin une stagnation de capitaux avec des chances défavorables, toutes choses qui ne sont pas, qui ne peuvent même pas être dans la constitution actuelle du système agricole de la France. Il fallait donc tendre à partager les charges, à diviser les difficultés et les sacrifices, à mettre aux mains de chacun la branche qui convenait le mieux à sa situation générale et particulière : tel était le but que s'était proposé la Société d'encouragement de Pompadour; elle le poursuit avec une louable persévérance, avec une élévation de vue digne d'un succès durable. La manière dont procède cette Société contient les meilleures règles à suivre en pareille circonstance; ces règles sont fondées sur les principes les plus sages. Les moyens d'action arrivent, par voie directe, jusqu'au métayer lui-même; ils fondent ainsi l'œuvre entreprise sur des bases stables, car ils ne s'arrêtent pas au petit nombre, ils vont droit à la masse, au gros des producteurs.

Qu'on nous permette de reproduire un passage de ce que nous avons écrit à ce sujet dans le *Bulletin hippologique* de la Société (1).

« Le poulain mâle, quand il a atteint sa deuxième année, devient une charge pour le colon; celui-ci n'a rien disposé pour le garder au delà de ce terme. En Limousin, il n'a jamais élevé un cheval; il s'est contenté de faire naître. Le propriétaire aisé, le propriétaire riche ou le gouvernement se chargeaient autrefois de l'élevage. Lorsque le gouvernement et les propriétaires n'ont plus élevé, il était tout simple que le métayer cessât de faire naître; de là cette disproportion qui existe entre la production de nos jours et celle du temps passé.

« Débarrasser le producteur de ceux de ses poulains qui pourraient le gêner était incontestablement la mesure la plus directement utile à la production. Ce fut aussi la pre-

_____

(1) *Bulletin hippologique*, n° 3, — avril 1846. — *De l'industrie chevaline en Limousin.*

mière qu'adopta la Société d'encouragement de Pompadour, et l'on sait comment elle organisa un système d'exportation des poulains mâles d'un et de deux ans. Ce mode a réussi au delà des espérances de ceux-là mêmes qui l'avaient préconisé. Les poulains ont été recherchés avec faveur du moment où une prime s'est trouvée attachée à leur acquisition. Le producteur a été complétement débarrassé, et la défaite, encore assez avantageuse, du produit, en face du même débouché laissé ouvert dans l'avenir, a stimulé son intérêt; aussi nombre de juments données au baudet ont fait retour à la production du cheval.

« Mais ici point de difficultés et très-peu de formalités. Le même système, appliqué par une administration publique, trouverait sur sa route mille entraves dont la source est dans les règlements de finances, les plus absolus qu'ait enfantés l'imagination de l'homme livré à la recherche de l'impossible. Le commerce ne reprend pas aisément, et sans beaucoup d'avances de la part du producteur, les voies qu'il n'a pas abandonnées sans peine : force a donc été de le suppléer souvent, et la Société s'est bien fréquemment mise à sa place dans ces deux dernières années; elle a donc acheté directement des propriétaires ou des métayers, payé comptant, et dirigé ensuite les poulains achetés vers les départements éleveurs, pour les revendre dans toute la liberté dont peut user un marchand. Ceux qui ont acheté par son intermédiaire n'ont été arrêtés par aucune condition inconnue aux transactions ordinaires; ils ont agi comme ils l'eussent fait avec le producteur lui-même; et, si les achats s'étendaient au chiffre dix, une remise de 300 fr. était opérée sur le prix total du lot. Or cette prime était payée sans déplacement, sans la plus petite des exigences fiscales, même de timbre; et l'opération marchait ainsi dans toute l'indépendance d'une affaire privée, dans toute la simplicité d'un marché de tous les jours. Les formalités réglementaires sont remplies par la Société quand il y a des justifications à faire pour les allocations de fonds accordées par les haras ou votées par les conseils généraux ; et c'est là, il n'en faut pas douter, un grand élément de succès. La plus petite difficulté administrative est tout un monde pour l'homme des champs ignorant des formes, et empêché, d'ailleurs, par mille affaires qui le détournent et l'éloignent.

« Enlever, tous les ans, au producteur le poulain mâle qu'il n'est pas en son pouvoir de garder au delà de la deuxième année, c'était le replacer dans les conditions avantageuses d'autrefois au point de vue de l'écoulement certain de ses produits. Restait à assurer l'augmentation progressive du nombre des poulinières tout en travaillant à en améliorer la nature. Un système de primes qui prend le produit dès le ventre de la mère, et le conduit jusqu'au moment où il peut ou remplacer celle-ci ou concourir avec elle à la reproduction, semblait le seul moyen possible à employer ; il a été adopté, et a déjà reçu un commencement d'exécution dont les bons effets ne tarderont pas à être fort bien appréciés.

« Ainsi, exportation du poulain mâle et conservation des pouliches, telle est la base sur laquelle sont assises les opérations de la Société. Elle s'est mise pratiquement à l'œuvre, parce qu'elle n'ignore pas que les meilleurs conseils eussent été ici sans résultat aucun ; elle a pris fait et cause pour l'industrie, et s'est donné la haute mission de la ramener à une prospérité réelle, ou de prouver à tous qu'elle est atteinte à tout jamais. Mais son état n'est pas si désespéré ; les premiers efforts ont été si heureux, qu'il est permis de croire à une réussite complète. Maintenant surtout qu'ils ne se renouvelleront plus à titre d'essai seulement, on est autorisé à supposer que les conseils généraux ne borneront pas aux faibles secours accordés jusqu'ici les puissants moyens d'action qu'ils peuvent mettre aux mains d'une Société qui a tenu plus qu'elle n'avait annoncé, qui appuie ses demandes de faits matériels, palpables, d'opérations consommées au grand jour, et dont l'utilité est immédiate, effective. En revenant à elle ils ne livreront rien au hasard.

« Elle a commencé avec ses propres ressources, bientôt augmentées d'une faible subvention accordée par les haras, et, plus tard, fortifiées de petites sommes votées par les conseils généraux ; mais ces fonds ne suffisent pas à la tâche ; la Société opère sur trois départements à la fois, et s'attaque à un ordre de transactions qui ne souffre pas de retard. Pour être heureusement conduits, les achats doivent être faits partout à la fois et dans un temps donné. Le moment favorable passé, il est impossible de ne pas éprouver des pertes considérables, et tout ce que l'on obtient alors est factice et ne contribue en rien à avancer le but, qui est d'amener peu à peu l'industrie privée à faire par elle-même, et à suppléer aussi prochainement que possible la Société, qui, dans l'intérêt même du pays, n'est pas destinée à agir toujours.

« De deux choses l'une, en effet : les poulains exportés réussiront ou ne réussiront pas ; en d'autres termes, ils seront élevés sur le sol où ils ont été transplantés avec perte ou profit. En cas d'insuccès, l'opération, au lieu de s'étendre, tombera d'elle-même ; dans la dernière hypothèse, au contraire, les exportations se régulariseront et s'élèveront à la hauteur d'un fait économique, usuel, important. Dès lors l'industrie particulière suffira à la tâche, et, dans tous les cas, l'action de la Société cessera de fait. C'est au succès ou à la non-réussite que tient évidemment la solution de la question. »

Voici maintenant comment la pratique des achats de poulains est entendue par les membres de la Société de Pompadour, comment elle a été déterminée en assemblée générale, le 25 août 1847.

Le but qu'elle s'était proposé à son commencement est toujours le même ; il avait été trop exactement défini pour

II. 23

qu'on pût l'abandonner : chaque pas dans la voie ouverte, au contraire, a été un succès. En effet, la production s'est accrue ; il n'en pouvait être autrement. Le nombre des jeunes juments s'élève vite quand un débouché certain s'offre à un producteur, quand celui-ci se voit favorisé par un système de primes qui prend la poulinière à sa naissance pour ne plus la quitter que lorsqu'elle peut être remplacée, dans sa condition de poulinière, par une jument d'un ordre plus élevé.

Cependant la Société de Pompadour, nous insistons à dessein sur ce point, n'a jamais entendu se substituer à l'industrie particulière ; elle la supplée avec raison et avec bonheur quand elle est inactive ou absente, mais avec la volonté bien affermie de s'effacer elle-même aussi promptement que les circonstances le lui permettront.

Toutes ses décisions sont parfaitement d'accord avec son programme ; elle sait tenir tout ce qu'elle a su promettre.

A côté d'elle d'autres sociétés se sont formées ou se formeront. L'une d'elles, établie dans la Dordogne, s'est particulièrement fait connaître. La Société de Pompadour pousse à l'exportation du poulain limousin ; la Société de la Dordogne travaille, au contraire, à faire entrer sur son territoire les produits que fait naître le Limousin.

Ici, la production ; — là, l'élevage.

« La Société de la Dordogne opère pour elle ; elle a son acheteur direct : celui-ci représente un intérêt collectif, de même que le commissaire spécial de la Société de Pompadour.

« Il pouvait donc arriver que les deux agents se trouvassent en rivalité, que celui de la Dordogne même pût se croire dans une situation moins bonne que celui du Limousin ; car les relations du dernier doivent naturellement emprunter une grande facilité du passé, c'est-à-dire de la confiance qu'ont inspirée les opérations antérieures.

« Il a suffi que cette crainte se manifestât pour que la Société de Pompadour allât au devant des inconvénients présumés. Elle a voulu que tout acheteur quelconque, d'où qu'il vînt, se trouvât sûrement, au pays de production, sur un pied d'égalité parfaite avec tous ses concurrents, et que les éleveurs éloignés qui se font représenter par un mandataire, si ce dernier était le commissaire de la Société, fussent néanmoins bien assurés que leurs intérêts n'auraient point à souffrir de la liberté laissée à tous les acheteurs.

« Il a donc été arrêté que les achats se feraient particulièrement en mai et en juin ; que des réunions seraient indiquées aux producteurs et aux éleveurs, c'est-à-dire aux vendeurs et aux acheteurs, afin que les uns et les autres fussent prêts à jour fixe ; que tous seraient également libres , — ceux-ci de vendre, ceux-là d'acheter comme ils l'entendraient et comme ils le feraient, en un jour de foire, sur un marché public. Vendeurs et acheteurs seront ainsi mis en présence, et chacun opérera selon sa volonté, ses goûts, ses besoins et sa bourse. Il y aura donc garantie pour tous ; les habitudes de vente et d'achat se fixeront et se renouvelleront d'une manière certaine et vraiment efficace. En tant que mandataire d'éleveurs éloignés, le commissaire spécial de la Société de Pompadour n'aura aucun avantage sur les autres acheteurs, et lui-même, achetant pour le compte de la Société , n'opérera qu'après la clôture des achats par les éleveurs présents ou représentés. Les acquisitions directes pour le compte de la Société s'exerceront ainsi sur les poulains qui n'auront pas trouvé d'autre acheteur. Le but que s'est toujours proposé la Société sera donc ainsi doublement assuré et doublement rempli ; les acheteurs n'éprouveront aucune peine, aucune difficulté, et les producteurs se retrouveront en face des facilités que leur ont faites les premières opérations. »

Au surplus, voici le texte même de la délibération du 25 août, qui fixe la position de tous et sauvegarde à la fois les intérêts du producteur et des acheteurs.

« 1° A partir du 1ᵉʳ janvier 1848, les achats de poulains pour le compte de la Société n'auront lieu qu'aux époques fixes des foires et marchés publics, et aux réunions spéciales que le conseil d'administration déterminera, chaque année, dans une de ses séances du mois d'avril. Les achats s'opéreront de telle sorte qu'ils soient commencés au 1ᵉʳ mai et terminés à la foire de Limoges dite *la grande Saint-Martial* 1ᵉʳ-2 juillet).

« 2° Le conseil d'administration demeure chargé de provoquer, par les moyens ordinaires de la publicité, la présence des acheteurs étrangers, et surtout celle des agents et mandataires des sociétés hippiques d'encouragement, soit aux foires et marchés, soit aux réunions de poulains.

« 3° Lorsque le commissaire spécial de la Société de Pompadour se sera chargé du mandat d'un ou de plusieurs acheteurs étrangers, il fera, en cette qualité, ses achats concurremment avec tous les autres acheteurs, quels qu'ils soient ; mais, en sa qualité propre et officielle de commissaire spécial, il lui est interdit de faire aucune acquisition avant la retraite des acheteurs étrangers, et avant que lui-même ait cessé d'opérer en vertu du mandat particulier qu'il aura accepté.

« 4° Dans tous les cas, le commissaire spécial ne fera d'achats de poulains qu'aux foires, aux marchés publics, et aux réunions régulièrement annoncées. »

Le système de primes appliqué par la Société d'encouragement de Pompadour au commerce et à la migration des poulains est une forme neuve donnée à l'intervention ; il favorise la production par la certitude du débouché ; il établit des relations nécessaires entre le producteur et l'éleveur ; il sert au même degré les intérêts de tous et part de ce point que son action ne peut être que temporaire, car il n'a pas la prétention de créer une industrie factice ; il ouvre une voie utile, mais c'est avec l'intention de la laisser librement parcourir du jour où elle aura été reconnue, où elle sera devenue praticable.

Ce système serait une faute là où l'industrie est organisée ; elle est une nécessité là où l'absence de l'éleveur ne crée pas un intérêt direct à produire en suffisance. C'est une nécessité, en effet, que de développer la production en raison même des besoins de la consommation.

Il nous resterait à parler, pour épuiser la série, des primes offertes au dressage des jeunes chevaux ; mais cette autre forme entraîne l'essai des animaux, commande la lutte, exige des épreuves. Ce que nous aurons à dire de son utilité, des services qu'elle doit rendre, des circonstances dans lesquelles elle doit être appliquée — sera bien mieux placé à l'article qui nous occupera bientôt.

Nous avons passé en revue les divers systèmes de primes successivement appliqués à l'industrie chevaline en France, et nous avons vu cette institution, d'abord informe, prendre peu à peu de la certitude, raisonner ses moyens d'action, mesurer sa force et son influence. La forme en a souvent changé sans que les principes en aient toujours été suffisamment élucidés. Peut-être aurons-nous jeté quelques lumières sur ce mode d'encouragement, dont l'utilité n'aurait jamais été contestée, si l'application en avait toujours été rationnelle, appropriée à ce qui était praticable, si le but en avait toujours été bien déterminé et bien compris, si, au lieu de contrarier les habitudes locales et de chercher à détourner la pente naturelle de la branche d'industrie la plus favorable à telle ou telle contrée, il avait su en appliquer sainement les forces, en diriger utilement les ressources.

Quand nous descendrons dans les détails, quand nous étudierons plus particulièrement les circonscriptions hippiques dont les établissements de l'État sont en quelque sorte le chef-lieu, nous dirons quel mode nous semble préférable, quelle forme spéciale nous paraît devoir être donnée à l'institution des primes dans chacune d'elles.

Quant à présent, nous devons rester dans les généralités.

Si on en excepte la concession des primes individuelles accordées aux juments de pur sang sur les propositions faites au ministre par les inspecteurs généraux des haras, et des primes collectives attachées aux migrations des poulains, tout encouragement de même nature appelle le concours public, l'examen et le jugement d'hommes spéciaux.

Les concours sont établis d'une manière fort variable.

Ils ne sortent pas du département, cela s'explique, puisque c'est toujours une allocation départementale qui en forme la base; mais il peut arriver qu'on n'en provoque qu'un seul au chef-lieu, ou bien qu'on les multiplie et qu'on en donne un à chaque arrondissement; d'autres fois il en est ouvert dans tous les arrondissements, et puis tous les lauréats sont encore conviés à un concours général et central.

Ce dernier mode peut être utile, mais dans un seul cas, lorsqu'il s'applique à des étalons, à des animaux qui ne redoutent pas les déplacements, et que les détenteurs ou les propriétaires ont un certain intérêt à promener et à faire voir. Les étalonniers courent volontiers; ils fréquentent toutes les foires importantes et se préparent ainsi leur clientèle.

Cette combinaison offre, d'ailleurs, quelques avantages : elle récompense et signale doublement le bon cheval; elle commande une extrême attention pour la composition des jurys, elle impose à ceux-ci un examen consciencieux, réfléchi, impartial; elle assure les concurrents contre toute erreur même involontaire, car le concours central est une sorte de concours d'appel où seront revisés les jugements portés dans les arrondissements.

Les primes mal attribuées, alors même que le système en serait judicieux, ne produisent aucun résultat utile; elles peuvent même aller à l'encontre du but et porter souvent avec elles un principe de découragement destructeur de tout bien.

Les doubles concours paraissent devoir prévenir cet inconvénient.

Mais, à côté des avantages spéciaux qu'ils présentent, ils ont aussi des inconvénients qui doivent les faire repousser pour l'application des primes aux poulinières et à leurs produits.

Dans ce cas, le concours central déplace, pour une prime ordinairement de mince valeur, des animaux qu'il y a tout intérêt à laisser chez eux, à ne déranger que le moins possible, autant pour éviter des dépenses inutiles que pour prévenir des accidents trop certains. Beaucoup de poulinières primées dans les arrondissements, lorsqu'elles sont trop éloignées du chef-lieu, ne sauraient même, pour l'éventualité d'une prime légère, se risquer et entreprendre une route de plusieurs jours; elles s'abstiennent donc, ne paraissent pas et laissent le champ libre à celles qui, plus rapprochées, peuvent tenter la lutte et courir de nouvelles chances. Dès lors, les fonds sont inégalement répartis; le concours central n'est plus qu'un mensonge, qu'un leurre. C'est une faveur faite aux producteurs d'un rayon assez étendu au détriment du grand nombre. Il est de beaucoup préférable de répartir en une seule fois, dans chaque concours, toute la somme qu'on peut attribuer à chacun.

Au surplus, les faits appuient cette manière de voir partout où des concours généraux appellent à une seconde lutte des juments, des poulains et des pouliches. La statistique accuse un déficit de 50 pour 100 et plus dans le nombre des animaux qui se présentent au chef-lieu, et elle va plus loin, elle ne dit pas que ce soient les plus médiocres, mais les plus éloignés qui s'abstiennent. Nous avons fait ces relevés à différentes reprises; nous sommes toujours arrivé au même résultat.

L'époque des concours n'est pas chose indifférente; une

seule et même époque n'est pas plus applicable à toutes les distributions de primes qu'une seule et même forme ne serait heureusement adaptée à toutes les conditions de l'industrie chevaline.

C'est à la fin de l'année que les réunions d'étalons pourraient être provoquées avec le plus d'avantage, afin de forcer les étalonniers à se procurer, quelque temps avant l'ouverture de la monte, les animaux qu'ils sont dans l'intention de mettre à la disposition de l'industrie de production. Les concours permettraient alors de reconnaître le nombre et le mérite des étalons existants, et les soins qui entourent toujours un animal appelé à passer ses examens les maintiendraient dans une condition physiologique heureuse pour le service pénible qu'ils devront bientôt supporter.

Les réunions de poulinières ne peuvent guère avoir lieu qu'en juillet, août ou septembre. Plus tôt, on n'est pas certain que toutes les juments aient mis bas, et d'ailleurs nombre de produits seraient trop jeunes pour être jugés avec quelque connaissance de cause. Sans doute, un concours précoce peut modifier les habitudes de production et amener peu à peu les cultivateurs à faire naître de bonne heure : à cela il y a plus d'un avantage, mais on ne saurait y parvenir que par degré et sans secousse; car les naissances tardives tiennent plus souvent encore à la pénurie des aliments à la fin de l'hiver qu'à un préjugé ou qu'à une coutume irréfléchie. Ici comme en tout, il y a donc matière à sérieux examen.

Passé le mois de juin et le commencement de juillet, on tombe dans les récoltes importantes, dans les grands travaux et dans les fortes chaleurs. On se heurte alors à des inconvénients d'un autre genre : il n'est pas permis de les méconnaître; il faut bien se soumettre. Il en résulte que la plupart des réunions de primes aux poulinières ont forcément lieu en septembre; plus tard serait une faute. Les juments qui ont mis bas de bonne heure doivent être séparées, en temps opportun, de leur nourrisson. Un allaitement trop prolongé nuit à la fois à la mère, au fœtus qu'elle porte, si elle a été fécondée, et au poulain qui la suit. D'utiles réformes peuvent être essayées dans cette voie.

L'époque des concours est généralement fixée trop à la légère, souvent aussi trop exclusivement abandonnée au souvenir d'hommes tout à fait étrangers à l'industrie chevaline, et par exemple à des employés de préfecture qui ne peuvent pas savoir de quelle importance est une fixation raisonnée; cependant, comme ils n'ont aucun motif pour ne pas la vouloir judicieuse, c'est aux intéressés à prendre l'initiative, à provoquer tout ce qui est bon et praticable à cet égard.

Un journal dans les colonnes duquel nous sommes habitué à rencontrer de saines idées, *le Cultivateur breton*, s'est occupé de cette question bien neuve, en général, même pour la presse spéciale, et en a traité dans les termes suivants :

« Autrefois la distribution des primes aux poulinières et aux taureaux se faisait dans le courant de juin ; sur certaines réclamations, on les a remises au mois de septembre. Mais malheureusement ces réclamations étaient dictées par des idées tout à fait rétrogrades. Que disait-on, en effet, pour les appuyer? On disait : Au mois de juin, les animaux n'ont pas encore eu le temps de se refaire des privations de l'hiver ; dans certaines années surtout, ils sont encore maigres et ont leur vieux poil. Remettez les exhibitions au mois de septembre, et vous les aurez en état ou jamais.

« Mais s'agit-il donc d'avoir de belles exhibitions ou bien de faire des progrès?

« Les exhibitions placées au mois de septembre seront composées d'animaux qui, après avoir plus ou moins langui pendant l'hiver, se seront remis dans des pâturages naturels et non soignés, sans que leur propriétaire ait fait, pour obtenir ce bon résultat, autre chose que de les conduire à ces pâturages à des heures accoutumées depuis des siècles.

Placées au mois de mai ou de juin, elles seront, on peut l'espérer, composées d'animaux que, par une heureuse dérogation aux habitudes vicieuses du pays, on se sera appliqué à tenir constamment en bon état pendant la mauvaise saison, pour lesquels, par conséquent, on aura fait des provisions d'hiver et de printemps, cultivé des racines et d'autres fourrages.

« Les exhibitions placées au mois de septembre tendent à nous laisser dormir dans nos malheureuses routines ; on n'aboutira guère par elles qu'à se donner l'air de faire quelque chose. Placées en mai ou juin, elles tendraient énergiquement à nous pousser à des progrès essentiels, à de meilleurs soins pour les bestiaux, au développement de la production fourragère ; elles seraient enfin d'une haute utilité. »

Ces réflexions sont de la plus grande justesse, mais en aucune façon applicables, ainsi que nous venons de le dire, aux distributions des primes aux poulinières suitées.

Nous en faisons plus de cas lorsqu'il s'agit de déterminer l'époque à laquelle doivent être fixés les concours de poulains castrés et de pouliches élevées en vue de la reproduction.

C'est à l'issue de la mauvaise saison que nous les voulons, car la prime enviée doit stimuler le zèle et la vanité de l'éleveur, l'empêcher de s'engourdir dans l'indifférence, et d'abandonner ses produits aux inconvénients de la faim et d'une incurie sordide. Dans ce cas, il les présente pleins de force et corpulents, plus avancés, plus mûrs que des animaux de leur âge qui n'auraient reçu ni bons soins ni nourriture suffisante. Ceux-ci, au contraire, offrent un développement précoce des formes et plus de solidité de tempérament. Alors se manifestent de bonne heure l'élégance, la taille, l'étoffe, la régularité des aplombs, la pureté des membres, la force des articulations, un ensemble satisfaisant à tous égards, et toutes les bonnes qualités inhérentes à la race ou à la famille. Quand on en est là, le jeune cheval est sauvé. En effet, le printemps et l'été **arrivent** avec leurs richesses alimentaires et vont rehausser encore, tout en les continuant, les bienfaits d'une nourriture substantielle administrée dès le premier temps de l'existence.

Telle est l'utilité des concours annoncés pour la sortie de l'hiver quand ils appliquent leurs leçons et leur encouragement à de jeunes animaux qu'il faut sauver de la dégradation, compagne inséparable de la misère.

Les primes offertes aux migrations de poulains n'ont pas une action moins certaine, si l'époque des achats est parfaitement déterminée à l'avance, si elle pousse exclusivement à des achats printaniers ; ces migrations, en effet, doivent être opérées de telle sorte que les poulains arrivent au pays d'herbages au moment où ceux-ci doivent recevoir leur contingent de pensionnaires.

Cette nécessité influe sur la précocité des naissances et la tenue des produits pendant l'hiver ; elle oblige d'avancer, de mûrir le poulain par les bons soins et une suffisante nourriture, afin qu'il puisse être plus avantageusement montré et vendu à la fin de la première année, à l'époque où l'éleveur devra le rechercher pour lui donner place sur ses herbages. Ce moment passé, la défaite deviendrait plus difficile et moins productive. En effet, pour remplacer leurs prairies, les nourrisseurs n'attendent pas que l'herbe ait vieilli, que l'âge l'ait durcie ; ils obéissent à une loi de nature, à une nécessité de spéculation d'autant mieux entendue qu'elle s'accorde parfaitement d'ailleurs avec les règles et les convenances d'une hygiène en tout rationnelle et profitable.

Les concours pour les primes au dressage doivent se tenir la veille des jours de grandes foires, aux époques de l'année où le commerce fait ses achats avec plus d'activité. Les animaux primés prennent alors plus de valeur et sont plus spécialement désignés au consommateur de chevaux de luxe, qui n'hésite pas à payer plus cher les animaux qui ont été l'objet d'une distinction publique.

On voit, en tout ceci, combien peu il faut laisser à l'arbitraire sous peine d'insuccès, mais combien peu de même se présentent d'exigences pour assurer la réussite.

L'absence de vues rationnelles, de principes fixes dans l'application des primes en rend l'institution vicieuse et tout au moins inutile. Nous avons étudié ce côté de la question; il en est un autre qui n'est pas moins essentiel, que nous avons déjà touché, et sur lequel nous devons revenir.

Quelque judicieux qu'il soit, avons-nous dit, un système de primes est, par avance, condamné à la stérilité, voué à l'impuissance, si l'application n'en reste pas confiée à un jury intelligent et préparé à la mission qui lui incombe par un examen sérieux, réfléchi des conditions établies au programme, à supposer que le programme ait été concerté, arrêté suivant de saines idées, et qu'il se fonde sur des données économiques et certaines.

La composition des jurys n'a pas été jusqu'ici déterminée avec une attention suffisante; elle réunit à point nommé, une fois l'an, des hommes honorables sans doute, mais de science diverse, d'opinions fort différentes sur l'institution, et qui d'ailleurs, loin de chercher à s'entendre sur l'opération à laquelle ils vont se livrer, s'abordent d'ordinaire sans même avoir jeté les yeux sur les conditions du concours. Aussi, bien souvent, un faiseur besoigneux s'empare de l'esprit de ses collègues d'un moment, et conduit l'opération à sa guise, suivant ses vues personnelles, sans s'inquiéter davantage du but qu'on s'est proposé et vers lequel chaque concession de primes doit être un pas sûr et affermi.

La distribution terminée, chacun tire sa révérence, et tout est dit. Un employé de la préfecture ou de la sous-préfecture est chargé de toutes les formalités écrites sous un protocole oiseux; il rédige en manière de procès-verbal des numéros d'ordre, des noms d'hommes et de communes, des signalements de chevaux et des chiffres, puis il trouve une finale quelconque, et les juges du concours signent, à l'occasion, un mois, trois mois, six mois après; la chose n'importe guère.

Ce n'est point ainsi que l'on doit entendre ni la composition d'un jury ni les fonctions d'examinateur, de juge d'un concours.

Nous attachons une telle importance à ce que la première soit bonne et à ce que les autres soient bien remplies, qu'elles sont à la fois pour nous le point de départ et le but, la source vive et principale du succès.

Si l'on veut bien se rappeler que l'institution des primes est, avant tout, un moyen d'amener l'industrie à suivre telle ou telle voie, à adopter tel ou tel mode, à appeler tel ou tel principe, on sera, autant que nous, persuadé qu'une application intelligente du moyen peut seule conduire au but; que ce dernier ne sera jamais atteint, au contraire, si la direction est divergente, si la répartition n'implique aucune impulsion, n'indique aucun chemin à prendre.

Nous voudrions donc non-seulement que les jurys fussent partout composés d'hommes spéciaux et compétents, mais surtout qu'ils fussent, en quelque sorte, permanents. On devrait alors leur confier la rédaction des programmes; ils en connaîtraient au moins, au moment de l'application, et l'esprit et la lettre, ils pourraient apporter quelque suite dans les vues qui devraient présider à l'œuvre, se former des précédents, avoir une sorte de jurisprudence, et travailler avec fruit, avec certitude dans le sens du système adopté.

« Dans les départements où l'administration des haras contribuera aux fonds affectés à la distribution des primes en concours publics, dit l'art. 112 du règlement des haras, le ministre nommera des jurys composés de trois membres choisis sur une liste de neuf candidats présentés par le préfet. »

Cette disposition donne quelques garanties, mais elle ne nous paraît plus suffisante.

C'était aussi l'avis de M. de Boigne, qui s'est exprimé à cet égard de la manière suivante :

« Le règlement ne dit pas quelles conditions d'aptitude et de connaissances spéciales devront réunir les neuf candidats présentés par le préfet, parmi lesquels le ministre choisira le jury. Le préfet aura-t-il le droit de nommer qui bon lui semblera ? Les hommes en état de juger si une poulinière mérite ou non d'être primée sont rares partout; et ce n'est pas un notaire, un avoué, un juge de paix qui pourront décider la question. Nous avons à Paris l'Institut, qui, toutes les sections réunies, juge en dernier ressort de l'admission de tableaux à l'exposition du musée : des géomètres, des chimistes, des musiciens, des poëtes donner leur avis sur des portraits et des peintures ! Et de leur avis dépend souvent tout l'avenir d'un jeune peintre ! On eût pu choisir un meilleur exemple, et le règlement n'eût pas mal fait d'indiquer où le préfet irait puiser les candidats à offrir au ministre. Nous persistons à croire que toutes les opérations préparatoires, désignation de jurés et autres, sont uniquement du ressort des inspecteurs généraux, légalement aidés de la présence des préfets, et que l'on pourrait parfaitement se passer de la sanction ministérielle. »

Nous trouvons beaucoup plus simple, ainsi que nous l'avons dit, de constituer les commissions hippiques locales et jurys permanents. La connaissance du cheval est plus répandue aujourd'hui qu'elle ne l'était il y a quelques années, et il ne nous semble pas impossible de former, par arrondissement, au moins une commission de six membres à laquelle on remettrait le soin de toutes les affaires chevalines de l'arrondisement, — autorisation d'étalons, — courses, — concours publics, — rédaction de programmes et de procès-verbaux, — constatation sérieuse des progrès obtenus, des améliorations réalisées, soit dans les institutions, soit dans les faits, — mouvement du commerce, — achats par les remontes de l'armée, — statistique, — et toutes choses enfin dont on s'occupe et se préoccupe à juste titre.

Voilà comment nous comprendrions la mission de jurys compétents, car nous ne sommes plus au temps où l'on donnait des primes à la *beauté* du poulain, à la beauté de la mère. Le but est mieux défini aujourd'hui. La tâche du juge est à la fois plus simple et plus élevée. En commençant, elle se trouve liée au but à poursuivre; une fois en marche, elle doit rester fidèle aux bons précédents qui se sont établis, et ne jamais perdre de vue le point vers lequel elle doit s'acheminer.

Une cause de succès consiste à ne point fléchir devant les petites considérations. En fait de concours de chevaux, l'impartialité n'est pas seulement utile et bonne en soi, elle est une condition *sine quâ non* de progrès. L'indulgence mène droit à l'indifférence, souvent à l'intrigue; la sévérité éveille la sollicitude, stimule l'amour-propre, secoue l'apathie, provoque la confiance, commande l'estime.

Ne donnez jamais une prime imméritée; quoi qu'il arrive, elle sème le découragement et ne sert aucun intérêt. La partialité ou la condescendance sont également mortelles; elles ont tué toutes les anciennes distributions de primes, supprimées en grande partie après 1830; on y est revenu peu à peu, mais elles ne rendraient pas plus de services que les premières, si on ne fondait pas leur utilité sur des principes mieux raisonnés.

Quelque bien qu'on se promette des primes, il faudrait les supprimer sans hésiter là où les concours ne pourraient être jugés par des hommes compétents, — compétents par le savoir et par un esprit de justice rigide; on peut en attendre les meilleurs effets, au contraire, partout où l'on peut former des jurys consciencieux et connaisseurs.

Les bons jugements émanent des bons juges; ils redressent les institutions imparfaites; ils relèvent encore l'utilité des bonnes mesures. Il n'y a pas de système d'encouragement, si complet et si heureusement conçu qu'on le suppose,

capable de résister aux coups de l'impartialité ou de l'ignorance.

L'efficacité des primes comme moyen d'impulsion est
tout entière dans cet ordre de faits, c'est une question de
pratique : celle-ci est-elle bonne, il y a utilité, encouragement, progrès; l'application est-elle défectueuse, il y a
plaintes, abandon, désordre, mauvais emploi de fonds destinés à un bon usage.

Tout est là.

Faut-il s'étonner maintenant que les primes distribuées
en concours publics, sauf quelques exceptions pourtant,
aient rendu si peu de bons résultats? Les plaintes qu'elles
ont soulevées, au contraire, sont parfaitement justifiées.
Pour être vrai néanmoins, il faut se hâter d'ajouter que la
critique a été partiale en s'attachant à l'institution elle-
même; elle aurait pu, elle aurait dû, étudiant mieux les
faits, en connaître les causes et s'arrêter à la forme : celle-ci,
généralement vicieuse, a presque partout emporté le fond;
mais, à son tour, ce dernier offrait une utilité si réelle, qu'il
est bien rare qu'une suppression n'ait pas été suivie d'un
prompt rétablissement.

Un moyen d'encouragement partout adopté, successivement essayé sous toutes les formes, souvent abandonné,
presque toujours repris, et cela sur un territoire aussi
étendu, aussi varié que celui de France, et cela d'après des
études aussi multipliées que celles de nos quatre-vingt-six
conseils généraux, ce moyen d'encouragement, croyons-le,
porte en lui des germes de fécondité qui, pour n'avoir pas
encore rencontré toutes les conditions favorables à leur développement, n'en sont pas moins précieux.

Mathieu de Dombasle a résumé les principales objections
faites à l'institution des primes; il la repousse, non qu'elle
lui paraisse représenter de graves inconvénients, « mais
parce qu'elle a peu d'efficacité pour le but qu'on se propose. »

Voici, du reste, son plaidoyer.

« Les primes d'encouragement accordées publiquement et avec appareil aux éleveurs qui ont obtenu des succès dans l'amélioration, ou qui entretiennent de beaux animaux reproducteurs, paraissent, au premier aperçu, un moyen bien calculé d'encourager les progrès de cet art. Le gouvernement, beaucoup de conseils généraux et des sociétés agricoles consacrent des fonds à cet objet. Presque toujours on propose des prix ou des primes aux personnes qui présenteront les plus beaux élèves, les plus beaux étalons ou les plus belles juments ; mais on peut demander quelle idée présente cette expression : *le plus beau poulain, la plus belle pouliche, etc.* Si l'on prend pour juge de la beauté un jury composé de maîtres de poste, le plus bel animal à ses yeux sera celui qui annoncera, par sa conformation, qu'il fera un mallier de première force et un beau trotteur. Si l'on consulte des rouliers, le jugement sera déjà différent ; enfin, si le prix est adjugé par des amateurs de chevaux de selle, comme c'est ordinairement le cas, l'animal dans lequel on trouvera des formes orientales obtiendra généralement la couronne.

« Ces divers juges ont tous raison ; car, lorsque nous appliquons le mot de beauté aux formes d'un animal, il est certainement raisonnable de désigner, par cette expression, les formes qui, en garantissant la vigueur de sa constitution, le rendent plus éminemment propre au service auquel il est destiné. Que les peintres se créent, s'ils le veulent, une beauté idéale qui ne résulte que des formes qui présenteront le plus d'élégance dans un tableau ; quant à nous, dont le but est de produire des animaux consacrés à une utilité réelle, nous ne devons considérer comme beauté que les formes qui concourent le plus directement à cette utilité. La beauté d'un cheval de course diffère de celle d'un cheval de roulage, comme la beauté d'un lévrier diffère de celle d'un braque, celle d'un chien courant de celle d'un chien de berger. C'est seulement dans l'enfance de la production, ou lorsque tous les animaux d'une espèce sont employés au même service, que l'on a pu se faire des idées absolues de la beauté dans une espèce ; mais, à mesure que, par les progrès de l'industrie, on a tiré des services différents de la même espèce d'animaux, on a senti la nécessité de créer des races particulières appropriées à ces différents services ; dès ce moment, les idées de beauté doivent s'appliquer, pour chaque race, aux formes les plus appropriées à ce service. Dans l'état actuel de notre industrie pour la production du cheval, il n'est plus possible de parler de beauté d'une manière absolue, et sans spécifier le genre de cheval auquel on prétend appliquer cette expression.

« Dans la plupart des cas, on ne dissimule pas que le genre de beauté que l'on veut encourager par des primes, c'est la beauté du cheval de selle ; cependant quelques conseils généraux et quelques sociétés agricoles ont divisé la masse des primes en plusieurs classes, pour en appliquer une partie aux chevaux de selle, une autre aux chevaux de trait, etc. Ici on s'est encore trompé : les races de trait n'ont pas besoin de primes, parce que les animaux de ces races trouvent toujours un débouché facile, lorqu'ils sont beaux et bons ; et la prime qui récompense l'éleveur pour avoir produit un bon cheval, c'est l'acheteur qui la paye. L'élévation du prix de vente forme la plus efficace de toutes les primes, on peut même dire la seule efficace ; car elle est obtenue, non pas par quelques animaux seulement, mais par tous les produits qui la méritent. Le cheval de selle est, en réalité, le seul auquel il conviendrait d'attribuer des primes, s'il pouvait jamais être utile de s'efforcer d'imprimer à l'industrie une fausse direction, en excitant à produire ce qui ne se vend pas.

« D'ailleurs pourra-t-on fréquemment, en France, former un jury composé d'hommes placés dans la société de manière à ne pas laisser le moindre prétexte aux soupçons d'influence exercée par les noms des concurrents, et cependant assez connaisseurs pour savoir démêler, classer et apprécier les qualités réelles des animaux présentés, sans se laisser influencer par ces formes arrondies, ce poil luisant, cet air de fierté qui caractérisent trop souvent un animal bien préparé pour le concours? La difficulté de former, en France, des jurys à l'abri de tous soupçons d'erreur ou de partialité, soit dans la préférence à donner à une espèce sur une autre, soit dans l'appréciation des qualités réelles d'un cheval, soit par rapport aux considérations personnelles relativement aux concurrents, suffirait seule pour faire rejeter le système des primes; car celles-ci produisent beaucoup plus de mal que de bien, toutes les fois que l'opinion de la masse des concurrents ne confirme pas la décision des juges; et, si l'on observe les faits, on reconnaîtra certainement que c'est le cas le plus ordinaire. M. Huzard fils, dans un fort bon ouvrage ayant pour titre, *Des haras domestiques*, etc., a bien exposé, il y a déjà longtemps, les inconvénients des primes d'encouragement; et sa conclusion est que c'est un moyen sur lequel l'expérience a suffisamment prononcé aujourd'hui, et auquel il serait fort utile que l'on renonçât. M. de Montendre partage cette opinion, et cite, à l'appui de la sienne, des témoignages nombreux qui prouvent qu'à cet égard les hommes spéciaux sont aujourd'hui à peu près unanimes (1). »

Mathieu de Dombasle va trop loin; il s'en faut de beaucoup que les hommes spéciaux soient aujourd'hui à peu près unanimes sur l'inutilité des primes. Nous avons dit en quelles circonstances seules elles peuvent avoir de l'efficacité. Qu'on les maintienne dans leur sphère, on n'en obtiendra que d'heureux effets; mais qu'on les supprime, encore une fois, lorsqu'on ne saura pas déterminer leur but, définir leur action, appliquer judicieusement leur utilité.

(1) *De la production des chevaux des haras et des remontes.*

Ces principes doivent rallier toutes les opinions.

Mathieu de Dombasle a parfaitement présenté l'objection tirée de la *beauté*. C'est seulement dans l'enfance d'une production et dans les commencements d'une institution qu'on peut se rattacher à de pareilles abstractions. Nous en sommes loin, Dieu merci; quant à nous, nous n'avons pas dit un mot qui nous rapproche de cette vieillerie. Nous sommes dans le vrai, et nous restons fidèle aux idées plus saines, aux principes mieux établis qui doivent guider dans toute application raisonnée des primes à la production ou à l'élève bien comprises du cheval. Nous fondons nos œuvres sur la réalité, nous ne poursuivons pas des chimères, nous demeurerons enchaîné aux faits et nous tâcherons de substituer les bonnes pratiques au défaut d'expérience ou bien à l'incurie. Et, si nous agissons ainsi, c'est dans un intérêt de premier ordre, c'est pour augmenter la richesse publique en même temps que pour satisfaire à des besoins qui restent en souffrance.

Cette objection a été un grand cheval de bataille. Après M. Huzard fils, qui écrivait en 1829, mille autres l'ont reproduite; elle a fait son chemin : nous entendons par là qu'elle a pesé de tout son poids sous la plume des critiques, qui semblent prendre à tâche d'éterniser les questions en remuant toujours les mêmes plaintes et les mêmes arguments.

En attaquant la pensée de M. Huzard fils, nous combattons ceux qui l'ont partagée et répétée comme autant d'échos.

« Que signifient, dit M. Huzard fils (1), des primes données à la *beauté?* Qui ne sait pas que les règles qui établissent la beauté ne peuvent être stables, qu'elles sont sujettes à la mode; que, en fait de chevaux, les formes qui paraissent belles à une personne sont vilaines pour une

(1) *Des haras domestiques en France.*

autre? Pichard, dans son *Manuel des haras*, avait déjà dit :
« On sent que des primes données uniquement à la figure
« ne signifient rien, et que c'est le mérite seul qui doit les
« obtenir. »

« Je vais beaucoup plus loin, je prétends que les primes,
si elles sont distribuées pour encourager l'élève des bons
chevaux, je dis *des bons chevaux*, ont l'effet inévitable
d'encourager l'élève *des mauvaises races*, et, par conséquent,
des mauvais chevaux. Il ne me sera pas difficile de prouver
cette assertion, tout extraordinaire qu'elle puisse paraître.

« Les qualités du cheval sont la beauté et la bonté : la
beauté, comme il est nécessaire de l'entendre ici, n'a rapport qu'aux qualités qui frappent les yeux, et elle se compose, pour le cheval, le plus ordinairement d'une certaine
rondeur dans les formes, d'une taille élevée, de la vivacité
et de la fierté dans les mouvements ; la bonté, au contraire,
consiste dans l'aptitude à résister le plus longtemps possible
aux travaux auxquels nous soumettons les chevaux ; c'est la
dureté au service, comme disent les Allemands. La jeunesse, la bonne nourriture et peu de travail donnent toujours une certaine beauté à un cheval qui n'est pas disproportionné. Cette beauté est d'autant plus sûrement acquise
que les animaux proviennent de père et mère employés de
bonne heure à la reproduction, parce que les animaux
jeunes ont la propriété de donner des produits dont les
formes sont généralement arrondies et gracieuses : ces produits ont, de plus, l'avantage, quand ils sont nourris abondamment, d'acquérir un développement très-prompt en
même temps qu'une taille élevée; ce qui facilite beaucoup
la vente de l'animal.

« Quels avantages éminents n'a donc pas l'éleveur de
chevaux à livrer de bonne heure à la reproduction les
animaux qu'il y destine? Mais qui ne sait pas que les chevaux provenant de père et mère très-jeunes sont moins
forts, plus délicats, moins propres aux travaux et aux fati-

gues que des animaux venus de père et mère dans la force de l'âge ; en deux mots, qu'ils sont moins bons (1)?

« Les primes, en ne récompensant que les beaux poulains, détruisent tout intérêt à en créer de bons ; elles produisent d'autant plus cet effet, que l'élève des beaux poulains est tout entière dans l'intérêt de la grande masse des cultivateurs, qui ne veulent élever des chevaux que pour les vendre, qui n'ont besoin, par conséquent, que d'en avoir de beaux à l'âge où ils font cette vente, et auxquels il importe peu que ces animaux soient bons. Le cultivateur fait saillir des juments à deux ans, en obtient un produit à trois, en obtient un second à quatre, et vend encore ses juments avant cinq ans, dans le moment où elles ont toute la valeur pour le commerce.

« Ce même cultivateur, qui possède un joli poulain, le fait saillir depuis l'âge de deux ans à quatre ans ; il le châtre ensuite et le vend au moment où il a encore le plus de valeur. De pareilles coutumes, très-communes dans nos pays d'élève, ne peuvent pas donner de bons chevaux, au dire de toutes les personnes au fait de cette élève. Les primes ont l'effet inévitable d'encourager ces accouplements précoces, qui donnent certainement aux animaux les formes les plus arrondies, les plus agréables, mais qui sont généralement les moins énergiques.

(1) « Les jeunes animaux ont la chair ou les muscles plus tendres, plus délicats que les animaux dans la force de l'âge ; et c'est dans les muscles que réside la force. Les autres tissus qui concourent à la locomotion, les tendons et les os sont aussi plus mous dans le jeune âge et, par conséquent, moins propres à résister sans souffrir aux tractions et aux frottements qu'ils éprouvent dans une locomotion violente ou très-longtemps prolongée ; or de jeunes animaux ne peuvent pas donner à leurs productions des qualités qu'ils n'ont pas. On sait encore que le système lymphatique prédomine dans le jeune âge ; les jeunes animaux donnent des productions d'un tempérament lymphatique, tempérament qui, comme l'on sait encore, est de tous le moins énergique et en même temps le plus sujet aux maladies. »

« Je sais bien que quelques personnes prétendent connaître la bonté d'un cheval à ses formes; mais n'est-il pas possible qu'une race ait des formes qui paraissent indiquer la force et qu'elle soit cependant une mauvaise race? N'est-ce pas même ce qu'on reproche aux races normandes de carrosse, qui ont des extrémités larges, fortes en apparence, qui ont un coffre bien conformé, une poitrine assez large, assez ouverte, des muscles assez prononcés, et qui cependant sont des races généralement molles, sans énergie, sujettes aux maladies des articulations, de la poitrine et du système lymphatique? Aussi voyons-nous que c'est dans ces races que le funeste système des accouplements précoces est adopté principalement.

« Ce n'est pas encore le seul inconvénient qu'il y ait à encourager l'élève des beaux poulains au lieu des bons chevaux; le désir d'avoir les plus beaux fait faire, à l'égard des animaux tarés, ce que l'on fait à l'égard des trop jeunes. Certains éleveurs recherchent les père et mère des formes à la mode; quelques vices qu'ils aient, peu leur importent ces vices, qui ne se développent ordinairement dans les productions que par le travail soutenu, ou seulement après la jeunesse; ils auront le temps d'élever leurs poulains, de remporter des primes par leur moyen, et de les vendre avant le développement de ces vices. Tant pis pour les acheteurs! je le dis à regret; mais, consulté quelquefois sur l'emploi d'animaux pour la reproduction, telle a été la réponse aux observations que je faisais sur le mauvais état du flanc, de la poitrine, sur des tares des extrémités, sur la mauvaise conformation du sabot. La pousse, me répondait-on aussi, ne paraît dans les poulains qu'avec le travail; les sabots ne se déforment pas avant cinq ans, et il y aura déjà du temps que j'aurai vendu les jeunes animaux.

« Selon ma manière de voir, et d'après les inconvénients visibles des primes distribuées aux poulains, je pense que c'est une mesure qui peut exciter, il est vrai, quelques personnes à l'élève des chevaux, mais que ce stimulant tourne souvent au découragement, et que, en résultat définitif, il ne remplit pas le but, puisque, au lieu d'exciter à faire de bons chevaux, il n'invite qu'à en faire de mauvais. »

Nous sommes plein de déférence pour les travaux de M. Huzard fils, dont l'ouvrage est assurément l'un des meilleurs traités sur la matière; mais, à côté de cette déférence que nous ne déclinerons jamais, il y a aussi notre amour pour le vrai et nos propres études.

Eh bien, M. Huzard fils nous semble ici avoir rattaché aux primes des inconvénients qu'elles n'ont certes jamais ni développés ni favorisés en aucune manière; leur influence a souvent porté à faux dans l'application des principes économiques. Des erreurs de jugement ont pu nuire au but qu'on s'était proposé en accordant des primes; mais l'institution n'a pas, que nous sachions, péché à ce point contre la science même du cheval, *qu'au lieu d'exciter à faire de bons chevaux elle n'ait poussé qu'à en faire de mauvais.*

Les reproches que M. Huzard adresse aux primes sont purement imaginaires. Loin de favoriser les accouplements prématurés, l'emploi à la reproduction de sujets qui sont à peine nés, sous prétexte que leurs produits, de formes plus arrondies et plus agréables, paraîtront avec un avantage marqué aux concours, il est constant qu'elles ouvrent des voies toutes différentes, qu'elles poussent à des résultats diamétralement opposés.

Les primes offertes aux poulains et aux pouliches, est-il besoin de le dire, n'ont pas pour objet de provoquer l'exhibition de jeunes animaux gras et potelés. Nulle part on ne recherche la masse et la lymphe, nulle part on ne pousse à la boule de graisse; mais on encourage partout l'éleveur à donner des soins intelligents, à nourrir en suffisance, à développer convenablement la race, à en accuser les formes et les caractères distinctifs, à tout faire, en un mot, pour que les bons germes ne soient pas étouffés à leur naissance, pour

que toutes les bonnes qualités, grâce à une culture judicieuse, prennent hâtivement le dessus et donnent aux produits la plus haute valeur à laquelle ils puissent atteindre.

Une prime n'a jamais été attribuée à la plénitude d'une
pouliche saillie à trois ans, à plus forte raison à l'état de gestation à un âge moins avancé; un poulain de deux et de
trois ans n'a jamais été primé pour avoir fait le service d'é-
talon. Il faut rendre justice même aux programmes : ils n'ont
jamais sanctionné de pareilles tendances, récompensé de
telles erreurs.

Les habitudes vicieuses que repousse M. Huzard ne sont
que trop générales parmi les producteurs de quelques-unes
de nos provinces à chevaux; mais les conditions faites à
l'obtention des primes les ont toujours combattues avec force
en exigeant que les animaux d'un âge inférieur à quatre
ans présentés aux concours n'aient jamais accompli l'acte
générateur.

M. Huzard fils n'est pas plus favorable aux primes avec
concours pour les poulinières; voici comme il en parle :

« Les raisons qui ont fait établir des primes pour les plus
beaux poulains ont fait instituer ces primes pour les plus
belles juments poulinières. Si, par rapport à cette mesure,
on n'a pas l'inconvénient de voir les juments changer de
formes d'une année à l'autre, comme cela arrive à l'égard
des poulains, on a toujours celui de baser ces primes sur une
chose de mode, de fantaisie, sur la beauté, qui, comme l'on
sait, est toujours idéale; je ne les crois donc pas plus avantageuses que celles distribuées aux éleveurs des plus beaux
poulains. Pour prouver que l'effet produit par ces distributions n'est pas toujours celui que l'on attend, et en même
temps que je ne suis pas le seul de mon opinion, je vais rapporter ici quelques passages d'une lettre adressée à ce sujet
à la Société royale et centrale d'agriculture, dans sa séance
du 7 mars 1827 : elle était écrite, suivant le rédacteur, au
nom des principaux propriétaires du midi de la France.

« Les juges, y est-il dit, qui composent le jury sont la
« plupart incapables de remplir les fonctions qui leur sont
« confiées, et la distribution des primes produit un effet
« contraire à celui qu'on avait droit d'en attendre. Les pro-
« priétaires se découragent, etc. Aussi qu'arrive-t-il? La
« plus belle partie des juments sont livrées au baudet.

« Quelles sont, en effet, les juments régulièrement pri-
« mées? Ce sont les plus grasses, celles qui ont le poil le
« plus luisant, qui ont cette vivacité passagère que donnent
« un long repos et de bon fourrage : aussi les juments de
« la plaine sont-elles toujours les seules couronnées, quels
« que puissent être leurs défauts; elles ont d'excellents
« fourrages en abondance, tandis que celles des coteaux en
« ont très-peu, qui est encore fort maigre; c'est là qu'on
« trouvera cependant des animaux sains, vigoureux, et gé-
« néralement sans tares, etc.; et ce sont ceux qui ne sont
« jamais récompensés. »

« Il résulte évidemment de cette lettre que ces distributions de primes font des mécontents, et qu'elles découragent
des éleveurs. Dans la lettre que je viens de citer, on attri-
bue les mauvais jugements à l'ignorance des juges. Je suppose que les juges soient on ne peut meilleurs, je prétends
que le même effet sera toujours produit. Il y aura toujours
des mécontents qui taxeront les juges d'ignorance, de partialité, et qui, pour ne plus recevoir de prétendus préjudi-
ces, ne se présenteront plus au concours, n'élèveront peut-
être plus de chevaux. Combien ce découragement ne s'aug-
mentera-t-il pas quand les juges seront réellement étrangers
aux fonctions qu'ils ont à remplir? Dans un jugement aussi
systématique que celui de la beauté des chevaux, qu'il est
si difficile de baser sur des faits, qui donne lieu à tant de
manières de voir, qui peut se flatter d'avoir le meilleur?
Même ne voyons-nous pas que la plupart des juges ne sont
pas nourrisseurs, et que quelques-uns manquent souvent des

notions les plus essentielles de la connaissance de l'extérieur du cheval ?

« M. de Marivault, dans son opuscule du système suivi pour l'amélioration des chevaux et des modifications à y apporter, dit : « Les primes n'ont presque jamais conduit à « des résultats avantageux ; on peut les considérer comme « une faveur plutôt que comme la récompense d'un succès « mérité ; elles seraient plus utiles, si elles n'étaient déférées « qu'à ceux qui présenteraient dans les concours les plus « beaux élèves provenant d'étalons entretenus par eux ; ce « qui, dès lors, les ferait rentrer dans la catégorie des « prix.

« Je citerai encore, à l'appui de mon opinion, celle d'un employé supérieur des haras, qui s'est exprimé, comme on va le voir, dans le journal des haras, 11e livraison, 1er septembre 1828, dans une notice intitulée, *De l'industrie particulière et de l'action du gouvernement dans la reproduction et l'élève des chevaux* : « Si, dans quelques pays, ce mode « d'encouragement a produit un bon effet, il est constant « que, dans un très-grand nombre, il a été nul ou peu pro- « fitable. Les opinions, dirigées toujours par les intérêts, « diffèrent partout sur le mode de distribution de ces pri- « mes : les grands propriétaires voudraient qu'elles fussent « très-élevées, parce qu'ils se les adjugent d'avance et sont « presque assurés de les obtenir ; les petits demandent, au « contraire, qu'elles soient divisées, afin qu'il y en ait un « plus grand nombre et dans l'espoir qu'elles seront mépri- « sées par les riches concurrents. En résultat, on voit ces « concours si peu suivis dans certaines contrées, que très- « souvent on ne peut trouver l'emploi des sommes à distri- « buer ; quelquefois même on se voit forcé d'accorder des « primes à des animaux qui ne valent pas l'argent que « leurs propriétaires reçoivent : voilà le tableau exact de ce « qui se passe. J'invoque, à l'appui de cette assertion, le « témoignage de beaucoup de préfets et de sous-préfets

« qui assistent à ces distributions, et des membres du
« jury. »

« J'ai vu des distributions de primes ; il m'a paru impossible que les juges ne se trompassent pas, je ne dis pas rarement, je dis très-souvent. Je les ai vus extrêmement em-
barrassés, et un d'eux, à la Saint-Floxel, M. Colard, maire
de Cherbourg, me dit à peu près : « J'aimerais bien mieux
que, une fois le choix des meilleurs juments fait, on tirât au
hasard le nom de celles qui recevraient des primes ; de cette
manière nous ne ferions point de mécontents, et nous ne
découragerions pas, parce que celui qui n'obtiendrait rien
ne pourrait s'en prendre qu'au sort, et pourrait espérer
qu'il lui serait plus favorable l'année suivante. Quelques primes de moins de valeur tirées également au sort pour les
juments refusées renverraient chacun à peu près content et
avec l'intention de revenir tous les ans ; ce qui est souvent
le contraire. »

« Si l'on considère maintenant que les primes distribuées
aux belles poulinières ne sont données qu'à celles qui ont
été couvertes par les étalons du gouvernement, et que toutes
les autres en sont exclues ; si l'on considère que le nombre
des juments admises est bien peu considérable en raison de
celles qui n'y ont pas droit, parce que le plus grand nombre des chevaux produits en France ne provient pas des
étalons des dépôts de l'État, il n'est pas possible de ne pas
penser que ces primes n'aient été instituées principalement
pour attirer aux étalons de l'État des juments que les cultivateurs conduiraient à d'autres, s'ils n'avaient pas quelque
espérance d'avoir des primes : elles ne viennent donc qu'au
secours d'une institution qui semble ne pouvoir se soutenir
par elle-même.

« Une nouvelle preuve de leur inutilité, c'est que le nombre des juments qu'on présente à ces concours diminue presque continuellement : en 1827, elles étaient, à la Saint-
Floxel et au Pin, en plus petit nombre qu'en 1826, et déjà,

en 1826, elles avaient été moins nombreuses que dans les années précédentes. A ces deux distributions, on entendait les cultivateurs se promettre même de diminuer le nombre de leurs poulinières de race noble pour augmenter de préférence celui des poulinières communes, dont les productions trouvaient un débit plus assuré.

« Le pensionnement annuel des belles juments destinées à la reproduction est tout à fait dans le même cas que les primes distribuées en concours ; ces encouragements sont donnés à quelques personnes privilégiées, presque toujours à la condition explicite, sinon écrite, qu'elles feront conduire leurs juments aux étalons du gouvernement. Un pareil encouragement n'a aucun effet sur celles qui ne le reçoivent point ; et combien ce nombre est-il grand en raison de celles qui le reçoivent? Il est inutile même de dire combien de graves abus peuvent s'élever d'un pareil ordre de choses. Comme institution, cette mesure est, disons le mot, dérisoire.

« On pourrait peut-être opposer à mon opinion sur le peu de bons effets produits par les primes et les pensionnements annuels l'opinion contraire de quelques sociétés d'agriculture, et même de plusieurs conseils généraux ou d'arrondissement. On devra seulement faire attention que, si ces institutions ne sont pas dans l'intérêt général, elles sont très-utiles à ceux qui reçoivent les primes ou les pensionnements. Aussi je demande s'il est possible que les sociétés d'agriculture et les conseils d'arrondissement ou de département, quand même ces encouragements seraient encore plus insignifiants, viennent réclamer contre une mesure qui tend à faire rentrer dans les mains de quelques contribuables une partie des impôts annuels , puisque c'est l'État qui fait presque partout les frais de ces primes; il faudrait, pour que cela eût lieu, d'abord que les personnes qui les composent fussent détrompées sur les effets de ces primes, et ensuite qu'elles fissent abnégation entière des intérêts locaux : ce n'est pas ordinaire, et tous ces conseils et sociétés doivent demander que les primes soient augmentées autant que possible. . . . .

. . . .

« Malgré tous ces mécomptes, les primes distribuées en concours aux poulinières et aux poulains ont toujours l'avantage de ramener l'attention des cultivateurs sur l'élève des chevaux, et je ne m'élèverais pas aussi fortement contre leur institution, d'une part, si je ne croyais pas qu'elles eussent autant d'inconvénients au moins que d'avantages, et, d'autre part, si je ne croyais pas qu'il y eût un moyen plus avantageux d'employer l'argent dépensé pour elles, un moyen beaucoup plus puissant surtout pour ramener l'attention des cultivateurs vers les haras domestiques. »

Les critiques de M. Huzard, comme celles de tant d'autres, répétons-le, portent sur la forme, sans atteindre le fonds.

Et d'abord, attaquant la composition des jurys, elles constatent les mauvais résultats que donnent leurs décisions quand elles sont impartiales ou erronées. A cela nous n'avons rien à objecter, sinon qu'il faut aviser au moyen de ne confier les fonctions de juges qu'à des hommes spéciaux et tout à fait compétents.

Les commissions hippiques locales, telles que les a instituées l'arrêté ministériel du 27 octobre 1847, devraient former des jurys très-capables; leur mode de renouvellement permet d'en modifier le personnel, d'en perfectionner, tous les ans, la composition. Les membres restants acquerraient bientôt une grande connaissance de choses, une haute expérience, une certitude pratique précieuse, des lumières enfin qui profiteraient à tous (1).

Viennent maintenant des petits faits, des points de détails, des observations toutes particulières et spéciales à

(1) Voyez tome Ier, page 320.

quelques localités. L'institution ne saurait être ébranlée ;
elle a fait souvent fausse route, nous l'avons reconnu ; mais,
parce que l'on se serait égaré dans des sentiers perdus, il ne
s'ensuit pas que la bonne route n'existe pas.

L'habileté du pilote lui sert à éviter les écueils. L'expérience du passé doit servir à éclairer notre marche et nous
aider à tirer bon parti des ressources qu'on a jusqu'ici dépensées à tâtons, sans idées fixes, sans principes arrêtés,
sans certitude aucune du succès.

Mais ces reproches ne peuvent s'adresser à l'administration ; nous avons vu que les efforts de celle-ci avaient toujours eu pour but, au contraire, d'imprimer une bonne
direction à des encouragements que chacun avait la prétention de manier à sa guise. Si les fonds départementaux
n'ont pas tous reçu une destination utile, on ne saurait s'en
prendre aux haras, mais aux faiseurs qui s'imposent et dont
l'influence coûte si cher là où elle domine.

M. Huzard est dans l'erreur quand il croit que les seules
juments saillies par les étalons de l'État sont admises au
partage des primes. Aucun programme n'a jamais exclu la
saillie ni des étalons approuvés ni des étalons autorisés. Or
ces trois classes comprennent bien tous les étalons capables,
à un degré plus ou moins élevé, d'une contrée. Aussi
n'avons-nous jamais compris l'insertion de cette condition
dans un programme : elle est tout au moins d'une inutilité
parfaite. Et d'abord il faut encourager le bien partout où
il est, d'où qu'il vienne, à moins de donner un caractère
exclusif, tout à fait spécial au concours, auquel cas ce qui
rentre dans la spécialité doit seul être primé : hors cela,
aucune exclusion ; celle-ci ne s'expliquerait pas, et elle est
un contre-sens, attendu qu'on ne saurait attacher de primes
à ce qui n'a point de valeur.

M. Huzard se trompe encore lorsqu'il croit que « l'État
fait presque partout les frais de primes. » Nous avons dit
l'importance des sacrifices de ce dernier. Si nous avons un

regret, c'est qu'ils aient été aussi peu étendus, c'est qu'ils aient été forcément aussi restreints ; leur application, mieux raisonnée, a porté quelques fruits et soutenu l'institution. Mais les conseils généraux, les associations hippiques et agricoles ont distribué des sommes beaucoup plus considérables que n'en pouvaient donner les haras. Lors donc que les sociétés agricoles, les conseils d'arrondissement ou de département réclamaient des pouvoirs publics une grande augmentation des crédits à affecter aux primes, ils ne cherchaient point « à faire rentrer dans les mains de quelques contribuables une partie des impôts annuels. »

Il faut l'avouer, M. Huzard fils, dont les observations sont d'ordinaire fécondes en bons enseignements et remplies de justesse, est ici parfaitement en défaut ; il n'a attaqué l'institution que par son petit côté, par des imperfections de détail, ou même par des critiques purement imaginaires. Ce n'était point assez pour l'abattre ; elle est restée debout.

En effet, son opinion a fait peu de prosélytes ; elle n'a guère servi d'appui qu'à ceux que M. de Boigne a appelés les *rienistes ;* elle n'a porté, d'ailleurs, aucune atteinte sérieuse à une nature d'encouragement dont on sent mieux la nécessité qu'on ne sait généralement en faire une utile application.

A cet égard pourtant, nous sommes plus avancés qu'autrefois, et nous savons au moins que rien ne serait plus absurde que de chercher à partager la France en un plus ou moins grand nombre de régions, avec la prétention de soumettre chacune d'elles au même système. Ce qui s'est fait autrefois est assez curieux à rappeler sous ce point de vue.

Un arrêté du 11 septembre 1806 attribuait aux distributions de primes à décerner dans les grandes foires un fonds de 80,000 fr. réparti entre quarante départements (1).

_____

(1) Huzard père a été, croyons-nous, le parrain de ce système d'encouragement, dont il a parlé avec détail dans son *Instruction sur l'amélioration des chevaux en France.* (Voyez page 266 et suiv.)

Ces quarante départements étaient divisés en six classes ; chacune d'elles répondait à une importance hippique différente, marquée par le chiffre même de l'allocation consentie : — 6,000, — 5,000, — 4,000, — 3,000, — 1,500 — et 1,000 fr.

Deux départements seulement formaient chacune des trois premières classes; la quatrième en comptait cinq ; douze se trouvaient dans la cinquième, et dix-sept dans la dernière.

Les sommes allouées devaient être partagées en un petit nombre de prix et distribuées d'après les bases uniformes entre les chevaux entiers, les juments, les poulains et les pouliches.

L'expérience apprit bien vite que cette uniformité dans le mode des distributions ne s'accordait nullement avec les intérêts ou les habitudes des diverses localités, et l'arrêté du 11 septembre ne reçut qu'une exécution partielle et peu renouvelée.

Le tableau ci-après offre le classement des quarante départements que l'arrêté de 1806 avait eu l'intention de favoriser.

—1re classe.—6,000 fr.—Orne et Corrèze.

—2e classe.—5,000 fr.—Basses-Pyrénées et Mont-Tonnerre.

—3e classe.—4,000 fr.—Morbihan et Pô.

—4e classe.—3,000 fr.—Eure,—Calvados,—Manche,—Haute-Vienne,—Hautes-Pyrénées.

—5e classe.—1,500 fr.—Somme,—Maine-et-Loire,—Côtes-du-Nord, —Charente-Inférieure,—Cantal,—Aveyron,—Isère,—Dyle,—Ardennes,—Bas-Rhin,—Meurthe,—Vendée.

—6e classe.—1,000 fr.—Seine-et-Marne,—Haute-Marne,—Loir-et-Cher,—Yonne,—Allier,—Pyrénées-Orientales,—Hérault,—Doubs,—Roër,—Lys, Sarthe,—Mayenne,—Deux-Sèvres,—Pas-de-Calais,—Saône-et-Loire,—Seine-Inférieure,—Lot-et-Garonne.

Si nous avions à refaire ce classement, il est positif qu'il devrait subir de grandes modifications.

Plus tard, après 1820, le comité des haras cherche à rompre l'uniformité des principes qui avaient, jusque-là, régi l'institution des primes; il divisa la France — en contrées où l'on fait naître, — en contrées d'élève, — en provinces où l'on fait naître et où l'on élève en même temps. Dans chacune de ces divisions, l'institution prenait une forme distincte; des primes étaient accordées, mais d'après un système différent. C'était déjà mieux.

A côté de ce travail, qu'on avait laissé à chaque département le soin de compléter en ce qui le concernait spécialement, le comité des haras avait établi un autre classement basé sur l'importance hippique qu'il avait cru pouvoir attribuer à chaque département en particulier. Ce nouveau travail avait pour objet de fixer le chiffre des allocations à remplir par l'État ou par les départements, de déterminer les chefs-lieux de concours et le mode différent à appliquer à chacun d'eux, en désignant la classe d'animaux qui seraient appelés à y prendre part et la quotité des sommes à leur affecter.

Ce travail a soulevé de nombreuses et vives réclamations de la part des préfets et des conseils généraux. Sur soixante-cinq départements classés comme susceptibles de retirer avantage de l'application des primes à la production ou à l'élève, vingt-trois protestèrent contre les vues qu'on voulait leur imposer et ne voulurent point adopter les principes posés par l'administration.

Nous n'entrerons pas dans d'autres détails à ce sujet; nous ne mentionnons ce fait que pour démontrer qu'il ne faut toucher à des questions de cette nature qu'avec une extrême réserve, car les conseils généraux se montrent très-chatouilleux à l'endroit de leurs prérogatives.

Sans chercher à défendre le nouveau système, on peut bien dire qu'il valait mieux que l'absence de tout système.

Eh bien , son apparition seule a produit cette immense réprobation.

Quoi qu'il en soit, le travail du comité des haras a donné
lieu aux trois distinctions que voici :

« 1° Les départements qui , en raison du degré de supériorité des chevaux , ou de l'amélioration dont le pays est
susceptible sous ce rapport, semblent mériter que l'administration continue d'ajouter ou ajoute des fonds à ceux votés
par les conseils généraux ;

« 2° Les départements qui , sortant à certains égards de
cette catégorie , ne sont pas cependant à négliger, et ont
fait, d'ailleurs, des fonds pour les primes ;

« 3° Enfin ceux qui , par la nature des choses, ont jugé ,
en ne faisant aucun effort , que des dépenses pour l'amélioration de l'espèce seraient chez eux sans aucun. résultat
utile. »

Trente-quatre départements formaient la première catégorie et étaient désignés pour recevoir, en subvention de l'É-
tat, 57,900 fr., et, sur les fonds départementaux, 96,840 fr.;
en tout — 154,740 fr.

Trente et un départements se trouvaient classés dans la
seconde division et devaient recevoir des conseils généraux
77,555 fr.

Vingt et un départements étaient privés de tout encouragement semblable.

C'était donc une somme de 232,295 fr. répartie entre
soixante-cinq départements ; nous en donnons le tableau.

— 388 —

Classement des départements chevalins de la France et répartition des sommes à leur accorder pour des distributions de primes.

1re CATÉGORIE. — Départements.	FONDS à allouer par les haras	FONDS à allouer par les départements.	2e CATÉGORIE. — Départements.	Fonds à allouer par les départements.	3° CATÉGORIE. — Départements où les primes n'auraient aucun résultat utile.
	fr.	fr.		fr.	
Orne	6,000	6,000	Eure	3,550	Seine-et-Marne
Manche	4,000	4,000	Charente	3,000	Seine-et-Oise.
Calvados	1,800	1,800	Vienne	1,200	Hérault.
Deux-Sèvres	2,000	4,000	Vosges	3,000	Lozère.
Charente-Inf.	600	2,400	Haute-Saône	3,000	Aude.
Vendée	2,000	4,000	Haut-Rhin	3,000	Basses-Alpes.
Haute-Vienne	4,500	4,500	Marne	3,000	Hautes-Alpes.
Corrèze	1,800	4,000	Aisne	4,000	Vaucluse.
Creuse	1,800	2,400	Pas-de-Calais	3,000	Rhône.
Maine-et-Loire	1,000	2,000	Mayenne	2,000	Loire.
Loir-et-Cher	1,500	1,500	Loire-Infér.	2,000	Loiret.
Tarn-et-Garon.	600	2,000	Yonne	1,200	Cher.
Aveyron	2,400	600	Aube	6,000	Haute-Loire.
Pyr.-Oriental	1,500	1,500	Lot-et-Garon.	1,000	Drôme.
Ariége	1,800	1,800	Gironde	1,000	Gard.
Saône-et-Loire	1,200	2,250	Dordogne	1,950	Haute-Garon.
Nièvre	1,000	4,500	Tarn	3,000	Ille-et-Vilaine.
Allier	700	1,300	Indre-et-Loire	1,500	Jura.
Cantal	1,500	5,600	Nord	10,000	Haute-Marne.
Puy-de-Dôme	1,000	4,000	Oise	1,200	Seine.
Basses-Pyrén.	4,000	3,000	Meuse	1,200	Corse.
Landes	800	4,000	Doubs	1,280	
Gers	500	1,500	Moselle	4,000	
Hautes-Pyrén.	4,000	4,000	Var	2,000	
Côtes-du-Nord	1,000	4,000	Côte-d'Or	2,650	
Morbihan	1,200	1,200	Ain	3,000	
Finistère	1,000	10,000	Lot	1,000	
Eure-et-Loir	1,000	1,290	Isère	700	
Bas-Rhin	1,000	5,000	Ardèche	1,500	
Ardennes	500	3,000	Indre	625	
Somme	500	2,000	Bouch.-du-Rh.	2,000	
Meurthe	2,000	2,000			
Seine-Infér	500	1,500			
Sarthe	1,200	1,200			

Nous ne voudrions pas être chargé de justifier ce classement; il serait fort difficile, en effet, de s'en rendre un compte quelque peu satisfaisant.

Après examen, nous croyons être dans le vrai en disant qu'il a été tout à fait arbitraire et basé bien plutôt sur les fonds déjà alloués que sur les besoins et l'importance hippique de chaque localité.

S'il y avait, s'il pouvait y avoir quelque utilité à refaire ce classement, nous aurions bien des changements à introduire dans l'ordre établi ci-dessus; mais ce travail, outre qu'il est d'une difficulté extrême en raison des points de vue différents auxquels on pourrait se placer sous les rapports de l'espèce, de la valeur des individus, de l'activité du commerce, de l'âge auquel ce dernier prend les produits, ce travail, disons-nous, n'offrirait encore qu'un médiocre intérêt. Donc nous nous abstiendrons.

Cette revue rétrospective dit assez bien les vices des fixations arbitraires. Nous avons donné des principes qui reposent sur des bases plus solides que de pareils chiffres, et d'après lesquels, dans chaque département, on déterminera aisément quelle part d'action peuvent avoir telle ou telle forme, tel ou tel système de primes bien appropriées aux circonstances économiques dans lesquelles se trouve la branche d'industrie chevaline que l'intérêt commande d'exciter ou de protéger.

III. LES COURSES.

—

Sommaire.

Les courses! voilà un titre gros de discussions et d'orages. Les courses! sujet vaste et complexe, car il touche à toutes les opérations, à tous les détails de l'industrie chevaline, à toutes les questions de science et de pratique sans lesquelles il n'y aurait ni bonne production, ni amélioration, ni débouché avantageux. Les courses! institution féconde qui a bien des fois obtenu les honneurs de la tempête, et que son utilité même a placée en France, comme en Allemagne, sous le patronage de la controverse la plus vive et la plus passionnée. C'est là sans doute ce qui a fait sa force : on l'a vue grandir et se développer en dépit des efforts contraires; elle a subi le sort de toutes les applications utiles. Longtemps comprimé sous la routine, son principe a fait explosion à la fin, et partout provoqué l'initiative des particuliers; il a ainsi pénétré dans les esprits pratiques pour devenir une vérité vulgaire. D'un moyen d'encouragement pur et simple, faible dans son action parce qu'il n'avait pu se produire tout d'abord qu'avec une extrême réserve et sous la forme officielle, il est devenu, plus tard, une puissante institution qui se case et s'encadre à merveille dans les habitudes et dans les besoins de l'industrie; on en comprend l'importance, on en sent la nécessité; de toutes parts on en appelle les bienfaits. Ces conquêtes sont d'autant mieux assurées aujourd'hui qu'elles ont pris plus de temps et demandé plus d'efforts; il y a lieu de s'en applaudir. Les idées fausses et stériles seules peuvent se passer de culture et de maturité (1).

Jusqu'ici l'examen et l'étude n'ont pas manqué à la question des courses, les obstacles ne lui ont pas fait défaut non

---

(1) « Toutes les belles et bonnes choses n'ont-elles pas passé par la consécration des persécutions ? Les calomnies qu'ont subies les courses, sans avoir un caractère de violence prononcé, n'en ont pas été moins acharnées. Un coup d'épingle fait souvent plus de mal qu'un coup d'épée, et le dédain qu'on a déployé contre elles les eût tuées, si leur utilité n'eût été telle qu'il a bien fallu la reconnaître et la proclamer. » (Ch. de Boigne, *Du cheval en France.*)

plus; mais ceux-ci ne lui ont pas été moins généreux que ceux-là. Cette assertion sera pleinement justifiée dans les pages qui vont suivre.

Bourgelat et le Boucher du Crosco , qui , l'un et l'autre, écrivaient en 1770 , ont recommandé l'établissement des courses à l'anglaise.

« Par elles, dit le premier (1), la race des chevaux a été totalement changée , et la race vile et méprisable qui avait précédé celle-ci s'est entièrement évanouie.

« Des chevaux précieux que des soins et un esprit d'ordre et de suite naturels à la nation anglaise ont perfectionnés et perfectionnent encore , chaque jour, au moyen d'une attention exacte à renouveler et à rafraîchir les races, à en consigner publiquement et authentiquement la généalogie et la situation dans des registres, et à s'opposer constamment à toutes les souillures qui pourraient résulter des mésalliances et des mélanges, sont et ont été pour elle la base et le fondement d'un nouvel objet de commerce qui , jusqu'alors , lui avait été absolument inconnu , et que le double attrait du bénéfice des courses et du bénéfice des saillies , joint à une entière liberté et aux lumières que donne l'expérience, soutiendra toujours.

« Non-seulement elle est parvenue à créer et à former des productions d'un ordre supérieur, mais elle a multiplié l'espèce au point que, quelque considérable que soit le nombre des chevaux exportés tous les ans dans diverses contrées, on peut assurer que les chevaux de cinq ans, âge où ils sont communément vendus à Londres , sont d'un prix moindre de moitié que les chevaux de trois et de quatre ans que l'on trouve chez les marchands de Paris. Ces sortes de chevaux , propres à la guerre, à la chasse, et même au trait et au carrosse, sont les résultats des races dégénérées, à raison de l'influence du climat et de leur éloignement de la première

(1) *Traité de la conformation extérieure du cheval*, p. 455.

souche; néanmoins les uns et les autres peuvent encore être considérés comme beaux, bons et très-distingués dans leur genre. Nous ne connaissons, par exemple, que très-légèrement, en France, les chevaux anglais de trait; nous serions étonnés de leur taille, de la beauté de leurs proportions et de celle de leurs membres, de la noblesse de leur encolure, etc., et l'on peut dire encore, en parlant de chevaux plus communs, qu'il n'est aucun pays où les postes soient aussi bien servies, quoique les postillons ne soient armés que d'une faible houssine. Du reste, le saut des chevaux propres à donner ces différentes races est de 1 guinée jusqu'à 6.

« Les courses ont offert le plus sûr moyen de s'assurer de la vigueur et de la bonne organisation des chevaux, de distinguer ceux qui pourraient démentir leur origine, et de choisir, sans crainte de se tromper, parmi ceux qu'on peut regarder comme bons, les animaux qui méritent d'être préférés pour le service des cavales, car il faut avouer que l'inspection seule ne sauvera jamais l'homme le plus profond et le plus exercé dans cette partie du malheur de souvent errer en ce qui concerne le fond du caractère et du tempérament de l'animal, et les différentes qualités intérieures qui en constituent la force et le courage.

« Cette manière de voir est bien différente de celle des pays où il semble que toute la science des haras consiste à unir la femelle et le mâle sans aucun autre soin et sans aucune autre réflexion, où l'on ne s'occupe, en aucune manière, du croisement des races, où l'on ne s'applique pas davantage à les suivre, et où enfin, dès l'âge de quatre, de trois et même quelquefois de deux ans, on croit pouvoir employer des animaux qu'on ne connaît point et qui ne sont point formés à la saillie des juments, sauf à les consacrer ensuite à des services ordinaires après les avoir fait épuiser dès leur enfance.

« Enfin les exercices auxquels on soumet les chevaux de

race pour les disposer et les préparer à la course , le temps que nécessairement on y emploie, et en même temps l'intérêt des possesseurs garantissant , d'une part , qu'ils ne peuvent approcher des juments avant l'âge compétent et requis, et, d'un autre côté, le prix considérable des sauts, ainsi que les avantages infinis qui résultent des productions pour les propriétaires des juments, devant rendre ceux-ci très-difficiles sur le choix des étalons, quelle était la voie qui aurait pu conduire plus sûrement à la perfection et à la conservation des races? »

Tels ont été, au rapport de Bourgelat, que nos hippologues modernes n'accuseront certainement pas d'avoir été anglomane, et le but et les effets des courses.

« Prétendre, a-t-il encore dit , à l'imitation de quelques personnes, que le goût des Anglais pour les courses et pour les chevaux ne tient qu'au besoin de ce peuple, qui, naturellement triste, sombre et mélancolique, cherche à se donner un mouvement et des secousses salutaires, c'est, selon nous, méconnaître l'esprit de cette nation. Ne lui rendrait-on pas plus de justice en la considérant comme un ensemble d'hommes politiques, penseurs et profonds , spécialement occupés à mettre à profit toutes les occasions d'étendre les différentes branches de commerce qui en font la richesse et la force, et sans cesse attentifs à s'en procurer de nouvelles? En général, on ne doit pas juger le motif par les effets; mais, lorsqu'un gouvernement est habile à étudier, à saisir et à manier, pour ainsi dire, les circonstances, et que les plus indifférentes en apparence deviennent pour lui une source féconde d'avantages, il semble qu'il n'est pas absolument déraisonnable de présumer que ce même gouvernement les a prévues de loin , et que son objet , dans les encouragements qu'il accorde , est de les perpétuer et de les accroître. »

Le Boucher du Crosco s'occupait d'une manière spéciale

de l'amélioration du cheval breton dans un travail intitulé,
— *Mémoire sur les haras.*

« Après avoir jeté un coup d'œil sur l'administration des
haras de la Bretagne, en avoir montré les voies et développé
les abus, l'auteur propose un plan propre à assurer à sa
province un commerce qui n'y est qu'aperçu et précaire.
Les moyens qu'il désire qu'on substitue à ceux qui existent
sont bien faits pour instruire le paysan, détruire ses préjugés, encourager l'éducation des bons chevaux et produire
la perfection des races. Parmi ces moyens, il en est un que
je regarde, avec M. du Crosco, comme produisant le plus
grand effet; c'est de donner une gratification pécuniaire au
propriétaire du poulain qui sera reconnu et jugé le plus
beau et le meilleur. Mais comment être impartial dans le
jugement? comment n'être pas sujet à l'erreur? L'inspection
est souvent fautive. M. du Crosco demande donc qu'on établisse, dans sa province, des courses à l'instar de celles d'Angleterre, et que ce soit le cheval vainqueur qui obtienne la
gratification. Il est bien certain, malgré tout ce que promet
la belle configuration d'un cheval, qu'on ne peut véritablement décider de ses qualités qu'à l'essai, et il n'y en a pas
de meilleur ni de plus infaillible que les courses publiques;
l'auteur le démontre d'une manière invincible (1). »

De Lafont-Pouloti, qui a donné, en 1787, cette rapide
analyse *du petit ouvrage* de le Boucher du Crosco, se dit lui-
même grand partisan des courses; il les regarde comme la
voie la plus courte et la plus efficace pour arriver à la perfection des races et pour en assurer la perfection. « En effet,
dit-il, comment se refuser à l'évidence qui nous montre
que ce moyen est celui qui soutient et perpétue les chevaux
de *sang* en Angleterre? » Aussi n'hésite-t-il pas à proclamer
les courses de chevaux comme nécessaires à la production
et au maintien des bonnes races, des races pures de che-

(1) *Nouveau régime pour les haras*, 4° partie, p. 297.

vaux fins, et les courses de chars pour la propagation et l'encouragement des chevaux de carrosse (1). »

Eschassériaux jeune n'oublie pas les courses dans son remarquable rapport au conseil des Cinq-Cents *sur l'organisation des haras, et les moyens propres à concourir au but de ces établissements* (1798) : elles lui paraissent, au contraire, d'une utilité incontestable ; il en demande l'établissement immédiat, et prend le soin d'en déterminer le système.

« Quels souvenirs intéressants, dit-il, se rattachent à cette institution, si on se reporte à ces jeux antiques et solennels dont elle fut à la fois l'ornement et les délices ! Combien ne dut point l'enthousiasme, pour des victoires au-dessus desquelles la renommée ne plaçait, en quelque sorte, que celles qui avaient sauvé la patrie ou affermi la liberté publique, influer puissamment alors sur l'amélioration de ces précieux animaux, instruments de tant de gloire ! Hâtons-nous donc d'imiter un exemple dont l'industrie d'un peuple voisin a déjà su tirer tant d'avantages. Qu'elle devienne aussi pour nous, cette institution, un objet également utile et honorable d'émulation ; qu'elle soit encouragée par des récompenses ; qu'elle fasse constamment partie de nos principales fêtes nationales, et bientôt vous verrez l'intérêt personnel en calculer tout le prix, et concourir, par cela même, aux vues du bien public que vous vous serez proposé par les établissements de haras. »

Et le projet de résolution soumis aux délibérations du conseil des Cinq-Cents, au nom de la commission dont Eschassériaux jeune avait été l'interprète, contenait les trois articles constitutifs suivants :

XXXI. Il y a, tous les ans, dans chaque division, trois courses de chevaux, savoir, aux fêtes nationales du 14 juillet, du 10 août et de la fondation de la république. Ces courses

(1) — *ibidem*, p. 52.

ont lieu alternativement dans chaque département compris dans la division, autant que les localités peuvent le permettre.

XXXII. Les seuls chevaux nés sur le territoire de la république sont admis à la course. Il y a, pour cet effet, un jury composé de l'inspecteur de l'établissement des haras de la division, et de deux experts nommés par l'administration centrale.

XXXIII. Le premier prix de la course est de 1,000 fr. et le second de 600 fr. Ces prix sont alloués par arrêté de l'administration centrale.

Ce plan, modeste en apparence, ne laissait pas que d'avoir une certaine importance; comparé aux proportions données à la nouvelle administration, aux limites dans lesquelles les autres moyens d'action avaient été resserrés, il est évident que celui-ci prenait de grandes dimensions et s'élevait à la hauteur d'une institution considérable.

En effet, le système de haras proposé fixait à six cents l'effectif des étalons à entretenir par l'État dans ses dépôts, et au même chiffre le nombre de ceux à primer chez les particuliers; il autorise le Directoire exécutif à distribuer à des cultivateurs jusqu'à concurrence de trois cents juments de belle race, et huit cents primes aux plus beaux produits accompagnant leur mère. C'était, pour ce dernier objet, une dépense qui ne pouvait excéder 72,000 fr. par an.

Le système des courses comportait une allocation moins forte, mais de combien? de 14,000 fr. seulement.

La France était partagée en douze divisions; c'étaient trente-six courses, puisque l'art. XXXI en établissait trois par an dans chaque division. Or l'art. XXXIII accordait à chaque course deux prix, — l'un de 1,000 et l'autre de 600 fr.; — c'est, pour les trente-six courses, une affectation de 57,600 fr. Toutes proportions gardées entre les dépenses proposées alors et celles que supporte l'Etat en ce moment, les courses étaient plus richement dotées en 1798 qu'elles ne l'ont été depuis et qu'elles ne le sont encore aujourd'hui, cinquante ans après leur organisation officielle.

Les représentants du peuple, — Jourdan, — Mamers, — Leborgne, — Frégeville — et Eschassériaux jeune, les cinq membres de la commission qui avaient arrêté cette première organisation, étaient anglomanes à un plus haut degré que l'administration de ce temps-ci ; nous les dénonçons au patriotisme fervent des anglophobes de tous les temps, car ils voulaient que les courses devinssent parmi nous une institution sérieuse.

Nous ne lasserons pas la patience de nos lecteurs en nous abandonnant à une érudition par trop facile ; cependant nous ne devons pas passer sous silence l'opinion exprimée sur le même sujet par Huzard père, en 1802. Celui-là n'est pas suspect ; l'anglomanie n'a jamais été son fort, et d'ailleurs il parlait au nom du conseil général d'agriculture, arts et commerce, établi auprès du ministre de l'intérieur.

« On a déjà écrit plusieurs volumes, dit-il, sur les courses de chevaux en France ; on en a fait sentir l'utilité et l'importance pour l'amélioration de nos races de chevaux ; mais peut-être que les ouvrages, considérant l'objet en grand, et tel qu'il doit être après un laps de temps plus ou moins considérable, n'ont pas entièrement rempli leur but. »

Comme cette pensée est juste et comme elle aurait dû arrêter les critiques irréfléchies, les détracteurs superficiels, les hommes qui jugent sur les apparences et sans se donner la peine d'aller au fond des choses !

« Les historiens, continue Huzard père, ne nous ont fait connaître les courses de chevaux et de chars, en usage chez les Grecs et chez les Romains, que lorsqu'elles étaient dans leur splendeur Nous ne connaissons celles d'Angleterre que depuis qu'elles ont acquis tout le complément dont elles sont susceptibles, et qu'elles sont devenues, pour ainsi dire, spectacle national.

« Si nous ne pouvons pas juger, d'une manière certaine, de tous les avantages que les courses ont procurés aux haras de la Grèce et de Rome, nous pouvons néanmoins présumer combien elles leur ont été utiles, par l'état de prospérité où les mêmes historiens nous représentent ces haras. Nous connaissons tout le bien qui en est résulté en Angleterre et en Amérique, où elles ont été introduites avec les chevaux anglais.

« ..... Les courses d'Angleterre, comme celles de l'antiquité, ont eu des commencements faibles ; ce n'est que par gradation qu'elles sont parvenues au point où on nous les a fait connaître et où elles sont actuellement. Commençons comme ces différents peuples ont dû commencer, et essayons d'obtenir les mêmes résultats.

« Le but des courses étant de faire connaître le cheval le plus vite, le plus vigoureux, celui qui a le plus d'haleine et de fond, et, par conséquent, le meilleur, l'emploi de ce cheval dans les haras doit nécessairement donner naissance à des productions qui lui ressemblent et même qui le surpassent, s'il est uni avec une jument qui, soumise aux mêmes épreuves, aura également été reconnue la meilleure.

« C'est ainsi que les courses sont utiles à la régénération et à l'amélioration des races. »

Tel était le sentiment de Huzard père et du conseil général d'agriculture sur les effets d'une institution que l'on ne croit généralement défendue que par des amateurs légers ou par des hommes de plaisir.

Avant Huzard père, Préseau de Dompierre avait écrit un éloquent plaidoyer en faveur des courses, dont il voulait aussi faire une institution nationale, et, mieux que cela, une sorte de concours universel, car « il appelait les autres peuples d'Europe à disputer les prix (1). »

(1) *Traité de l'éducation du cheval en Europe*, — 1788.

Mais après eux, et dès le 13 fructidor an XII (31 août 1805), Napoléon, que personne n'a encore accusé de s'être montré un imitateur servile, extravagant des usages anglais, Napoléon rendait, au camp impérial de Boulogne, le décret suivant :

« Art. 1er. Il sera successivement établi des courses de chevaux dans les départements de l'empire les plus remarquables par la bonté des chevaux qu'on y élève, et des prix seront accordés aux chevaux les plus vites.

« Art. 2. A dater de l'an XIV, des courses auront lieu dans les départements de l'Orne, — de la Corrèze, — de la Seine, — du Morbihan (ou des Côtes-du-Nord), — de la Sarre — et des Hautes-Pyrénées.

« Art. 3. Le ministre de l'intérieur fera tous les règlements nécessaires, et est chargé de l'exécution du présent décret. »

Voilà le principe officiellement admis. L'art. 1er contient le germe d'une grande institution : nous allons en suivre le développement ; plus tard, nous en établirons les effets.

Comme toute application, celle-ci offre deux phases, deux côtés ; pour la bien apprécier dans sa marche, nous devrons regarder à la fois devant et derrière, car tout ce qui est se compose nécessairement de passé et d'avenir, contient la tradition et l'expansion, présente naturellement l'idée et le fait, l'institution actuelle et les modifications qu'elle réclame.

Nous suivrons cette méthode.

Le décret du 31 août 1805 est le premier acte officiel concernant les courses ; mais l'institution s'était déjà essayée. Elle n'était pas complétement ignorée en France au point de vue pratique ; elle existait notamment dans la Côte-d'Or, à Semur, depuis 1370, et, chose bien remarquable, depuis lors elle est restée ce qu'elle fut à son origine. Cette condition stationnaire a son utilité ; elle montre ce que valent les institutions qui ne marchent pas avec le temps, qui ne se transforment pas en raison des besoins , qui ne se modèlent pas avec soin sur des exigences toujours nouvelles.

Les courses de Semur ont lieu tous les ans , un jour de foire, le jeudi après la Pentecôte. Elles reviennent avec la certitude même du jour où elles sont fixées. La ville donne trois prix, et les trois prix sont invariablement gagnés par de braves paysans qui, d'ailleurs, ne se sont guère occupés, pendant l'année, de se préparer les moyens de vaincre. C'est que ces luttes n'ont point été fondées en vue d'un intérêt quelconque; c'est une distraction, rien de plus, un usage que l'on respecte sans trop savoir pourquoi. Il y a des courses à Semur, parce qu'il y a un calendrier, un premier jeudi après la Pentecôte.

Sous la régence du duc d'Orléans, quelques années avant le règne de Louis XV, M. de Saillant paria 10,000 livres contre M. d'Entragues que, en six heures, il irait et reviendrait deux fois de la porte Saint-Denis, à Paris, au château de Chantilly. Il monta vingt-sept chevaux pour fournir cette course, et gagna de vingt-sept minutes.

Tous ceux qui ont parlé de l'établissement des courses en France ont rappelé les faits suivants :

Au mois de novembre 1754, lord Poscool fit la gageure de venir de Fontainebleau à Paris en deux heures (14 *lieues de distance, vieux style*). Le roi ordonna à la maréchaussée de lever sur la route tous les obstacles qui pourraient causer au coureur le moindre empêchement. Lord Poscool ne se servit pas de jockey; il partit de Fontainebleau à sept heures du matin, et arriva à Paris à huit heures quarante-huit minutes; il gagna ainsi de douze minutes.

Des courses eurent lieu en 1776, pendant plusieurs jours, dans la plaine des Sablons, entre des chevaux anglais appartenant au duc de Chartres, au marquis de Conflans, au comte d'Artois, depuis Charles X, au prince de Nassau, au prince de Guéménée, etc., et à des Anglais de distinction qui se trouvaient à Paris ou qui y vinrent tout exprès.

Le 6 novembre 1777, il y eut à Fontainebleau une poule dans laquelle figurèrent et concoururent quarante chevaux. Cette course fut suivie d'une autre poule disputée par quarante ânes; le vainqueur obtint un superbe chardon d'or et cent écus argent. Cette parodie bouffonne de la première course, dit M. de Montendre, eut un grand succès, et les mémoires du temps en parlent comme d'un spectacle qui fit courir la cour et la ville.

Sous le règne de Louis XVI, il y eut souvent des courses aux environs de Paris, à Vincennes, à Fontainebleau et dans la plaine des Sablons, mais sans époque fixe, et croyons-nous du moins, sans règlement bien déterminé, sans principes généraux.

On cite particulièrement les courses des 2 et 6 avril 1784, qui eurent lieu dans le parc de Vincennes, entre des juments de races françaises et étrangères, montées par des écuyers nationaux ou étrangers. Il y fut disputé cinq prix de 100 louis chacun.

Le 14 du même mois, il fut offert deux prix d'une valeur double à celles des juments qui s'étaient le plus distinguées dans les courses précédentes, et qui donneraient de nouvelles preuves de vitesse dans une lutte nouvelle.

Aux courses de ce temps-là les paris étaient considérables entre les plus grands seigneurs de la cour. C'était une importation anglaise.

Huzard père nous apprend que l'ancien gouvernement avait fait un fonds de 24,000 fr. pour les courses.

Dans les premiers temps de la république, dit M. de Montendre, nos gouvernements, admirateurs fanatiques de tout ce qui rappelait les Grecs et les Romains, essayèrent de ressusciter les courses en char, mais sans succès. Des accidents fréquents et graves, causés par l'imprévoyance et l'inhabileté des coureurs, firent bientôt renoncer à ce genre de spectacle et d'amusement dangereux, qui ne présentait aucun but d'utilité.

Enfin 1805 arrive. Le 31 août, l'empereur signe le premier acte officiel relatif aux courses. De cette époque seulement datent la création, l'organisation de ce moyen d'encouragement.

Dans ce mot est toute la portée de la chose. En France, les courses n'ont jamais été qu'un moyen, un détail, la partie d'un tout qu'on a appelé les haras. En Angleterre, les courses sont depuis longtemps un tout complet, une institution qui résume et absorbe nos divers modes d'intervention, nos différents systèmes d'encouragement.

Cette distinction est profonde; elle repose sur le fait même de l'importance donnée aux courses en Angleterre et en France, et la raison de cette importance est dans la nature même des choses, dans la constitution différente des deux pays.

Le grand producteur de chevaux d'une contrée, c'est l'agriculture; les particuliers sont les vrais fournisseurs de cette denrée. Mais l'agriculture n'opère qu'en vue de bénéfices réels plus ou moins certains; les particuliers ne font que ce qu'ils ont intérêt à faire (1).

Dans la Prusse du Nord, dans la Pologne, la Russie, la Hongrie, la Turquie, les propriétaires du sol ont un intérêt marqué à élever des chevaux. — Pourquoi et comment?

— La population y est très-clair-semée et pauvre; la terre y reste sans culture, partant sans valeur. Les grands espaces y appartiennent au cheval et aux autres espèces. La production y est multipliée, mais la vie errante et presque sauvage la ramène à des proportions moindres. Les bons tempéraments résistent, les races prennent un caractère de rusticité très-prononcé, mais là est leur plus grand mérite. Les formes sont, en général, plus défectueuses que distin-

(1) M. Huzard fils s'est livré, à ce point de vue, à une étude très-judicieuse de la question. Cette partie de son livre (*Des haras domestiques*) nous a été fort utile pour l'examen auquel nous nous sommes adonné après lui.

guées. L'absence de soins domestiques écarte les frais, la longévité réduit les pertes, la consommation n'a pas la même activité qu'au sein d'une population pressée, et la production suffit largement à tous les besoins. Dans ces conditions, si la terre ne produisait pas de chevaux et du bétail, que produirait-elle? L'élève du cheval n'est pas seulement alors un intérêt, c'est une nécessité. Ajoutons bien vite qu'elle porte le cachet inhérent aux conditions au milieu desquelles elle se fait, et qu'elle ne fournit pas alors à la consommation les races distinguées qui sont le propre d'un état de civilisation plus avancée.

Le Danemark, le Hanovre, le Mecklenbourg, la Nord-Hollande, quelques autres contrées de l'Allemagne, ont un intérêt puissant à produire des chevaux. — Pourquoi et comment?

La population humaine n'est pas encore très-agglomérée, eu égard à l'étendue du territoire. De ce fait résulte tout de suite la possibilité de livrer à l'élève des animaux des espèces considérables. Par ailleurs, la culture des céréales est soumise à des conditions diverses. Ici, les frais d'exploitation sont en raison directe de la rigueur du climat; or celle-ci ne permet point aux petits cultivateurs de s'adonner avec beaucoup d'avantages à la culture des grains. Là, au contraire, cette culture est peu dispendieuse parce qu'une partie des grandes propriétés féodales est encore exploitée par corvées, et que les grains, ainsi obtenus à bas prix, ne laissent pas aux petits propriétaires un intérêt à produire au delà des besoins de la consommation. Ajoutons que l'humidité des nuits d'été, plus grande qu'en France, par exemple, permet la fermentation et l'entretien des prairies permanentes sur des terres qui ne les supporteraient pas chez nous. De la réunion de ces circonstances résultent des conditions économiques en tout favorables à la production et à l'élève des chevaux, qui forment alors une industrie d'autant plus lucrative qu'elle est, d'ailleurs, généralement bien conduite et qu'elle donne un produit facilement exportable dans les contrées moins favorisées.

Dans les parties de l'Italie où le sol est encore au petit nombre, où l'on retrouve de très-grandes propriétés mal cultivées, où existent des maremmes fertiles, mais dépeuplées à cause de leur insalubrité, dans les vallées et sur les sommités des Apennins, on pourrait encore se livrer avec succès à l'élève des chevaux. Une meilleure pratique, des soins mieux entendus en rehausseraient le mérite, et leur prix de revient, nécessairement inférieur au prix de revient du cheval français, permettrait à ces contrées de nous envoyer l'excédant de leur consommation.

En certaines parties de l'Italie comme dans le nord de l'Europe, des terres resteraient peut-être sans rapport, si on n'y élevait pas de bestiaux et des chevaux. Les propriétaires ont donc un intérêt à s'adonner à cette nature d'élevage.

En Suisse, il y a nécessité de maintenir des pâturages nombreux ; le défrichement pourrait y être destructif de la terre végétale. La France est tout proche et offre un débouché facile autant qu'avantageux. Voilà d'heureuses conditions pour la production du cheval : elle y est une industrie importante.

Voyons maintenant la France.

La population humaine y est relativement nombreuse. La culture profitable ou facile de la vigne, du mûrier, de l'olivier, de quelques autres productions précieuses, occupant une certaine étendue des terres, élève leur valeur en général et augmente d'autant le prix de revient des céréales, du gros et du menu bétail. D'un autre côté, un climat plus sec que celui des États du nord-ouest de l'Europe favorise moins la création et le rendement des prairies, en même temps qu'une température douce, plus prolongée rend le travail de la terre moins pressé et moins coûteux. La conséquence de cet état de choses est l'extension considérable des cultures utiles à l'alimentation végétale de l'homme et une

tendance moins générale à multiplier la production nécessaire à la culture des animaux qui lui donnent du travail,
des vêtements et des aliments plus riches, une nourriture
plus substantielle. Ces conditions économiques, si différentes
de celles que nous venons de constater chez nos voisins, sont
peu favorables à l'industrie chevaline, gênée encore dans ses
mouvements par la nature de certains baux et des modes de
culture qui l'excluent. A part cela, l'agriculture, communément livrée à des fermiers routiniers, à des métayers impuissants par l'ignorance et le manque de capitaux, fait peu
d'avances à une production aussi peu favorisée et qui ne
lutte qu'à armes inégales contre les facilités données, par les
circonstances habilement exploitées, aux étrangers, et surtout aux Allemands, incessamment encouragés par les sollicitations actives et puissantes de notre commerce d'importation.

Ces conditions réunies, on en conviendra, ne créent pas
un intérêt puissant à élever le cheval en France.

Cependant la France a besoin de produire ses chevaux,
sous peine de livrer son indépendance aux nations voisines;
sa position l'oblige : il y a donc nécessité d'aviser.

En présence de ce fait, on a souvent recherché les moyens
de sortir de cette infériorité qui résulte d'une situation difficile. M. Huzard fils a donné à cette étude son contingent
d'observations; nous extrairons de son livre les passages suivants :

« Est-il un moyen de créer pour les cultivateurs un intérêt
à élever des chevaux, ou plutôt y a-t-il un moyen de stimuler cet intérêt de manière à les résoudre à faire, dans
ce but, des sacrifices soit en argent, soit en soins mieux entendus, soit en abandon d'anciennes méthodes agricoles? Là
réside la solution de la question de la possibilité d'améliorer
les chevaux en France et de les multiplier; nous y parvien-
drons, je pense, plus facilement après avoir dit un mot de
ce qui se passe en Angleterre à cet égard.

« L'Angleterre, plus que la France encore, a intérêt à cultiver les céréales; elle en consomme beaucoup plus qu'elle n'en produit, et l'impôt mis sur les céréales étrangères tient à un si haut prix cette sorte de denrée, que les prix des fermages sont très-élevés ; que les propriétés foncières de la grande culture y ont généralement plus de valeur que dans le reste du monde; que nulle part il n'a été fait autant de tentatives en agriculture, et tant dépensé d'argent pour mettre en culture des marécages, des tourbières, des landes et des friches.

« Tous les produits de la culture y sont à un taux généralement plus élevé qu'en France et que par toute l'Europe; sous ce rapport, c'est donc le pays de cette même Europe qui a le moins d'intérêt à consacrer à l'élève des chevaux ses terres cultivables.

« Il faut convenir cependant que l'humidité du climat, plus grande que celle du climat de la France, rapproche ce pays de la Nord-Hollande, du Mecklenbourg, du Hanovre : elle rend certains terrains plus productifs en prairies naturelles qu'ils ne le seraient sous les climats secs du centre et du midi de la France, et les hivers, plus rigoureux dans sa partie nord, rendent les frais de culture plus grands. Sous ces nouveaux rapports, l'élève des bestiaux et, par conséquent, des chevaux pourrait être plus lucrative, et il en serait ainsi, si les hauts prix des céréales n'engageaient point à mettre en labour et en rotation de culture des terres de médiocre qualité, qu'on laisserait en prairies naturelles dans d'autres pays semblables par le climat. Il n'y a que les prairies d'une fertilité extraordinaire que la cherté des céréales n'a pu forcer et ne forcera probablement jamais à mettre en labour.

« Ce qu'il y a de réel encore, sous ce rapport, dans les royaumes unis, c'est que ce n'est pas dans les contrées où l'on élève le plus de bestiaux que l'on crée le plus de chevaux. L'Écosse et l'Irlande, qui fournissent le plus de bes-

— 408 —

tiaux aux grands approvisionnements de l'Angleterre, sont précisément les pays qui élèvent le moins de chevaux (1).

« La quantité même des bonnes prairies n'y est pas plus considérable, proportionnellement, que dans d'autres États ; elle est bornée à quelques comtés, et si l'on pouvait avoir un recensement exact des terres conservées, dans la Grande-Bretagne, toujours en prairies naturelles, et de la quantité de ces prairies que possède la France, on serait peut-être étonné de l'infériorité de l'Angleterre à cet égard. En effet, celle-ci renferme beaucoup de pays montueux, et ces pays, même un grand nombre de plateaux des pays de plaines, ne sont point revêtus de terre végétale assez profonde pour former des prairies abondantes ; l'herbe fine et rare qui s'y voit procure à peine de la nourriture aux bêtes à laine et jamais aux chevaux : c'est avec les plus grandes difficultés et la science agricole la plus éclairée qu'on est parvenu à en mettre quelques parties en culture.

« Si l'on parcourt l'Angleterre et si l'on examine son système agricole sous le rapport de l'élève des chevaux, on voit qu'il n'y a point de dépôts de poulains, qu'il y a si peu de grands haras particuliers, qu'on peut dire qu'il n'y a point de haras parqués proprement dits ; mais on voit cependant que la plupart des fermiers, des propriétaires-cultivateurs, des petits cultivateurs même, élèvent des chevaux ; qu'ils sont possesseurs de belles juments poulinières ; qu'ils font des sacrifices pour élever de beaux et bons animaux ; qu'ils y mettent un soin, une attention, une perspicacité dont on ne se doute pas dans la plupart de nos provinces ; par conséquent, que les haras domestiques y sont très-nombreux et on ne peut mieux entendus. Quel intérêt ont-ils donc à tous ces soins, à toutes ces dépenses, auxquels la plupart se livrent

(1) « L'Écosse achète des chevaux pour son agriculture, et n'en vend point de races nobles ; l'Irlande, au contraire, vend quelques-uns de ces derniers chevaux en Angleterre. »

même de nouveau avec ardeur quand des accidents viennent en faire des pertes?

« Selon moi, une institution devenue nationale, pour ainsi dire, est la source et la cause principale de cette multiplication des chevaux de luxe : c'est elle qui donne aux fermiers, aux cultivateurs cet intérêt qui les excite à élever des chevaux de premier choix; c'est elle qui leur fait compter pour peu de chose les soins, les dépenses, les pertes même que cette élève entraîne : cette institution est celle des courses de chevaux.

« Quand on assiste aux courses de New-Market, de Duncaster, d'York, d'Epsom, aux premières surtout, qui se renouvellent sept ou huit fois par an, et qui durent quelquefois une semaine, on est étonné d'abord de l'affluence des chevaux qui y sont amenés, et l'on cherche pourquoi il s'en présente autant. Bientôt la multiplicité des prix et leur valeur dans des poules qui sont quelquefois de 15 à 20,000 fr., et qui se sont élevées jusqu'à 50,000 et même jusqu'à 100,000 fr., donnent une raison de cette grande influence, surtout lorsqu'on voit des chevaux remporter, dans une année, plusieurs de ces prix, et lorsque l'histoire équestre fait voir que, par des prix gagnés dans différentes courses, des chevaux ont augmenté de beaucoup la fortune de leurs maîtres. Est-il étonnant alors que le désir d'avoir la même chance engage les cultivateurs à des peines et à des dépenses pour se mettre en état d'avoir de tels animaux ?

« Aussi le nombre des cultivateurs qui assistent aux courses est-il très-grand ; et, quoique beaucoup d'entre eux ne s'occupent pas de tous les détails que la préparation aux courses exige, élèvent-ils généralement des chevaux de race, de sang, qui peuvent se présenter à ces jeux. Ceux qui ne veulent pas s'occuper de dresser eux-mêmes leurs chevaux s'arrangent avec des gens qui font profession de faire courir les chevaux ; ceux-ci les dressent, les disposent ; et tout cheval qui a figuré aux courses une première fois avec quelque distinction acquiert, par cela seul, une valeur bien supérieure à sa valeur commerciale ordinaire, tandis que, s'il ne s'y est pas distingué, il reste néanmoins avec la même valeur qu'il avait avant de courir. Je ne parle ici que des jeunes chevaux qui se présentent aux courses pour la première fois; ceux qui ont déjà gagné des prix ont une valeur supérieure qu'ils ne perdent que quand des accidents ou la vieillesse viennent les rendre impropres à courir ou à servir à la reproduction.

« Le désir d'avoir de bons chevaux fait qu'il n'y a guère que les chevaux qui ont gagné des prix dans les courses, ou au moins qui se sont distingués comme de bons chevaux de chasse, qui servent à reproduire l'espèce, et quand on voit qu'ils couvrent vingt ou trente juments à 2, 5 et jusqu'à 20 guinées par jument, et qu'ils donnent à leurs propriétaires un bénéfice aussi considérable, on n'est plus étonné que ces cultivateurs cherchent à élever des chevaux propres à devenir de tels coureurs ou de tels étalons, et le plus ordinairement étalons après avoir été coureurs.

. . . .

« Ce n'est point, a-t-on dit, aux courses qu'il faut attribuer l'amélioration des chevaux en Angleterre; les courses ne sont qu'une suite du goût pour ces animaux, goût déterminé par le besoin que les riches en ont eu pour les promenades, et surtout pour les chasses. C'est donc, selon ces mêmes personnes, à ce qu'il se trouve en Angleterre de très-riches propriétaires capables d'avoir des équipages de chasse, des écuries nombreuses qui consomment beaucoup de chevaux d'une grande vitesse, qu'il faut attribuer l'amélioration produite. Selon les mêmes personnes, le système des grandes propriétés et des grandes fermes contribuerait pour beaucoup aussi à cette amélioration, parce que, selon elles, ce ne serait que dans les grandes fermes qu'on pourrait avoir des haras, et parce que c'est dans les grandes fermes qu'on a plus d'avantages à cultiver par les chevaux que par les bœufs. En résumé, ce serait la richesse très-grande des particuliers consommant beaucoup de ces chevaux, qui aurait excité l'intérêt à en produire, et le système des grandes propriétés et des grandes fermes aurait favorisé cette industrie ; en sorte que les courses, au lieu d'être pour quelque chose dans l'amélioration, n'auraient été qu'une suite de cette amélioration et seraient des jeux seulement insignifiants. La preuve, a-t-on même avancé, c'est que le gouvernement anglais a cherché à arrêter la production de ces chevaux de luxe par un impôt établi sur eux en 1801.

« En supposant que le besoin d'avoir d'excellents chevaux de selle pour la chasse ait commencé l'amélioration des races, et en supposant que la vanité de pouvoir dire qu'on avait le plus vite coureur ait donné origine aux courses, s'ensuit-il que ces mêmes courses n'ont servi à rien ensuite pour l'amélioration? Je suis très-loin de le croire. Jamais l'achat pur et simple des chevaux propres à la chasse par un riche propriétaire n'aurait pu donner aux animaux la valeur que les courses leur donnent; jamais, par conséquent, il n'aurait pu en résulter pour l'amélioration le stimulant et l'élan général que les courses ont produits. Je suis persuadé qu'il sera évident, d'après ce que j'ai dit, pour tout esprit non prévenu, qu'en regardant comme possible, comme probable même que les courses aient commencé en Angleterre par suite du goût des bons chevaux dans la classe riche de la société, il n'en est pas moins réel qu'elles ne soient, à leur tour, la cause principale de la grande amélioration des races et de la grande multiplication des bons et beaux chevaux.

« Selon moi, les riches propriétaires fonciers n'ont même pas contribué d'une manière particulière à l'amélioration des races de nos animaux.

« Le système des grands propriétaires du sol, qui exerce une influence si marquée sur l'état politique des États, et particulièrement de l'Angleterre, n'a aucune influence directe sur l'agriculture, lorsque la grande propriété est divisée en fermes dont le propriétaire ne s'occupe que pour en toucher les revenus; et, si l'organisation du système politique et municipal de l'Angleterre donne plus d'intérêt et d'agrément aux propriétaires à habiter et même à cultiver leurs terres eux-mêmes qu'aux propriétaires en France, le nombre de ceux qui le font est encore borné en raison de la masse des fermiers. J'ai fait voir, dans une petite notice, qu'une institution spéciale servait à répandre d'une manière particulière parmi les cultivateurs la science de l'agriculture beaucoup plus que ne le peut encore l'exemple isolé d'un grand propriétaire (1).

« La grande propriété n'exerce donc une influence que par ses richesses, qui lui permettent de consommer des animaux de prix, aussi bien que ces mêmes richesses le permettent au grand commerçant, au grand capitaliste et aux possesseurs des hauts emplois de l'État. Si la propriété foncière, moins divisée et plus riche, par cette raison, en Angleterre, y permet à quelques personnes d'avoir des équipages de chasse, ces personnes se comptent facilement, et elles sont en trop petit nombre pour qu'elles exercent une grande influence sur la consommation des chevaux; la grande demande de ces animaux est donc produite par la richesse générale du pays, et non par celle de quelques familles.

« Si les terres étaient en immenses propriétés soumises au régime féodal et encore incultes pour la plupart pendant une série consécutive d'années, comme cela arrive dans le nord et dans l'est de l'Europe, je concevrais que la grande propriété trouvât un grand intérêt à élever des chevaux sur des terres dont elle ne saurait que faire; mais

(1) « Des assemblées agricoles en Angleterre, imprimé par ordre du ministre de l'intérieur. »

dans un pays où la culture se fait par des fermiers ou par des mains qui récoltent tout le fruit des améliorations qu'elles produisent, où la connaissance de la culture des terres est portée aussi loin que partout ailleurs, où les grains sont tenus à un prix assez élevé pour qu'il n'y ait point de terrains que la charrue n'ait tenté, à plusieurs reprises, de défricher, quelque mauvais qu'ils fussent, où un grand nombre de chevaux de luxe sont élevés presque à l'écurie ou dans de petits enclos, afin de soumettre, autant que possible, toutes les terres à des rotations régulières de récolte, où ces terres ne sont laissées en pâturages perpétuels que lorsque ces pâturages sont très-abondants, et donnent plus de béné-fices que les terres labourées soit par l'engrais rapide du bétail, soit même par la vente en nature du foin qu'on y récolte; dans un pays où la grande propriété a intérêt à être divisée en fermes de moyenne grandeur, parce qu'alors ses revenus sont et plus grands et plus certains; dans un pays où les très-grands propriétaires sont presque tous occupés exclusivement des affaires de l'Etat, là je ne vois que l'in-fluence des richesses qui puisse exciter à l'amélioration des chevaux en en consommant un certain nombre.

« Mais alors la production s'arrêterait là où la consom-mation cesserait; elle n'atteindrait même peut-être pas les besoins de la consommation, si le pays se trouvait, comme nous le sommes actuellement, en contact avec des pays qui lui fourniraient des chevaux de luxe en abondance. Qu'est-ce donc qui a pu faire qu'en Angleterre tous les chevaux des diligences, des postes soient des chevaux de luxe, tandis que, chez nous, ce sont des chevaux communs de trait? Certainement il y a des causes à cette multiplication, et je ne les trouve nulle autre part que dans les courses de che-vaux.

« Qu'on ne croie pas davantage que la grandeur des fermes influe sur la production des chevaux de luxe. Les fermes, en Angleterre, peuvent être divisées d'une manière relative en deux sortes, en *tillage-farms* et en *grazier-farms*, fermes de labourage et fermes d'engrais (1).

« Dans les fermes de labourage, qui sont les plus grandes et qui se composent rarement de cinq à six cents de nos arpents, parce que c'est presque le maximum de ce qu'un seul homme actif et sa famille peuvent cultiver avec les soins convenables pour en tirer le plus de produits, l'on élève peu de chevaux de luxe : l'animal qui porte le fermier, ou celui qui roule son espèce de tilbury, est quelquefois une belle jument ; quelquefois ce fermier en a deux. Dans les autres fermes, dans celles d'engrais, en général plus petites, en Angleterre seulement, je le répète, on trouve néanmoins plus de chevaux ; cinq ou six belles et fortes juments poulinières, employées en même temps aux travaux de l'exploitation, donnent des poulains, dont quelques-uns, de temps en temps propres aux courses ou propres à faire d'excellents chevaux de chasse, se vendent excessivement cher, et viennent compenser avec bénéfice tous les petits sacrifices faits pour avoir et pour obtenir une belle race. Dans ces fermes encore, l'élève des chevaux n'est-elle que très-accessoire et n'a-t-elle lieu qu'autant qu'elle n'entrave pas les autres spéculations. Ce sont assez généralement l'engrais du gros bétail et l'engrais et l'élève du menu bétail qui tiennent le premier rang.

« Ces parcs très-vastes que les propriétaires se réservent souvent, et qu'on croit bien à tort qu'ils conservent en prairie pour leur plaisir seulement, ne sont pas plus productifs en chevaux de luxe que chez nous ; ils n'en donnent que lorsque les propriétaires eux-mêmes s'amusent à élever de ces animaux, et, je l'ai déjà dit, il y en a bien peu dans ce cas.

(1) « Je ne parle pas ici des grandes fermes d'Écosse et même de celles du nord de l'Angleterre, où l'on ne fait qu'élever un nombreux bétail ; comme on n'y élève généralement point de chevaux nobles, elles ne doivent pas exercer d'influence sur cette élève. »

« Il est plus simple et plus agréable, en effet, pour le riche, de payer de 100 à 500 guinées un cheval, quand il est élevé, que d'en créer dix ou douze, vingt même souvent, avant d'en avoir un qui ait les qualités ou qui parvienne à la célébrité qu'on voudrait que l'animal eût.

« La grande multiplication des chevaux de luxe ne tient donc pas plus aux grandes fermes qu'à la grande propriété, puisqu'on n'élève pas ces animaux en masse; elle tient à ce que, presque partout, on élève un peu, et c'est la réunion de toutes ces petites sommes partielles qui forme la grande masse de production.

« Qu'on ait voulu arrêter la multiplication des chevaux en Angleterre par un impôt mis sur ces animaux, c'est une assertion dépourvue de tout fondement et qui se détruit elle-même.

« Si l'impôt avait été en contradiction avec les besoins, il aurait été subversif de tout principe d'économie publique, il aurait été en contradiction avec les prix distribués aux courses par le gouvernement; ce n'était purement et simplement qu'un impôt fiscal, et, si je n'ai pas été induit en erreur, cet impôt, augmenté en 1806, ne l'avait été que pour le cheval qui ne servait qu'à la selle, et non pas pour les juments poulinières.

« Maintenant je passerai à une objection faite contre les courses, et que je regarde comme une des erreurs les plus patentes à cet égard; c'est l'assertion que les chevaux de course sont une espèce à part, qui, si elle n'est bonne aux courses, n'est bonne à rien. On ne réfléchit pas, en avançant ce dire, que, pour qu'un cheval soit bon à courir, il faut que toute sa machine soit excellente, que la poitrine et les membres soient fortement organisés, et que, en mettant en fait que sur un nombre de chevaux coureurs il n'y en ait que peu qui soient de première qualité, on trouve cependant que beaucoup sont de bons chevaux de selle, de chasse, et qu'ils sont toujours, pour le plus grand nombre, d'excellents chevaux de carrosse, de diligence, de poste.

« Ce qui a donné quelque fondement à cette première erreur, c'est une seconde qui s'est glissée parmi les personnes peu au fait de ces matières. Elles ont cru remarquer que les chevaux de course étaient mal conformés, qu'ils ne devaient point avoir de corps, qu'ils devaient avoir les extrémités grêles. Elles n'ont pas réfléchi que ce peu de corpulence, nécessaire pour rendre les chevaux propres à courir avec rapidité, ne devait pas tenir à la conformation; qu'il ne devait être qu'un effet du régime auquel sont momentanément soumis les animaux, et n'avoir lieu qu'au détriment de l'abdomen et de la graisse; que tel animal qui doit être presque un squelette avant de courir est méconnaissable six mois après; que toujours néanmoins il doit être dans les proportions qui constituent la meilleure organisation.

« D'un autre côté, on a confondu la sécheresse des extrémités avec la finesse; on n'a pas vu que cette finesse apparente ne devait être due qu'à l'absence d'une peau épaisse soulevée par un tissu cellulaire abondant, et recouverte de poils longs et grossiers, toutes particularités généralement étrangères aux chevaux de race qui sont les meilleurs coureurs. On n'a pas fait attention que la finesse des canons, quand elle existe, est compensée par l'ampleur, par la force, et surtout par la longueur des avant-bras et des jambes, et même souvent aussi par la largeur des canons vus latéralement de devant en arrière. L'*Éclipse*, un des plus fameux coureurs de l'Angleterre, l'*Highflier*, un autre de ces chevaux, retirés du régime du cheval de course, paraissaient, par l'aspect athlétique de leurs formes, plus propres à tirer la charrue qu'à parcourir la moindre distance avec célérité.

« Quelques autres personnes, ne pouvant, d'après toutes ces considérations, disconvenir que les courses ne dussent être bonnes à stimuler la production des chevaux de luxe en France comme elles l'étaient en Angleterre, ont avancé, pour repousser leur institution, que ces courses ne pouvaient faire que des chevaux de course inutiles ou des chevaux de selle d'un très-grand prix ; qu'elles ne pouvaient ainsi servir l'État dans son plus grand besoin, dans celui d'exciter les cultivateurs à faire des chevaux de cavalerie. Je ne pense pas qu'il soit très-difficile de réfuter complétement cette nouvelle assertion ; elle ne peut venir, de leur part et des personnes qui les croient, que d'une erreur encore générale dans laquelle on est relativement aux chevaux anglais, et dans laquelle les Anglais eux-mêmes ont quelque intérêt à maintenir non-seulement les étrangers, mais encore leurs compatriotes, qui ne sont pas au fait de ces matières, pour leur faire payer horriblement cher certains animaux : cette erreur est de croire que les chevaux anglais de course sont une variété distincte, que ces chevaux sont peu nombreux, et qu'il n'y a réellement que les purs sangs qui puissent être considérés comme tels.

« Mais si l'on fait attention d'abord que, s'il y a quelques chevaux de pur sang, c'est-à-dire provenant, sans mélange, des deux côtés paternel et maternel de chevaux orientaux, ce que je ne crois pas, malgré le *Stud-Book* même (1), il y en a beaucoup plus de demi-sang, beaucoup plus de trois quarts de sang, et enfin que tous les autres ont au moins une tache de sang (*a bit of blood*). Si l'on fait la remarque que dans les courses il se trouve beaucoup plus de chevaux de sang mêlé que de chevaux de sang pur, que ces chevaux de sang mêlé battent quelquefois les premiers, et qu'alors ils vont de pair avec eux ; si l'on fait attention surtout que tous les individus qu'on reconnaît comme chevaux anglais (ceux provenant des races propres seulement aux labours et aux charrois exceptés) ne sont qu'une même race modifiée de diverses manières par les localités, par le plus ou moins de mélange avec le sang oriental et par les influences résultant de la manière

---

(1) Nous réfuterons ailleurs cette opinion de M. Huzard fils.

de voir de chaque éleveur ; si l'on fait attention que des milliers d'individus de cette race pourraient être employés, outre ceux qui le sont déjà annuellement, dans la cavalerie anglaise, et qu'il y en aurait assez pour la composer exclusivement, si le gouvernement ne voulait pas, par des considérations politiques et d'économie, remonter en partie sa cavalerie dans le Hanovre ; si l'on se rappelle que ce gouvernement a entretenu sa cavalerie avec des chevaux anglais pendant le temps que le Hanovre a été soustrait à sa domination ; si l'on fait attention que tous les carrossiers, que tous les chevaux des innombrables diligences en Angleterre, que ceux des fiacres, que ceux de toutes les postes, dont on trouve souvent plusieurs établissements distincts par localité de poste, à cause du libre exercice de cette profession, sont tous des chevaux d'une tournure convenable pour la cavalerie, et qu'ils sortent de cette race anglaise améliorée dont les chevaux de course sont les plus perfectionnés et forment, pour ainsi dire, la tête, on conviendra qu'il est bien à désirer que nous puissions nous faire, en France, une race de chevaux comme la race des chevaux anglais, et on devra en tirer la conséquence que, si nous parvenons à rendre, proportionnellement, aussi commune sur tous les points de la France cette race qu'elle l'est en Angleterre (1), nous aurons alors une masse suffisante de chevaux propres à remonter toutes les armes de la cavalerie, suffisante même pour une consommation beaucoup plus grande que celle que ferait notre armée en temps de guerre.

« Comme les courses de chevaux ont été, je crois l'avoir à peu près prouvé, *le seul moyen* par lequel on est arrivé à ce résultat en Angleterre ; comme il n'y a pas de raison de

(1) « Suivant le compté fourni, en 1814, à la chambre des communes, il y avait en Angleterre six cent dix-huit mille chevaux de luxe, sans compter les élèves (ouvrage de M. de Marivaux) : qu'on mette que, sur ce nombre, il y avait trois cent mille juments, et on verra si ce que je viens de dire est exagéré. »

croire qu'elles ne puissent le produire en France, je crois pouvoir dire qu'elles sont *un des meilleurs moyens* d'arriver à faire créer chez nous les chevaux de cavalerie dont nous avons besoin (1). »

Ce qui précède a certainement son point d'appui sur l'observation des faits. Nous aurions bien quelques réflexions à attacher à cette longue citation, mais nous nous en tiendrons à une seule qui les résume toutes et qui nous ramène, d'ailleurs, à notre point de départ.

M. Huzard a raison : les courses ont été le *seul moyen* par lequel on est arrivé, en Angleterre, à reproduire avec toutes ses qualités natives, tout en en modifiant la forme, la race orientale pure, et ensuite à améliorer, à l'aide de celle-ci, au moyen de croisements bien entendus, toutes les races indigènes à la contrée. Ces faits paraissent admis sans contesté par les hippologues et par les hommes spéciaux ; c'est que, en effet, il n'y pas matière à contestation ; la chose est assez rare pour être remarquée en passant.

Toutefois, et M. Huzard l'a écrit lui-même, si les courses ont été *le seul moyen* d'amélioration pratiqué en Angleterre, elles ne sauraient être, en France, que *l'un des meilleurs moyens* de pousser au résultat que nous poursuivons. Sa conclusion, parfaitement logique, découle de son argumentation tout entière, et répond aux différences que présente le système agricole général de la France comparé au système agricole général de l'Angleterre.

Revenons au développement historique des courses.

Leur fondation régulière, avons-nous dit, date seulement du décret de 1805, deux cents ans après l'établissement régulier aussi de la même institution dans la Grande-Bretagne (2).

(1) *Des haras domestiques en France.*
(2) Les premiers renseignements que l'on ait en Angleterre sur les courses de chevaux remontent au règne de Henri II (1154 à 1189). Bien que l'institution se répandit et s'améliorât peu à peu, elle ne prit

L'empereur avait ouvert six concours.

Le premier en nom et en importance avait été porté dans l'ancienne province de Normandie, que le rapport d'Eschassériaux jeune considérait « comme la pépinière d'où l'on devait extraire la plus grande partie des étalons et juments à transplanter dans toutes les portions de la France où il était nécessaire de travailler à la régénération des haras. » L'existence du haras du Pin, qui continuait l'ancien *haras du roi*, appelait encore et justifiait, à tous égards, l'établissement d'un hippodrome qui pouvait devenir célèbre dans les fastes hippiques de la France.

Le pendant de cette création était celle de la Corrèze. Les produits d'Auvergne, ceux du Périgord, de la Marche et du Limousin devaient se rencontrer et lutter d'énergie au bénéfice de l'amélioration ; celle-ci devait être l'œuvre spéciale du haras de Pompadour, dont le rôle était tout aussi marqué pour ces contrées que celui du haras du Pin pour l'ancienne province de Normandie.

Par son importance chevaline, la Bretagne se désignait elle-même pour une création de même nature. En 1798, lorsque la question des haras fut examinée par une commission des Cinq-Cents, on considérait que cette partie de la France « pouvait devenir une pépinière d'un produit incalculable en chevaux de guerre. » La Bretagne devait avoir son chef-lieu de courses ; le décret de 1805 ne l'a point oublié.

Les courses à disputer sur l'hippodrome de la Sarre devaient particulièrement intéresser le cheval lorrain et celui des Ardennes, dont il fallait élever la taille et améliorer les formes.

Dans les Hautes-Pyrénées, les encouragements n'étaient

un corps, de la certitude, des proportions considérables que sous le règne de Jacques Iᵉʳ (de 1603 à 1625) ; à partir de cette époque seulement, elle s'éleva à la hauteur d'un intérêt vraiment national.

pas moins urgents. Il s'agissait de réveiller le zèle des producteurs et de rappeler les qualités perdues de cette grande tribu de chevaux que l'on désignait sous le nom générique de *navarrais*. « Depuis longtemps, disait Eschassériaux jeune dans son précieux rapport, le gouvernement monarchique avait cessé de porter un coup d'œil attentif à soutenir le mérite de cette race estimée, qui est tombée dans un état de dégénération presque général aussitôt que l'on a préféré de porter les achats chez l'étranger au préjudice de son propre domaine. Ce sont cependant les chevaux qui croissent dans ce pays, et qui toujours avaient été reconnus dans la classe des meilleurs de l'Europe pour remonter les troupes légères, que l'on a laissés déchoir avec autant d'insouciance et d'abandon... »

Un hippodrome ne pouvait être mieux placé que dans la plaine de Tarbes.

Enfin des courses devaient être organisées également dans le département de la Seine. Ici, évidemment, ce n'était pas un intérêt spécial, mais un concours général et central auquel viendraient prendre part les vainqueurs dans les courses d'arrondissement.

Au surplus, cette pensée ressortira mieux de l'analyse que nous donnerons bientôt du règlement intervenu en 1806.

Nous la ferons précéder du tableau statistique des courses à partir de cette même année. Les différents chiffres qui se suivent forment une échelle progressive dont les commentaires et la conclusion sont faciles. Ils montrent le développement lent et gradué, mais toujours rationnel, de l'institution. Les débuts de celle-ci, naturellement, sont faibles, car tout est à créer, — choses, hommes et chevaux. Bientôt les forces augmentent, les racines s'allongent, des branches vigoureuses s'étendent qui prouvent l'abondance de la séve, la certitude du principe. Les attaques et les critiques consolident l'œuvre, au lieu de l'abattre ; elles la font mieux apprécier, en forçant à l'étudier dans son passé, dans ses résultats présents ou éloignés. La polémique est à l'institution ce que la serpe est à l'arbre vigoureux ; elle en retranche les gourmands, les branches superflues ; elle en développe encore la vie en la concentrant dans les parties utiles. C'est le crible qui sépare l'ivraie du bon grain ; elle détache de la pratique tout ce qui n'a point d'actualité, et pousse à l'extension de tout ce qui peut conduire au but.

Quoi qu'il en soit, voici la statistique des courses en France à partir de 1807.

Tableau statistique des courses en France,
de 1807 à 1848.

ANNÉES.	COURSES gagnées.	COURSES sans résultat.	NOMBRE de chevaux		A combien de propriét. ces chevaux.	VAINQUEURS.
			engagés.	courant.		
1807...	9	»	25	25	»	9
1808...	12	»	66	66	»	12
1809...	12	»	58	58	»	10
1810...	12	»	33	33	»	12
1811...	20	3	93	83	»	20
1812...	22	2	101	90	»	22
1813...	23	2	33	30	»	23
1814...	15	»	19	15	»	15
1815...	12	»	17	17	»	12
1816...	lacune.	»	»	»	»	pas de courses.
1817...	4	»	5	5	»	5
1818...	lacune.	»	»	»	»	pas de courses.
1819...	23	»	110	108	60	20
1820...	60	3	120	120	80	60
1821...	70	»	111	99	88	70
1822...	73	»	130	126	100	73
1823...	71	2	120	105	95	68
1824...	68	2	119	109	97	67
1825...	44	»	126	126	99	40
1826...	51	»	140	139	88	38
1827...	54	2	130	126	120	54
1828...	92	4	156	104	116	88
1829...	67	»	170	160	119	61
1830...	67	»	190	188	92	67
1831...	60	»	161	149	104	52
1832...	66	»	168	159	109	64
1833...	67	»	132	122	100	67
1834...	86	1	148	148	97	84
1835...	70	»	160	153	108	62
1836...	80	»	200	198	100	68
1837...	88	1	180	176	99	69
1838...	60	1	547	470	300	60
1839...	80	»	560	420	345	56
1840...	180	»	498	369	320	160
1841...	153	»	432	371	250	148
1842...	182	3	460	448	310	161
1843...	211	3	935	621	600	190
1844...	403	1	1,180	880	900	310
1845...	318	2	1,317	933	850	292
1846...	289	1	1,220	860	760	270
1847...	399	19 dont 12 n'ont pas eu lieu.	905	781	760	274

Si nous composons les chiffres de ce tableau de manière à obtenir des totaux correspondant aux périodes quinquennales, nous obtiendrons les résultats suivants :

Périodes quinquennales.

ANNÉES.	COURSES gagnées.	NOMBRE DE CHEVAUX		VAINQUEURS
		engagés.	courant.	
De 1807 à 1811....	65	275	265	63
De 1812 à 1816....	72	171	152	72
De 1817 à 1821....	157	346	332	155
De 1822 à 1826....	307	635	605	286
De 1827 à 1831....	340	807	727	322
De 1832 à 1836....	369	808	780	345
De 1837 à 1841....	561	2,217	1,806	493
De 1842 à 1846....	1,403	5,112	3,742	1,223

Si maintenant nous établissons les moyennes annuelles de chacune de ces périodes, nous simplifierons encore l'étude comparative des données statistiques qui précèdent, et nous arriverons aux chiffres ci-après.

Moyennes annuelles pour chacune des périodes quinquennales.

ANNÉES.	PRIX gagnés.	NOMBRE DE CHEVAUX		VAINQUEURS
		engagés.	courant.	
De 1807 à 1811....	13	55	53	12,6
De 1812 à 1816....	14,4	34,2	30,4	14,4
De 1817 à 1821....	31,4	69,2	66,4	31
De 1822 à 1826....	61,4	127	121	57,2
De 1827 à 1831....	68	161,4	125,4	64,2
De 1832 à 1836....	73,8	161,6	156	69
De 1837 à 1841....	112,2	443,4	361,2	98,6
De 1842 à 1846....	280,6	1,022,4	748,4	244,6
1847..........	399	905	781	274

Appliquons ce mode de simplification au nombre de propriétaires qui ont engagé des chevaux dans les courses ; nous
obtenons les résultats ci-après, qui ne partent, toutefois, que
de l'année 1819 ; ils manquent pour les années antérieures.

Nombre moyen de propriétaires, par an.

De 1819 à 1821.	76,
De 1822 à 1826.	95,8
De 1827 à 1851.	110,2
De 1852 à 1856.	102,8
De 1857 à 1841.	262,8
De 1842 à 1846.	684,0
1847.	760,0

Étudions maintenant les principes qui ont servi d'appui,
de fondement aux dispositions du premier règlement qui ait
été arrêté et publié sur la matière.

Le règlement du 10 octobre 1806 (1) n'admettait à courir que des chevaux entiers et des juments.

(1) Voici la table chronologique des actes officiels relatifs aux courses à partir du décret de 1805.

1806 — Règlements du 10 octobre.
1810 — Arrêtés des 5 et 30 octobre.
1819 — Circulaire du 10 décembre.
1820 — Arrêté du 27 mars et circulaire du 6 avril.
1822 — Circulaire du 25 juillet.
1825 — Arrêté du 16 mars et circulaire du 26 du même mois.
1826 — Arrêté du 9 juin.
1827 — — du 13 avril.
1828 — — du 10 janvier.
1832 — — du 31 octobre.
1834 — — du 2 juin.
1835 — — du 5 janvier, du 27 février et du 21 mars.
1836 — — du 15 janvier et du 10 mars.
1837 — — du 27 mai et circulaire du 15 décembre.
1839 — — du 8 janvier.
1840 — — du 26 février et du 7 avril.
1842 — — du 15 mars.
1847 — — du 23 octobre.

Cette première condition déterminait bien le but de l'institution ; elle s'attachait exclusivement à la constatation des qualités chez les reproducteurs.

Les chevaux et les juments devaient être nés en France.

Les animaux présentés aux courses devaient être la propriété de celui qui les présentait ou les faisait présenter en son nom.

Il n'était pas permis d'engager dans la *même course* plus d'un cheval ou jument.

Pour être admis à courir, les chevaux doivent avoir cinq ans au moins ou sept ans au plus (1).

Chacun des chefs-lieux de courses établis par le décret de 1805 était doté de quatre prix , trois de 1,200 fr. l'un, le quatrième de 2,000 fr.

Les chevaux entiers de cinq ans, les juments de même âge avaient leur course spéciale ; un prix de 1,200 fr. était réservé à chacune de ces deux catégories.

A six et à sept ans, les chevaux et juments se rencontraient dans la même course pour le troisième prix de même importance.

Le prix de 2,000 fr. était couru par les trois vainqueurs du prix de 1,200 fr.

Dans le département de la Seine, indépendamment de quatre prix affectés à chaque chef-lieu, il y avait *un grand prix de 4,000* fr. qui ne pouvait être disputé que par les vainqueurs des prix de 2,000 fr.

(1) Dès 1806, on avait fixé les éleveurs sur les conditions générales de l'âge et défini ce que c'était qu'une année de cheval.

A cet égard, le second paragraphe de l'art. 8 s'exprime ainsi :

« L'époque fixée pour la naissance des chevaux est le 1er mai ; ainsi tout cheval né en l'an 1801 sera considéré, au 1er mai 1806, comme ayant cinq ans faits, et classé parmi les chevaux de cinq ans jusqu'au 1er mai 1807, qu'il sera classé dans les chevaux de six ans, et ainsi de suite d'année en année. »

Maintenant l'âge se compte du 1er janvier de l'année de la naissance.

Telle était l'économie du règlement de 1806.

Trois ordres de prix et trois concours. Les prix de 1,200 fr. étaient un premier essai : pour être admis à les disputer, il n'était besoin que de produire — 1° ses lettres de naturalisation, — 2° ses preuves de propriété, — 3° son extrait de naissance; après quoi, on luttait avec les animaux de sa catégorie. Vaincu, tout était dit, on n'avait qu'à s'en retourner comme on était venu; — vainqueur, on acquérait un droit, mais ce droit imposait une obligation. Il fallait, bon gré, mal gré, rentrer en lice et disputer le prix de 2,000 fr. aux deux compétiteurs avec lesquels on se trouvait *ex æquo* de par une première victoire. Les suites de cette seconde lutte donnaient un nouveau droit, créaient une autre obligation. La défaite rendait la liberté aux vaincus, ils avaient payé leur dette au règlement; mais il n'en était pas de même du vainqueur : ce dernier était tenu de quitter ses pénates et de venir se mesurer à Paris, ou tout au moins dans le département de la Seine, contre ses heureux rivaux.

La longueur des courses était ainsi fixée :

4 kilomètres, — une épreuve, — pour les prix de 1,200 fr. affectés aux chevaux de cinq ans;

6 kilomètres, — une épreuve, — pour les prix de 1,200 fr. affectés aux chevaux de six et sept ans;

4 kilomètres, — partie liée, — pour les prix de 2,000 fr.

4 kilomètres, — partie liée, — pour *le grand prix de* 4,000 fr.

Les courses en partie liée sont indiquées à *trois épreuves;* mais la troisième n'était fournie qu'autant que le même cheval n'avait pas gagné les deux premières. Au cas où trois chevaux différents eussent été vainqueurs, la quatrième épreuve n'eût été courue que par ces derniers.

Le vainqueur était le cheval dont la tête dépassait le but le premier. En cas d'incertitude, les chevaux arrivés tête à tête *couraient seuls, l'un contre l'autre, une autre épreuve.*

Cette disposition n'est pas très-claire : on la comprend

dans les courses à une épreuve; mais, dans les courses à trois épreuves, dans quel ordre venait celle dont il s'agirait ici?

Le poids à porter par les chevaux était déterminé par deux ordres de considération différents.

Il variait d'après l'âge seulement, dans les départements; mais chaque chef-lieu avait son poids distinct : chaque race se trouvait ainsi chargée selon sa force présumée.

Dans le département da la Seine, au contraire, la taille était le régulateur du poids. Un tarif gradué de 4 hectogrammes en 4 hectogrammes, par 3 millimètres, indiquait à chacun le poids à porter; ce tarif s'appliquait aux chevaux de cinq ans.

Les chevaux de six et sept ans, également chargés, portaient 35 hectogrammes de plus que le poids marqué au tarif pour leur taille.

Les chevaux entiers rendaient 16 hectogrammes aux juments.

Ces dispositions étaient un peu compliquées et sujettes à erreur. Il est bien difficile, à 3 millimètres près, d'indiquer la taille précise, rigoureuse d'un cheval. Le juge pouvait donc volontairement ou involontairement favoriser tel concurrent ou nuire à tel autre en élevant ou en abaissant la taille de plusieurs millimètres.

Quoi qu'il en soit, voici les fixations du règlement.

DÉPARTEMENTS.	CHEVAUX DE 5 ANS	CHEVAUX de 6 et 7 ans.	RÉDUCTION de poids pour les juments.
Orne..........	612 hectogram..	647 hectogram..	
Corrèze.......			
Morbihan......	564 idem...	600 idem...	16 hectogr.
La Sarre......			
Hautes-Pyrénées	540 idem....	575 idem...	
Seine.(voir le tableau suivant.)			

Tarif des poids à porter par les chevaux de course dans le
département de la Seine, en raison de la taille.

TAILLE.	POIDS pour les chevaux de 5 ans.	TAILLE.	POIDS pour les chevaux de 5 ans.
1 mèt. 462 mill.	5 myr. 0 hectog.	1 mèt. 546 mill.	6 myr. 12 hectog.
1 — 465 —	5 — 4 —	1 — 549 —	6 — 16 —
1 — 468 —	5 — 8 —	1 — 552 —	6 — 20 —
1 — 471 —	5 — 12 —	1 — 555 —	6 — 24 —
1 — 474 —	5 — 16 —	1 — 558 —	6 — 28 —
1 — 477 —	5 — 20 —	1 — 561 —	6 — 32 —
1 — 480 —	5 — 24 —	1 — 564 —	6 — 36 —
1 — 483 —	5 — 28 —	1 — 567 —	6 — 40 —
1 — 486 —	5 — 32 —	1 — 570 —	6 — 44 —
1 — 489 —	5 — 36 —	1 — 573 —	6 — 48 —
1 — 492 —	5 — 40 —	1 — 576 —	6 — 52 —
1 — 495 —	5 — 44 —	1 — 579 —	6 — 56 —
1 — 498 —	5 — 48 —	1 — 582 —	6 — 60 —
1 — 501 —	5 — 52 —	1 — 585 —	6 — 64 —
1 — 504 —	5 — 56 —	1 — 588 —	6 — 68 —
1 — 507 —	5 — 60 —	1 — 591 —	6 — 72 —
1 — 510 —	5 — 64 —	1 — 594 —	6 — 76 —
1 — 513 —	5 — 68 —	1 — 597 —	6 — 80 —
1 — 516 —	5 — 72 —	1 — 680 —	6 — 84 —
1 — 519 —	5 — 76 —	1 — 603 —	6 — 88 —
1 — 522 —	5 — 80 —	1 — 606 —	6 — 92 —
1 — 525 —	5 — 84 —	1 — 609 —	6 — 96 —
1 — 528 —	5 — 88 —	1 — 612 —	7 — 0 —
1 — 531 —	5 — 92 —	1 — 615 —	7 — 4 —
1 — 534 —	5 — 96 —	1 — 618 —	7 — 8 —
1 — 537 —	6 — 0 —	1 — 620 —	7 — 12 —
1 — 540 —	6 — 4 —	1 — 624 —	7 — 16 —
1 — 543 —	6 — 8 —		

Les courses des départements avaient lieu dans le mois de mai; celles de la Seine se tenaient, pour les courses ordinaires, dans la première semaine de septembre, et, pour le grand prix, du 20 au 50 du même mois. La fixation de ces époques s'explique à merveille.

Toute course commencée a toujours dû finir le même jour; cette obligation n'a point changé et subsiste encore.

Les prix de 2,000 fr. étaient forcément disputés le lendemain du jour où les prix de 1,200 fr. étaient courus.

Le règlement donne quelques indications relatives au choix du terrain le plus convenable pour l'établissement de l'hippodrome. Ceci n'est qu'une affaire de forme; nous devons en prendre, toutefois, les dispositions concernant *le poteau de distance.*

Celui-ci devait être placé à 250 mètres du but; il avait pour objet, dans les courses à trois épreuves, d'interdire la lice à tout cheval qui, dans la première ou dans la seconde épreuve, n'avait pas dépassé le poteau de distance au moment où le vainqueur se déclarait en atteignant le but.

Un signal donné par les juges préposés à l'arrière indiquait à celui qui devait se tenir au poteau de distance le moment où les chevaux non encore entrés dans la distance se trouvaient hors de concours.

Le placement des chevaux, pour le départ, avait ses règles particulières.

A la première épreuve, ils étaient placés par rang de taille. Le plus petit prenait la corde et les autres se rangeaient à sa gauche suivant le même ordre.

A la deuxième et à la troisième épreuve, le placement avait lieu dans un ordre inverse à celui de l'arrivée. Au dernier cheval entré à temps dans la distance appartenait la corde.

Cinq juges composaient la commission dans laquelle chacun avait son rôle déterminé à l'avance. Trois d'entre eux jugeaient l'arrivée; le quatrième se tenait au poteau de distance; le cinquième organisait et ordonnait les départs.

Les peines disciplinaires étaient de deux sortes; les unes atteignaient les propriétaires, les autres concernaient les piqueurs.

On prononçait la confiscation du cheval au profit du gouvernement, s'il y avait fraude relativement—à la déclaration de propriété,—à la pluralité des engagements dans une même course, — au lieu de naissance, — à l'âge réel; dans ce dernier cas, on prononçait, en outre, l'exclusion de toutes les courses officielles.

Les piqueurs, disons — les jockeys, — étaient passibles des mêmes peines qu'aujourd'hui pour les mêmes fautes.

Ils encouraient la déclaration d'incapacité et ne pouvaient plus courir, par conséquent, pour aucun prix donné par le gouvernement, lorsqu'ils avaient négligé ou refusé de se faire peser à l'arrivée, lorsqu'ils avaient jeté en chemin une partie du poids qu'ils avaient dû prendre au départ, lorsque, pendant la course, ils avaient coupé un autre cheval.

Enfin toute contestation relative au poids ou à la conduite des piqueurs était jugée par la commission, séance tenante.

L'art. 28, titre IV du décret organique du 4 juillet 1806 réservait la connaissance de toutes les autres difficultés aux maires pour le provisoire, et aux préfets pour la décision définitive, sauf le recours au conseil d'État.

Avant d'examiner au fond ces principes et ces dispositions, voyons quelles modifications y ont été successivement apportées.

L'arrêté du 5 octobre 1810 a confirmé les exigences relatives à la constatation de l'origine des chevaux présentés aux courses.

Il détermine qu'un cheval ayant gagné, dans un arrondissement, un prix quelconque ne pourra plus prétendre à un prix de même ordre, mais qu'il conservera le droit de courir pour les prix de classe supérieurs à celui qu'il aura déjà gagné, à moins qu'il n'ait manqué à se présenter à la course à laquelle il avait droit de courir.

La première partie de cette disposition ne trouvait, sans doute, d'application qu'aux courses de la Seine, puisque toutes les autres avaient lieu à la même époque, dans le même mois. La seconde partie avait pour objet de forcer à concourir pour les prix inférieurs. C'était la contre-partie de ces autres dispositions de l'arrêté de 1806, qui faisaient une obligation de courir les prix de deuxième classe et le grand prix aux chevaux vainqueurs des prix de 1,200 fr. et 2,000 fr.

Au surplus, une condition nouvelle, plus rigoureuse que les précédentes, se trouve insérée en l'arrêté de 1810 : un prix de 1,200 fr., gagné, ne pouvait être remis que sur justification, en bonne et due forme, que le vainqueur avait lutté pour le prix de 2,000 fr., et de même, pour ce dernier, relativement au prix supérieur de 4,000 fr.

En cas d'empêchement par suite de maladie du cheval, on exigeait la production de certificats délivrés par deux vétérinaires nommés par le préfet.

C'étaient des formalités à n'en plus finir. Quand un règlement est obligé d'en venir à des mesures semblables, c'est que les vrais principes ne sont point encore dégagés. On voit bien les motifs de la coercition; mais on peut bien croire aussi que la coercition étouffe tout essor, toute expansion, qu'elle ne réalise aucun progrès. Au lieu de rétrécir le cercle et de procéder par violence, il faut élargir l'horizon et appeler le concours du grand nombre. En pareille occurrence, d'une immense rivalité seule peut sortir le bien.

On l'avait déjà compris quant à l'âge, et l'on admettait — *provisoirement* — les chevaux entiers et juments à concourir après sept ans, sans surcharge.

La disposition capitale de cet arrêté est celle-ci :

« Nul cheval ne sera admis dans une course départementale, si, *dans un essai préliminaire* fait en présence du jury, il n'a parcouru l'espace prescrit pour la course en moins d'*une minute et demie* par kilomètre.

« Tout cheval qui n'aura pas parcouru l'espace requis pour la course, dans la proportion de 800 mètres par minute, ne pourra obtenir aucun prix du gouvernement.

« Nul cheval ne pourra recevoir le grand prix, s'il n'a parcouru l'espace de 900 mètres par minute en ligne droite , et de 850 mètres par minute en ligne courbe. »

Ces conditions nous paraissent assez dures pour le temps; elles prouvent qu'on avait reconnu la nécessité d'écarter de l'hippodrome les médiocrités honteuses, toujours prêtes à envahir toutes les issues.

L'arrêté du 30 octobre 1810 est une extension des précédents ; il élève les courses déjà instituées en en créant de nouvelles qu'il appelle de *second ordre*.

Celles-ci étaient établies dans six autres départements, savoir :

Les Bouches-du-Rhône,	La Vendée,
Les Pyrénées-Orientales,	La Côte-d'Or,
Les Landes,	Les Ardennes.

A chacune d'elles étaient attribués trois prix de 500 fr. l'un, et un quatrième de valeur double.

Les principes et les règles qui déterminaient les courses de premier ordre étaient applicables à celles-ci.

Les chevaux entiers de cinq ans et les juments de même âge avaient leur prix distinct de 500 fr. ; les chevaux et juments de six ans et au-dessus disputaient ensemble un prix unique; puis enfin le prix de 600 fr. était couru par les trois vainqueurs.

Le cheval qui gagnait ce dernier avait le droit de courir le prix de 2,000 fr. (courses de premier ordre) sans être astreint à disputer aucun des prix de 1,200 fr.

C'étaient, d'ailleurs, les mêmes justifications lorsqu'il s'agissait de toucher les prix gagnés.

Les courses de second ordre avaient lieu en avril, un mois plus tôt que les autres.

Le poids à porter était fixé comme ci-après :

2 kilog. au-dessous du tarif déterminé pour les courses de premier ordre, dans — la Côte-d'Or, — la Vendée — et les Pyrénées-Orientales;

3 kilog. au-dessous également pour — les Bouches-du-Rhône, — les Landes — et les Ardennes.

Il n'y avait pas d'essai préliminaire ; mais le maximum du temps accordé était en raison de 1 kilomètre par deux minutes.

Sous l'influence de ces dispositions, les courses ne firent pas de grands progrès ; elles étaient trop peu importantes et quant au nombre et quant à la valeur des prix pour que le bienfait de leur existence pût devenir appréciable.

D'ailleurs les temps ne furent pas propices ; il n'y avait point assez de calme, assez de certitude dans l'horizon politique. Or de semblables institutions puisent surtout des forces dans la tranquillité générale, dans l'ordre matériel, dans la paix publique.

Un coup d'œil jeté sur le tableau statistique des courses qui ont eu lieu de 1807 à 1848 montre la pauvreté de la période quinquennale comprise entre 1814 et 1818. En effet, sur les deux cent quarante-cinq prix attribués par les arrêtés de 1806 et de 1810, combien sont courus ? — Trente et un — disputés par quarante et un chevaux !

En 1819, M. Decazes, ministre de l'intérieur, porta une attention toute spéciale à l'institution des haras. La question des courses fut examinée par lui avec un soin égal à toutes les autres. Il en résulta un travail préparatoire, des dispositions générales qui furent adressées aux préfets sous forme de circulaire, en manière de programme, comme un texte de délibérations enfin, sur lequel le ministre provoquait des études, de sobservations, des renseignements propres à l'éclairer et à le guider dans la rédaction définitive d'un nouveau règlement dont la nécessité avait été parfaitement démontrée.

« Les courses publiques de chevaux, dit la circulaire de M. Decazes, et les récompenses que le gouvernement y attache, sont un des plus sûrs moyens de maintenir la perfection de nos belles races dans les pays qui sont assez heureux pour les posséder, et d'amener ailleurs des améliorations qu'on ne peut trop souhaiter.

« En effet, les courses développent les moyens des chevaux ; elles font ressortir leur mérite par comparaison ; elles éclairent sur leurs qualités et leurs défauts ; elles donnent aux vainqueurs un nouveau prix. Cette augmentation de valeur, qui est une des suites les plus importantes des sacrifices que fait l'État dans ces circonstances, engage les propriétaires à donner, aux dispositions qui précèdent la naissance du cheval de selle et qui doivent accompagner son éducation, des soins plus attentifs, dont ils entrevoient dans l'avenir le dédommagement.

« Le roi, dans cette intention, veut multiplier les courses et en augmenter l'éclat et l'utilité.

« C'est par les ordres de S. M. que je viens aujourd'hui vous proposer différentes questions auxquelles je vous invite à répondre avec l'attention et l'intérêt que ce sujet mérite. »

Suivaient, en effet, une série de propositions et un projet de règlement qui a, dès lors, consécutivement à l'enquête préalablement ouverte, été discuté par un grand nombre de personnes diversement posées pour apprécier l'utilité et le mérite de l'institution.

Les rapports et les renseignements adressés au ministre en réponse à cette circulaire ont provoqué de nouvelles études de la part de l'administration, et l'arrêté du 27 mars 1820 fait faire un pas aux dispositions qui avaient jusque-là réglé les courses de chevaux en France.

C'est M. Siméon qui a pris cet arrêté ; en le transmettant aux préfets, il leur rappelait dans quelles circonstances les bases en avaient été posées, et s'exprimait ainsi :

« S'il a été reconnu que les courses doivent, en effet, entrer dans le système général de l'amélioration des races, on a compris aussi que le moment n'était pas encore arrivé de donner à ce moyen toute l'extension dont il deviendra, sans doute, susceptible par la suite. On a donc cru devoir se borner, pour le moment, à porter le nombre de ces concours à dix, indépendamment de la grande course de Paris ; mais pour en augmenter l'éclat, et surtout pour en faire naître le goût parmi les propriétaires qui sont dans le cas d'y concourir, on y a affecté un plus grand nombre de prix, appliqués à différentes classes de chevaux, de manière à multiplier les causes d'émulation. On a aussi aplani, autant qu'il a paru possible de le faire, les difficultés qui pouvaient tendre à rendre ces concours moins nombreux.

« Je me réserve, au surplus, ajoutait le ministre, d'étendre progressivement les bienfaits de cette institution, en raison des succès qu'elle aura pu obtenir et de l'influence qu'elle aura exercée sur l'amélioration de nos races..... »

Voyons donc quelles modifications essentielles ont été apportées aux règlements antérieurs par l'arrêté du 27 mars 1820.

Les courses continuent à être divisées en deux classes, sous les dénominations de courses de premier ordre et de courses de second ordre.

Les chevaux forment également deux catégories ; ceux de cinq ans s'appellent de premier âge, ceux de six ans et au-dessus de second âge. — Aucun cheval n'est admis, s'il n'a au moins 1 mètre 44 centimètres.

Il est provisoirement formé six arrondissements de courses et dix chefs-lieux, dont cinq de chaque classe, conformément au tableau ci-après.

NUMÉROS des arrondissem.	DÉPARTEMENTS où les courses sont instituées.	CLASSE des courses.	LIEUX et époques où les courses doivent se célébrer.	ARRONDISSEMENTS ou circonscription affectée à chaque concours.
				Arrondissem. commun composé des départements ci-après :
1er..	SEINE..	1er ordre.	Paris, dans la première quinzaine d'octobre............	Manche, Calvados, Orne, Mayenne, Sarthe, Eure-et-Loir, Eure, Seine, Seine-et-Oise, Loiret, Yonne, Aube, Seine-et-Marne, Marne, Aisne, Oise, Somme, Seine-Infér., Nord, Pas-de-Calais, Loir-et-Cher.
	ORNE..........	2e ordre.	Alençon, le 25 août.	
				Arrondissem. commun composé des départements ci-après :
2e..	HAUTE-VIENNE..	1er ordre.	Limoges, du 1er au 5 juin............	Haute-Vienne, Vienne, Indre-et-Loire, Vendée, Maine-et-Loire, Deux-Sèvres, Charente, Corrèze, Lot, Aveyron, Lozère, Ardèche, Haute-Loire, Cantal, Creuse, Puy-de-Dôme, Indre, Cher, Allier, Nièvre, Saône-et-Loire, Loire, Rhône, Ain, Isère, Drôme, Hautes-Alpes, Basses-Alpes, Var, Gard, Bouches-du-Rhône, Vaucluse.
	VIENNE......	2e ordre.	Poitiers, du 15 au 20 mai............	
	CORRÈZE........	2e ordre.	Tulle, du 15 au 20 mai............	
	CANTAL........	2e ordre.	Aurillac, du 1er au 5 mai............	
3e..	HAUTES-PYRÉN..	1er ordre.	Tarbes, première quinzaine de mai pour les juments; du 1er au 15 août pour les étalons et pour le prix de 2,000 fr.	Hautes-Pyrénées, Basses-Pyrénées, Haute-Garonne, Gers, Ariége, Tarn, Aude, Hérault, Pyrénées-Orientales, Tarn-et-Garonne.
4e..	GIRONDE.	1er ordre.	Bordeaux, du 1er au 10 juillet.......	Gironde, Charente-Inférieure, Dordogne, Lot-et-Garonne, Landes.
5e.	CÔTES-DU-NORD..	2e ordre.	Saint-Brieuc, première quinzaine de juillet............	Côtes-du-Nord, Finistère, Morbihan, Ille-et-Vilaine, Loire-Inférieure.
6e..	BAS-RHIN..... .	2e ordre.	Strasbourg, prem. quinzaine d'août...	Bas-Rhin, Haut-Rhin, Doubs, Jura, Côte-d'Or, Haute-Marne, Vosges, Meuse, Meurthe, Moselle, Haute-Saône, Ardennes.

Les prix sont distingués — en prix locaux, — prix d'arrondissement — et prix principaux; ces derniers ne peuvent être disputés que dans les courses de premier ordre.

Les prix locaux sont réservés aux chevaux du département

où les courses ont lieu, à la condition d'y avoir été élevés depuis l'âge de deux ans au moins.

Les prix d'arrondissement peuvent être courus par tous les chevaux d'un même arrondissement, à la condition d'y avoir été élevés aussi depuis l'âge de deux ans au moins.

Enfin les prix principaux sont offerts indistinctement à tous les chevaux et juments nés et élevés en France et remplissant, d'ailleurs, les conditions générales du règlement.

Il y a quatre prix locaux et quatre prix d'arrondissement, savoir :

Chevaux entiers de 5 ans.

Un prix local de 800 francs,
Un prix d'arrondissem. de 1,200 fr.

Chevaux entiers de 6 ans et au-dessus.

Un prix local de 800 francs,
Un prix d'arrondissem. de 1,200 fr.

Juments de 5 ans.

Un prix local de 600 francs,
Un prix d'arrondissem. de 900 fr.

Juments de 6 ans et au-dessus.

Un prix local de 600 francs,
Un prix d'arrondissem. de 900 fr.

Il n'y a, dans chaque arrondissement de premier ordre, qu'un prix principal de 2,000 fr. pour les chevaux entiers et les juments des deux âges réunis.

Enfin le grand prix de 4,000 fr. qui se courait à Paris est porté à 6,000 fr. et prend le nom de *prix royal*.

Les prix locaux et ceux d'arrondissement peuvent être courus en une épreuve; les prix principaux et le prix royal doivent être disputés en partie liée.

La longueur et la durée des courses sont ainsi fixées :

4 kilomètres pour les chevaux et juments du premier âge, à raison de 600 mètres par minute;

6 kilomètres pour les chevaux et juments du second âge, à raison de 650 mètres par minute;

4 kilomètres pour les prix principaux et le prix royal, à raison de 700 mètres par minute.

Il n'est fait aucune modification, quant au poids à porter, au règlement de 1806, en ce qui concerne les courses des

Hautes-Pyrénées, de l'Orne, de la Seine et de la Corrèze.

Les dispositions du même règlement relatives aux courses du Morbihan ou des Côtes-du-Nord sont applicables à celles de la Gironde, de la Haute-Vienne, du Cantal, de la Vienne, des Côtes-du-Nord et du Bas-Rhin.

Les propriétaires demeurent libres d'engager leurs chevaux dans telle course qu'il leur sera loisible de leur faire disputer, sans être aucunement astreints à les faire courir dans les prix inférieurs.

Toutefois un cheval vainqueur d'un prix supérieur ne peut être admis à courir un prix inférieur, et, provisoirement même, un prix égal ou de même classe à celui qu'il aurait déjà gagné.

Provisoirement encore, les vainqueurs des prix d'arrondissement dans les courses de premier ordre sont tenus de disputer les prix principaux ; mais un cheval, courût-il seul pour un prix principal, peut l'obtenir, s'il franchit la distance dans le délai déterminé.

Enfin les vainqueurs des prix principaux doivent se rendre à Paris, afin d'y courir le prix royal ; mais il est alloué, à cet effet, aux propriétaires, des indemnités de déplacement réglées ainsi qu'il suit :

Pour les Hautes-Pyrénées. . . . 1,000 fr.
Pour la Gironde. 900
Pour la Haute-Vienne. . . . 600
Pour l'Orne. 300

Tel a été le règlement de 1820 ; ses dispositions étaient évidemment meilleures et plus libérales que celles des arrêtés antérieurs ; mais la perfection est loin encore.

Prenons patience : les commencements d'une institution sont toujours incertains, remplis de difficultés. De premières améliorations en provoquent d'autres qui se font toujours moins attendre que les dernières. C'est la loi du progrès.

Aussi bien, voici de nouvelles dispositions portées à la connaissance du public par une circulaire de M. de Castelbajac, directeur général des haras et de l'agriculture (25 juillet 1822); elles règlent deux points essentiels, — l'âge et le poids.

Elles commencent par séparer les arrondissements de courses en deux grandes divisions, — celle du Nord — et celle du Midi.

La première comprend les arrondissements dont les chefs-lieux suivent :

— Seine, — Orne, — Côtes-du-Nord — et Bas-Rhin.

La seconde est formée des arrondissements — de la Haute-Vienne — (*Haute-Vienne, Vienne, Corrèze, Cantal*), — des Hautes-Pyrénées — et de la Gironde.

Elle admet les chevaux de trois et quatre ans à courir avec les chevaux de cinq ans, et ces trois âges forment désormais la première catégorie, celle des chevaux de premier âge.

Enfin elle détermine les nouveaux poids à porter, et elle les différencie selon l'âge et la race, ainsi qu'ils se trouvent fixés au tableau ci-dessus.

Tarif du poids à porter pour les chevaux de course.

AGE des chevaux.	RACES DU NORD.		RACES DU MIDI.	
	Chevaux entiers.	Juments.	Chevaux entiers.	Juments.
3 ans............	465 hectogr.	450 hectogr.	416 hectogr.	401 hectog.
4 —	538 idem..	524 idem..	490 idem..	475 idem.
5 —	612 idem..	597 idem..	563 idem..	548 idem.
6 —	646 idem..	631 idem..	597 idem..	583 idem.
7 —	661 idem..	646 idem..	612 idem..	597 idem.
8 ans et plus.....	710 idem..	695 idem..	661 idem..	646 idem.

Ces fixations peuvent ne pas paraître très-savantes; mais on n'en savait pas davantage à l'époque, et l'on faisait pour le mieux. On chargeait moins qu'aujourd'hui les chevaux de trois ans; c'est qu'alors aussi on les élevait moins bien, on les mûrissait moins vite. Le poids léger, d'ailleurs, ne suppose qu'un enfant pour cavalier, pour jockey, et moins de fatigue, conséquemment, pour les exercices du *training* et pendant la durée de la course elle-même.

Une disposition moins heureuse et tout au moins d'une application très-souvent difficile était celle qui résultait de la distinction de la race.

Des poulains pouvaient naître dans le Midi et, plus tard, être transportés dans le Nord ; ils pouvaient même naître dans le Nord de père et mère du Midi. L'inverse devait aussi avoir lieu quelquefois. Combien de difficultés alors pour arriver à un classement rationnel et juste ! En effet, la transplantation pouvait déterminer un développement plus lent et plus complet ; dans ce cas encore, l'arbitraire seul décidait, car le jury était appelé à prononcer.....

La même circulaire interprétait de la manière suivante quelques dispositions relatives aux épreuves et fixait, sur ce point, la jurisprudence des courses.

« Des difficultés se sont parfois élevées, dit-elle, au sujet des conditions à remplir par le vainqueur ; elles ont eu lieu notamment à l'occasion des courses où le nombre de concurrents pour un prix étant trop grand pour qu'ils puissent entrer en lice tous à la fois, on avait dû les diviser par pelotons qu'on avait ensuite fait courir successivement et à des intervalles déterminés.

« Il a été reconnu que, en pareil cas, une épreuve devait s'entendre de l'ensemble des courses successives que les pelotons font l'un après l'autre jusqu'à ce que chacun ait fait la sienne,

« Et que la circonstance qui obligeait de diviser les concurrents en pelotons ne devait rien changer au principe qui veut que l'avantage reste, dans chaque épreuve, au cheval qui a parcouru la distance dans le moins de temps.

« Il a, en conséquence, été décidé que, soit que les chevaux qui disputent un prix courent tous à la fois, soit qu'ils courent en pelotons séparés, le vainqueur sera toujours, savoir :

« 1° Pour les prix qui peuvent se gagner en une seule épreuve, c'est-à-dire les prix locaux et ceux d'arrondissement, celui de tous qui aura mis le moins de temps à franchir l'espace ;

« 2° Pour les prix principaux et pour le prix royal, qui doivent se disputer à deux ou trois épreuves, c'est-à-dire en partie liée, celui qui, deux fois, aura aussi mis le moins de temps à franchir la distance.

« Il ne doit y avoir de troisième épreuve qu'autant que le cheval vainqueur dans la deuxième n'est pas le même que celui qui a eu l'avantage dans la première ; dans ce cas, cette troisième épreuve doit avoir lieu entre les deux rivaux seulement, c'est-à-dire entre les deux chevaux qui ont parcouru le plus rapidement la distance, l'un dans la première et l'autre dans la seconde épreuve. »

L'année 1825 a marqué dans l'existence des haras par un remaniement complet et profond de toutes les dispositions réglementaires antérieures. Le directeur général d'alors s'était imposé la tâche de tout revoir, de fonder une ère nouvelle ; il a refait un règlement pour les courses.

Celui-ci porte la date du 16 mars 1825.

La France chevaline s'y trouve toujours partagée en deux divisions, — celle du Nord — et celle du Midi.

Les chevaux n'y sont plus distingués en chevaux du Nord et en chevaux du Midi, mais en chevaux de première et de seconde espèce.

On appelait chevaux de première espèce ceux qui, nés en France, provenaient néanmoins de père et mère étrangers ; les chevaux de seconde espèce provenaient de père et mère français ou de l'un des deux.

Les chevaux de trois ans n'étaient plus admis à courir que dans la division du Nord.

Les circonscriptions d'arrondissement ne sont plus tout à fait les mêmes ; il n'y a plus que huit chefs-lieux de courses, le tout conformément au tableau qui suit.

NUMÉROS des arrondissem.	CHEFS-LIEUX,	ÉPOQUES où les courses doivent se célébrer:	ARRONDISSEMENTS ou circonscription affectée à chaque concours.
1er...	Paris (1)......	Du 25 août au 5 septembre.	Aisne, Ardennes, Aube, Côte-d'Or, Loir-et-Cher, Loiret, Marne, Oise, Seine, Seine-et-Marne, Seine-et-Oise, Yonne.
2e...	Le Pin (1).....	Dans les premiers jours d'août......	Calvados, Eure, Eure-et-Loir, Manche, Nord, Orne, Pas-de-Calais, Sarthe, Seine-Inférieure, Somme.
3e...	Strasbourg (2).	Première quinzaine d'août.	Ain, Doubs, Jura, Haute-Marne, Meurthe, Meuse, Moselle, Bas-Rhin, Haut-Rhin, Haute-Saône, Vosges.
4e...	Saint-Brieuc...	Première quinzaine de juillet.........	Côtes-du-Nord, Finistère, Ille-et-Vilaine, Loire-Inférieure, Maine-et-Loire, Mayenne, Morbihan, Deux-Sèvres, Vendée.
5e...	Limoges......	Du 1er au 10 juin.......	Allier, Cher, Creuse, Corrèze, Indre, Indre-et-Loire, Nièvre, Saône-et-Loire, Vienne, Haute-Vienne.
6e...	Aurillac......	Du 25 mai au 1er juin.....	Basses-Alpes, Hautes-Alpes, Ardèche, Bouches-du-Rhône, Cantal, Drôme, Isère, Loire, Haute-Loire, Lot, Lozère, Puy-de-Dôme, Rhône, Var, Vaucluse.
7e...	Bordeaux.....	Du 1er au 10 juillet........	Aveyron, Charente, Charente-Inférieure, Dordogne, Gironde, Landes, Lot-et-Garonne, Tarn, Tarn-et-Garonne.
8e...	Tarbes.......	Première quinzaine de juillet.........	Ariége, Aude, Corse, Gard, Haute-Garonne, Gers, Hérault, Basses-Pyrénées, Hautes-Pyrénées, Pyrénées-Orientales.

(1) Par décision du 9 juin 1826, les arrondissements de Paris et du Pin ont été réunis en un seul, de manière à donner aux chevaux de l'un et de l'autre les mêmes droits relativement aux différents prix à disputer sur l'un et sur l'autre hippodrome.
(2) Par arrêté du 10 janvier 1828, le chef-lieu des courses de cet arrondissement a été transféré à Nancy.

A chacun de ces chefs-lieux, le gouvernement donnait quatre prix d'arrondissement et un prix principal, sans rien changer aux conditions précédemment établies en ce qui déterminait le droit à courir tel ou tel de ces prix.

Les prix locaux étaient supprimés, mais le nombre des prix royaux était porté à trois; deux de ces derniers devaient être disputés à Paris; le troisième était affecté à l'hippodrome d'Aurillac.

Le prix d'arrondissement était de 1,200 fr.; les prix principaux, de 2,000 fr.

Le prix royal du Midi était de 5,000 fr.; ceux de Paris s'élevaient, — l'un à 5,000 fr., — l'autre à 6,000 fr.

C'était en tout une somme de 78,000 fr.

Les prix étaient spécialement affectés à tel ou tel âge, et, dans chaque âge, à telle ou telle espèce. Les chevaux de seconde espèce avaient néanmoins la faculté de faire courir dans les prix réservés aux chevaux de première espèce; il pouvait même en résulter une certaine complication quant aux prix principaux et aux prix royaux : inutile de la rappeler, car on ne saurait jamais y revenir.

Le poids à porter avait encore subi quelques modifications; le tableau ci-après les fera bien ressortir.

AGE.	CHEVAUX ENTIERS.	JUMENTS.
3 ans.	416 hectog.	401 hectog.
4	514	499
5	563	548
6	597	583
7	631	617
Au-dessus de 7	666	651

La longueur des courses de 2, — 3 — et 4 kilomètres, en

une épreuve ou en partie liée, suivant les cas, mais avec des complications étranges qu'on ne comprend guère aujourd'hui.

On avait accru les exigences quant à la vitesse ; nous en relevons le maximum dans les données simplifiées qui suivent et qui ont été calculées d'après les fixations établies au règlement.

MAXIMUM DU TEMPS FIXÉ POUR LES COURSES.

Prix d'arrondissement.

Division du Nord.

Chevaux du 1er âge. { de 3 ans, —2 kil. à 550 mèt. par min. 3' 38" $^{18}/_{100}$
de 4 ans, —3 kil. à 550 mèt. par min. 5 27 $^{27}/_{100}$

Chevaux du 2e âge. de 4 ans et plus, —4 k. à 600 m. par min. 6 40

Division du Midi.

Chevaux du 1er âge. { de 4 ans, —3 kil. à 550 mèt. par min. 5 27 $^{27}/_{100}$
de 5 ans, —4 kil. à 550 mèt. par min. 7 16 $^{30}/_{100}$

Chevaux du 2e âge. de 5 ans et plus, —4 k. à 600 m. par min. 6 40

Prix principaux et prix royaux.

Chevaux de 4 ans et au-dessus. 4 kil. à 650 mèt. par min. 6 9 $^{23}/_{100}$

Un cheval courant seul pour un prix quelconque. { 2 kil. à 650 mèt. par min. 3 4 $^{62}/_{100}$
3 kil. à 650 mèt. par min. 4 36 $^{92}/_{100}$
4 kil. à 650 mèt. par min. 6 9 $^{23}/_{100}$

Telles sont les dispositions essentielles de l'arrêté du 16 mars 1825 ; en le transmettant aux préfets, le directeur leur disait :

« Il vous sera facile de reconnaître dans ces nouvelles dispositions l'esprit qui les a dictées , et l'objet qu'on a eu en vue, savoir , d'exciter une plus grande émulation, d'écarter des concurrences qui ne pourraient être que décourageantes, de soutenir celles qui sont utiles, en offrant cependant, en même temps, des récompenses aux efforts faits pour les combattre et les surmonter; enfin de favoriser plus puissamment, et en ménageant tous les intérêts, la transplantation et la propagation des races les plus propres à améliorer l'espèce.

« J'ai eu soin, dans ces dispositions, d'étendre les facilités autant qu'il était possible de le faire sans nuire au but proposé, et d'écarter les exigences et les difficultés qui ne présentaient pas un but d'utilité suffisante.

« Ainsi un prix quelconque peut être aujourd'hui disputé par un seul cheval : plus de division entre les mâles et les femelles; ils courent ensemble pour tous les prix. Rien n'est limité quant à la taille; les conditions relatives quant au poids à porter, aux distances à parcourir, à la vitesse exigée ont été adoucies et déterminées d'après des combinaisons plus en rapport avec l'âge, le degré de développement et de forces relatives des chevaux coureurs. Plus d'obligation, pour ceux qui ont gagné un prix d'arrondissement, de courir pour le prix principal, ni, pour ceux qui ont remporté les prix principaux, de venir à Paris disputer les prix royaux, pour lesquels la lice reste, toutefois, ouverte à tous.

« J'ai cru devoir supprimer les prix locaux; il m'a semblé que tous les chevaux d'un arrondissement, remplissant les conditions voulues, devaient être appelés indistinctement à disputer tous les prix affectés à cet arrondissement. Rien n'empêche, au surplus, que les départements votent des fonds pour des prix qui seraient exclusivement réservés pour leurs chevaux. »

Enfin le nouveau règlement avait investi le jury du pouvoir de prononcer sur toutes les difficultés qui pourraient naître à l'occasion de son application.

On ne saurait disconvenir que l'arrêté de 1825 n'ait supprimé quelques complications inutiles, qu'il n'ait facilité le concours sous certains rapports ; mais il a , par ailleurs, introduit d'autres dispositions vraiment étranges et d'où mille inconvénients devaient surgir. Il n'était pas l'œuvre d'un homme du métier ; ce n'était pas la conception d'un esprit net, ami de la simplicité. Entre autres faits à l'appui, citons celui-ci : — *Le cheval vainqueur sera désigné par le président du jury et les quatre membres qui l'assisteront.*

Un arrêté du 13 avril 1827 supprime le poteau de distance et le remplace par un intervalle de vingt-cinq secondes accordé aux chevaux arrivant après le vainqueur.

Tout cheval, donc, qui ne parcourait pas la distance dans le temps voulu était déclaré incapable de prendre part à une nouvelle épreuve, s'il avait mis à franchir l'espace exigé vingt-cinq secondes de plus que le vainqueur.

Trois articles démesurément longs expliquent d'une manière très-confuse cette modification, d'ailleurs si simple, aux règlements antérieurs.

Elle était motivée sur l'application inintelligente, incomplète des dispositions relatives au poteau de distance.

Un nouveau règlement parut le 31 octobre 1832.

La division des courses en premier et second ordre est de nouveau introduite, sans modifier en rien, d'ailleurs, les autres distinctions établies. Pour la première fois, la qualification de chevaux de pur sang est écrite et remplace celle de chevaux de première espèce. On constate ainsi la marche des idées et l'on appelle sur le principe même de toute amélioration une attention plus réfléchie ; on élève le chiffre des prix plus spécialement attribués aux chevaux de pur sang ; ceux-ci ne peuvent disputer les prix exclusivement réservés aux chevaux d'une autre origine, mais la lice reste ouverte à ces derniers contre les premiers. Toutefois les chevaux de pur sang ont le droit, dans leur division respective, d'aller d'un arrondissement dans un autre courir les prix d'arrondissement, qui, par cela même, sont assimilés, pour la circonscription, aux prix de l'ordre supérieur, aux prix principaux par conséquent.

L'absence de chevaux de pur sang, dans les courses où ceux-ci ont le droit de courir, n'empêche pas les chevaux de toute origine d'entrer en lice et de gagner les prix.

Le nombre des prix royaux est porté à quatre ; deux seront disputés à Paris et deux à Aurillac, sous la désignation de *prix du Midi*.

On détermine, pour la première fois, que l'absence momentanée d'un cheval de son arrondissement de courses ne préjudicie point au droit qu'il peut avoir, d'ailleurs, de se présenter aux courses de l'arrondissement, si cette absence n'a pour objet que l'entraînement du cheval ou un service de courte durée.

Comme précédemment, les prix royaux ne peuvent être disputés que par des chevaux de quatre ans au moins.

Le *maximum* du temps accordé pour les épreuves est déterminé d'une manière absolue et ainsi qu'il suit :

3′,20″ pour 2 kilomètres,

5   pour 3 kilomètres,

6′,10″ pour 4 kilomètres.

Le poids à porter reste le même.

Un classement plus net est adopté pour les différents prix, et l'on reconnaît des assimilations possibles aux classes déterminées par le règlement des haras.

Les prix royaux forment la première classe ; — les prix principaux, la seconde ; — les prix d'arrondissement, la troisième. Toutefois les mêmes prix sont d'un ordre supérieur ou inférieur, suivant qu'ils sont courus sur un hippodrome de premier ou de second ordre.

Cette distinction était nécessaire. En effet, aucun cheval ayant remporté un prix supérieur n'avait le droit de courir, dans aucune course subséquente, un prix inférieur. Cette exclusion a toujours été de règle ; mais elle s'étendait encore aux prix d'un ordre égal.

De nouvelles dispositions sont arrêtées en ce qui concerne le nombre de courses permis à un même cheval le même jour.

Un cheval admis et classé par le jury pour disputer deux prix le même jour n'était point admis à courir le second prix, s'il n'avait pas couru le premier ; il était de même exclu de la seconde course, s'il avait été distancé dans la première. L'intervalle fixé pour la *distance* était réduit à quinze secondes.

Au départ, le sort décidait du placement des chevaux dans les courses simples et pour les premières épreuves des courses en partie liée. Aux deuxième et troisième épreuves, les chevaux étaient placés dans l'ordre inverse de leur arrivée au but dans l'épreuve précédente.

La désignation du vainqueur est encore départie au président et à quatre membres du jury.

Nous ne mentionnons que pour mémoire un arrêté en date du 2 juin 1834, spécial aux courses de Paris, par la raison que nous en retrouverons les dispositions dans le règlement général du 5 janvier 1855.

Ce dernier développe l'institution : sans toucher ni aux divisions ni aux arrondissements, il augmente l'importance des prix, dont la somme totale s'élève à 100,000 fr. environ. Il crée un *grand prix royal* de 12,000 fr. aux courses de Paris.

Il n'y a plus d'hippodromes de premier ou de second ordre, de chevaux de première ou de seconde espèce, l'âge seul les distingue.

Les courses de 3 kilomètres sont supprimées, et le *maximum* du temps accordé pour les épreuves conservées réduit comme suit :

5′   pour chaque épreuve de 2 kilomètres,

6′   pour chaque épreuve de 4 kilomètres,

5′,50″ pour chaque épreuve de 4 kilomètres, pour le grand prix royal de 12,000 fr.

L'intervalle accordé pour *la distance* est réduit à dix secondes.

Les poids à porter sont modifiés de la manière suivante :

AGE.	CHEVAUX ENTIERS.		JUMENTS.	
3 ans.	465 hect.	02 gr.	450 hect.	34 gr.
4	523	76	509	08
5	548	24	533	55
6	577	61	562	92
7	606	98	592	29
Au-dessus de 7	636	35	621	66

On n'admet pas qu'un cheval puisse courir un prix de classe inférieur à celui qu'il aura déjà gagné, mais on l'admet à courir des prix de même classe, sous la condition d'une surcharge de 39 hectog. 16 gr. pour un prix gagné ;
de 58 — 74 — pour deux prix gagnés ;
et ainsi successivement de 19 — 58 — pour chaque prix nouveau.

Ces conditions étaient fort dures, mais c'était pour la première fois aussi qu'il s'agissait d'appliquer le principe des surcharges.

Au surplus, la surcharge disparaissait dès que le cheval courait un prix de classe supérieur à celui ou à ceux qu'il avait gagnés et qui donnaient lieu à l'application de cette condition.

Le grand prix royal ne pouvait être gagné qu'une fois.

Une absence de six mois pour entraînement ou tout autre motif ôtait le droit de courir dans l'arrondissement.

Il n'y avait plus d'autre placement que celui résultant du tirage des numéros au sort.

Le placement des chevaux au départ et à l'arrivée appartenait exclusivement à *un juge spécial* nommé par le ministre ; ses décisions étaient et sont encore sans appel.

Quelques modifications importantes ont été faites aux dispositions précédentes par l'arrêté du 15 janvier 1836.

L'arrondissement des courses de Saint-Brieuc compte deux nouveaux hippodromes, ceux de Nantes et Angers.

L'intervalle accordé pour la distance est réduit à huit secondes, dans les courses de 2 kilomètres ; pour les épreuves de 4 kilomètres, il reste fixé à dix secondes.

Les poids à porter sont encore modifiés ; nous les donnons ci-après.

AGE.	Chevaux entiers.	Juments.		SURCHARGES.
3 ans............	47 kil. 1/2	46 kil.		La surcharge est réduite,
4 —	53 1/2	52		savoir :
5 —	56	54	1,2	A 3 kilog. pour un prix
6 —	57 1 2	56		gagné ;
7 —	59	57	1,2	A 4 kilog. pour plusieurs
Au-dessus de 7 ans.	62	60	1/2	prix gagnés.

Pour avoir le droit de courir les prix d'arrondissement ou les prix principaux, il n'est plus besoin que d'un séjour de six mois consécutifs dans l'arrondissement ou dans la division. Les prix royaux peuvent toujours être courus indistinctement par tous les chevaux nés et élevés en France.

Par exception, à Paris, tous les prix peuvent être courus par les chevaux de toutes les circonscriptions.

Ce règlement commence à simplifier la matière ; il est plus large dans ses conditions et portera de meilleurs fruits.

Le 15 décembre 1837, on revise encore le règlement.

Les courses de Pompadour ont été créées.

Le maximum du temps accordé pour les épreuves est réduit comme ci-après :

2',50" pour chaque épreuve de 2 kilomètres,

5',50" pour chaque épreuve de 4 kilomètres,

5',20" pour chaque épreuve de 4 kilomètres, pour le grand prix royal de 12,000 fr., lequel ne peut plus être couru que par des chevaux de pur sang.

Les poids sont augmentés et fixés de la manière suivante :

AGE.	Chevaux entiers.	Juments.	OBSERVATIONS.
3 ans.............	49 kil. 1/2	48 kilog.	Il n'est rien changé quant aux surcharges.
4 —	55 1/2	54	
5 —	58	56 1,2	
6 —	59 1/2	58	
7 —	61	59 1/2	
Au-dessus de 7 ans.	64	62 1/2	

Ces modifications indiquent un progrès réel dans la qualité des chevaux admis à courir, puisque la vitesse exigée s'accroît en même temps que le poids à porter devient plus considérable sans qu'il soit rien changé à la longueur même de la course.

Un nouveau pas est encore fait dans cette voie en 1839. L'arrêté du 8 janvier porte en effet :

« Les poids spécifiés à l'art. 7 du règlement du 15 décembre 1837, concernant les courses, seront, à commencer de cette année, augmentés de 2 kilogrammes, pour chacun des âges désignés audit article. »

Le règlement du 7 avril 1840 détruit les circonscriptions d'arrondissement ; il maintient tous les chefs-lieux de courses précédemment établis, à l'exception de celui du haras du Pin, qui est transféré à Caen ; mais il ne reconnaît plus de divisions et change la dénomination de prix d'arrondissement en celle de prix spéciaux, sans déterminer aucune limite, sans définir aucune condition du droit à courir puisé dans le lieu même de la naissance.

Dans cette modification profonde se trouve la distance qui sépare le nouvel arrêté de celui du 15 décembre 1837.

Il avait encore touché aux poids dont les chevaux devaient être chargés; nous les indiquons ci-après.

AGE.	Chevaux entiers.	Juments.	OBSERVATIONS.
3 ans.............	50 kil. 1/2	49 kil.	Rien de changé quant aux surcharges; mais la bride, le collier et la martingale, qui, jusque-là, comptaient pour 1 kilog., ne devaient plus être ni pesés ni compris dans le poids à porter.
4 —	56 1/2	55	
5 —	59	57 1/2	
6 —	60 1/2	59	
7 —	62	60 1,2	
Au-dessus de 7 ans.	65	63 1/2	

Les chevaux de trois ans se trouvaient plus favorisés que précédemment, en ce sens qu'ils étaient admis à disputer un plus grand nombre de prix, et qu'ils prenaient 1 kil. 1/2 de moins que le poids fixé pour leur âge, lorsqu'ils couraient contre les chevaux de quatre ans et au-dessus.

Jusque-là, cette disposition avait été restreinte à deux prix seulement des courses de Paris; le règlement de 1840 l'étendait à tous les prix spéciaux et principaux affectés aux chevaux de quatre ans.

Enfin le grand prix royal était porté à 14,000 fr.

La disposition principale de l'arrêté du 7 avril 1840 a donné lieu à de nombreuses réclamations. Les divisions et les arrondissements répondaient à des besoins réels; ils étaient encore une nécessité pour la province. Paris avait marché d'un pas rapide; mais les progrès avaient été plus lents dans les départements. Les chevaux de Paris, arrivant

sur tous les hippodromes de province, y apportaient une
supériorité incontestable et un découragement immense;
toute émulation menaçait de s'éteindre parmi les éleveurs
que les circonstances arrêtaient. Tous les prix pouvant être
disputés, sur tous les hippodromes, par tous les chevaux nés
en France, et les chevaux de Paris pouvant seuls les remporter tous, on aurait pu se dispenser de maintenir les hippodromes en province : il eût été beaucoup plus simple de
doter ceux de Paris, Versailles et Chantilly de tous les prix
affectés aux hippodromes des départements ; on eût ainsi
évité l'inconvénient de déplacements nombreux et onéreux,
sans compensation aucune. En effet, l'avantage qui résulte
de la fréquentation d'hippodromes variés, c'est d'y mesurer
certains chevaux contre des lutteurs nouveaux, contre d'autres chevaux que l'on peut croire plus difficiles à vaincre sur
leur propre terrain ; si cet avantage disparaît, il n'y a plus
aucune utilité dans les pérégrinations annuellement imposées aux chevaux de courses.

Nous reviendrons sur ce point.

L'arrêté du 15 mars 1842 a fait un retour vers les dispositions qui avaient précédé celles dont nous parlons. Il n'a
pas rappelé les anciennes divisions du Nord et du Midi ; mais
il a rétabli les huit arrondissements déjà connus, et classé
au nombre des courses officielles, des grandes courses celles
qui avaient été précédemment comprises aux règlements de
1857 et de 1840.

Nous les rappelons dans le tableau suivant.

Tableau des arrondissements, et époques des courses.

CHEFS-LIEUX.	ÉPOQUES.	DÉPARTEMENTS composant l'arrondissement.
Paris	Les courses commenceront dans le mois de septembre, et devront être terminées dans les prem. jours d'octobre.	Seine, Seine-et-Oise, Oise, Seine-et-Marne.
Caen.......	Les courses commenceront dans les derniers jours de juillet, et devront être terminées le 10 août.	Aisne, Ardennes, Aube, Côte-d'Or, Calvados, Eure, Eure-et-Loir, Manche, Nord, Orne, Pas-de-Calais, Sarthe, Seine-Inférieure, Somme.
Nancy......	Les courses commenceront le 15 juillet, et devront être termin. le 1er août.	Ain, Doubs, Jura, Marne, H.-Marne, Meurt., Meuse, Moselle, B.-Rh., H.-Rhin, H.-Saône, Vosg., Yonne.
St.-Brieuc..	Les courses commenceront dans les derniers jours de juin, et devront être terminées le 8 juillet.	Côtes-du-Nord, Finistère, Ille-et-Vilaine, Loir-et-Cher, Loire-Inférieure, Loiret, Maine-et-Loire, Mayenne, Morbih., Deux-Sèvres, Vendée.
Nantes.....	Les courses commenceront dans les premiers jours d'août, et devront être terminées le 8.	
Augers.....	Les courses commenceront le 15 août, et devront être terminées le 20.	
Limoges....	Les courses commenceront dans la deuxième quinzaine de mai, et devront être terminées le 30 mai.	Allier, Cher, Creuse, Corrèze, Indre, Indre-et-Loire, Nièvre, Rhône, Saône-et-Loire, Vienne, Haute-Vienne.
Pompadour.	Les courses auront lieu du 20 au 31 août.	
Aurillac....	Les courses commenceront dans la deuxième quinzaine de juin, et devront être terminées le 1er juillet.	Basses-Alpes, Hautes-Alpes, Ardèche, Bouch.-du-Rh., Cantal, Drôme, Isère, Loire, Haute-Loire, Lot, Lozère, Puy-de-Dôme, Var, Vaucluse.
Bordeaux...	Les courses commenceront le 25 avril, et devront être terminées le 5 mai.	Aveyron, Charente, Charente-Inférieure, Dordogne, Gironde, Landes, Lot-et-Garonne, Tarn, Tarn-et-Garonne.
Tarbes.....	Les courses auront lieu dans le mois d'août.	Ariége, Aude, Corse, Gard, Haute-Garonne, Gers, Hérault, Basses-Pyrénées, Hautes-Pyrénées, Pyrénées-Orientales.

Pour avoir droit de courir les prix d'arrondissement, les chevaux doivent être nés dans les départements qui en forment la circonscription, ou bien y avoir résidé, sans interruption, pendant six mois, à quelque époque que ce soit.

Cette condition a été de rigueur depuis le règlement du 15 janvier 1836.

Jusqu'à cette dernière époque, les lettres de naturalisation n'étaient accordées qu'aux chevaux qui résidaient dans la circonscription depuis l'âge de deux ans au moins.

Comme précédemment, tous les prix de l'hippodrome de Paris peuvent être courus par les chevaux de tous les arrondissements.

Mais cette disposition est complétement illusoire : la supériorité des chevaux des éleveurs dont les écuries de production et d'entraînement sont situés dans le voisinage de Paris écarte tous les chevaux de la province, et fait de cet arrondissement central un point moins abordable que tout autre aux amateurs des départements.

Vingt-deux prix d'arrondissement s'élevant ensemble à 40,200 fr., dont 6,500 fr. attribués aux courses de Paris, constituaient l'unique encouragement offert aux chevaux de la province; c'était trop peu. En présence des frais considérables qu'entraînent la production, l'élève et l'éducation du cheval de sang que l'on destine à l'amélioration des races, cette somme était insuffisante pour stimuler le zèle des éleveurs et multiplier la production améliorée (1).

(1) L'expérience permet de poser les lois suivantes :

Le nombre des chevaux de pur sang est en raison directe du nombre et de l'importance des prix de courses offerts à l'élève; les qualités du cheval de sang, considéré comme père, comme régénérateur, sont d'autant plus élevées, chez les athlètes de la race, que les individus sont produits en plus grand nombre. En Angleterre, on ne compte qu'un produit hors ligne pour cinquante poulinières; en France, on ne saurait espérer mieux.

Le mauvais étalon et la jument défectueuse disparaissent de la repro-

Les prix royaux et le grand prix royal ne peuvent plus être courus que par des chevaux dont la généalogie est tracée au *Stud-Book* français publié par le gouvernement.

Pour la première fois on applique à l'âge des chevaux la coutume anglaise de le compter à partir du 1er janvier de l'année de la naissance.

Cette disposition prouve qu'on fait naître de meilleure heure, et que les poulains sont, à l'aide d'une hygiène favorable, avancés dans leur développement et leur maturité.

Enfin les poids à porter sont encore modifiés conformément aux chiffres du tableau suivant :

AGE.	Chevaux entiers.	Juments.	OBSERVATIONS.
3 ans............	51 kil.	49 kil. 1/2	Les chevaux qui ont déjà couru un prix d'arrondissement en province reçoivent, lorsqu'ils viennent courir un prix du gouvernement à Paris, une réduction de poids de 2 kilogr.
4 —	60	58 1/2	
5 —	62 1/2	61	
6 — et au-dessus.	64	62 1/2	

Le maximum du temps accordé pour les épreuves est de nouveau réduit et fixé comme ci-après :

2',40'' pour chaque épreuve de 2 kilomètres,

5',20''   —   —   —   de 4 kilomètres,

5', 5''   —   —   —   —   pour les

duction en raison du nombre de reproducteurs capables mis à la disposition de l'industrie. Une foule d'étalons sans moyens s'est retirée de l'hippodrome à partir du jour où les chevaux de sang y ont montré leur supériorité.

Les largesses de l'hippodrome tournent toujours au profit de la science et de la saine pratique ; elles font recueillir les poulinières les plus précieuses et les étalons les mieux doués ; elles poussent à la fois au nombre et à la qualité.

deux premières épreuves seulement du grand prix royal.

On ne saurait contester les progrès obtenus dans la production du cheval améliorateur lorsqu'on voit ainsi réduire la durée de la course en même temps que les poids augmentent.

Aucune autre modification n'a, d'ailleurs, été introduite au règlement de 1840.

Le dernier arrêté publié sur les courses porte la date du 23 octobre 1847; il ne contient qu'un seul article relatif au maximum du temps accordé pour courir les épreuves.

Il est assez important pour être rapporté en son entier; le voici donc :

« Article unique. L'article 9 de l'arrêté du 15 mars 1842, concernant les courses de chevaux, est et demeure remplacé par les dispositions suivantes.

« Le maximum du temps accordé pour les épreuves est déterminé ainsi qu'il suit :

« Pour chaque épreuve de 2 kilomètres, deux minutes quarante secondes;

« Pour chaque épreuve de 4 kilomètres, cinq minutes vingt secondes.

« Toutefois chaque épreuve du grand prix royal devra être courue en cinq minutes cinq secondes.

« Si le cheval arrivé le premier n'a pas parcouru la distance dans le temps fixé, la course sera déclarée nulle et ne pourra être recommencée.

« Dans les courses à une épreuve, s'il y a incertitude de la part du juge dans la désignation du vainqueur, la nouvelle épreuve à fournir par les deux chevaux arrivés les premiers aura lieu sans condition de temps.

« Dans les courses en partie liée, si deux épreuves sont gagnées par des chevaux différents, la troisième épreuve sera fournie sans condition de temps.

« Un poteau de distance placé à 200 mètres en arrière du poteau d'arrivée fera connaître les chevaux distancés par le vainqueur.

« Au moment même de l'arrivée du vainqueur, le juge fera tomber une flamme hissée avant la course au haut du poteau d'arrivée.

« Ce signal, immédiatement répété par une personne placée au poteau de distance par le juge, indiquera les chevaux qui se trouvent distancés.

« Le cheval distancé est celui qui n'a pas atteint le poteau de distance au moment où la tête du premier cheval dépasse le but. »

Quel que soit l'esprit de sévérité ou d'opposition que l'on apporte à l'examen critique des divers arrêtés qui ont réglementé jusqu'ici les courses au galop, on ne saurait disconvenir que chaque changement n'ait eu sa justification, n'ait été un besoin ou un progrès.

L'arrêté de 1842, réimprimé en 1846, a vieilli ; c'est une nécessité reconnue que celle de le retoucher dans quelques-unes de ses dispositions essentielles. Cette révision ne saurait être longtemps ajournée ; elle serait aujourd'hui à l'état de fait sans les circonstances graves qui ont détourné les esprits d'objets aussi spéciaux.

Quel qu'il soit, un règlement n'est pas chose facile à faire ; on ne le sait bien que lorsqu'on a été appelé soi-même à formuler et à coordonner des dispositions générales qui doivent immédiatement passer dans la pratique. Ce n'est même pas chose si simple que beaucoup le supposent que de changer des règlements établis, et dont la raison d'être a pris son fondement dans le passé. Pour les esprits sérieux, pour les hommes d'expérience, rien n'est plus grave, au contraire, que de modifier des règles sous l'empire desquelles de grands progrès ont été obtenus (1).

(1) Ce point nous avait déjà occupé. Nous nous exprimions ainsi, en 1839, dans le *Guide du sportman*, au point de vue des règlements spéciaux, des conditions particulières imposées pour les prix autres que ceux donnés par les haras :

Les règlements de courses ont été et seront toujours l'objet d'attaques, de clameurs et de malédictions. Il est rare
qu'un coureur, qu'un amateur malheureux en courses (tout
éleveur dont le cheval est battu se dit malheureux et se pose
en victime) ne cherche pas un prétexte pour abriter sa mauvaise humeur et expliquer sa défaite à son plus grand avan-

« Les règlements de courses ne doivent pas être faits à la légère :
d'une confection difficile, il faut en bien peser chaque disposition, et y
apporter d'année en année les améliorations que l'expérience indique ou
que l'extension donnée aux courses rend nécessaires. Mais, hors ces
deux cas, il faut être extrêmement sobre de changements et savoir résister aux sollicitations opposées que ne manquent jamais de faire les
parties intéresséees en vue de se rendre le règlement plus favorable
suivant les espérances que donne tel ou tel animal en traîne. — Aussi,
je le crois du moins, vient-il une époque où il faut cesser d'abandonner
aux éleveurs le soin d'arrêter eux-mêmes soit de simples formalités à
remplir, soit des conditions nouvelles à imposer. Il est bon, souvent il
est utile de consulter les ayants droit et de leur donner voix au chapitre ; mais, dans l'impossibilité où l'on est de les réunir et de les entendre tous, je ne voudrais pas qu'on en instituât ainsi quelques-uns
seulement juges, sans mandat, dans la cause de tous, que le petit
nombre seul conservât la faculté de substituer des règles à des règles,
de retrancher celles-ci, de modifier celles-là, d'en ajouter de nouvelles,
et de soumettre ainsi, chaque année, le règlement à une révision inutile
et dangereuse. A cela, je trouve plus d'un inconvénient. Et d'abord
les règlements faits de cette manière ne seront jamais explicites, nets,
clairs dans leur rédaction ; ils offriront toujours, soyez-en sûrs, un
côté faible par où on les attaquera avec vigueur, au jour des courses.
Les interprétations fausses ou vraies venant à la suite des discussions,
on finit toujours par tourner quelques dispositions élastiques et par
froisser des intérêts qui ont dû se mettre en harmonie avec les règlements tels qu'ils devaient être, ou tout au moins tels qu'ils étaient précédemment. Après cela, les éleveurs qui font courir, ne trouvant aucune
fixité dans ces dispositions toujours changeantes, ne sachant jamais à
quoi s'en tenir sur l'avenir, se dégoûtent et se retirent des courses,
criant à tue-tête et sans rime ni raison aux préférences et à la faveur.
« Quand on cesse de faire courir, on abandonne les bonnes méthodes
d'élève et d'éducation, et les véritables principes d'amélioration des
races équestres. »

tage. Les excuses ne lui manquent guère : — l'hippodrome
est détestable, le temps est affreux, la chaleur est excessive,
le cheval est malade; le jockey n'a pas suivi les instructions
qui lui ont été données; il est lourd, ou bien il a manqué de
tête; le juge a mal ordonné le départ.....; mais surtout, et
avant tout, le règlement n'a pas le sens commun , le règlement est une rosse, — une rosse qu'il faut crever.....

Heureusement, d'un bout de la France à l'autre et sur les
mêmes points, les plaintes se produisent si contradictoires,
qu'elles s'annihilent par cela même d'une année à l'autre;
ceux-là donc vers qui, par position, elles aboutissent comme
à un centre commun peuvent bien, en fait, les croire plus
exagérées que fondées, plus imaginaires que réelles.

Ces plaintes, d'ailleurs, ne s'attachent pas exclusivement
aux règlements publiés par l'administration des haras, elles
s'attaquent tout aussi bien aux conditions imposées par les
conseils généraux, les villes ou les sociétés d'encouragement
pour les prix courus en dehors des courses officielles. Seulement, dans ce dernier cas, les réclamations ne se répètent
ni aussi généralement ni aussi longtemps, par la raison que
les conditions particulières n'ont qu'une application très-
bornée et, d'ordinaire, changent presque tous les ans sans
beaucoup d'inconvénients.

A l'exception des courses de la Société d'encouragement
de Paris, qui ont des règles fixes, les courses privées ne sont
guère qu'en *adjutorium* des courses officielles; elles diffèrent, elles doivent différer essentiellement de celles du gouvernement; elles doivent rester à côté et en dehors de ces
dernières , s'écarter souvent des règles établies , varier la
forme , innover, tenter l'inconnu , ne jamais faire double
emploi, afin de multiplier les chances, afin d'offrir aux vaincus une manière de fiche de consolation qui relève l'espoir,
sauve l'amour-propre et stimule à nouveau le zèle.

Si, pour les règlements de l'administration, c'est une nécessité que d'être, jusqu'à un certain point, chose stable et

permanente, il faut se résigner à en subir les inévitables inconvénients : ils ne peuvent prévoir les éventualités qui
naissent au jour le jour, et c'est là leur mérite; car, s'ils ne
répondent pas à l'imprévu, ils ouvrent une voie sûre et bien
reconnue : quand on s'y est une fois engagé, au moins est-
on certain d'arriver au but. On ne se rend pas assez compte,
en France, de ce que vaut telle ou telle institution, de ce
qu'elle se propose au juste; les critiques la font toujours dé-
railler pour lui demander plus qu'elle ne peut ou ne doit
donner : ceci est le rôle des esprits superficiels et légers.
Les règlements administratifs ne s'adressent pas plus particulièrement à ceux-ci qu'à ceux-là pour faire la part plus
belle tantôt aux uns et tantôt aux autres; ils sont arrêtés par
avance, faits pour tous, afin de tout protéger également dans
les limites posées et sous le bénéfice de principes généraux
qui excluent nécessairement les détails et les effets des besoins du moment ou simplement du caprice.

Tout règlement qui dure a donc aussi ses avantages; il
ne doit être modifié ou changé qu'autant que les inconvénients en sont réels et nuisent au but vers lequel on tend.
Les modifications que le temps rend nécessaires ne doivent
pas atteindre la pensée fondamentale qui l'a fait établir.
S'il est bon d'éviter certains inconvénients, il ne faut jamais
mettre en oubli les avantages. Tout doit être examiné, mesuré, pesé avec maturité.

S'il en était autrement, les éleveurs, ne sachant sur quoi
compter, abandonneraient la partie et feraient défaut à l'institution. Quand une industrie est multiple, lorsque les
opérations qui la constituent la font complexe et éloignent
l'époque de ses échéances, il est impossible de ne pas donner aux encouragements dont elle a besoin une certaine
fixité, un caractère de durée qui l'assurent dans ses spéculations à long terme.

Cette loi, il faut le reconnaître, a été soigneusement suivie dans les changements successifs qui ont peu à peu trans-

formé le premier règlement des courses adopté et publié par
l'administration des haras , sans, pour cela, toucher à l'idée
première, à la pensée mère qui lui a donné naissance.

Et d'abord le but n'a jamais varié ; il est resté, pour les
haras, constamment dégagé de toutes les préoccupations et
de toutes les combinaisons dans lesquelles se sont développées les courses dont l'initiative n'est plus celle du gouvernement, et qui , nonobstant ce, n'en ont pas moins leur utilité et leur importance. En effet, il y a cette différence entre
les courses du gouvernement et toutes les autres, que ces
dernières encouragent plus et que les premières récompen-
sent davantage. De cette distinction résulte une grande différence dans les conditions imposées aux concours. Le règlement des haras échelonne tous ses prix. Au vainqueur
d'une course il ne permet de rentrer en lice, pour un prix
de même classe , qu'en aggravant sa position de manière à
équilibrer sa force avec celle de ses rivaux. Cette loi est la
même à tous les degrés pour toutes les classes de prix , la
première exceptée, puisqu'elle ne peut avoir deux fois pour
vainqueur le même jouteur.

Cette disposition du règlement favorise le bon cheval ; elle
l'admet à s'essayer nombre de fois contre des compétiteurs
nouveaux qu'elle prend le soin de ne pas décourager ; elle
tient toujours en réserve une couronne nouvelle, plus honorable et plus précieuse que la précédente ; elle récompense
le vrai mérite après l'avoir appelé à se produire à tous les
étages.

On a souvent critiqué cette disposition qui réserve le
grand prix de 14,000 fr. aux illustrations de l'hippodrome,
sans s'apercevoir qu'on en faisait le plus bel éloge. Par des
combinaisons de poids, il est toujours facile de changer les
chances ; on écrase le cheval puissant, tandis qu'on donne
l'avantage au médiocre ou même au mauvais. Ces combinaisons ont leur utilité, nous le verrons plus loin ; mais elles
ne sont pas de mise ici. Le grand prix n'est destiné qu'à

des célébrités ; c'est la course des courses, la couronne des couronnes ; il ne peut être gagné qu'une fois, il appartient au plus énergique, au meilleur parmi les bons.

De deux joueurs qui luttent au billard, le plus fort n'est pas celui qui reçoit des points de son adversaire, quand même ce dernier serait vaincu. Dans une course où l'on croirait avoir égalisé les chances par des poids très-divers, la victoire ne désignerait ni ne récompenserait le meilleur. Le règlement des haras s'est proposé un tout autre but ; rien, mieux que les critiques dont il est l'objet, ne prouve qu'il l'atteint à merveille.

C'est ainsi que l'administration des haras a maintenu l'institution dans une voie sûre et l'a empêchée de dévier. Ce n'est pas des courses officielles que M. d'Aure a pu dire, avec raison du moins, qu'elles « sont une bourse où la pensée de l'amélioration est sacrifiée à celle du jeu ; » les courses du gouvernement sont restées fidèles au principe même qui les a fait établir. En permettant de constater d'une manière certaine, chez les animaux doués déjà d'une conformation solide et régulière, les qualités que donnent l'origine, l'organisation intime et un élevage rationnel, elles donnent le moyen de choisir pour la reproduction les athlètes de l'espèce, les sujets vraiment dignes et capables d'amélioration.

FIN DU DEUXIÈME VOLUME.

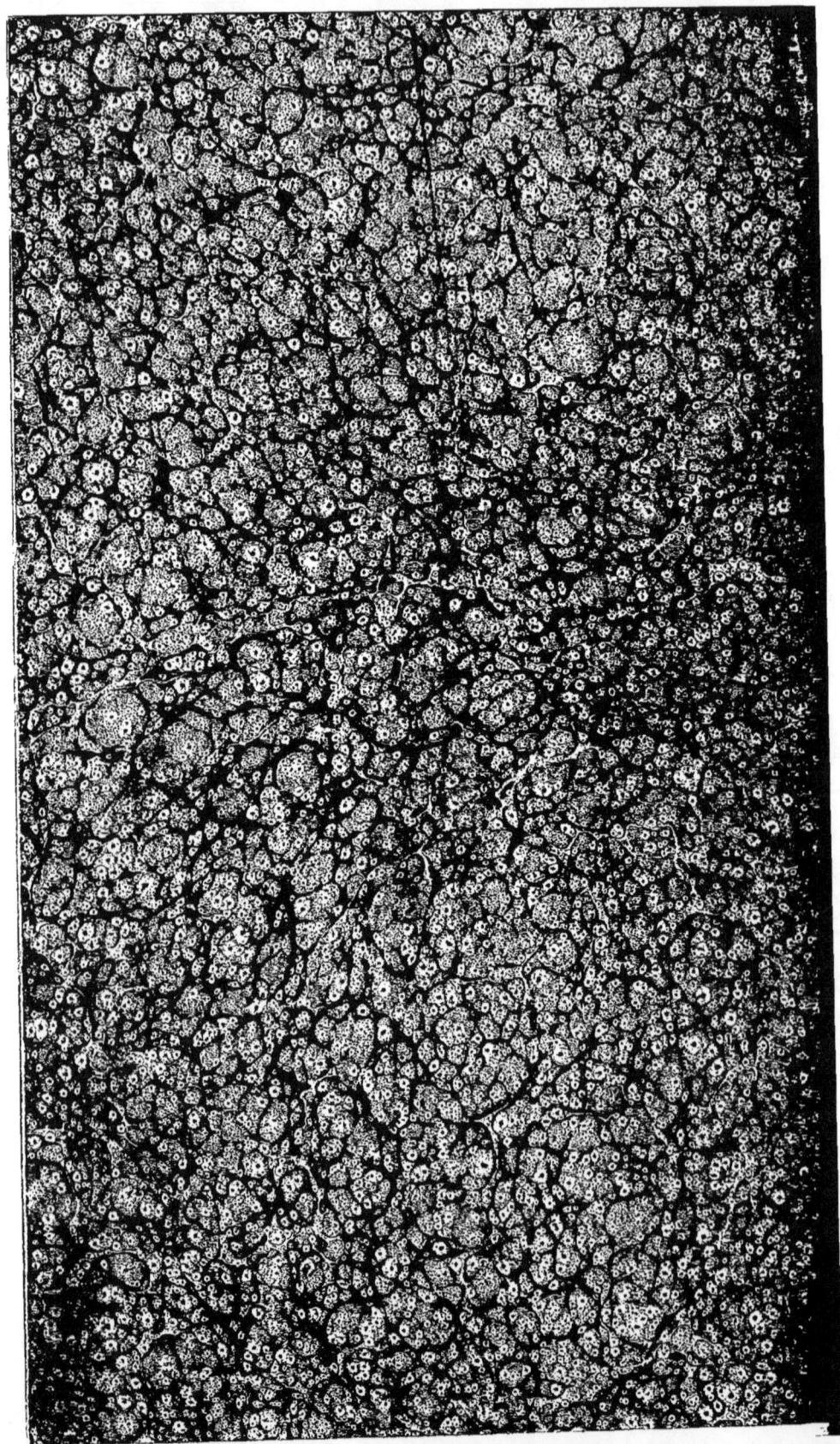

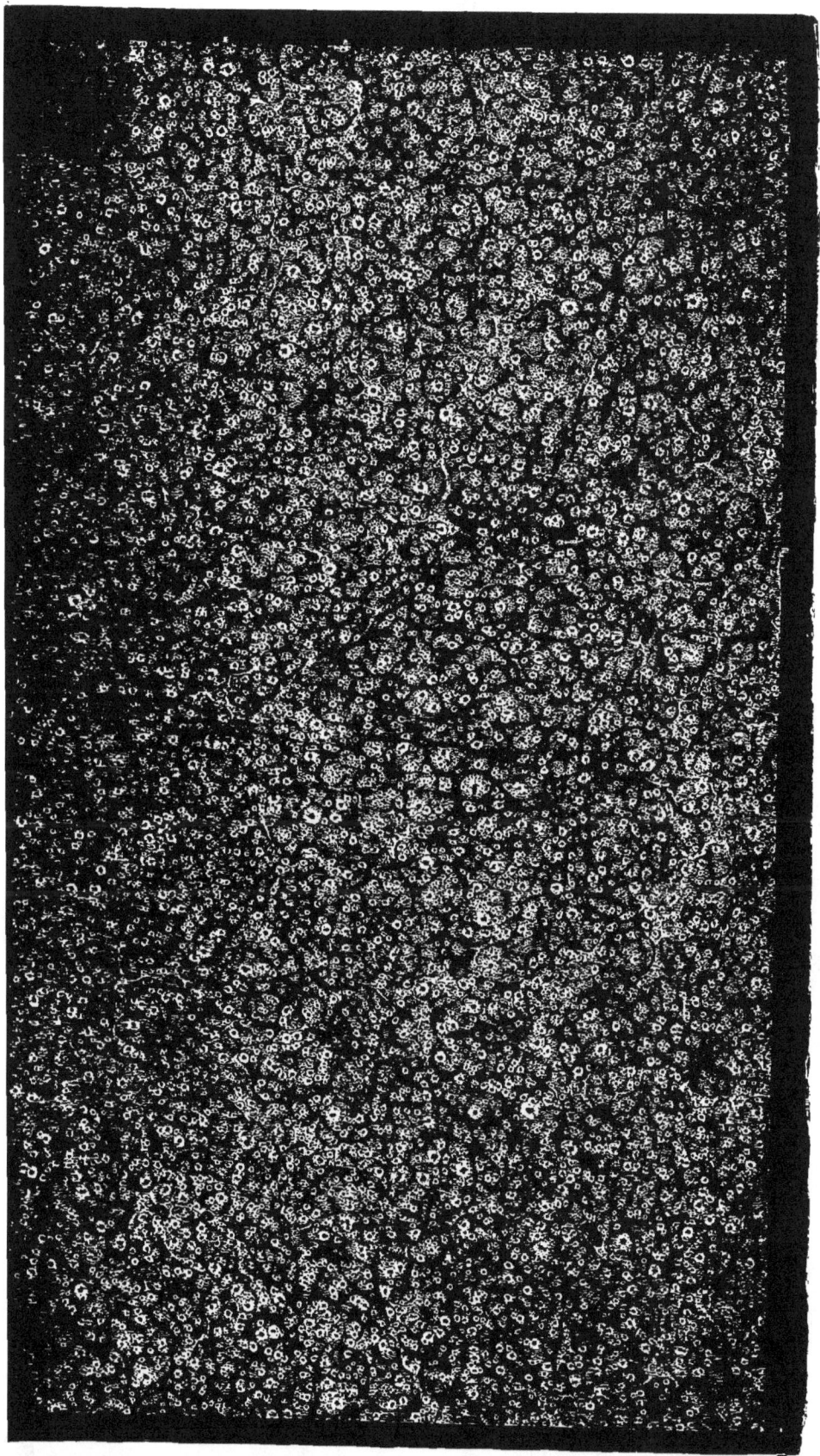